THE CREATIVE CITY

A TOOLKIT FOR URBAN INNOVATORS

CHARLES LANDRY 지음
임상오 옮김

도서출판
해남

한국어판 머리말

『창조도시』가 전하고자 하는 핵심 메시지는 어느 나라 또는 어느 대륙에서도, 모든 장소는 그 곳이 처한 문제들을 보다 상상력 풍부하면서도 혁신적이고 창의적인 방식으로 처리할 수 있다는 것이다. 보다 중요한 것은, 이들이 스스로 성공적인 도시의 모습을 유지하고자 한다면 그러한 방식으로 대처하지 않으면 안 된다는 것이다.

더구나 거대도시, 중소도시, 도회지는 물론이고, 심지어 조그마한 마을에서도 생각하고, 계획하고, 그리고 상상력 풍부하게 행동할 수 있는 전제조건이 충족되기만 하면 그렇게 될 수 있는 것이다. 이런 연유로, 『창조도시』가 되는 데 관건이 되는 것은 조직문화이다. 그것은 해당 지역이 어떻게 조직·관리되는가에 달려 있다. 도시를 구성하는 여러 부문들, 예컨대 그것이 공공부문이든, 민간부문이든, 심지어 비영리부문의 경우에도, 그들이 제각각의 방식대로만 일을 추진해 갈 경우에는 도시의 잠재력에 나쁜 영향을 미칠 수 있다. 그 이유는, 창의적인 아이디어의 창출과 그것의 성공적인 실천은 상호 협력, 존중 및 호혜의 정신이 있는 곳에서만 가능하기 때문이다. 이것을 리더십이라는 관점에서 파악하면, 도시의 전반적인 효과성과 영향력을 제고하기 위해서는 개인이나 조직은 자신들이 가진 힘의 요소들을 서로 주고받는 방식을 학습할 필요가 있다는 것을 의미한다. 이것은 얼핏 보면 다소 모순되는 것처럼 보일 수 있지만, 곰곰이 생각하면 이해할 수 있을 것이다.

2004년 런던에서 개최된 바 있는, 세계의 주요 도시 시장들의 모임에서는 성공적인 도시가 되기 위해서는 다음 세 가지 요인이 필요하다는 결론을 내렸다.

- 앞으로 나아가고자 하는 도시의 미래 모습을 분명하게 설정한 다음, 도시의 잠재능력과 뚜렷한 목표의식을 설정할 필요가 있다는 것. 이것을 달리 표현하면, 비전을 분명하게 설정하라는 것이다.
- 폭넓게 리더십을 창출할 필요가 있다는 것. 이것은 한 도시에는 한 사람의 리더만이 존재한다는 종래의 사고방식에서 벗어나, 다양한 분야의 리더를 창출할 필요가 있다는 것을 뜻한다. 한 도시에는 적어도 1%에 달하는 사람들이 리더가 될 수 있다. 예컨대, 10만 명의 도시에서는 1,000명의 리더가, 그리고 100만 명의 도시에서는 1만 명의 리더가 있을 수 있는 것이다.
- 설명책임과 투명성이라는 틀 속에서, 위험을 기꺼이 부담하고자 하는 기질을 육성할 필요가 있다는 것. 이러한 과정은 사람들에게 권한을 위임하여, 결과적으로 상호 도움을 주고, 자신들의 도시를 창의적으로 만들게 할 것이다.

현 시기에 대한 우리의 느낌은 그 대부분이 편한 것과는 거리가 멀다. 왜냐하면, 대부분의 사람들은 마치 패러다임 전환에 해당할 정도로, 세계가 급속히 변하고 있다는 것을 느끼고 있기 때문이다. 하지만 그것이 실제로 패러다임 전환에 해당하는가 하는 것은, 향후의 변화가 지금까지 경험하지 못할 정도의 속도로, 동시다발적으로 일어나게 될 것이라는 사실을 감안하면 그다지 중요한 것이 못 된다. 따라서 앞으로 도시의 생존을 좌우하는 것은 변화에 대한 적응능력을 갖고 있는가, 또 탄력성을 갖고 있는가, 그리고 풍부한 상상력을 갖고 있는가 하는 것이다.

사실상, 모든 측면에서 창의적이라고 할 수 있는 도시는 거의 존재하지 않는다. 단지, 뉴욕, 파리 또는 런던과 같은 세계적인 도시들, 암스테르담과 같은 수도 도시들, 그리고 바르셀로나와 같은 큰 도시들은 지난 수십 년 내지는 수 세기 동안 환경의 변화에 스스로 잘 적응하고, 또 혁신을 창출해 왔던 것에 지나지 않는다.

보다 중요한 것은, 모든 도시—그것이 대도시이건, 중소도시이건—가 기회를 파악하고 자신의 문제를 해결하는 데 지금보다 더욱 창의적으로 될 수 있다는 것이다. 그렇게 되기 위해서는 도시가 수행하는 모든 일에서 창의적인 환경을 조성해야만 한다. 그것은 관료적인 속성을 혁신적인 방법으로 해결하고자 하는 공무원이 될 수도 있고, 또는 이윤추구와 사회적인 책임을 조화시키는 비즈니스맨이 될지도 모른다. 경우에 따라서는 자신들이 맡은 일에서 기업가적인 속성을 발견하는 사회서비스분야에서 종사하는 근로자가 될 수도 있다. 이처럼 창조환경의 형태는 다양한 모습을 띠게 될 것이다. 결국, 창의성이라는 것은 예술분야, 즉 음악, 연극 또는 시각예술 등으로 한정되지 않는 것이다.

도시를 만드는 작업은 복잡한 예술장르를 창조하는 것에 해당한다. 최상의 경우에는 최고의 문화적인 업적을 달성하는 것이 된다. 우리가 말하는 최고의 도시라는 것은 인간이 상상하고, 그 형체를 만들고, 실제로 작업하는, 최고의 예술작품 그 자체다. 거기에는 인간의 정성이 깃들어 있을 뿐만 아니라 인간의 최고 기량이 농축되어 있다. 하지만 최악의 경우에는 기억하고 싶지도 않고, 유해하고, 그리고 파괴적인 것이 되어 버린다. 지금까지 우리의 믿음은 너무 오랫동안, 도시를 만든다고 하면 오로지 건축 및 토지이용계획과 관련된 것으로 여겨왔다. 하지만 점차 시간이 지나면서 엔지니어, 토지조사, 가치평가, 재산개발, 프로젝트 관리 등과 관련된 것들이 고려대상이 되기 시작했다. 이제 우리는 도시를 창조한다는 것은 모든 예술적인 요소 및 기타 기량과 관련되어 있다는 것을 이해하기 시작하였다. 도시 또는 어떤 장소를 창조한다는 것은 실물적인 차원뿐만 아니라 다음과 같은 요소들을 포함한다는 것을 의미한다.

인간의 필요, 욕망 및 욕구를 이해하는 기량; 도시의 필요성을 파악하기 위한 일환으로 부의 창출 및 경제의 동태적인 측면을 통합하는 기량; 3차원의 공간을 창출하는 기량; 도시의 순환 및 이동을 원만하게 해결하는 기량; 사람들의 잠재력을 해방하는 기량; 커뮤니티의 지원을 이끌어 내는 기량; 사람들이 건강한 삶을 영위하는 데 도움을 주는 기량; 사람들에게 영감을 주고, 그들의 동기와 의지를 활용하는 기량; 도시를 구성하는 물질적 요소들을 도시의 풍광과 조화시키는 기량; 외부에서 바라본 도시의 조망을 도시의 내부적인 요소들과 통합시키는 기량; 기억을 지우지 않고서 앞으로 나아갈 수 있는 기량; 도시에 존재하는 개성을 상찬하는 기량 등이다.

가장 중요한 것은 모든 일을 수행하는 데 가치와 가치관을 동시에 창출하는 우리의 역량에 달려 있다. 우리의 사고방식, 기능, 그리고 가치관을 이러한 기량들 속에 각인할 때에야 비로소 단순하면서도 밋밋한 지역을 창의적이고 개성적인 어떤 지역으로 만드는 데 도움을 줄 수 있게 되는 것이다.

오늘날 세계 전체적으로, 자신들이 사는 고장을 보다 훌륭하게, 더구나 보다 영감을 주는 장소가 되게 하는 기량에는 앞에서 거론한 것 이외에도 많은 것들이 있다. 이러한 점은 한국의 도시—그것이 대도시이든, 중소도시이든—에도 그대로 적용될 것이다. 한국에는 이 밖에도 많은 예가 있겠지만, 이 책을 한국에 소개하는 임상오 교수(원문에는 역자의 퍼스트 네임인 상오라는 표현을 쓰고 있다. 역주)의 작업 역시 창의성의 특수한 형태, 즉 한국적인 창의성의 한 형태가 될 것이다.

모든 도시에서는 흥미로운 프로젝트가 많이 추진되고 있다. 한국은 물론이고 세계의 모든 도시들이 공통적으로 직면하는 과제는 개별적으로 고립된 프로젝트들을 어떻게 하면 하나의 거대한 전체로 통합하여, 그들이 1+1=3이 되도록 할 것인가 하는 것이다. 다시 말하면, 어떻게 하면 이들 프로젝트가 시너지효과를 창출하여 도시에 커다란 편익을 가져다 줄 수 있도록 할 것인가 하는 것이다. 나의 경험에 의하면, 창의적인 해결책은 항상, 초기에 예상하지 못할 정도의 긍정적인 영향력을 추가적으로 가져다 주었다. 아무쪼록 나는 『창조도시』가 한국의 독자 여러분들에게도 신선한 자극과 함께, 서로 간의 신뢰를 형성할 수 있는 계기가 되기를 희망한다.

2005년 6월 10일
번스 그린에서 **찰스 랜드리**

∷ 머 리 말

　『창조도시』는 의욕적인 책이다. 이 책은 사람들이 도시에서 창
의적으로 생각하고, 계획하고, 행동하고, 그리고 도시의 혁신을 현
실화하는 아이디어 공방을 얻는 데 영감을 주고자 한다. 이 책의 목
적은 독자들이 "나도 그것을 할 수 있다"는 것을 느끼게 하고, 나
아가서 처음에는 아무리 어려운 도시문제라 하더라도 창의적이고
혁신적인 해결이 가능하다는 자신감을 불러일으키도록 하는 것이다.

　이 책이 전하고자 하는 핵심적인 메시지는 도시가 패러다임의
전환에 이르는 극적인 변화를 겪고 있다는 것이다. 만약 우리가 과
거의 지식체계와 사고방식(mindset)에 의존해서 도시문제를 해결하고
자 한다면 과거와 똑같은 장애물을 만나게 될 것이다. 도시의 각종
위기에도 불구하고 『창조도시』에서는 도시의 장래를 낙관적으로 바
라본다. 왜냐하면, 도시는 커뮤니케이션과 새로운 아이디어로 충만
되어 있을 뿐만 아니라 부의 창출에도 커다란 여지를 남기고 있기
때문이다. 누구라도 세계의 여러 도시들을 조감해 보면, 평범한 사
람들에게 기회가 주어졌을 때 그들이 예상 밖의 리더십을 보이는
데 놀랄 것이다.

　『창조도시』에서는 실제적인 것과 관념적인 것 사이의 길을 걷
고 있지만, 경우에 따라서는 대단히 개념적인 접근방식을 채택하고
있다. 이러한 개념들은 우리가 세상을 어떻게 바라보는가를 규정할
뿐만 아니라, 표면적으로는 대단히 복잡한 것을 단순화하는 데에도
커다란 힘을 발휘할 것이다. 변화가 심층부에서 일어나고 있을 때

에는 그 잠재적인 원동력을 이해하는 것이 관건이다. 따라서 우리가 사용하는 개념, 그리고 문제를 해결하고 좋은 기회를 활용하는 데 적용하는 논리를 새롭게 검토할 필요가 있다. 이 책에는 이전에 여러 차례 언급한 내용들이 들어 있을지도 모른다. 하지만 그러한 것들이 반드시 도시라는 문맥 속에서 언급된 적은 없다고 생각한다. 이것이 이 책의 특징이라는 인상을 독자들이 느낄 수 있기를 바란다.

∷ 무대의 설정

　『창조도시』는 전략적인 도시계획의 새로운 방법을 기술하고, 사람들이 어떻게 하면 도시에서 창의적으로 생각하고, 계획하고, 그리고 행동할 수 있는가를 고찰한다. 이 책은 사람들의 상상력과 재능을 활용하여 어떻게 하면 도시를 살기 좋고 활기찬 고장으로 만들 수 있는가를 탐구한다. 하지만 이 책은 이러한 과제에 명쾌한 해답을 제시하기보다도 혁신이 나오게 되는 기반인 가능성의 '아이디어뱅크'를 열고자 한다. 대부분의 사람들은 자신이 살고 있는 곳이 보다 좋은 장소가 되었으면 하는 마음을 갖고 있다. 많은 사람은 도시가 어떤 과정을 거치면 보다 인간적이면서 생산적으로 될 수 있는가를 보여 주는 장소를 잘 알고 있다. 하지만 도시는 불안정한 균형상태에 놓여 있다. 즉, 의사결정자는 도시가 서서히 침몰해 가고 있는 상황에서도 과거의 정책을 되풀이할 수 있고, 또는 창의성과 가능성과 삶의 질을 향상시키는 활기찬 허브(hub, 중심†역주) 도시로 거듭나도록 노력할 수도 있다. 분명한 것은, 대부분의 경우 과거의 접근방식으로는 소기의 성과를 거둘 수 없다는 것이다. 우리는 21세기의 문제를 19세기적인 사고방식으로 해결할 수 없는 것이다. 이미 도시의 원동력과 세계의 도시시스템은 아주 극적으로 변해 버렸다.

　그러나 도시의 유토피아는 이미 세계 도처의 가장 뛰어난 실천 사례 속에 숨어 있다. 그 곳에서는 고용을 창출한다거나, 테크놀로지를 응용한다거나, 젊은이들이나 노인들의 기량과 기능(skill)을 해방시키는 혁신적인 방법들이 존재한다. 또한 거기에는 도시의 정신과 아이덴티티를 대변하는 건축물이 있고, 현명한 에너지절약형의 장치, 그리고 이용하는 즐거움이 있는 공공교통 시스템이 있다. 나아가 그 곳에는 오락과 학습기능을 겸비한 상가들, 도시의 웅성거림(buzz)을 자극하는 공공 스페이스, 그리고 비일상성과 고양(高揚) 및 창의성을 갖춘 축제들이 있다.

　이러한 좋은 사례들은 광범하게 분산되어 있기 때문에 사람들이 이들을 인식하고, 또 거기서 무엇인가를 배우기는 대단히 어렵다. 우리는 도시를 공포, 범죄, 오염, 퇴폐의 장으로 간주할지언정, 도시가 부의 창조자―부의 80% 이상은 선진국을 위한 것이지만―라는 사실을 잊고 있다. 도시는 아무리 그 부가 불공정하게 분배된다 하더라도 국가의 번영을 창출하고 있는 것이다. 도시는 자신의 문제를 해결하고, 모든 지역주민의 삶의 질을 높일 수 있는 기회와 상호작용을 제공한다. 하지만 도시생활은 우리에게 여전히 부정적인 이미지로 가득 차 있다.

도시의 세기(世紀)

　『창조도시』는 행동을 위한 구호이다. 왜냐하면, 21세기는 도시의 세기가 되기 때문이다. 처음으로 도시에서 생활하는 인구가 세계의 반 이상을 차지하게 되었다. 유럽에서는 그 비율이 이미 75%를 넘어섰고, 개발도상국에서도 50%에 육박하고 있다. 하지만 20년 전만 하더라도 세계 전체적으로 그 비율은 29%에 지나지 않았다. 대부분의 사람들이 필요에 따라 도시생활을 하고 있지만 진심으로 원하는 것은 아니다.

　영국을 대상으로 실시한 한 조사(1997)에서는 실제로 4%만이 조그만 시골에서 살고 있을 뿐인데도 전체 가운데 84%에 달하는 사람들이 시골마을에서 살기를 원하였다. 우리는 이들이 원하는 바를 충족시킬 정도의 마을을 건설할 수 없다. 그 대신, 우리는 한편에서는 사람들이 한적한 시골에서 거주할 때 느끼는 가치들—지역의식, 소속감, 연속성, 안전과 예측가능성 등—을 재창조함으로써, 또다른 한편에서는 시골마을에서는 도저히 찾을 수 없는 도시만의 독특한 성격—웅성거림, 상호작용, 상업, 예상치 못한 즐거움 등—을 통하여 도시를 살기 좋고, 생활하기 좋은 곳으로 바꾸어야만 하는 것이다.

창의성, 즉 도시의 생명

도시는 하나의 중요한 자원을 갖고 있다. 그것은 사람이다. 인간의 지혜, 욕망, 동기, 상상력, 창의성이 지금까지 도시의 중요한 자원으로서의 역할을 수행해 왔던 입지, 자연자원, 시장의 접근성을 대체하고 있다. 도시에서 살면서 도시를 경영하는 사람의 창의성이 장래의 성공을 결정하게 되기에 이르렀다. 물론, 과거에도 그것은 항상 도시의 생존능력과 적응능력을 형성하는 데 중요한 역할을 해왔다. 도시가 도시의 경영관리라고 하는 문제를 노정시킬 정도로 그 규모가 커지고 복잡하게 됨에 따라, 도시는 성장문제에 대한 해답—기술적·개념적·사회적—을 발전시키는 실험실이 되었던 것이다.

오늘날의 도시문제를 창의성과 혁신이라는 관점, 또는 그러한 것들의 부족에서 비롯된다는 시각에서 고찰해야만 하는 이유가 있다. 그것은 지금 세계의 많은 도시가 새로운 글로벌화의 힘에 의해서 초래된 과도기에 처해 있기 때문이다. 이러한 과도기는 지역별로 다르다. 예를 들면, 아시아 지역의 도시는 성장하고 있지만, 유럽 각 지역에서는 전통산업이 쇠퇴하면서 도시의 부가가치가 제조업보다 제품이나 공정, 서비스 등에 적용되는 지식자본(intellectual capital)에 의해서 창출되고 있다.

패러다임의 전환을 넘어서

『창조도시』는 도시의 모든 차원에서 일어나고 있는 근본적인 변화들을 기술하고 있다. 종합적으로 판단할 때, 이러한 변화들은 마치 30년 전의 전형적인 도시에서 현재 도시로의 패러다임의 전환을 의미한다. 이러한 상황하에서는 종전의 해결방식은 작동하지 않는다. 하나의 사고방식으로는 해결하기 어려운 문제로 보였던 것이 또 하나의 생각, 즉 독자가 모순과정을 통해서 생각하는 것을 돕기 위해 고안된 새로운 사고와 개념적인 도구에 의해서는 잘 해결될지도 모른다.

앞으로 소개될 각종 사례들은 논점을 설명하기 위하여 인용된 것에 지나지 않는다. 『창조도시』는 도시의 훌륭한 실천사례모음집으로 의도된 것은 아니지만 독자들에게 참고가 될 만한 많은 사례들을 발견하게 할 것이다. 많은 사례들은 유럽과 기타 선진국가에서 겪은 나 자신의 개인적인 경험에서 비롯된 것이다. 도시의 변천과정은 세계적인 관점에서 이야기되겠지만, 『창조도시』는 기본적으로 유럽의 시각에서 기술되어 있다. 그 이유는 유럽의 도시가 보다 창의적이기 때문이 아니라, 내가 유럽의 도시를 잘 알고 있기 때문이다.

나는 중국, 인도, 아프리카 그리고 남아메리카의 위대한 창조도시들을 알고 있지만, 나 자신에게는 유럽의 문화가 깊게 각인된 관계로 유럽의 도시생활양식을 반영한 '좋은 도시'의 이미지를 갖고 있다. 내가 갖고 있는 좋은 도시의 이미지는 대략 다음과 같은 것이다. 도시의 중심은 도시의 모든 부분의 중립적인 만남의 장소이고, 공적으로 공간을 공유한다는 사고방식은 상호작용, 교섭, 상업 및 도시의 웅성거림을 강화시켜 도시에 부를 부가시킨다. 또 도시생활 그 자체는 개인을 초월한 자기유지의 질적 특성을 갖고 있다는 느낌, 그리고 혼합과 다양성과 문화가 도시의 잠재능력을 형성한다는 인식 등이다.

　이러한 견해 가운데 일부는 세계적으로 공유되지만 나머지는 아마도 그렇지 않을 것이다. 하지만 도시문제를 분석하는 개념, 원리, 방법 등은 누군가에 의해서 이용될 수 있고, 또 어떤 곳에서는 적용되어야만 한다. 이러한 도구(창조도시의 사고방식 †역주)는 시민, 정책입안자 그리고 의사결정자가 도시에서 유일하게 가능할지도 모르는 기회를 잡을 수 있게 한다. 만약 당신이 도시의 이면을 탐구하기 시작하면, 거의 모든 도시가 창의적인 잠재력을 갖고 있으면서도 많은 도시에서 그것이 잠자고 있다는 사실을 알게 될 것이다. 놀랍게도, 창의성과 혁신을 이끌어 내는 데 필요한 조건들—실리콘밸리, 로스앤젤레스, 바르셀로나, 에밀리아로마냐 주변의 제3이탈리아 등의 발달을 초래한 공식·비공식적 구조, 그리고 창의성과 새로운 비즈니스 서비스를 창출하는 데 세계적 명성을 얻고 있는 동경과 뱅갈로를 둘러싼 선진적인 기술이문화권(技術異文化圈) 등—에 대해서는 거의 알려져 있지 않다. 『창조도시』에서는 창의성 과정의 이면에 잠자고 있는 것들을 탐구할 것이다. 그렇기 때문에 창의성은 예술가 특유의 영역이라든가 혁신은 그 대부분이 기술적인 것이라는 사고를 뛰어넘어, 사회적·정치적 창의성과 사회적·정치적 혁신도 존재한다는 사고방식을 가질 필요성에 관해서 제시하고자 한다.

도시문제에 대한 창의적인 해결

　창의성의 핵심은 창의적인 사람과 조직이고, 이들이 한 지역에 모일 때 창의적인 환경(milieu)을 낳게 된다는 것이 두드러진 특징이다. 『창조도시』는 어떻게 하면 그러한 환경이 조성되는지, 또 어떻게 하면 도시를 혁신적인 허브로 만들 수 있는가를 묻는다. 그것은 어떻게 하면 새로운 형태의 비즈니스와 뱅킹이 출발하는가를 평가하고, 사회적 약자에게 금융서비스를 제공하고 있는 시카고의 사우스 숄 뱅크(South Shore Bank, 1972년에 중소기업 대출업무와 직업훈련, 가족지원 서비스업무를 목적으로 출범한 은행, 지금은 지역개발금융의 모델이 되고 있다 † 역주)와 같은 조직의 원리가 무엇인가를 평가한다. 나는 독일 루르지방의 '엠셔 파크(Emscher Park)'가 채용하고 있는 것과 같은, 도시발전에 대한 생태적인 접근방식이 어떤 과정을 거쳐 뿌리내리게 되었는가를 관찰하였다. 또 베를린에 있는 '러브 페스티벌'(테크노음악축전 † 역주)처럼 시민들의 자부심을 낳을 정도의 지지를 받고 있는 예술적인 해결 메커니즘에 대해서도 연구하였다.

나는 헬싱키의 경우처럼, 도시발전을 위한 기술의 환상적인 활용을 가능하게 한 요인이 무엇이고, 또 네덜란드의 틸부르흐처럼 새로운 형태의 통치형태(governance)를 가져온 동인이 무엇인지를 자문(自問)했다. 나는 창의성이 조직될 수 있는 방법, 창의적인 인력을 관리하는 방법, 그리고 영국의 '하더스필드 크리에이티브 타운 이니셔티브'(Huddersfield Creative Town Initiative, 창의적인 마을의 새로운 실험, 상세한 내용은 이 책 제4장을 참조 † 역주)가 향후의 올바른 방법인지를 알고자 했다. 어떻게 하면 정부가 영리기업과 비정부단체(NGO)와 잘 협동할 수 있을 것인가를 탐구하는 것이 중요하다. 또 어떻게 하면 공식·비공식적 네트워크가 최량의 결과를 낳을 수 있도록 상호 연계를 강화할 수 있을 것인가를 발견하는 것도 중요하다. 또한 나는 기술이 창조도시를 발전시키는 데 어떠한 역할을 수행할 것인가에 대해서도 깊은 흥미를 갖고 있다. 이 경우, 예술적 창의성보다도 다른 형태의 창의성이 보다 중요한 의미를 갖고 있는지에 대해서도 검토해 보고자 한다.

실천을 위한 도구상자

『창조도시』는 무엇보다도 우리가 생각을 바꿀 때에야 비로소 도시의 가능성을 새롭게 바라볼 수 있게 하는 의지, 책임감, 에너지를 낳게 된다는 것을 주장하고 있다. 여기에서는 '창의적으로 생각하고', '창의적으로 계획하고', '창의적으로 행동하기' 위한 일련의 접근방식과 방법이 기술된다. 이들은 도시계획을 완전히 다르게 접근하는 새로운 방법을 제공한다. 일단 회의에서 그 기술이 채용되면, 보다 공식적·방법론적인 수법으로 적용되는 것과 마찬가지로, 이들은 잠재의식으로 흡수되고, 이어서 일상적인 의사결정에도 영향을 미치게 될 것이다.

본문 속에는 도시에 관하여 이야기하기 위해서 다양한 용어와 개념의 집합이 등장한다. 예를 들면, 시민적 창의성(civic creativity), 즉 공공선을 지향하는 창의성, 도시창의성의 사이클(cycle of urban creativity)과 그것이 어떻게 하면 발전되고, 실행되고, 진흥될 수 있을 것인가? 어떻게 하면 도시혁신개념의 라이프사이클과 도시의 연구개발 및 실험적인 프로젝트(pilot project)가 발전되고, 주류가 되고, 복제될 수 있을 것인가? 어떻게 하면 문화자원이 활용될 수 있을 것인가? 학습하는 유기체(learning organism)로서의 도시를 어떻게 바라볼 것인가? 마지막으로 새로운 형태의 리터러시의 창조—당신이 누구이든 도시를 '읽고', 이해하는 지적인 능력—, 이것은 도시의 리터러시(urban literacy)라고 부를 수 있을 것이다.

왜, 이 책인가?

『창조도시』는 다음과 같은 세 가지의 주요한 목적을 위하여 쓰여졌다.

1) 독자가 보다 통합적이면서도 수미일관된 방식으로 도시를 생각하고, 분석하게 하는 것이다. 보다 장기적인 눈으로 보면, 이것은 도시가 어떻게 조직·관리되는가를 알 수 있게 할 뿐만 아니라, 의사결정자가 도시의 잠재력과 자산을 바

라보는 방식을 변화시킬 것이다.

2) 독자에게 새로운 사고방식을 자극하는 '정신적 도구상자'를 제공하고, 도시에 대한 독자 자신의 아이디어와 해결을 고무하는 것이다.

3) 다양한 수준의 의사결정자들 상호간의 질 높은 논의를 이끌어 내고, 도시에서 이루어지는 정책, 전략, 행동에 영향을 미치는 것이다.

∷ 감사의 글

    나를 도와 준 많은 분들께 감사의 뜻을 전하고 싶다. 프랑코 비앙키니(Franco Bianchini)에게는 그의 아이디어와 관대함에 감사드린다. 나는 그와 많은 주제에 관해서 여러 차례 토론을 하고 편지를 주고받았다. 『혁신적이고, 지속가능한 유럽의 도시(*Innovative and Sustainable City*)』의 공동저자인 피터 홀(Peter Hall) 경(卿)으로부터는 끊임없는 격려의 말을 들을 수 있었다. 프랑수아 마타라소(Francois Matarasso)의 건설적인 비판은 이 책을 출판하는 데 많은 도움이 되었고, 또 논점을 분명히 하는 데에도 귀중한 조언이 되었다. 트레버 스미스(Trevor Smith) 경(卿)과 '조셉 라운트리 리폼 트러스트'는 이 프로젝트에 공동출자를 해 주었을 뿐만 아니라 오랜 기간 동안 나를 신뢰해 주었다. 나는 이들의 은혜에 조금이라도 보답할 수 있기를 희망한다. 하더스필드에 있는 크리에이티브 타운 이니셔티브의 책임자 필 우드(Phil Wood)는 유럽위원회의 '어번 파일럿 프로젝트(Urban Pilot Project)' 계획을 통해서 「창조도시」 프로젝트를 추진해 주었을 뿐만 아니라 본서의 집필에도 공동출자해 주었다. 그의 용기에 감사드린다.

    내가 감사의 뜻을 전하고 싶은 또다른 사람들은 페리 6세(Perri 6)와 찰스 리드비터(Charles Leadbeater)를 비롯하여 데모스(Demos, 영국과 기타 선진산업사회가 직면하는 장기적인 문제를 비판적인 시각에서 바라보는 영국의 대표적인 민간싱크탱크† 역주)의 제프 멀건(Geoff Mulgan)과 그 협력자들, 그리고 오랫동안 문명적인 도시의 미래에 관하여 흥미를 갖고 있는 나의 코메디아(Comedia, 1978년 찰스 랜드리에 의해서 창설된 영국 최고의 문화전문 컨설턴트조직. 상세한 내용은 이 책 p.417~418 참조 † 역주)의 동료인 켄 워폴(Ken Worpole)과 리즈 그린할프(Liz Greenhalph) 등이다. 이 책은 또한 하워드 가드너(Howard Gardner), 가레스 모건(Gareth Morgan), 제인 제이콥스(Jane Jacobs), 아트 클라이너(Art Kleiner) 등과 같은 작가와 사상가들로부터 영향을 받았다. 나와 토론을 했던 친구인 톰 버크(Tom Burke), 봅 맥널티(Bob McNulty), 쥬드 블룸필드(Jude Bloomfield), 마크 팩터(Marc Pachter), 조나던 하이엄스(Jonathan Hyams), 데보라 젠킨스(Deborah Jenkins), 일리드 랜드리(Llid Landry), 리아 지랄디(Lia Ghilardi), 그리고 코메디아와 지난 6년간 함께 창조도시 관련 프로젝트를 수행해 왔던 헬싱키 출신의 해리 슐만(Harry Schulman)과 티모 칸텔(Timo Cantell)도 지속적으로 중요한 영향을 주었다. 또 편집을 맡아 준 폴린 마타라소(Pauline Matarasso), 사례조사를 해 준 톰 플레밍(Tom Flemming), 헬렌 굴드(Helen Gould), 애너벨 빌스(Annabel Biles), 창의적인 기법에 관한 장을 집필하는 데 도움을 준 롭 로이드-오웬(Rob Lloyd-Owen), 그리고 암스테르담 서머스쿨(Amsterdam Summer School)에서 우리의 창조도시 클라스를 진행하는 데 도움을 준 짐 리스터(Jim Lister)에게도 감사의 뜻을 전한다.

특히, 나는 나의 헌신적인 친구인 데이지(Daisy)와 버티(Bertie)의 끊임없는 교류에 감사하는 동시에 수지(Susie), 맥스(Max), 그리고 낸시(Nancy)에게도 감사의 마음을 전한다. 이제 드디어 그들과 보다 많은 시간을 함께 보낼 수 있게 되었다.

❖ 차 례

제 2 장

도시문제, 창의적인 해결

제 3 장

새로운 사고

도시창의성의 개념적 도구

‖ 제 4 부 ‖

창조도시를 넘어서

제10장

창조도시와 그 행방

❖ 사례조사일람

제 1 장

제 2 장

제 1부
도시문제의 추이

1 도시의 창의성 재발견

왜, 몇몇 도시는 성공하고 있는가?

창조도시라는 개념의 기원은 왜 몇몇 도시는 지난 20년간 급속한 변화의 물결 속에서도 잘 적응해 왔는가에 대한 생각에서 비롯되었다. 바르셀로나, 시드니, 시애틀, 밴쿠버, 헬싱키, 글래스고, 뱅갈로, 아메다바드(인도†역주), 쿠리티바, 로테르담, 더블린, 독일 루르지방의 엠셔강을 따라 형성된 클러스터, 취리히 주변, 칼스루에, 스트라스부르 등과 같은 도시들과 기타 번창하고 있는 도시들은 경제·사회적으로 커다란 발전을 이루어 왔던 것으로 보인다. 하지만 그 밖의 도시는 변화를 단순히 허용해 왔을 뿐인 수동적인 희생양처럼 보인다.

잘 알려진 매력적인 장소로부터 이름 없고 희망이 없는 것처럼 보이는 장소에 이르기까지, 세계 여러 곳에 대한 개인적인 경험을 회고해 보면 어떤 교훈이 떠오르게 된다. 성공하고 있는 도시는 어떤 공통적인 속성—상상력이 풍부한 개인, 창의적인 조직, 뚜렷한 목적을 공유하는 정치문화 등—을 갖고 있는 것처럼 보인다. 이러한 도시는 의사결정에 따르면서도 운명론적인 진로를 따르는 것 같지는 않다. 리더십은 폭넓게 공공부문·민간부문·볼런터리부문까지 침투되어 있었다. 그것은 과감한 공공적인 주도권과 종종 위험부담이 큰 비즈니스에 대한 투자, 영리적인 것과 공공선을 위한 것의 연계 프로젝트로 나타났다.

　　가치 또는 아이덴티티로 표현되는 문화적인 문제를 이해하는 것은 변화에 호응하는 능력의 관건이지만, 그것은 특히 조직문화의 경우에 해당한다. 문화적으로 견문이 넓은 시각을 승인하는 것은 도시계획의 일을 추진하는 데 결정적인 의미를 갖는다. 또한 학문 분야, 조직 및 공공부문·민간부문·볼런터리부문 등의 접근방법을 연계하기 위해서는 누구라도 혼자서는 도시의 변화를 구상할 수 없다는 것을 승인할 필요가 있다. 따라서 새로운 형태의 협력관계가 구축되어야만 한다. 지방정부 내에 있는 부문 간의 상호 협력과 협동만으로는 도시의 잠재력을 이끌어 내지 못한다. 도시계획·경제·사회·교육·문화 등 상이한 분야의 정책은 각각의 기본적인 가정, 일하는 방식, 목표 등에 영향을 줄 정도로는 서로 충분히 배울 수 없었다. 코메디아가 추진한 프로젝트가 갖는 한계성에 대한 인식은 우리에게, 성공한 도시정책과 경영관리는 문화적인 문제 및 창의적이고, 전체적이고, 미래 전망적이고, 사람에 기반을 둔 접근방식에 보다 많은 주의를 기울이고 있다는 사실을 확신시켜 주었다. 지속적인 성공은 정책결정자와 도시공무원의 사고방식을 발전시킬 수 있는가의 여부에 달려 있는 것이다.

　　성장을 보인 장소의 중심인물들은 어떤 종류의 공통적인 성질 —편견 없는 열린 마음, 리스크를 두려워하지 않는 기질, 전략에 대한 이해와 함께 장기목표에 대한 명확한 관심, 지역의 고유성을 활용하는 능력과 외견상의 약점 속에서 강점을 찾아 내는 능력, 타인의 의견에 귀 기울이고 학습하고자 하는 기질 등—을 갖고 있다. 이들은 사람, 프로젝트, 조직, 그리고 최종적으로는 도시를 창의적으로 만드는 특성이다.

창의성을 정의할 경우, 도시의 창의성보다 개인이나 조직의 창의성을 생각하는 것이 훨씬 쉽다. 왜냐하면, 도시는 사람, 이익단체, 조직형태, 비즈니스 섹터, 사회적 관심, 문화자원 등의 다양하고 복잡한 혼합물이기 때문이다. '창의적'이라는 용어 그 자체가 단순하지 않고, 더구나 창의성이 예술 및 과학과 크게 관련되어 있다는 것을 가정한다면 창조도시에 대한 나의 개인적인 경험에서 출발하는 것이 유익할지도 모른다. 두 가지의 중요한 논점이 나의 창조도시에 관한 이해를 형성하게 했다. 첫째는, 우리의 사고방식을 형성하게 하는 생각과 아이디어의 힘이고, 둘째는 창의적 자원으로서의 문화의 중요성이다.

창의적으로 생각하라

우리는 모두 뿌리 깊은 문화적인 배경을 갖고 있다—나 자신의 그것은 유럽의 혼합물이고, 그것은 나의 사고방식, 생각, 가치척도, 열정에 지속적인 영향을 미치고 있다. 여기서 말하는 혼합물은 독일, 영국, 이탈리아의 그것이다(이것은 저자가 영국과 독일과 이탈리아에서 오랜 기간 생활하고, 연구한 경력에서 비롯된 것이다 † 역주). 그들의 독특한 사고방식은 내가 어떻게 창조도시를 생각하게 되었는가에 대해서도 영향을 미쳤다. 독자들은 가끔 이러한 것이 때때로 정반대의 방향으로 작용하고 있다는 것을 느낄 것이다. 보다 변증법적인 독일의 접근방식은 우선 이론적인 틀을 찾은 다음 원동력을 평가하고, 정반합의 조화를 추구한다. 반면에, 앵글로색슨의 접근방식은 보다 경험적이고, 사례와 실생활에서 최량의 실천을 강조한다. 예민한 상상력과 문화에 대한 풍부한 이해는 이탈리아의 상황(context)에서 인정된다.

창조도시 프로젝트가 갖는 근본적인 문제는 사람과 조직의 사고방식을 변화시킬 수 있을 것인가 하는 것이다—그리고 만약 그것이 가능하다고 한다면, 어떻게 하면 될 것인가 하는 것이다. 그 해결책은 변화를 창출하는 우리의 사고방식과 아이디어의 힘을 강조하는 것이다. 사고방식을 변화시켜 통합적인 방법 속에서 도시문제를 취급할 필요성을 이해하는 것은, 가끔 하찮은 쓰레기더미로 보이는 정책제안서 천 권의 값어치에 해당한다. 여기서 말하는 사고방식은 사람들이 일상생활에서 행하는 사고방법이지만, 그것은 사람들의 의사결정을 유도하고, 게다가 세계질서를 구축한다. 따라서 우선적으로 요구되는 것은 사고를 변화시키는 데 창의성을 활용하는 것이다. 예를 들면, 상상력이 풍부한 문제해결방식에 대한 공통의 장애가 되고 있는 이분법적인 사고습관을 극복하는 것이다.

『창조도시』에서는 편협된 사고를 뛰어넘기 위한 일환으로, 창조도시의 분위기가 갖는 가치를 강조하고 있다.

- 도시문제의 해결책은 전체적인 사고와 세분화된 접근방법의 결합에 의해서 고찰되어야만 할 것인가?
- 도시에 대한 남성적인 접근보다 오히려 여성적인 접근이 갖는 함의는 무엇인가?
- 농촌의 생활모델은 도시에 대하여 제공할 수 있는 것이 무엇인가?
- 전통의 존중 또는 혁신 사이의 균형, 표류(漂流)와 자발성을 허용할 것인가, 그렇지 않으면 질서를 따를 것인가의 균형은 어떻게 취할 것인가?
- 직관에 기초한 의사결정과 합리적인 의사결정 가운데 어느 쪽을 장려해야만 할 것인가?
- 고유성(distinctiveness)은 어느 정도로 도움이 될 것인가? 또는 시행착오와 실험은 잘 수용될 수 있을 것인가?
- 도시는 속도를 늦추는 것과 속도를 내는 것 가운데 어느 것을 더 필요로 하는가?

✻ 도시가 자신의 사회적 기반을 파괴하지 않으면서 전진하고
자 한다면, 어떤 기준을 선택해야만 할 것인가?

느림과 가속의 경우를 예로 들면, 한쪽에는 '느림'의 해결책이
있을 것이고, 또다른 한쪽에는 '가속'의 해결책이, 그리고 중간 어
딘가에 제3의 해결책이 있을 것이다. 하지만 제4의 해결방식은 우
리에게 '느림·가속'이라는 개념 축을 넘어선 새로운 차원에서 문제
에 접근할 것을 요구할 것이다. 다음에서 개괄적으로 설명하겠지만,
이것은 문화적인 관점에서 도시의 잠재력에 대한 주의 깊은 관찰이
문제를 취급하는 가장 적합한 방법이라는 것을 시사한다.
이분법적 일람표는 창조도시에 관한 아이디어를 표현하는 상상
력이 풍부한 방법이 아니다. 우리는 이러한 대립적인 것들이 보다
넓은 전체 틀의 일부라는 사실을 인식해야만 한다. 『창조도시』에서
는 보다 통합적인 접근방식이 생각할 수 없을 정도의 풍부한 해결
책을 제공한다는 것을 강조하고 있다. 도시의 창의성은 책임 있는
사람이 개방적인 마음을 가질 때, 또 집중하는 능력과 측면적인 사
고(lateral thinking)를 관련시켜, 실천과 개념적인 사고를 결합할 수
있을 때 성장하는 것이다. 만약 이러한 질적 특성이 어떤 개인에게
없다고 하더라도 팀의 경우에는 존재할 수 있는 것이다. 도시문제
를 해결하는 팀은, 또 하나의 부분으로 나아가기 이전에 하나의 부
분을 상세하게 마스터하기를 원하는 사람과, 세세한 것으로 나아가
기 이전에 전체적인 모습을 마스터함으로써 최량의 학습을 원하는
사람을 결합하는 새로운 방법을 필요로 한다.

무대의 중심으로 이동하는 문화

창조도시로 한 걸음 더 나아가게 된 것은 문화에 대한 관심에
서 비롯되었다. 두 가지의 현저한 관련성은 어떤 과정을 거쳐 문화

적 진화가 도시발전을 형성하는가 하는 것이고 아울러 창의성과 문화발전 사이의 고유한 연결고리이다.

　코메디아가 초창기에 영국에서 수행한 대부분의 업무는 새롭고, 독립적이고, 주로 도시 미디어의 성장과 관련된 것이었다. 우리는 조사와 실행가능성에 관한 연구를 수행하고, 민간과 커뮤니티의 라디오방송 프로그램의 제작·방송·수신, 출판과 도서의 판매, 영화, 비디오, 멀티미디어, 음악, 디자인, 공예와 연극산업 등에 대한 조언을 하였다. 우리는 복합적인 섹터로서, 현대의 도시경제 중에서 가장 빠른 속도로 성장하고 있는 문화산업의 가치를 강조하였다. 기존의 자원 및 제조업의 쇠퇴와 더불어 문화는 유럽의 많은 도시에서 구세주가 되었고, 이러한 경향은 점차 다른 지역으로 확산되고 있다. 문화산업의 역동성(dynamics)과 도시의 문화자원이 어떻게 사람들의 잠재능력을 극대화하는가를 이해하고자 하는 과정에서, 나는 점차 문화의 보다 광범위한 중요성과 그 효과를 깨닫게 되었던 것이다.

　나는 또한 끊임없이 문화유산과 전통의 힘과 마주쳤다. 우리는 왜 격렬한 변화과정 속에서 과거의 건축물, 공예품, 숙련된 기능, 가치와 사회적 의식에서 위안과 영감을 찾고자 하는 것인가? 그것은 글로벌화하는 세계에서 우리가 안정과 지역적 뿌리를 찾고자 하기 때문인가? 문화유산은 우리를 우리의 역사와 집단적 기억으로 이어 주고, 우리의 존재감각을 공고히 하고, 또 미래에 직면하는 우리의 통찰의 원천을 제공할 수 있는 것이다.

　문화유산은 지난날 우리들 창의성의 총체이고, 그 결과로서 창의성은 사회를 앞으로 나아가게 한다. 문화의 각 측면—언어, 법, 이론, 가치관, 지식—은 다음 세대로 계승되기 때문에 재평가를 필요로 한다. "창의성은 유전적 변화과정의 문화적 동의어이고," 적응이고, "대부분의 새로운 특성은 살아 남을 기회를 이용할 수 없지만, 소수의 것은 생존하고 생물적 진화를 설명한다"(Csikszentmihalyi,

1996, p. 7). 창의성에 대해서도 마찬가지다—모든 실험이나 파일럿 프로젝트가 유효한 것은 아니지만, 역사적으로 보면 도시가 활력을 유지하고 있는 것은 도시가 전통의 경계선까지 나아가는 것을 허용하는 도시의 창의성이 있기 때문이다. 이처럼 문화와 창의성은 서로 뒤엉켜 있는 것이다.

문화는 어떤 장소가 고유하고 특이하다는 것을 나타내는 일련의 자원이다. 과거의 자원은 사람에게 영감을 주고, 미래에 대한 자신감을 부여한다. 문화유산조차도 건축물을 개축하거나 옛 기능을 현대에 적용함으로써 매일 재창조되고 있다. 오늘의 고전은 어제의 혁신이다. 창의성은 새로운 것의 지속적인 발명일 뿐만 아니라 옛 것을 적절히 취급하는 방법이다.

문화자원

문화자원은 도시와 그 가치기반의 원자재이고, 석탄과 철강 또는 금을 대신할 수 있는 자산이다. 창의성은 이러한 자원을 활용하는 방법이고, 그 성장을 돕는다. 중요한 문제는 그 가능성이 무한하기 때문에 어떻게 하면 그것을 정의할 것인가에 있는 것이 아니라, 어떻게 하면 상상력을 제한할 것인가 하는 것에 있다. 도시계획가의 일은 책임감을 갖고서 이러한 자원을 인식·관리·개발하는 것이다. 따라서 문화는 주택, 교통, 토지이용과 관련된 중요한 계획이 검토될 때의 부가적인 요소로서가 아니라, 도시계획의 전문성을 구성하는 하나의 요소가 되어야만 한다. 한 걸음 더 나아가서, 경제발전 및 사회상황과 마찬가지로, 문화적인 견문을 가진 시각이 어떻게 계획할 것인가를 조건지어야만 하는 것이다.

문화를 자원으로 인식하는 것은 개인적인 계시(revelation)였다. 이후 나는 도시와 자산에 대해 정반대의 방법으로 생각하기 시작하였다. 도시의 도처에는 실제적인 도시의 목적에 재활용될 수 있는 숨은 이야기, 또는 아직 발견되지 않은 잠재력을 지닌 것들이 산재해 있다. 이것은 도시자산에 대한 새로운 심사방식을 도입하게 하였다. 도시의 경제·사회적 잠재력과 정치적 전통 등 보다 넓은 범위를 채택하는 것에 의해서, 우리가 어떻게 하면 문화자산이 경제발전으로 전환될 수 있을 것인가를 평가하였다. 목공예와 금속직물 분야에서 축적된 옛 기능이 어떻게 현대기술과의 결합을 통해서 새로운 생활용품시장을 만족시켰는지, 또는 학습과 토론의 전통이 회의장소로서의 도시를 만드는 데 어떻게 활용되었는지 등이다. 우리는 또한 도시의 감각(sense)을 색, 소리, 냄새, 시각적 표현 등에서 검토하고, 도시의 경쟁력을 낳을 수 있는 상호 부조와 조직의 네트워크, 사회적 행사를 포함하는 광범위한 범주를 채택하였다. 문화자산이라는 개념에 대한 이러한 접근방식은 나에게 도시란 건축 프로젝트와 활동에 의해서 형성되는 유연한 창조물이라는 생각을 가지게 했다. 나는 도시가 개성과 함께 일시적으로 고양되다가도 한순간에 우울해지는 감정을 갖고 있다고 생각하였다. 이렇게 생각하면, 도시는 기계가 아닌 살아 있는 하나의 유기체였다.

이렇게 해서 처음에는 지나치게 단순한 것처럼 생각되는 몇 가지 개념의 비결이 습득되었다. 그 가운데 하나는 "약점을 강점으로 바꾸라"는 아이디어이다. 어떻게 하면 문제를 최대로 부각시킬 것인가에 집중하는 것은 잠재적인 원자재는 모든 것에 존재한다는 아이디어를 보강해 주었다. 예를 들면, 케미(Kemi)라는 북극권에 있는 핀란드의 마을은 주력산업인 제지업이 쇠퇴하면서 높은 실업률에 허덕였다. 주요 자산이 추위와 눈뿐인 이 마을은 세계 제일의 눈으로 된 성을 축조한 결과, 예상 밖의 효과를 거두었다. 나는 글래스고가 아이슬란드보다 건조하다는 것을 인식한 글래스고의 관광청장이 글래스고를 일종의 리비에라(Riviera, 해안† 역주)로서 아이슬란드인에게 권장하였다는 소식을 들었다. 이 이야기를 본국에 전한 사람은 바로 글래스고의 대중주점에서 술을 마시고 있던 유쾌한 아이슬란드인 일행이었던 것으로 생각된다.

몽펠리에

표 지 판 속 의 이 야 기

몽펠리에를 방문하면 간단한 방법으로 도시가 그 열망을 얼마나 잘 표현할 수 있는가를 알 수 있다. 실제로 공항에서는 표지판이 몇 마디 말로 방문자를 환영한다. '국제도시, 몽펠리에' 중심부로 향하는 도로상에는 시민들이 조성한 화단의 토착식물과 자전거를 활용한 작품으로 만든 표지판이 식수계획을 알려 준다. 그 메시지는 "몽펠리에는 생태도시다"라는 것이다. 더구나 노벨과 아인슈타인의 이름을 딴 거리가 있는 지구(地區), 그리고 시너지(Synergy), 다이아그노스틱스(Diagnostics), 디지털(Digital) 등과 같은 주택회사들이 새로운 테크놀로지의 지역이라는 것을 표현하고 있다. 즉, "몽펠리에는 뉴 테크놀로지의 도시다"라는 것이다. 광장의 중앙에는 건강진단차가 서 있고, 상징적으로 '몽펠리에는 건강도시'라는 것을 선언한다. 이어서 시청 공무원과의 논의에서 몽펠리에의 중심전략이 국제도시, 혁신도시, 생태도시, 건강도시라는 사실을 알게 되었다. 의식적으로 표지판 속에 도시의 이야기를 디자인하는 것은 도시발전에 무형의 것을 사용하는 힘을 나타내고 있다.

문화자원의 세계가 열리면서 모든 도시가 자신만의 독특한 것을 갖고 있다는 것이 분명해졌고, '무에서 무언가를 창조한다'는 슬로건이 황폐한 도시, 춥거나 더운 도시, 변방에 처한 도시를 개발하거나 진흥하고자 하는 사람들의 신앙(totemic)이 되었다. 만약 지속적이고 열정적으로 시행된다면 모든 도시가 어떤 분야의 세계적인 센터가 될 수 있다는 인식이 생겨나게 되었다—환경연구의 프라이부르크, 블루스의 뉴올리언스, 영국의 헌책방마을 헤이온와이(리처드 부스 지음/이은선 옮김, 『헌책방마을 헤이온와이』, 씨앗을 뿌리는 사람들, 2003 참조† 역주) 등이다. 도시의 자원을 분명히 하는 데에는 축제일 또는 기념일로 유명한 이탈리아의 사례로부터 많은 것을 배울 수 있다. 그들은 어떤 자원이라도 기념하고, 그 지역은 버섯에서 파스타, 소설 등으로 잘 알려져 있다.

이제, 문화자원은 사람들의 기능과 재능 속에 존재한다는 것이 분명하게 되었다. 이들은 건축물과 같은 '물건'뿐만 아니라 상징이고 활동이며, 또 인도의 여러 도시에서 보여지는 사리(sari, 인도 여성이 두르는 의상†역주) 제조업자의 복잡한 기능이나 발리 섬의 목공예, 말리 섬의 염색물과 같은 지방공예품의 레퍼토리이며, 수공예와 서비스이기도 하다. 도시의 문화자원은 역사적·산업적·예술적 유산이고, 그들은 건축물뿐만 아니라 도시경관을 포함한 다양한 자산을 상징한다. 취미와 열망은 물론이고 지방의 고유한 공공적인 생활전통, 축제, 제례의식 또는 이야기도 문화자원이다. 아마추어 문화활동은 모두 신제품이나 서비스를 창출하기 위해서 재평가될 수 있다. 음식과 요리, 레저활동, 의류, 그리고 하위문화와 같은 문화자원은 도처에 있지만 종종 경시되고 있다. 마지막으로 공연예술과 시각예술, 그리고 새로운 '문화산업'분야의 다양한 기능의 질적 기반 역시 문화자원이 된다는 것은 말할 필요가 없다.

문화의 영향력

문화는 통찰력을 제공하고, 그로 인해서 다양한 영향력을 갖는다. 즉, 문화라는 것은 그것을 통해서 도시발전이 보여져야만 하는 프리즘이다. 창의성의 온상인 문화산업은 그 자체가 중요한 경제부문이고, 런던, 뉴욕, 밀라노, 베를린 등 세계적인 도시에서는 노동인구의 3~5%를 고용하고 있다. 관광은 문화를 이용하고 있다. 하지만 대부분의 관광은 좁은 의미의 문화개념—박물관·미술관, 화랑, 연극과 쇼핑—에 초점을 맞추고 있다. 우리는 문화시설에서 긍정적인 효과를 볼 수 있다. 또한 문화섹터가 자신의 종업원이 활기찬 문화생활을 영위할 수 있기를 바라는 다국적기업을 유치함으로써 국내투자에 직접적인 영향을 미친다는 것을 볼 수 있다. 문화의 사회적·교육적인 효과를 평가하는 과정에서, 우리는 이러한 효과가 어떻게 변화에 대응하기 위한 사회자본 및 조직상의 능력을 조장하는가를

아무것도 없는 곳에서 무엇인가를 창출하라

영국의 헌책방마을 헤이온와이

웨일즈의 경계지역에 위치한 헤이온와이(Hay-on-Wye)는 1961년부터 농업과 농산물시장이 쇠퇴하면서 아무런 매력이 없는 도시가 되었다. 리처드 부스(Richard Booth)는 다 쓰러져 가는 성을 구입하여 헌책을 취급하기 시작하였고, 곧 성 전체는 헌책으로 가득 찼다. 부스는 필요 없게 된 다른 건물들—영화관이나 소방서 등—이 시장에 매물로 나오면 바로 구입하였다. 마을 전체가 헌책방으로 가득 찼다는 사실이 국제적인 매력이 될지도 모른다는 생각은 아직 존재하지 않았다. 영화관이었던 책방은 곧 '세계에서 가장 큰 헌책방'이 되었고, 뒤에 런던의 사업가에게 팔렸다. 1970년대를 경과하면서 헤이는 세계적인 평판을 얻었고, 현재는 42개의 책방이 있다. 서점들은 영화, 예술, 연금술, 역사, 군사, 시, 어린이, 미국의 정세, 철학, 경제 등 다양한 분야를 취급함으로써 전문성을 갖추고 있다. 마을과 특이한 상거래가 흡인하는 지명도(그리고 방문자)는 부스와 다른 사람들로 하여금 더욱 많은 서점을 개점하게 만들고 있다.

리처드 부스의 헤이에 대한 개인적인 투자—26명의 스텝과 도처에 있는 약 260명의 고용인—는 어떠한 화학공장이나 농업, 그리고 소매슈퍼마켓이 가져다 주지 못할 방식으로, 이 전원지방에 경제적인 지속가능성을 가져다 주었다. 헤이의 인구는 현재 1,400명을 조금 넘는다. 그들은 근린지역보다 많은 15개의 게스트하우스와 4개의 호텔, 그리고 많은 잠자리와 식사를 공급하고 있다. 최근 4년 동안 12개가 개점하는 등 카페와 레스토랑의 수가 급격히 증가하고 있고, 같은 기간 동안 헤이에는 10개의 앤티크 숍이 생겼다. 11만명 이상의 방문자가 매년—5월의 문학페스티벌 기간중에만 집중하지만—헤이를 방문한다. 헤이는 많은 전원지역이 1980년대에 경험한 소매점의 황폐화를 경험하지 않았다.

리처드 부스는 작은 마을을 활성화시키기 위한 일환으로 국제적인 책마을운동을 전개하는 데 노력을 기울였다. 여기에는 남프랑스의 몽류, 네덜란드의 브레데보르트, 벨기에의 레듀, 프랑스 브르타뉴의 베케렐, 스위스의 생 피에르 데 크라그, 미국의 스틸워터, 노르웨이의 활란, 말레이시아의 캄풍 부쿠, 그리고 일본의 미야가와 등이 있다.

[자료: Landry *et al.*(1996)]

알 수 있다. 문화는 사회적 통합력을 강화하고, 개인적 자신감을 증대시키고, 생활기능을 향상시킨다. 문화는 또한 사람의 정신적·육체적 웰빙(wellbeing)을 향상시키고, 사람이 민주적 시민으로 행동하는 능력을 강화하고, 또 새로운 숙련과 고용기회를 발전시킬 수 있다.

그러나 우리의 주의력은 특히 문화의 어떤 영향력, 즉 고유성의 가치에 두어져 있다. 왜냐하면, 그것이 창의성의 강력한 원천이라고 생각되기 때문이다. 상상력 풍부한 자원으로서의 문화가 갖고 있는 모든 측면을 관찰함으로써 우리는 전통적 또는 현재의 문화에 내포된 의미가 어떻게 장소(place)의 아이덴티티와 가치를 창출하는가를 알 수 있다. 그들이 표현하는 지역의 고유성은 점차 도시가 그 외관이나 감각을 동일시하고 있는 요즈음의 세계에서 특히 중요하다. 베이루트는 분쟁의 이미지를 불식하고, 과거의 국제도시에 입각한 중동의 금융과 회합의 중심지로 거듭나기 위해서 솔리데르(solidaire, 상호 정신으로 세계연대에 참여하고자 하는 사람들로 구성된 독립협회†역주)에 의한 대규모 도시중심부 재건 프로젝트에 초점을 맞추었다. 발트제국의 리가(Riga)는 이전의 소비에트 연방국가와는 다른 자신만의 고유한 이미지를 재구축하기 위해서 해운과 한자동맹의 전통을 활용하였다.

우리는 문화가 어떻게 하여 점차 중요한 위치를 차지하게 되었는가를 인식하였다. 도시의 시민단체를 행동으로 내모는 문화적 손실위협은 셀 수 없이 많이 있다. 이러한 캠페인은 도시의 건축물을 구제하는 이상으로 권한위임에 관한 것이었다. 캘커타에 기반을 두면서 인도 전역을 대상으로 캠페인을 벌이고 있는 '도시의 보다 나은 삶을 추구하는 사람들의 연대(People United for Better Living in Cities)'는 철도역, 시청사, 시립공원 입구 등을 민주화와 지역의 아이덴티티를 알리기 위한 자원으로 활용하였다. 이와는 대조적으로 싱가포르에서는 실제로 중국인 거주지역이 사실상 소멸했지만, 뒤늦게 그 가치에 눈을 떴다. 지금은 방문자가 지방도시의 테마파크에서 몇몇 중국식 건축물이 재건축되어 있는 것을 피상적으로나마 볼 수 있다. 또 그 고유의 경계가 무너져 1,000만 명의 거대도시가 된 마닐라는 인트라무로스(Intramuros, 구시가지 † 역주)의 문화적 가치를 뒤늦게 인식하게 되었다. 이제, 이 두 도시는 문화에 대한 깊은 이해가 중요한 복합효과를 갖고 있다는 것을 알고 있다. 시민적 자부심은 서서히 자신감을 부여하고, 문화와는 아무런 관계가 없는 일에 대해서도 영감과 에너지를 제공할 수 있을 것이다.

창의성의 다양성

창의성을 해명하라

내가 창의성에 초점을 맞출수록 창의성이라는 개념은 더욱 복잡하게 되었다. 창의성이란 본질적으로 다루기 어렵고, 예상하지 못한 비일상적인 문제나 상황을 해결하기 위한 방법을 평가하고 발견하는 능력을 가진 다면적이고 재치가 풍부한 어떤 종류의 것이라고 생각한다. 창의성이란 발견과 그 후의 잠재력을 이끌어 내게 하는 프로세스와 같은 것이다. 그 과정에서 지성, 혁신, 학습과 같은 특성을 활용하는 능력이 상상력에 부가된다. 나는 또한 창의성의 동적 측면과 상황(context)의 관계를 이해하였다. 어떤 기간이나 상황에서는 창의적일지 모르는 프로젝트가 기간을 달리하고 상황이 바뀌면 반드시 창의적인 것이 되는 것은 아니었다. 창의적이라는 것은 대부분 예술가, 또는 때때로 과학자와 관련되어 있지만, 문제를 다루는 방식이 대단히 창의적인 사람은 사회·경제·정치분야에서도 증가하고 있다. 창의성과 혁신적인 행동의 범위는 지속적으로 확대되고 있지만, 그 경계를 구분짓는 것은 질적 특성이라고 생각된다.

복잡한 현실 가운데서도 개인으로서, 또는 그룹, 팀, 조직 속에서 창의적으로 활동하는 사람을 구분할 수 있었다. 프로젝트 또는 조직 속에서 기능과 동기를 해방하는 것처럼 보이는 창의적인 프로세스와 구조가, 어떤 상황에서는 모든 사람이 창의적일 수 있다는 것을 암시하는 것에 눈을 떴다. 또 습관적인 관리방식은 종종 정반대의 결과—사람들이 안전을 추구한 나머지 자신의 잠재력을 최대한 발휘하지 못하게 된다는 것—를 초래하였다. 아울러 회사와 행정이 점차 우선순위에 대한 통제력을 잃고, 그로 인해 기회를 잃게 되는 것을 보았다. 창의적인 메시지를 전달하기 시작하면서 필연적으로 뿌리 깊은 장애물—즉, 부동산개발업자, 도시계획가, 회계사와의 대화에서 나타난 단선적이고 폐쇄적인 생각—을 만나게 되었다. 많은 사람은 그들이 평가할 수 없는 가치가 어떤 것인지를 전혀 이해하지 못하고 있는 것처럼 보였다.

아이디어의 힘

동시에, 나는 '4배수: 부의 배증과 이용자원의 반감(Factor Four: Doubling Wealth and Halving Resource Use)'이라는 창의적인 개념, 사회적 발명의 글로벌 아이디어뱅크를 위한 연구소, 또는 『빅 이슈』와 같은 서비스와 조우했다. 일단 성공하면, 많은 아웃사이더가 이끌던 프로젝트가 어떻게 주류가 될 수 있는가 하는 것이 분명하게 되었다. 나는 우리의 우선순위를 변화시키는 개념의 힘에 주목하고, 어떤 사회적 상황이 새로운 아이디어를 창출하는가를 묻기 시작하였다. 브리스베인(Brisbane, 호주 동북부 해안에 위치한 도시†역주), 요하네스버그, 더블린, 소피아, 바르셀로나 등과 같은 장소에서 도시의 재활성화에 기여하는 환경을 어떻게 조성할 것인가에 관한 논의는 우리가 어떻게 하면 창의적인 환경(milieu)을 만들 것인가 하는 의문으로 이끌었다.

창의적인 프로젝트에 관계하고, 창의적인 단체에서 활동하는 사람과 이야기를 나누었을 때, 창의성은 개인, 조직, 도시에 속하는 것으로 생각되는 특성에 의존한다는 것이 분명하게 되었다. 여기서 말하는 특성이란 편견 없이 사물을 바라보는 것에 기초를 둔 재치 있는 문제해결능력이고, 지적 리스크를 두려워하지 않는 기질이고, 문제에 대한 새롭고 실험적인 프로젝트이며, 그리고 결정적인 것은 반성할 수 있는 능력이고, 창조와 재창조를 이끄는 학습사이클을 만드는 능력이다.

이것은 다시 말해서, "항상 그랬다"는 말을 듣는 데 만족하지 않고, "왜, 이런 결과가 초래되었는가"를 묻는 시민의 사고 틀이다. 창의성은 문제점으로 간주되고 있는 것뿐만 아니라, 현재 충분하고 양호한 것으로 여겨지는 것에 대해서도 도전하는 것이다. 창의적인 사람과 조직은 스스로 절차나 원리를 바꾸고자 하고, 그것을 위한 미래의 시나리오, 상태, 창안, 응용, 적응, 프로세스를 고안하고자 한다. 그들은 공통성이 없는 것으로 보이는 것 속에서 공통점을 찾아 내고, 문제를 해결하는 예상 밖의 결합을 추구한다. 아마도 가장 중요한 것은 전체적으로 통합된 방법으로 상황을 바라보는 능력이다. 그것은 측면적이고 유연하게 상황을 바라본다는 것을 의미한다. 창의적인 사람과 조직은 유연하면서도 초점을 맞추어 사물을 생각하고, 적절한 리스크를 맞이할 준비가 되어 있다. 데이비드 퍼킨스(David Perkins)는 "창의적인 사람은 그들 능력의 중심이 아닌 한계 선상에서 일한다"(Fryer, 1996에서 인용)고 하였다. 창의적이라고 하는 것은 사고하는 자세이고, 가능성을 여는 문제에 접근하는 방법이다. 그것은 "특히, 모든 정신적 기능을 고무하는 유연성이다"(Egan, 1992).

중요한 것은, 창의성은 종착역이 아닌 여정이며, 결과가 아닌 프로세스라는 것이다. 모든 창의적인 생산물은 라이프사이클을 가지고 있고, 시간의 경과와 활동의 전개과정에서 얻은 혁신의 경험에 따라 적응하고, 재창안할 필요가 있는 것이다. 나는 창의적인 사람은 언어적, 논리적, 과학적일 뿐만 아니라 시각적, 음악적, 대인적(對人的), 공간적 등 복합적인 시각과 접근방법을 확증하고 있다는 것을 느꼈다. 그들은 상이한 연령대의 창의성, 여성의 창의성, 남성

『빅 이슈』

사람들이 기업가가 되는 것을 허용하고,
홈리스문제를 창의적으로 해결한 사례

『빅 이슈(Big Issue)』는 영국에서 생활비를 벌어 사회복귀를 위하여 홈리스에 의해서 판매되는 잡지다. 1991년에 바디 숍 재단(Body Shop Foundation)의 지원을 받아 발행되기 시작한 이 잡지의 주요한 강점은 아이디어가 간단히 복제될 수 있다는 것이다. 월간으로 출발한 이 잡지는 35만 부를 발행하는 주간잡지로 성장하였고, 유럽 13개국, 미국, 남아프리카, 오스트레일리아 등에서도 스트리트 페이퍼로 발행되기에 이르렀다. 『빅 이슈』는 홈리스에 대한 인식에 대해서도 상당한 영향을 미쳤을 뿐만 아니라, 자조(自助)—잡지의 판매수익금을 통해서 홈리스의 자립을 지원한다—의 철학에 입각하고 있는 독특한 경험이다. 홈리스는 전통적으로 외부의 도움을 받아야만 한다는 정신에서 벗어나 자기 존중의 마음을 발달시킬 수 있다. 발족 이후, 『빅 이슈』는 7,000명의 홈리스를 지원해 왔으며, 홈리스와 일반인들의 관계도 변화시켰다. 또한 미디어에서 홈리스 관련보도를 지속화시켰고, 경찰과의 파트너십도 이끌어 냈다. 『빅 이슈』의 이익금은 빅 이슈 재단(Big Issue Foundation)으로 적립된 다음, 홈리스를 구제하는 프로젝트에 활용되고 있다.

[자료: Hall and Landry(1997)]

의 창의성, 다른 문화적 배경을 가진 사람의 창의성 등을 인정한다. 이것은 그들이 다른 능력과 지식을 새로운 방법으로 통합함으로써 풍부한 자원을 개발할 수 있다는 것을 의미한다.

창의성은 또한 가치로부터 자유롭다. 그것은 긍정적으로도, 부정적으로도, 그 혼합적인 결과로서도 사용될 수 있다. 창의성을 제기하는 목적은 무엇이 그 가치를 결정하는가 하는 것이고, 시민의 창의성이라는 개념이 이 책의 핵심에 위치하는 이유도 여기에 있다. 나는 창의성만으로는 성공을 보장하지 않는다는 것을 깨달았다. 창의적인 질은 창의적인 아이디어나 성과가 현실의 리트머스를 통과할 수 있도록, 다른 것에 결합될 필요가 있는 것이다. 다른 요소와의 결합, 즉 실험, 시험(試驗), 경영관리, 집행기능 등이 일정한 역할을 수행한다는 것이다. 좋은 아이디어와 의도 가운데 많은 것이 실패하는 것을 관찰하면서, 나는 창의성이 프로젝트의 아이디어 단계로 제한되어 버릴 위험성을 목격했다. 성공적인 프로젝트가 되기 위해서는 최초의 통찰에서 실행, 다지기, 보급, 평가에 이르기까지 일관되게 운영되어야만 하는 것이다. 그것은 세상을 크리에이터, 우둔한 실행자, 따분한 지원스텝 등으로 구분할 수 없기 때문이다.

나는 가끔 도시의 조언자라는 입장에서 도시에 대한 창의적인 아이디어를 제안하곤 했는데, 해당 도시에 그것을 실현할 만한 인재가 없어서 그것이 사장된 상태로 방치되고 있는 경우를 보았다. 우리의 아이디어는, 예를 들면 글래스고, 만투아(Mantua, 이탈리아의 북부에 위치한 도시 † 역주), 바르셀로나처럼 창의적인 실행이 문화산업을 일자리 창출과 공간적 재생으로 이어지게 했을 때 유일하게 성공했다. 창의성에는 그 종류와 정도가 다양하고, 누구라도 자신의 창의성을 발견할 수 있다. 훈련은 우리가 창의적인지 여부와 잠자고 있는 역량을 펼치고 있는지의 여부를 발견하는 데 도움을 줄 것이다.

나는 창의적인 사람과 조직, 프로세스, 구조 사이의 차이를 보고, 그 초점과 중점은 다르다 하더라도 필요한 특성은 유사하다는 결론을 내렸다. 그것은 인간적 커뮤니케이션, 경청하기, 팀의 구축이나 외교, 중재하고 네트워킹하는 기술을 포함하고 있다. 창의적인 사람 없이는 창의적인 회의나 창의적인 조직도 가질 수 없다. 마찬가지로, 창의적인 조직 없이는 창의적인 환경—그것은 창의적인 사람, 프로세스, 아이디어, 성과가 상호작용하는 일종의 무대장치이다—이 조성되지 않는다. 이러한 혁신적인 환경을 확립하는 것이야말로 창조도시의 주요한 도전이다.

그러나 창의성을 정의하려고 할수록 알 수 없게 되었다. 혼란과 한정이 모든 결론과 함께 나타났다. 창의성과 혁신은 이음새 없이 뒤엉켜 있고, 최초에 생성된 아이디어 가운데서 많은 것이 실행 불가능한 것으로 판정될지도 모르지만, 최후에는 영향을 주는 기반을 제공한다. 창의성은 혁신이 발전하기 이전의 상태이다. 혁신은 새로운 아이디어가 실제로 나타난 결과이고, 통상적으로 창의적인 생각에서 발전한다. 혁신은 현실성의 테스트를 통과했을 때 나타나는 것이고, 창의적인 아이디어 그 자체만으로는 충분하지 않다.

창의성은 발산적이고 생성력(生成力) 있는 사고를 수반하지만, 혁신은 수렴적이고, 비판적이며, 분석적인 접근을 요구한다. 그리고 이러한 사고방식은 프로젝트가 전개됨에 따라 변동한다. 혁신과 창의성은 양자 모두 상황에 따라 그 의미하는 바가 다르다(context-driven). 무엇이 창의적인가 하는 것은 시간과 장소에 따른다. 예를 들면, 크로아티아의 스플리트와 불가리아의 부르가스를 재생하는 데 문화산업을 활용하는 방식은 셰필드와 멜버른에서는 상식에 속한다. 공공부문에서 창의적인 것—프로젝트 베이스의 일, 부서와 전문성을 넘나드는 활동—은 사기업과 예술단체, 캠페인그룹에서는 규범이 되었다. 그 역도 또한 사실이다. 나는 공공부문에서 민간부문이 실행하기 어렵다고 생각했던 마이너리티에 관련된 고용이 실행되는 것을 보았다.

심리학에서 경영학에 이르는 연구에서는 창의성에 관한 논문이 방대한데도 불구하고 도시의 창의성에 관한 내용은 거의 없다. 도시의 성공에 관계하는 다른 분야, 예를 들면 경제발전, 커뮤니티 발전, 사회상황, 교육, 도시통치 등의 문제에 창의성—새로운 형태의 재정책임(accountability), 예술분야의 기능구축에 관한 새로운 접근방법, 그라민뱅크(GB, 1976년 농촌의 빈곤자를 대상으로 금융서비스를 제공하기 위해 설립된 은행 †역주)의 아이디어에 적합한 마이크로 론 시스템—이 훌륭하게 적용되고 있는데도 불구하고 창의성에 관한 것은 많지 않다. 도시가 경제적·사회적 발전을 이끄는 혁신을 달성하기 위해 경직된 구조에 따른 실패와 격투하는 과정에서, 비즈니스가 점점 창의성에 초점을 맞추고 있다는 것을 알 수 있었다. 그들은 창의성을 새로운 형태의 자본으로 간주하였다. 이러한 인식은 학습하는 조직이라는 아이디어에 대한 흥미에서 비롯된 것이다. 나는 다른 종류의 조직에서는 다른 형태의 창의성을 기대하고 있는가를 물어보았다. 상업적 식품제조업체의 경우에는 환경감사(監査) 또는 사회적 감사시스템의 도입이 혁신일지도 모른다. 공공기관에서는 그것이 서비스를 실현하기 위한 공공·민간부문 간 파트너십의 구축이다. 볼런티어조직에게는 커뮤니티에 이익을 환원하기 위해서 상업적인 아이디어를 고안하는 것이 될지도 모른다. 만약 복잡한 도시를 다루기 위해서 다른 종류의 창의성이 필요하게 된다면, 성공의 기준 또한 변화될 것이다. 공공단체의 경우에는 그 기준이 자원이용 및 오염수준의 삭감이 될지도 모른다. 이윤을 창출하는 민간부문의 경우에는 시장의 크기가 그 기준이 될 것이다. 이런 유의 논의가 없다는 것은 공공부문의 창의성이 아직 미탐색영역이라는 것을 시사한다.

이제 몇몇 중요한 문제가 간신히 논의되었을 뿐이다. 사회적 창의성은 망각된 측면이고, 평가되지도 않거나, 혁신으로 간주되지도 않는다. 새로운 사회제도는 새로운 제품, 서비스, 기술과 마찬가지로 재생에 활력을 준다. 똑같은 것이 정치적·환경적·문화적 창의성에도 해당한다. 이제는 기술주도적인 혁신에 대한 투자로부터 우리가 어떻게 살고, 어떻게 조직하고, 서로의 관계를 어떻게 맺을 것인가에 대한 투자로 전환될 시점이다. 만약 그렇지 않다면, 우리를 인도하는 연구·개발 없이 글로벌화하는 세계의 변화를 흡수하기 위해서 투쟁해야만 할 것이다.

새로운 형태의 창의성을 분명히 할 때의 문제는 이미 남용된 개념이라는 것이다. 종종 전혀 창의적이지 않은 것에도 그것이 적용되어, 그 개념의 가치를 절하시키고 본래의 창의성을 무시한다. 도시의 창의성에 관한 두 가지의 평행적인 테마가 뚜렷하게 부상하

용감하고 상상력 풍부한 시행정의 재조직화

틸부르흐 (네덜란드)

틸부르흐는 그 인구가 16만 5,000명에 달하는 도시로서 네덜란드에서 7번째로 큰 도시이다. 15년 전 틸부르흐는 틸부르흐 모델(Tilburg Model)로 알려지게 된, 시를 독립된 부문으로 구성된 하나의 주식회사로 간주하는 완전히 새로운 형태의 도시행정방식을 채택하였다. 이 방식에는 성과를 평가하기 위한 근린조직의 감사가 포함되어 있고, 이것은 결과적으로 경비절감을 가져왔다. 이것은 사기업과 유사하다. 각 부문은 명확하게 도시의 서비스와 '제품'으로 정의되는 것을 창출하는 이익센터로 기능한다. 정치시스템(시이사회 및 시평의회)은 그 제품에 대해서, 또 그것의 양과 질을 기준으로 결정한다. 시민서비스(시행정)는 정치시스템에서 결정된 설계도와 기준 및 지침에 따라 가능한 한 가장 저렴한 비용으로 생산이 이루어지도록 책임을 진다. 하지만 시평의회는 시의 생산물이 만들어지고 배분되는 방법을 방해하는 일은 없다. 각 부문은 시당국과의 계약에 따라, 생산과정에서의 진행이나 일탈에 관한 투명한 정보시스템을 통해서 평의원들에게 통지된다.

도시의 관리와 실행의 기초는 '도시경영계획'에 제시되어 있다. 이 프로젝트(연간)는 도시계획과 기본적인 질적 차원의 계획에 관련된 주민협의회라는 형태를 통해서 기술적으로 가능한 것과 주민이 필요하다고 느끼는 것 사이의 균형을 달성하려고 노력한다. 중심이 되는 통합적인 개념은 질적 기준에 대한 합의다. 현재, 대부분의 도시서비스는 세심한 표준적 유지관리만을 필요로 한다. 도시계획은 자금을 배분하는 '개괄적인 초안'은 물론이고, 도시의 다른 지구의 관리를 제시하는 연간 도시프로그램을 통해서 실시된다. 협의과정을 통해서 채용된 도시의 프로그램은 매년 봄 시예산의 구성요소로 고정된다. 물론, 전 해의 결과는 정치 및 주민협의기구를 통해서 감사를 받게 된다.

결과는 인상적이다. 1988년부터 현재까지 틸부르흐는 매년 돈을 남기고 있고, 그 잉여분은 새로운 축구경기장과 콘서트 홀 등에 대한 공동투자의 형태로 도시에 재투자된다. 시는 자체의 운영경비를 제한할 수 있게 되었다. 종전에는 네덜란드에서 7번째로 비용이 많이 드는 도시였지만, 지금은 13번째로 네덜란드에서 가장 비용이 적게 드는 도시 가운데 하나가 되었다.

[자료: Hall and Landry(1997)]

하고 있다고 생각된다. 환경에 대한 것과 나 자신이 깊이 관여했던 문화적인 영역이 바로 그것이다.

창의적인 장소를 조사하라

피터 홀(Peter Hall)과 함께 혁신적이고 지속가능한 유럽의 여러 도시에 대한 조사를 통해서, 나는 도시생활의 질이라고 하는 아이디어를 재고(再考)함으로써 환경을 의식한 새로운 장(場, milieu)을 발견하였다. 그 곳에는 교통분야에서 혁신적인 지리적 클러스터(칼스루에-프라이부르크-뮤루즈-바젤-취리히 또는 볼로냐-페루자-오르비에토-스포레토), 또는 에너지분야에서 혁신적인 지리적 클러스터(자르브뤼켄-취리히-빈)가 있었다. 기타 혁신—자전거 우선, 태양열, 쓰레기 분리수거—은 보다 널리 확산되고 있는 것처럼 보인다. 아마도 그 원인에 대한 설명은 해당 지역이 안고 있는 어려움에 있다. 남부독일은 유럽에서도 가장 자동차소유 비율이 높지만, 이것을 일반화하기는 어렵다.

영국의 셰필드, 하더스필드, 맨체스터, 버밍엄 주변의 축(軸), 또는 독일의 라인강 연안(쾰른, 뒤셀도르프, 도르트문트)처럼 문화적으로 추진된 창의적 환경도 있고, 네덜란드의 틸부르흐처럼 '팝 뮤직' 클러스터를 만들기 위해서 의식적인 시도가 이루어지는 곳도 있다. 이들은 부, 일자리, 아이덴티티와 이미지 등을 창출하기 위한 수단으로 음악에 초점에 맞춘 재생을 통해서 산업재편에 응답하고자 하였다.

창의성의 특별한 도시적 형태

이러한 클러스터는 도시의 문제와 잠재력, 그리고 그들이 필요로 하는 고유의 응답에서 비롯되는 특별한 도시창의성이 있다는 것을 느끼게 했다. 도시의 특징 그 자체—비판적인 대중, 다양성, 상호작용—가 복합적인 아이디어는 물론이고, 전문성과 틈새로 특징지어지는 어떤 종류의 창의성을 전면으로 내세운다. 내가 코메디아에서 관여했던 도시의 프로젝트가 이러한 점을 예증한다.

예를 들면, 만투아는 다소 내향적으로 보이는 이탈리아의 도시이지만, 지역정책은 출판과 도서의 판매라는 강고한 전통과의 연계를 인식하지 않은 채 새로운 기술 프로젝트를 우선시하였다. 그러나 만투아의 서점협동조합은 대단히 양호하고, 종종 도서판매업자간의 개인적 우정에 뿌리를 두고 있었다. 경쟁보다도 규모의 경제성을 초래하는 협동에 대한 열망이 그들의 출발점이 되었다. 5년후, 만투아는 이탈리아에서 가장 큰 문학페스티벌, 광범위한 일자리창출과 뉴 미디어 회사와의 양호한 제휴를 수반한 책의 도시가 되어 가고 있다.

글래스고에서는 내부적인 아이덴티티 감각을 강화하고, 드넓은 세계에 도시의 새로운 이미지를 반영하는 브랜드 장치로서 음악과 영화를 사용할 수 있었다. 이러한 자원은 소리와 새로운 영상기술이 자신의 분야를 넘어 응용되면, 산업발전에 폭넓게 활용될 가능성을 갖고 있다. 최첨단의 영상 및 애니메이션 기술이 배관공사로부터 바이오 의약품에 이르는 분야의 산업적인 기초를 확대하는 데 도움을 주는 한편, 소프트웨어는 청각장애인에게 도움을 주거나 수중영상 이미지를 해석하는 데 활용되고 있다. 하지만 캔들릭스와 같은 지역은 공연자, 매니저, 기술자, 공연장 경영자의 복합적인 상호작용을 위하여 오직 음악 비즈니스활동에만 초점을 맞추고 있다.

하더스필드는 창의적인 마을의 새로운 실험─마을을 시민의 잠재력을 실현하는 창의적 환경으로 전환하는 것─이라고 하는 아이디어를 고안해 낼 수 있었다. 그것은 이전부터 협동하고 신뢰의 기초를 구축하고 있는 개인 및 조직의 밀집한 네트워크에 의한 것이다.

야간예술제전, 토털 바라라이카 제전(Total Balalaika Show) 또는 빛의 부대와 같은 공공행사에 존재하는 도시의 자산을 재평가한 헬싱키의 창의성은 도시가 어떻게 재이용될 수 있는지, 또 놀랄 만한 경제적·사회적 기회가 이러한 이벤트로부터 어떻게 창출될 수 있는가를 보여 주었다.

우리의 문화전략이 그 고용구조를 새롭게 하기 위하여, 또 도시의 경제적 장래에서 도시의 아이덴티티나 활기의 촉진처럼 보다 복잡한 문제의 해결을 떠맡고 있다는 사실이 점차 분명하게 되었다. 성공이나 실패는 유형자산에 관계하기보다도, 오히려 도시가 어떻게 문제에 접근했는가에 관련하고 있다. 아델레이드처럼 한때 번성했던 장소가 쇠퇴하는 경우도 있었고, 하더스필드처럼 완전히 무력했던 곳이 번영하는 경우도 있었다.

나는 또한 문화자원을 이해하기 위해서는 다양한 배경과 보다 동참하는 방식으로, 지역의 팀과 협동하는 새로운 형태의 컨설턴트가 요구된다는 것도 인식하게 되었다. 고립된 관찰자라고 하는 것은 충분하지가 않았다. 도시에 대한 감각을 얻기 위해서는 시간을 투입해야만 한다. 공장을 둘러보아야 하고, 새로운 기업가와 이야기를 나누어야 한다. 또한 나이트클럽과 대안적인 광경을 보아야만 한다.

나는 각종 리포트의 한계를 인식하기 시작하였고, 이들을 종종 읽지 않고 서랍 속에 처박아두곤 하였다. 나는 누군가의 생각과 그들이 문제를 바라보는 방식을 변화시키는 것이 만 마디의 말에 값한다는 사실을 깨달았다. 하지만 이것은 간단한 프로세스가 아니다. 당신은 어떻게 하여 도시에 대한 생각을 바꿀 것인가? 나는 사람들에게 좋아하는 장소에 대해 질문하고, 그들의 꿈과 개인적인 유토피아에 대해서 묻고, 개인적인 꿈에 대한 이러한 접근방식을 일상적인 일에 도입하였다. 열망과 현실의 괴리가 분명해지고, 이상을 달성하기 위한 장애가 분명하게 드러났다.

세 가지 요소가 중요하게 되었다. 첫째, 도시에 영향을 미치는 심층적인 변화가 주어져 있다는 것을 감안할 때, 새로운 사고방식

이 요구되고 있다는 것이다. 둘째, 창조도시가 무엇을 의미하는가를
보이기 위한 현실적인 모델이 요청되고 있다는 것이다. 하더스필드
에서 창의적인 마을의 새로운 실험과 엠셔 파크 프로젝트가 강조되
는 것은 이러한 이유 때문이다. 어느 쪽도 완전하지는 않고, 실패와
성공이 동시에 진행되고 있다. 하지만 적어도 그들은 그들 도시의
실패에 관해서 새로운 방법으로 생각하고 있다. 셋째, 동료그룹과
함께 반성하고, 아이디어와 실천을 발전시키는 기회를 필요로 한다
는 것이다. 이것은 암스테르담 서머스쿨에서 1997년부터 매년 개최
되고 있다.

2 도시문제, 창의적인 해결

현대도시

글로벌화하는 원동력

도시는 도시생활에 영향을 미치는 격렬한 변화의 와중에 있다. 그 곳에는 도전이 제기되고 있고, 따라서 그 해결책이 제시되지 않으면 안 된다. 결과적으로, 그것은 도시를 새롭게 관찰하고, 또 우선순위를 재고할 필요가 있으며, 만약 어제보다 내일의 세계를 위한 해결책을 찾고자 한다면 도시추이의 본질 및 그 역설과 모순을 이해할 필요가 있는 것이다. 북과 남의 도시문제에는 그 종류와 정도가 다르다. 하지만 이러한 차이조차도 서로 학습할 수 있는 기회를 제공한다. 해결책은 종종 다음과 같은 기초적인 원리를 공유하고 있다.

- 해결책을 찾는 과정에서 문제에 의해서 영향을 받는 사람을 관련시킬 필요성.
- 의사결정자들과 그들에 의해서 영향을 받는 사람들 모두에

게 편견 없이 학습하는 기회를 허용하고, 문제해결의 환경
을 제공하는 것.
  ※ 문화적·경제적·사회적·환경적으로 지속가능한 해결책을 제
     시하는 것.

  그럼에도 불구하고, 북과 남의 차이는 중요하다. 남측의 국가에
서 도시화의 속도는 필요와 기대, 그리고 자원과 대응 사이에 차이
(gap)를 낳았다. 오수대책, 물 공급시설, 주택, 도로와 같은 인프라는
늘어나는 도시인구 증가에 의한 수요를 따르지 못하고 있다. 즉, 이
곳에서는 북측의 국가에서 감내할 만한 정도의 생활수준을 공급하
는 데 필요한 부가 충분히 생산되지 않고 있는 것이다.
  북측의 여러 도시에서 생긴 잉여는 보다 '높은' 생활수준의 창
출을 촉진한다. 이처럼 지역주민의 욕구는 매슬로(A. H. Maslow)의
욕구단계 가운데 보다 높은 곳으로 올라가고, 맑은 공기, 공공부문,
문화시설 등 생활의 질에 관련된 문제를 고려할 수 있다. 하지만
이러한 문제는 가난한 지역에서는 사치로 간주되고, 국가 간에 오
해를 불러일으킨다. 예를 들면, 현저한 산업발전단계를 통과한 북측
국가들이 높은 수준의 환경보호를 남측에 요구하는 것은 위선적으
로 보일 경우가 있다.
  그럼에도 불구하고, 중요한 추세는 양쪽에 영향을 미치고 있다.
컴퓨터의 힘이 100만 배 성장하고, 수송비용이 1940년대의 10분의 1
에 지나지 않으며, 커뮤니케이션 기술의 비용은 50년 전에 비교하여
100배나 싸졌다. 그 결과, 경제적·정치적·상징적 힘의 전체적인
위계질서 속에서 서로 다른 역할을 수행하는 여러 도시의 새로운
결합과 상호 의존 경제시스템을 초래하는 보다 커다란 글로벌화가
진행되었다. 뉴욕, 도쿄, 런던 등과 같은 도시는 세계적 리더이고,
부에노스아이레스, 싱가포르 등은 지방의 호족이다. 도시는 재화와
서비스의 유통을 직접적·원활하게 결합하는 제어, 지휘, 유통·배송

기능과, "사람, 화물, 정보, 금융의 세계적 흐름의 접합지점이 되었다"(Nigel Harris in *Urban Age*, Washington, Spring 1999). 이 시스템을 효율적으로 만들고 가동하기 위해서는 공부와 상상력과 창의성이 필요하다.

바지 한 벌이 5개국의 도시에서 들어온 부품에 의해서 만들어질지도 모른다. 월트 디즈니 애니메이션의 디자인은 할리우드에서 시작하여 마닐라에서 마무리될 것이다. 개발도상국가의 도시들은 선진국 도서관의 목록을 작성하거나 토지와 법률에 관한 기록문서를 정리하는 것을 둘러싸고 경합하고 있다. 10개 또는 그 이상의 아시아 국가들이 실리콘 밸리의 소프트웨어 프로그래밍을 하고 있다. 노임, 신기술, 전문지식, 창의성 등의 분야에서 경쟁하는 전선이 형성되어 있다. 이 공생적인 역관계는 대규모로 보이지 않는다. 하지만 그 시사점은 도처에서 느껴진다. 즉, 방콕에서 금융상의 일시적인 변동이 일어나면, 그것이 애틀랜타, 스톡홀름, 케이프타운에서 반응하고, 쿠알라룸푸르의 새로운 공장개설로 뉴캐슬의 또 하나의 공장이 문을 닫을지도 모른다.

도시 간의 경쟁에도 불구하고, 도시가 기여할 수 있는 많은 전문적인 역할과 분야가 있다. 북이건 남이건, 도시가 직면한 과제는 향후 나타날지도 모르는 모든 수요와 기회에 대해서, 도시가 그 고유의 세일즈 포인트—기술의 중심지인가에 관계없이, 금융, 패션, 문화유산, 보다 중요한 것은 사람의 창의적인 기능을 채용하는 것—를 얼마나 능숙하게 발견하고 활용하는가를 평가하는 것이다. 이런 관점에서 보면, 예를 들면 금융의 세계에서 하나의 시간대가 무리 없이 다른 것으로 확대되는 것처럼, 도쿄가 배턴(baton)을 런던에 넘기고, 다시 런던이 뉴욕으로 넘기는 식으로 도시는 상호 경쟁·보완하고 있는 것이다.

연결의 층위

도시의 상호 연결—개인적, 정치적 또는 경제적—은 중층적이고, 국외로 이주한 중국인의 '대나무 네트워크(bamboo network)'처럼, 종종 역사적 이주성의 패턴에 그 뿌리를 두고 있다. 이러한 밴쿠버에서 시드니에 이르는 중국인은 중국을 기반으로 한 무역시스템의 일부이다. 하지만 그 연결은 항상 분명한 것이 아니다. 그 가운데 어떤 것은 금융거래에 대한 제어의 경우처럼 발견할 수 있지만, 그 대부분은 만약 우리가 슈퍼마켓의 표시를 꼼꼼히 살피는 독자가 아니라면 우리의 눈에는 보이지 않을 것이다.

그리고 새로운 연결은 경제적 붐(boom), 기능의 부족 또는 전쟁의 결과로서 끊임없이 만들어지고 있다. 빈에서 프레스마켓을 지배하고 있는 알바니아인과 터키인, 워싱턴의 댈러스 공항에서 출발하는 택시업무를 주름잡고 있는 200명의 아프가니스탄 출신의 기사들, 로스앤젤레스에 있는 한국, 일본, 러시아의 소수민족 거주지구, 마이애미를 그 지역에서 가장 큰 스페인계 도시의 하나로 만든 100만 명의 쿠바인들, 멜버른을 아테네 다음으로 그리스인이 많이 거주하는 도시의 커뮤니티로 만든 30만 명의 그리스인들 등. 각 그룹은 처음에는 그 그룹 자신의 필요를 충족하고, 이어서 보다 넓은 상업기회를 획득하기 위해서 국제무역을 강화한다. 외부에서 온 새로운 주민이 호스트 도시(host city)에 융합되기까지는 오랜 시간이 걸리고, 그들은 창의적인 잠재력이 될 수도 있고 분쟁의 씨앗이 될 수도 있다. 점차 다문화사회로 나아가고 있는 세계에서 성공을 지향하는 도시라면, 혁신적으로 문화의 다양성에 가교를 놓는 방법을 찾는 것이 최우선 과제가 될 것이다.

이러한 상호작용의 격렬한 흐름 속에 놓여져 있는 무역과 금융조직은 도시와 국가 차원의 유통·관리·규제에 대한 구조적인 혁신을 요청한다. 자본의 이동가능성은 부의 이동을 낳는다. 도시는 경쟁력을 유지하기 위해서 민첩할 필요가 있다. 각 도시의 새로운 경쟁우위의 원천은 일련의 창의적 발명과 개입을 요청한다. 즉, 그것은 양호한 통치형태, 신뢰받는 파트너십을 구축하는 능력, 헬스케어와 주택과 문화시설과 같은 지원시설의 이용가능성 등을 요청하는 것이다. 보건시설에서 주택에 이르는, 개발도상국가의 기초 인프라구조를 취급하는 데 창의성이 요청되고 있다.

여기서 규모의 문제가 극적으로 자신에게 부과된다. 인구증가와 같은 단선적 추세는 다른 종류의 혁신적 해결을 요구하는 새로운 역학관계를 창출한다. 1900년에는 100만 명을 넘는 도시가 12개에 불과했지만 지금은 300개 이상에 이르렀고, 도시화는 쇠퇴할 기미를 보이지 않고 지속되고 있다. 인프라는 특히 발전도상국가의 세계에서는 인구의 압력을 따라가지 못하고 있다. 토지의 이용가능성과 토지가격이 도시발전의 패턴과 과정을 그 대부분 결정하고, 그 후에는 불이익과 불만족의 구조가 그 자신을 도시구조에 각인한다.

격렬하게 글로벌, 격렬하게 로컬

그렇다고 하더라도, 가장 의미 있는 도시의 모습은 개개의 인간이다. 그들은 글로벌화한 추세에 영향을 받고 있지만, 대부분의 사람은 글로벌화한 추세를 의식하지 않거나, 또는 일상생활의 위기와 생존—쇼핑을 하러 가는 것, 펑크가 난 타이어를 수리하고, 편지를 부치고, 개를 산책시키고, 옆집 사람을 만나고, 직장에 가고, 아이를 등교시키는 것—에 관계하는 개인적 경험으로 그러한 것을 보고 있다. 전형적인 도시경영자는 이러한 수많은 일상적인 경험이 원활하게 이루어질 수 있기를 희망한다. 각각의 작은 요소는 보다 잘 이루어질 잠재가능성을 갖고 있다.

그러나 지역 차원에서는 보다 커다란 문제가 강한 영향력을 미치고 있다. 도시에서 일상적으로 이루어지는 거래는 이제 외국의 음식을 먹는 것에서 관광객과 공간을 공유하는 일까지 문화적 차이

시각장애자를 위한 점자블록

일본

책임 있는 사회적 통합계획의 사례로서는 시각장애인을 위한 점자블록을 도로에 부착하는 것을 들 수 있다. 일본의 많은 도시에서는 시각장애 보행자의 안전을 위한 점자블록이 포장노면에 깔려 있다. 울퉁불퉁한 변화는 방향, 계단, 장애물을 가리킨다. 이들은 또한 플랫폼의 가장자리로 사용되어, 장애가 없는 사람들에게도 도움을 주고 있다. 이러한 관행은 모방되어, 유럽과 북미 등의 도시에서도 일반화되고 있다.

[자료: Global Ideas Bank]

복지스마트카드를 통한 번잡한 절차의 간소화

캄페체 (멕시코)

멕시코 동남부에 위치한 캄페체에서는 사회적·경제적으로 주변적인 위치에 있는 그룹을 위해서 계획된 18종류의 상이한 보조금을 처리하는 복잡한 절차가 개인의 자격에 따라 입금되는 스마트카드의 도입으로 대폭 간소화되었다.

이 계획은 그 간편함에 따른 제도의 혜택에서 멀어지는 상황을 줄이고, 헬스케어 전반을 개선하는 데 기여하였다. 왜냐하면, 헬스센터와 같은 특정 장소에서만 카드에 재입금되기 때문이다. 일단 자신의 카드에 돈이 입금되면, 개인은 정기적으로 예방 차원의 의료검진을 받을 의무가 생긴다.

[자료: Global Ideas Bank]

를 횡단하는 교섭을 포함하고 있다. 그렇기 때문에, 보다 먼 상호작용이 도시, 지구(地區) 또는 거리의 보다 지역적이고 전통적인 상호작용과 동시에 일어나고 있다. 대개 도시의 일상생활은 형태와 크기에서 로컬과 글로벌의 양쪽을 포함하고 있는 상호작용의 혼합물

쓰레기수집을 교육에 연계하라

뱅갈로 (인도)

뱅갈로에서는 리사이클링의 실험이 다양하고 지속가능한 주도권을 확립하기 위하여, 공공교육, 보건, 경제, 반사회적 배제프로그램 등과 연계되어 있다. 시민은 시의 협동조합으로부터 자신의 쓰레기를 '젖은 쓰레기'와 '건조한 쓰레기'로 분리할 것을 지도받는다. 과거에 사회의 주변적인 위치에 놓여 있던 쓰레기를 줍는 사람들(이들 중 상당수는 어린이다. 그들은 질병에 걸릴 확률이 높은 위험에 노출되어 있다)은 폐기물 회수자로 훈련받고 있다. 그들은 3륜마차를 타고 순회하면서 임금을 위해서 폐기물을 회수한다. 그들의 쓰기 · 읽기능력은 현저히 발달하고 있다.

젖은 쓰레기는 도시공원의 일렬로 늘어선 구덩이에서 퇴비가 된 후 팔려 나간다. 건조한 쓰레기는 적당한 가격에 지방산업에 팔리고, 고형 유독폐기물은 시의 협동조합이 완전히 폐기시킨다. 시민의 공개토론회가 지역의 기관을 확실하고 영속적인 것으로 만들기 위하여 그 과정을 감시한다. 시협동조합의 상급공무원 및 보건 · 교육분야 노동자로 구성된 시 차원의 위원회(Swabhimana)는 포괄적이고 협동적인 시의 폭넓은 전략의 일원(一員)으로 그 주도권을 유지하고 있다.

[자료: Habitat]

이다.

서로 연결하고 이동하는 우리의 능력은 물리적인 정착방식과 대비된다. 키보드를 한 번 누르면 대량의 간접적인 정보와 아이디어가 이용가능하지만, 1시간, 하루, 1주일 사이의 눈앞에 닥친 욕구를 만들어 내고 있는 것은 직접적인 신변환경이다. 결국, 하수관을 수리하고, 도로 위의 쓰레기를 치우고, 엄청나게 시끄러운 이웃에 혀를 내두르거나 화를 삭이는 것에 대해서 보다 커다란 영역과 마찬가지로 창의적인 해결이 요구되고 있는 것이다.

도시문제는 개인적으로 경험한 딜레마로 이루어져 있지만, 그

창조활동을 통한 도시방랑자 커뮤니티를 재생하라

더블린(아일랜드)

모든 도시에는 방랑자, 토지의 불법점유자, 홈리스를 순회하는 사람들이 있다. 10명의 여성을 위한 자기계발 코스가 아일랜드 더블린 교외의 방랑자 커뮤니티를 재생하는 출발점이 되었다. 이러한 여성그룹은 보다 양호한 생활상태를 긴급히 필요로 하고 있었다. 그들의 생활거점은 비위생적이고, 만행이 만연하고 있었다. 그 곳에는 화장실이나 방범등도 없고, 단 한 개의 수도꼭지가 40세대에 물을 공급하고 있었다. 그 장소는 재개발이 예정되어 있었지만, 시당국은 그것에 대해서 커뮤니티와 어떠한 논의도 하지 않았다. 하지만 일련의 권한위임활동—모델만들기, 연극, 자수, 도예, 킬트, 사진, 비디오, 글쓰기와 읽기, 계산—을 통하여 그녀들은 새로운 장소를 계획하고, 모델을 만들고, 디자인이 들어 있는 킬트에 수를 놓았다. 또한 그녀들은 그 프로젝트를 기록하기 위하여 사진과 비디오를 사용하고, 자신들의 디자인을 발전시키는 조치를 취하도록 시공무원을 설득하였다. 그 장소는 방랑자가 거주하는 곳을 디자인하는 모범이 되었고, 지역커뮤니티 간의 강한 소유의식으로 잘 유지되고 있다. 지금은 '클론달킨 여행자개발그룹'으로 알려져 있는 그룹의 초창기 임무는 확대되어 사회복지, 주택, 건강, 읽기와 글쓰기 능력의 계발, 젊은이와 어린이를 위한 프로젝트에 대한 조언 등을 지속적으로 행하고 있다.

[자료: Planning a Travellers' Site, 1998. Community Arts for Everyone, Dublin. Simeon Smith, Community Arts for Every, 23/25 Moss Street, Dublin 2. Tel: 353 1 677 0330 E-mail: cafe@connect.ie]

러한 것들은 개인의 특성이 시민적·공공적인 생활 속에 가라앉아 있는 보다 커다란 공유된 경험의 일부이다. 이러한 시민생활을 둘러싸고 있는 것에는 국가 및 다국적인 금융·경제·정치구조가 있다. 이 구조는 개인의 제어를 넘어선 역동성을 갖고 있다. 그 결과, 개인생활에 광범위한 영향을 미치고, 개인은 무력화되며, 익명의 공적·사적 조직에 의해서 통치되는 대의제구조나 기업구조에 참가하

는 것을 꺼리게 만들어 버린다. 이러한 연계를 재구축하는 것이야
말로 창의적인 행동의 제일보가 될 것이다.

도시경영자의 딜레마

도시경영자는 남에게 인정받지 못하는 일을 하고 있다. 이쪽저
쪽으로 밀리거나 잡아당기고, 그/그녀가 직면하는 문제는 서로 연
결되어 있고, 그 임무는 개인의 욕구를 정치적·사회적·예산상의
우선순위와 조화시켜야만 하는 일련의 취급하기 어려운 전략적 딜
레마를 갖고 있다. 도시경영자가 직면하는 문제는 다음과 같은 것
을 포함한다.

> ※ 모든 사람은 차를 갖고 싶어 한다. 하지만 차란 무엇인가를
>   재구축하지 않고서는 빛, 소음, 교통체증, 주차문제 등의 환
>   경오염은 물론이고, 오염문제가 증가할 것이다.
> ※ 토지개발 사업자의 요구는 빛을 차단하거나, 또는 역사적인
>   거리풍경을 파괴하는 고층빌딩을 초래할 수 있다.
> ※ 자원의 결핍과 부주의는 대지가 수 마일에 달하는 아스팔트
>   도로로 뒤덮인 자연경관의 악화를 초래할 수 있다.
> ※ 오수는 대기를 오염시키고, 물의 공급을 유해하게 한다. 이
>   러한 환경문제의 리스트가 지속될 수 있다.

도시는 그 원래의 경계가 무너지고 있기 때문에 대부분의 대응
이 불가능하여 지고 있다. 예를 들면, 마닐라에서는 중심으로 들어
갔다가 교외로 나오는 데 거의 8시간 소요되는 경우가 있다. 그러
한 외적 스트레스와 부담은 활동거점 가까이에 살 여유가 없는 가
장 빈곤한 사람들에게는 부담이 되고 있다. 이러한 결핍과 실업에
따른 좌절은 절망감과 기대감의 상실을 조장하고, 그리고 권태는
모든 장소를 빈곤의 악순환을 수반하는 게토로 변화시킬 수 있다.

세대를 초월한 이해를 통해 시민권을 학습하라

뉴욕(미국)

전통적인 커뮤니티가 사라지면서, 도시생활을 안정시키기 위한 세대 간의 이해가 중요한 것이 되고 있다. 노령자들은 때때로 고용, 소득, 존경, 권위를 잃고, 도시에서 고립된다. 지난 10년 이상에 걸쳐 뉴욕시가 문화와 세대를 연결하는 세대 간 프로젝트의 일환으로 추진해 온 '고령자의 예술 공유 (the Elders Share the Arts: ESTA)'는 가장 발전한 지역인 브루클린에서 놀랄 만한 성과를 올리고 있다. 이 가운데 하나가 '왜 선거를 하는가' 하는 프로젝트이다. 그것은 브루클린의 고등학교 학생들과 '부쉬위크 커뮤니티 라운드테이블 시니어 센터'의 고령자들이 공동으로 유권자교육 관련 연극을 만들게 하는 것이다. 일련의 노래와 독백으로 이루어진 이 연극은 남부 농촌의 선거권을 둘러싼 투쟁과정에서 유권자교육의 역사와 현 도시의 무관심을 대비시킨다. 연극의 모든 소재는 고령자의 생활 속 체험과 믿을 만한 정보에서 뽑은 실화를 바탕으로 하고 있다.

'지혜의 진주(the Pearls of Wisdom)'는 ESTA 내의 이야기를 수집하고 이것을 다른 사람에게 들려 주기 위하여 커뮤니티 속에서 선발된 고령의 이야기꾼그룹이다. '진주'는 뉴욕 시내를 돌아다니며 "커뮤니티란 무엇입니까? 당신은 그것을 어떻게 정의합니까? 당신은 그것을 어떻게 존속시킵니까?" 등을 질문한다. 최근의 '본 것을 학습한다'는 프로젝트에서는 고령자와 젊은 이로 구성된 그룹이 각자가 사는 근린지역의 지도를 그리게 한 다음, 이들에게 특별한 의미를 제공한 장소를 대비시켜 보았다. 한 그룹에서는 의원의 진찰실이었고, 다른 그룹에서는 비디오가게와 학교였다. 주변지역에 관해 토론하면서 그들은 근린지역에서 실현하고 싶은 변화와 자신들이 추구하고자 하는 것에 관한 비전을 그리는 연습의 일환으로 합성지도를 작성하였다.

연락처: Elders Share the Arts, 57 Willoughby St, Brooklyn, New York 11201.
　　　　Tel: 718-488-8565 Fax: 718-488-8296

[자료: Creative Communities]

한편, 부유한 사람은 마닐라의 포브스(Forbes)처럼, 빈곤한 사람에게서 받는 감각적인 위협과 현실의 위협으로부터 자신을 지키기 위해서 자신들의 게토를 만든다. 만약 이것이 어떤 지구에서 다른 것보다 극단적인 형태로 진행되면, 런던, 맨체스터, 뉴캐슬과 같은 영국의 대도시에서 분명하게 나타나듯이, 도시중간계층 및 고용노동자계층과 이른바 '사회적으로 배제된 사람들' 사이의 괴리가 커지게 된다.

　뉴욕의 퀸즈와 브루클린, 브라질의 슬럼가, 또는 남아프리카의 흑인거주지구 등에서는 실권을 장악한 자가 가장 강하고 가장 폭력적이다. 이러한 기존 질서의 붕괴는 시민사회의 형성과 많은 창의적인 해결을 가져오는 자립적 행동을 질식시킨다. 그렇지만 붕괴가 일어나는 그러한 온상에서조차 얼마나 긍정적인 해답이 나올 수 있다는 것을 보여 주는 사례가 세계 속에는 있다. 그러한 대부분의 장소에서는 열심히 일하는 커뮤니티의 리더, 젊은 노동자, 사제, 비전을 가진 남녀가 기회와 지원을 받으면서 진지하게 자신의 문제와 씨름하기 시작하고 있다. 그러나 그러한 가능성은 견고한 권익, 완고한 관료제, 독직, 악정(惡政)에 의해서 질식당한다. 통제가 기득권익의 손아귀에 들어가고, 공공재가 사리사욕의 먹이감이 될 때, 해결책 그 자체가 또다른 문제를 야기한다.

　과거 30년 이상에 걸쳐, 많은 도시에서는 세계의 여타 지역에서 많은 인구가 유입된 것이 보여졌다. 때로는 그것이 원래의 커뮤니티에 위험, 공포, 인종차별을 조장할 만한 속도였다. 기타의 경우에는 이민자들이 농촌생활에서 선진공업사회로 포섭되어 그들의 장소와 아이덴티티 감각을 찾지 못한 채, 거대한 수의 이민자가 새로운 환경에 내몰리게 되었다. 북의 시민도 최근 기술진보의 결과, 똑같은 급속한 변화를 경험하였다. 이 세계에서 전통—새롭게 창조된 것조차—은 건강하게 살아가는 데 필수불가결한 것이 되고 있다. 그러나 문화적 아이덴티티와 문화적 표현에 대한 주목은 도시화를

우편집배원조차 쓰레기를 수집할 수 있다

미켈리(핀란드)

핀란드의 미켈리라는 작은 부락에서는 고비용이 소요된다는 이유로 재생가능한 폐기물수집계획이 논의대상 밖에 놓여 있었다. 하지만 이 지방은 최근 70%의 폐기물을 재활용하는 목표를 설정하였다. 핵심적인 아이디어는 아주 단순하다. 그것은 인구가 드문 지역의 가정에서 나오는 폐지는 우편집배원이 수거한다는 것이다. 이 실험적인 프로젝트의 목적은 그 논리적 가능성과 어느 정도의 폐지를 재생할 수 있을 것인가를 알아 내는 것이다. 모든 가정에 포대자루를 배포한 다음, 주 1회 우편함 옆에 내놓아졌다.

이 실험적인 프로젝트는 보고시점에서 성공적이었다. 80% 가까운 폐지를 재생할 수 있을 것 같고, 그 시스템은 기타 재생가능하고 재이용이 가능한 폐기물을 수거하는 데에도 적용될 여지가 있다. 주된 문제는 비용이다. 수집된 종이에서 나오는 수익이 충분하지 않기 때문에 미켈리에서는 아직 우편집배원에게 보수를 지급하지 않고 있다.

[자료: Hall and Landry(1997)]

추진할 때의 협의사항 가운데 최후의 항목이 되고 있다. 개인이 어떻게 적응·교섭·선택할 것인가의 문제는 문화적인 것이다. 과거에는 우리의 문화적·사회적 가치가 발전하고 성숙할 시간이 있었다. 하지만 오늘날 변화속도는 사람들을 압도하고, 반사적이고 순간적인 반응을 요구하고 있다.

마지막으로, 직접적으로 영향을 받고 있는 사람에게 통치를 맡기는 것은 가능한 것이 틀림없다. 문제의 해결을 외부에 맡기는 것은 대단히 중요한 학습이라는 프로세스가 이해되지 않기 때문에 지속가능하지 않은 해결책이 초래된다. 커뮤니티 내부에서의 교육, 자조, 근로가 최우선이라는 것은 말할 것도 없다.

이러한 대혼란의 와중에서, 도시경영자는 그들의 과제가 중복하는 문제를 포함하는 것이라 하더라도, 일반적으로 토지이용 계획

혁신적인 디자인이 교육에 대한 강한 관심을 불러일으킨다

슬럼가의 아이들을 위한 디팔례야학교

오쿠하라, 뉴델리(인도)

이 학교는 엄격하게 구분된 교실에서 교육을 실시함으로써, 오쿠하라에 있는 '슬럼가 아이들'의 상상력을 억제하기보다 오히려 아이들의 상상력을 자극하는 혁신적인 디자인용 재료로 건축되어 있다. 대담한 색채가 조개와 조립하기 이전의 블록과 같은 새롭고 저렴한 재료에 입혀졌고, 다소 불가사의한 방식으로 자극적인 형식의 다양함을 만들어 내고 있다. 사회적으로 소외된 아이들은 결과적으로 교육에 대해서 보다 민감하고—그들은 보다 학교에 가고 싶어하고, 그리고 그들의 교육은 진보하고 있다—일단 학교에서 그들은 보다 많이 배우고자 한다. 이처럼, 사회적 지속가능성의 기준은 혁신적 디자인에 대한 비용효과분석, 태도와 행동을 전환시키는 재료의 사용에 의해서 지극히 간단히 달성되고 있다.

[자료: Habitat]

가라고 밝히는 입장에 서게 된다. 공동의 의사결정구조와 혼합 팀에 의한 통합적인 응답메커니즘을 갖추고 있는 도시도 있지만, 대부분의 도시는 문제를 개별적으로 처리하고 있다. 고용, 교육, 주택, 범죄, 사회복지, 보건, 문화는 복잡하게 얽혀 있다. 특히, 예를 들어 범죄에 대해서 말하면, 현실보다도 사람들이 무엇을 믿고 있는가 하는 것이 그들의 행동에 영향을 미칠지도 모른다.

주택과 토지이용이 가장 다루기 어려운 문제를 제시한다. 주택공급은 순조롭게 진행되고 있는가? 공급은 충분한가? 그리고 품질을 유지하기 위한 자원이 충분히 있는가? 개인주택의 증축에서 대규모의 주택과 상업지구의 개발에 이르기까지, 또는 주택의 용도변경에 이르기까지 교섭에는 끝이 없다. 한때 공업은 더러운 것이라고 생각한 적이 있었고, 실제로 심각한 대기 및 수질오염이 양산됨에 따라 환경상의 안전이라는 이유로 일과 생활, 레저 등을 서로

훈데르트바서 하우스

건물 전체가 하나의 살아 있는 예술작품

빈(오스트리아)

후기 빈의 예술가인 F. 훈데르트바서(1928~2000)는 모든 사람이 자신에게 맞는 옷을 재단하듯이, 자신의 기호에 부합하는 타입의 주택을 선택할 권리를 선언한 이후, 고층건물을 값싼 회색빛 콘크리트로 도배하는 관행을 지속적으로 비판해 왔다. 1977년 12월에 빈의 시장은 훈테르트바서에게 시중심부의 버려진 장소에다 1985년 완성하는 아파트의 건설을 요청하였다.

52개의 방으로 구성된 이 집은 대단히 개성적인 건축예술작품이 되었다. 이 집은 도처에 유기적인 선으로 디자인되어 있다. 장식적인 도기타일이 창에 선을 긋고 있기 때문에 각 임차인은 밖에서 자기 방을 알아볼 수 있다. 또 이 집은 예전에 그 곳에 서 있던 집의 일부(facade, 건물의 외측†역주)를 합체시킴으로써 전통적인 빈(Vienna)풍의 디자인을 구사하고 있다. 입구에는 변칙적으로 많은 기둥과 탑이 있고, 몇몇 방은 파사드 밖으로 돌출되어 있다. 벽은 부풀어 올라 파도를 치고 있다. 마루는 다소 불균등하게 되어 있어 마치 '발을 위한 멜로디'처럼 보인다. 계단에는 모자이크와 도기가 심어져 있다. 각 아파트는 독립적으로 구성되어 있으면서도 방에는 가장자리나 각도가 없다. 창은 실내온도를 유지하고 소음을 줄이기 위해서 3중유리로 되어 있다. 문의 손잡이와 수도꼭지와 기타 부품에 대해서도 세심하게 배려되어 있다. 같은 조명이라고는 어디에도 없다. 그 곳에는 의사의 진찰실, 테라스가 딸린 카페, 이 건물의 핵심 기능을 담당하는 온실 속의 정원, 아이들의 놀이방, 그리고 집 전체의 공기청정기능을 수행하는 안뜰이 있다. 또한 공동으로 사용하는 3개의 지붕이 달린 테라스, 세탁실, 창고, 차고 등이 있다. 일반주택이 대개 콘크리트와 벽돌로 격리되어 있는데 비해서, 이 집은 녹색의 지붕이 달린 테라스로 분리되어 있다. 집의 벽과 창문 사이의 나무들은 파사드를 활기차게 한다. 훈테르트바서는 그들을 '도심 속 숲의 사절'이라 불렀다. 그들은 산소를 공급하고, 소음을 줄이며, 기후를 조절한다.

이 집에 사는 것에 대한 반응은 대단히 긍정적이다. 85%의 사람들이 이 집을 사랑하고, 이 집과 강한 일체감을 느끼고 있다. 전통적으로 디자인되고 상업적으로 건설된 구조에 비해서 건설비용은 15% 정도 비싸고, 집세는 10% 정도 높다. 하지만 모든 거주자의 호의적인 반응, 상당한 관광효과, 시 전체

분리시키는 사태가 발생하였다. 하지만 지금은 이것이 더 이상 문제가 되지 않는다. 제조업에서 서비스산업으로의 이행은 도시에 지금까지 없던 것을 준비할 필요성을 제기하지만, 전통산업의 필요성과 쇄신에 대한 욕구 사이에서 균형을 취하기는 쉽지 않다.

도시경영자는, 한편에서 변화에 의해서 교체되고 실직당한 사람의 이익을 지키면서, 다른 한편에서 어떻게 하면 새로운 투자와 개발을 고무할 것인가? 다종다양한 사회적 상실에 의해서 '침몰한 주택지'가 생겨났지만, 그 곳에는 거의 대부분의 사람이 의욕을 잃고, 건물은 철거되고 있다. 이러한 상호 관련한 문제를 해결하고, '도시의 이중구조'의 창출을 회피하는 것은 어느 단독부처 또는 공공부문만의 책임은 아니다.

도시경영자는 이러한 문제와 재능 있는 사람을 끌어들일 필요성 사이의 균형을 어떻게 하면 취할 수 있을 것인가? 도시는 브랜드이고, 화려함과 품격과 활기를 필요로 한다. 그것은 유명 브랜드 상품을 판매하는 가게와 활기에 찬 문화, 스포츠, 상업적 이벤트를 수반한 매력적인 상업지구를 의미한다. 하지만 이러한 것은 그 자체가 서로 긴장관계를 초래할 수 있다. 고급문화와 대중문화, 도시의 중심과 주변, 또는 관광객과 주민 사이의 적절한 균형이란 무엇인가? 도시에는 다양한 이해관계자(stakeholder)가 있고, 지방자치단체의 역할은 해결책을 찾을 수 있도록 파트너십을 구축·운영하고, 그것을 한층 전진시키는 것이다.

이것은 정반대의 방향으로 잡아당기는 압력단체, 기득권단체,

그리고 운동단체 등에 대처해야만 한다는 것을 의미한다. 도로확장을 수반하는 주택공급 프로젝트는 그 문제를 둘러싸고 분열된 지역주민으로 구성된 지역보전그룹과 부동산개발업자를 반목시키게 할지도 모른다. 우리는 사람들이 교통정체는 싫어하면서 승용차는 좋아한다는 사실을 알고 있지만, 도시경영자는 다른 교통형태의 매력을 높이기 위한 재원을 거의 갖고 있지 않다. 도시경영자는 많은 바람직한 결과가 점포 위에 거주하거나 고층주택에 사는 것과 같은 생활행위의 변화를 수반하는 것을 알고 있지만, 이러한 변화에 대해서 도시경영자가 영향력을 갖는 일은 거의 없는 것이다.

도시경영자의 가장 큰 고민은 몇몇 문제는 개별 시의 제어를 넘어서고 있다는 것을 알면서도 이러한 수요 사이의 균형을 잡고, 이용가능한 예산을 최대로 활용하는 것에 있다. 결국, 도시문제가 아무리 크고 복잡한 것이라 하더라도 창의적인 응답은 무언가 제공해야만 할 것을 가져다 줄 것이다.

도시적 생활양식에서 그릇된 노선

세계는 지금까지 경험하지 못한 방식으로 변화해 가고 있다. 새로운 조건은 다음과 같은 것을 포함하고 있다. 즉, 가치와 기호를 결정하는 요소로서 시장의 부상, 지식기반경제의 도래, 특별한 위치에 있는 엔터테인먼트산업, 국가역할의 저하, 좌우익의 결합을 초월한 정치구조의 출현, 사회 다방면에서 가치와 목적을 설정하기 위한 참여에의 새로운 요구, 많은 분야에서 지식의 획일적 규범에 대한 도전과 불분명해지는 지적 경계선, 다문화민족 커뮤니티의 성장, 남녀관계의 재질서화, 특히 기술진보에 따른 장소·공간·시간개념의 변화, 일반적 감각이 되고 있는 통일된 정치체제의 붕괴, 지방적·지역적·국가적 아이덴티티의 의미에 대한 재고(再考) 등이다.

일, 조직, 학습의 전통적인 구조는 새로운 수요에 부적절하다는 것이 판명되고 있다. 시간, 장소, 공간에 대한 관념처럼, 우리의 생활을 지배하는 핵심 개념은 가상화와 사이버공간을 포함해서 재구성되고 있다. 우리가 생활하고 일하는 방식에서 일어나는 변혁이 모든 종류의 새로운 가능성과 문제점을 노정하고 있는데도 불구하고, 기존의 사고시스템은 현재의 상황을 분석·설명·해결하지 못하고 있다. 21세기 벽두의 화두는 변화(change), 과부하(overload), 원자화(atomization)이다. 후자는 변화를 관리하는 데 필요한 공통의 제도를 새롭게 구축하는 능력—그래서 편익이 비용을 초과하도록 하는 능력—과 마찬가지로, 변화에 의해서 야기된 과부하에 대처하는 우리의 능력을 잠식한다.

그러나 새로운 것은 옛 것을 감싸고 있다. 부상하는 포스트공업화 시스템은 오래된 전(前)공업화 시스템과 공업화 시스템을 공존시키고 있다. 우리는 사이버공간에서 24시간 거래를 하면서도 대부분 시설의 개점시간은 9시에서 5시라고 하는 관행을 따르고 있다. 그리고 기후의 계절적인 변화는 우리가 인정하고 있는 것 이상으로 우리의 생활을 규정하고 있다. 어떤 차원에서는 많은 것이 같은 상태로 머무를지도 모른다. 즉, 사람들은 여전히 일하러 가기 위해 버스와 자동차를 타고, 주택은 여전히 주택으로 남을 것이다. 그러나 지식기반 경제시스템의 내적 논리가 점점 산업사회를 규정해 갈 것이다. 학습된 행동패턴은 거듭되겠지만, 유동성, 휴대가능한 기능과 범용성을 강조하는 새로운 욕구와 충돌하게 될 것이다. 하지만 예측가능한 패턴과 구조의 결여는 긴 안목으로 보면 대단히 불안정한 것이 입증되고, 변화는 문화의 문제와 분리될 수 없기 때문에, 새로운 원리주의의 출현에 따른 위기가 존재하는 상태에서 의미와 가치가 점점 더 중요해질 것이다.

질적 이행이라고 하는 것이 오늘날까지 존재하지만, 그 형태는 불명확하고 그 윤곽 또한 여전히 불투명하다. 변화와 리스크는 예측가능성과 의사결정의 방향을 제시하는 원칙의 틀 내에서 중요한 측면으로 남을 것이다. 발전과정에서 보다 많은 참여를 가능하게 하는 열린 구조는 이 새로운 균형의 중심에 위치하고, 글로벌한 인간성의 공유라는 맥락에서 지역성이 더욱 중요해질 것이다.

과도기에는 실수가 불가피한 것이다. 해결책은 개방적인 조직에 의한 새로운 아이디어의 실험에 달려 있다. 이것은 산업혁명에 필적하는 패러다임의 전환기를 살아가는 생활비용이다. 결국, 과거 방식에 입각한 문제해결은 기능하지 않고, 모든 것이 버려지는 것은 아니지만 우선순위는 조정되어야만 한다. 우리는 여전히 원칙을 필요로 하고, 그것은 다양한 원천에서 공급될 것이다. 창조도시의 실제적인 과제는 과거의 아이디어뱅크를 발굴하고 미래를 준비하는 것이다. 문화가 중요해질 것이고, 그리고 사회가 문제를 어떻게 해결하고, 무엇을 우선하고, 어떠한 가치를 부여하고, 그 목적과 열망을 어떻게 전달할 것인가 하는 것이 중요해질 것이다. 이하에서는 이러한 변화를 보다 구체적으로 검토해 보고자 한다.

경제적·기술적인 변화

무중량 지식경제하에서 부는 데이터를 정보와 지식, 심지어 판단으로 전환하는 과정에서 창출된다. 경쟁력은 더 이상 석탄, 목재, 금과 같이 고정된 물질자원에 있지 않고, 고도로 유동적인 두뇌와 창의성 속에 있다. 노동, 심지어 자본에서조차 가치의 창출이 보다 적고, 모든 생산물에 정보를 심는 소프트웨어로서의 응용적인 창의성—그리고 이것은 모든 제조 및 서비스과정을 바꿔 버린다—에 보다 커다란 가치가 있다.

정보자본 위에 구축된 지식 비즈니스는 새로운 것이 아니지만 정보 그 자체가 경제 전체로 이전된 것은 아주 최근의 일이다. 칩(chip, 집적회로†역주)의 능력과 커뮤니케이션 비용의 저하는 네트워크경제의 새로운 룰을 만들었다. 현재 4억 대의 컴퓨터가 있지만, 60억 개의 인코드된 통신용 칩은 이미 출입문의 센서에서 금전등록기에 이르기까지 다양한 물건 속에 장착되어 있다. 그들의 다양한 연계는 혁신을 창출하고, 지식경제의 번영으로 이어진다. 그리고 장래에 가장 유망한 기술은 커넥터(connectors, 접속자†역주)이다. 케빈 켈리(Kevin Kelly)는 이것이 우리 주위에 있는 것을 새롭게 상상할 것을 요구한다는 것을 상기시킨다. "대부분의 컴퓨터보다 많은 칩 능력을 갖추게 됨에 따라, 우리는 자동차를 바퀴달린 칩, 비행기를 날개달린 칩, 주택을 주민이 거주하는 칩으로 간주하지 않으면 안 된다"(Kelly, 1999).

나아가, 켈리는 공업화 경제는 결핍 속에서 가치를 발견했기 때문에 물건이 풍부하게 되었을 때 그들이 가치를 잃게 된다는 것을 지적한다. 네트워크경제는 이 논리를 뒤집는다. 즉, 가치란 풍요와의 관계 속에서 존재한다는 것이다. 팩스나 이메일은 다른 사람이 그것을 갖고 있을 때 가치가 있다. 팩스기계를 구입할 때 당신은 네트워크에 대한 접근성을 구매하는 것이다. 표준규격과 네트워크의 가치는 하드웨어 비용의 하락과, 이른바 '충만의 법칙(law of plenitude)'에 따른 소프트웨어 비용의 하락에 비례하여 증가한다. 네스케이프의 인터넷 열람 소프트웨어 사례가 보여 주듯이, '관대함의 법칙(law of generosity)'은 접근을 자유롭게 허용함으로써 가치가 창출될 수 있다는 것을 잘 보여 주고 있다. 그 목표는 다른 판매가 유발될 수 있는 필수적인 품목이 되게 하는 것이다—예를 들면, 부수적인 제품, 버전 업, 광고 등이다.

닫힌 시스템에는 미래가 없다. 따라서 커뮤니케이션, 협동, 파트너십이 관건이다. 가치는 회원수에 따라 격증(激增)하고, 이제는 그것이 보다 많은 구성원을 끌어들인다. 규모의 경제라는 개념은 '수확체증의 법칙'에 이전의 자리를 내주고 있다. 공업전성기에는 경쟁이 생산의 과다를 의미했다. 하지만 오늘날과 같은 네트워크경제에서는 "수확체증이 네트워크 전체를 통해서 발생하고 공유된다. 많은 대리점, 이용자, 경쟁자가 하나가 되어 네트워크의 가치를 창출하고……, 이득의 가치는 관계성이라고 하는 보다 커다란 웹 속에 존재한다"(Kelly, 1999).

실리콘 밸리의 위대한 혁신은 제품 그 자체보다도 사회적 조직모델에 기인하는 것인지도 모른다. 이 곳에서는 "지역 그 자체의 네트워크구조—그물처럼 얽힌 선행(先行) 작업, 친밀한 동료, 한 기업에서 다른 기업으로 정보의 누출, 회사의 짧은 라이프사이클과 기민한 이메일문화—가 사회의 망을 형성하고 있다. 그리고 그것이 참된 신경제를 구성한다"(Kelly, 1999).

지식경제는 보편적인 것이 되었지만 그 효과는 다양하다. 선진국에서는 녹지대와 재이용된 중심 시가지의 공업용지에 테크노파크가 급증하고 있다. 하지만 방콕, 자카르타, 뭄바이(봄베이, 인도† 역주) 등에서는 글로벌경제에 대응하기 위하여 기업서비스 업무를 제공하는 소프트웨어 기업과 착취적인 공장이 공존하고 있다. 콜 센터는 이미 영국의 30개 직종 가운데 하나로 꼽히는 21세기의 산업공방이다. 그 곳에서는 표준적인 안내에 이어서 전화교환원이 문제를 정리하고, 제품을 판매하고 있다. 개성은 평가되지 않지만 작업 그 자체는 지성을 요구한다. 또 하나의 성장산업인 컨설턴트분야에서조차도 기계적인 프로세스가 가끔 활용되고 있다.

도시에 대한 시사점

도시는 신경제에서 특별한 역할을 수행하고 있다. 왜냐하면, 가상적인 커뮤니케이션의 격증에도 불구하고 사람과 사람 사이의 상호작용, 네트워킹과 교환이 생생하게 잔존하고 있기 때문이다. 현대의 전기통신기술이 일을 분산시킬 것이라는 일반적인 믿음과는 달리, 정보경제가 도시를 재활성화할 수 있다는 아이디어가 점차 확산되고 있다. 더구나 지리적 클러스터는 '규모에 대한 보수'라는 경제현상—이것은 도시의 생산에 초점을 맞추고 있는 선순환구조를 창출한다—의 결과이다. 그 필수조건은 다음 성장부문이 어떻게 바뀌더라도 그것을 떠받치는 지식과 사회적 기능을 가진 다양한 인력이 존재해야만 한다는 것이다. 도시는 정보, 아이디어, 프로젝트의 교환을 촉진하는 상호작용의 가능성을 제공한다(Graham and Marvin, 1998 참조).

휴대가능한 기능과 인간의 이동성은 어메니티(amenities)의 질, 서비스, 공공영역, 엔터테인먼트를 통해서 도시 간의 경쟁을 심화시킨다. 지식기업과 지식노동자를 필요로 한다는 것은 도시의 거대한 변용을 요청한다. 산업화 시대에는 더러운 공장을 일, 가정, 그리고 레저활동에서 분리시킬 필요가 있었다. 하지만 지식산업은 프로젝트 스페이스, 개방성, 사회적 교환이라는 도시의 장치를 필요로 한다. 묘하게도 이것은 종종 중심 시가지 주변의 유휴공장건물에 의해서 제공된다. 도시의 중심에는 금융, 비즈니스, 소매점, 시민의 정치 또는 문화시설 등의 고부가가치 서비스가 존재한다. 중심시가지를 둘러싸고 있는 환상지대는 산업의 중심지가 필요로 하는 서비스를 제공한다. 예를 들면, 인쇄업자, 택배업자, 발송서비스업 등이 여기에 해당한다. 그것(환상지대 † 역주)은 또한 보통 잘 확립되지 않은 창조·지식산업의 고향이고—예를 들면, 디자인과 인터넷회사, 젊은 멀티미디어 기업가, 심지어 예술가—그 곳에서는 신제품과 서비스를 실험하는 등 도시의 번영을 가져오는 분위기가 형성되어 있다.

중심 시가지를 둘러싼 벨트는 새로운 레스토랑과 회합장소에 대한 고객의 요구에 부응하는 경향이 있다. 그 곳은 결국 중심지에서 보다 보수적인 사람이 가고 싶어 한다. 중심 시가지를 둘러싼 환상지대의 건축물은 대개 낡은 창고와 작은 공장, 다용도의 낡은 가옥 등의 혼합물이다. 저렴한 집세는 젊고 혁신적인 사람이 흥미로운 공간에서 프로젝트를 수행할 수 있도록 한다. 중심 시가지에서는 오직 자본을 가진 회사만이 이러한 공간을 가질 여유가 있지만, 이러한 환상지대의 회사가 성장하고 보다 많은 이익을 올리게 되면 중심 시가지로 이동하거나 자신의 지구를 고급화한다. 이 중심 시가지의 환상지대는 활기찬 실험과 인큐베이션지대(incubation zone)를 제공한다. 이러한 내부 지구가 점차 고급화되면서 개척자는 집값이 싸고 피폐한 새로운 지구로 이동하는 사이클이 반복된다.

도시의 갱신을 둘러싼 전투는 시가지 주변의 커뮤니티가 사무용 빌딩의 침식에 저항하면서 종종 중심부와 중심부를 둘러싼 환상지대 사이에 있는 과도적인 지대에서 일어난다. 구체적인 사례로는 시티 오브 런던이 확장을 요구하던 곳인 런던의 스파이털필즈와의 사이에 벌어진 것을 들 수 있다.

사회적 변화

새로운 부의 창조과정은 새로운 일자리와 직업을 의미한다. 동시병행처리와 상호작용을 기초로 하는 유연한 생산시스템은 적응성이 있고, 다양한 기능을 가진 노동자를 요구한다. 안전성은 이제 거대기업의 안전성이나 직업조합의 보호보다도 개인의 고용에 대한 적응능력에서 비롯된다. 고용적응능력은 핵심적인 경쟁요소이고, 특히 커뮤니케이션 능력의 중요성을 강조한다. 그러한 새로운 직종은 데이터 분석가, 상징적인 영역의 전달자와 해석자 등이다.

혁신적인 조직은 보다 큰 단체가 모방할 필요가 있는 형식을 발명하고 있다. 즉, 그들은 민첩성, 프로젝트 베이스, 강한 네트워크와 협력관계, 그리고 예측불가능성 등이다. 일반적으로 지식과 창의성에 관계하는 기업은 유쾌하고 자극적인 환경을 필요로 한다. 그러한 기업은 점차 도시지구에 밀집하고, 맨해튼의 실리콘 앨리와 런던의 소호처럼 대개 문화산업지구에 인접해 있다. 그 곳에는 사람과 사람 간의 접촉이 용이하고, 유용하며, 또 효율적이다. 만약 관료제가 속도를 따라가기를 원한다면, 그들은 동기, 충성, 신뢰, 자유로운 재능, 책임, 리스크를 두려워하지 않는 자질을 육성하는 등 보다 수평적인 구조를 발전시킬 필요가 있다.

도시에 대한 시사점

이처럼 통신기술은 조직의 형태를 결정한다. 그것은 또한 도시의 패턴을 형성한다. 물질적인 재화를 만들기 위해서 고안된 고전적인 산업조직은 크고 계층적이며 한 곳에 고정되어 있었지만, 일단 정보전달을 담당하는 전화·전신시스템이 급속히 확산되면 분산이 가능하게 되었다. 산업화 시대를 상징하는 최상의 메타포(metaphor, 은유†역주)인 시계는 정확히 그 에토스(ethos, 정신†역주)를 말하고 있다. 즉, 그것은 표준적·정규적·기계적인 것이다. 산업경관을 상징하는 우상은 연기를 내뿜는 빨간 벽돌공장이다. 정보시대에서 도시의 우상은 두 가지 흐름 위에 서 있다. 깨끗하고 청결하게 정리된 완만한 녹지의 궁전, 또는 중심 시가지 주변에 새롭게 단장한 창고형의 첨단 스튜디오이다("Liberation Technology", *Demos Quarterly*, 1994 참조).

동시에, 정보기술은 장소가 한 곳에 고정된 것이라기보다도 일시적이고 불투명한 실체라는 것을 분명하게 보여 주었다. 그리고 이동성과 가상화의 증대는 우리의 정주감각을 없애 버렸다. 지역성, 공간의 공유, 아이덴티티 등이 약화되어 간다는 느낌은 커뮤니티가 점점 지리적으로 정의되는 것 못지않게 이해관계에 따라 정의된다는 것을 의미한다. 근린 레벨에서조차도 커뮤니티의 감각은 거의 없어질지도 모른다. 왜냐하면, 그러한 것을 기르는 요소, 즉 사회적 동질성, 비이동성, 협동의 필요성 등이 사라져 버렸기 때문이다.

생활의 질은 환경적인 관점에서의 장소와 소재지에 대한 보다 개인적이고 주관적인 관계와 강하게 결부되어 있다. 장소에 대한 애착은 가치를 느끼는 것 가운데 중심에 있는 것처럼 보인다. 즉, 그것은 환경보다 훨씬 많은 삶의 의미를 제공하고, 인간의 근본욕구이며, 또 사람들이 장소를 구축하는 데 열중할 때 그 가치가 증가된다.

장소의 물리성은 사람들이 멀리 떨어진 세계에 가상적인 참여를 가능하게 하는 것(virtuality)에 의해서 흔들리고 있다. 시간과 장소는 이제 그들이 과거에 경험하지 못했던 수준으로 작용한다. 그것은 모든 사람이 어떤 방식으로든 타협해야만 한다는 것을 의미한다. 물리적인 세계는 근본적으로 감각적인 질을 갖고 있다. 그것은 실제로 가장 탁월한 경험상의 효과를 만들어 낸다.

이러한 변화는 또한 새로운 지리적 배제를 낳는다. 활기로 충만된 부유한 지구는 빈곤의 악순환을 거듭하는 빈곤지구 옆에 들어선다. 소비자 시민은 도시의 볼거리에 참여하기 위한 현금을 필요로 한다. 하지만 사람들의 소비와 여가패턴은 점점 겹치는 부분이 줄어들고 있다. 도시 중심부의 중립지대 역할은 집합적인 무개성, 많은 사람을 배제하는 이용패턴에 의해서 손상되고 있다.

교육과 휴대가능한 기능을 가진 사람들—포트폴리오 근로자(portfolio workers)—에게 도시는 흥분과 자유와 에너지를 제공한다. 그러한 개인자산을 갖지 못한 사람에게 그 곳은 단지 희망이 없고, 무기력하고, 불쾌하며, 비참한 장소에 지나지 않는다. 사회적 배제(계급, 민족, 세대, 성별, 장애 등의 사회적 속성 때문에 특정 사람들이 사회적 참여에서 배제되는 것을 말함†역주)에 대처하는 것은 도시의 창의적인 활동에 있어서 시급히 요청된다. 사회적 배제는 사람들이 일과 학습 및 기타 참여형태로부터 얼마나 단절되어 있는가를 파악함으로써 가장 적절하게 측정될 수 있다. 또, 오늘날 많은 사람들이 가장 커다란 가치를 부여하는 자본형태인 인적 자본을 얼마나 축적하지 못하고 있는가를 살펴봄으로써 그것을 가늠할 수 있다. 다만, 이 경우의 인적 자본은 공식적인 자격과 기능뿐만 아니라 보다 미묘한 것들, 예를 들면 업무상의 대처방법을 알고 있는가, 고객을 만족시키는 방법을 알고 있는가, 팀플레이 하는 방식을 알고 있는가, 미활용기회를 포착할 수 있는가, 타인과의 네트워크를 결성하는 방법을 알고 있는지 등을 포함한다(Perri 6, 1997).

정치적 변화

도시가 경영되고 설명되는 시스템인 통치가 새로운 주목을 받고 있다. 민주주의는 확산되고 있지만, 항상 국민 대다수가 참여할 거라는 약속이 지켜진다는 보장은 없다. 권력은 국가에서 지방 및 지역으로 이양되는 방향으로 나아가고 있고, 지방과 지역에서는 공공·민간·볼런터리부문 간의 파트너십으로 이행하고 있다. 하지만 EU(유럽연합)와 같은 국가를 초월한 조직으로 상향이동하는 경우도 있다. 르네상스기의 이탈리아에 필적하는 도시국가의 부상에 관한 논의가 증가하고 있다. 우리는 지금 도시를 리더십이 중복된 이해관계자의 혼합물로 보고 있다. 적어도 영국에서는 선출된 시장이라는 아이디어가 시의 지배자를 구하는 것이 아니라, 재능과 자원을 활용하여 전략적 비전과 초점을 제시할 수 있는 비전을 가진 교섭자로 소생하고 있다.

투표에 참여하는 유권자의 감소는 다른 형태의 시민참여에 대한 관심을 불러일으키고 있다. 그것은 직접투표에서, 교육자로부터 여성, 노인, 소수민족그룹에 의한, 지리에 기반하지 않는 커뮤니티 대의제도와 과제별 투표제로 나아가는 것이다. 이제 다시 한 번 동질성은 다양성과 복합성에 의해서 도전을 받고 있다.

하지만 좋은 통치는 도시문제에 대처하기 위한 하나의 경쟁수단이다. 한정된 주민 가운데 선발된 사람으로서 일부의 정치집단과 관계를 맺고 있는 무보수 의원이 궁극적으로 도시의 업무를 제어하도록 해야만 할 것인가를 물을 수 있을 것이다. 하지만, 그처럼 선거에 기반한 조직체를 넘어선 곳에서는, 항상 도시생활을 보다 좋게 하는 데 기여하고자 하는 책임감을 가진 개인그룹이 있게 마련이다. 그것은 신용을 얻고 있는 이해관계자 민주주의(stakeholder democracy. 기업의 주주처럼, 도시의 경우에도 모든 시민은 일정한 이해관계와 함께 책임감을 가진 이해관계자라는 점을 강조하고 있음.† 역주)라고

할머니를 고용하라

노인의 자유시간을 활용한 세대와 세대 간의 재결합

베를린(독일)

장시간 노동에 종사하는 베를린의 어머니들이 값비싼 보육문제에 대한 새로운 해결방안을 찾아 냈다. 일에 쫓기는 부모들은 1시간에 2파운드 이하 또는 때때로 완전 무료로 아이들을 돌보고자 하는 대리 할머니와 할아버지 라는 늘어나는 원군에 기댈 수 있게 되었다. 1998년에 설립된 '조부모서비스' 센터는 늘어나는 수요를 감당하기 위하여 재빨리 제2사무소를 개설하였다. 이 센터는 가끔 아이와 부모 사이에 영속적인 관계를 형성하곤 하는 노년 여성과 부부를 가족과 연결시켜 준다. 할머니와 할아버지에게도 그들의 삶에 커다란 의미가 부여된다. 할머니에게는 1주일에 최대 20시간까지 이용할 수 있는 시간이 부여된다. 디렉터인 로스비타 빈테르슈타인(Roswita Winterstein) 은 이 프로그램의 성공비결이라고 한다면, 처음부터 지적·사회적인 요인을 고려한 데서 비롯되었다고 믿고 있다. 한 가지 걱정거리가 있다면, 고용된 할머니가 아이와 너무 친하게 되었을 때 친조부모가 질투하지 않을까 하는 점이다.

[자료: Denis Staunton, *Guardian*]

하는 개념을 인정하는 것이고, 서서히 새로운 형태의 자치단체 부 서구조를 확립하는 것이 될 것이다.

문화적 변화

경제적·기술적 전환, 인구의 대량이동과 글로벌화의 효과 등은 문화적인 효과를 반감시켜 왔다. 그 결과, 문화조직 및 독립적인 활 동과 표현을 주관하는 사람은 변화하고 있다. 제품의 균질화와 표 준화—특히, 오락산업에서는—지역의 아이덴티티를 위협하고, 도 시를 점차 획일적인 것으로 보이게 하고, 또 느끼도록 한다. 동시에 문화의 교배는 대립의 원인이 되면서 창의성의 원천이 되고 있다.

문화는 어떤 사람에게는 달갑지 않은 변화로부터 자신을 지키는 '보호막'이 되고, 다른 사람에게는 그것이 미래에 직면하게 될 정신적 지주가 된다.

문화유산과 그것의 현대적인 표현은 도시를 갱신하기 위한 보다 폭넓은 시각을 제공해 왔다. 경제발전과정에서, 우리는 과거의 건축물과 공예품, 전통, 가치, 기능에서 영감을 얻는다. 문화는 우리의 존재감각을 공고히 함으로써, 변화에 대한 적응을 돕는다. 즉, 그것은 우리의 기원(起源)과 할 이야기가 있다는 것을 보여 주는 것이다. 그것은 또한 우리에게 미래와 마주하기 위한 자신과 안전을 제공할 수 있는 것이다. 문화유산은 건축물 이상의 것이다. 즉, 그것은 어떤 장소가 고유하고 특색이 있다는 것을 증명하는 문화자원의 보고인 것이다. 문화는 창의적 발명의 핵심에 놓여져 있다. 이처럼 문화는 역설적으로 매일 경신되는 살아 움직이는 생활양식에 관한 것이다.

과거에는 표현적인 문화와 그 매개자 또는 문화기관은 사회의 목적 및 목표와 제휴하고 있는 것이 다반사였다. 오늘날에는 그 상황이 다르다. 민주주의 사회에서는 문화적인 문제에 대해서 무엇이 옳고 무엇이 그른지, 또는 무엇이 좋고 나쁜지를 판단할 때 불명확하게 되는 경향이 있다. 왜냐하면, 많은 사람은 이러한 상황에서 선택하는 것을 본질적으로 비민주적이고, 전통적인 위계질서 및 특권 시스템에 결부되는 것으로 간주하기 때문이다. 최근까지 문화와 그 시대의 지배정신, 그리고 문화와 룰에 대한 합의 사이에는 보다 자연스러운 결합관계가 형성되어 있었다. 예를 들면, 중세 유럽에서 가장 위대한 표현양식들은 종교서비스에 활용되었다. 르네상스 시기에는 그 초점이 주로 왕실 또는 부르주아 권력에 봉사하는 도시의 재창조에 맞추어졌다. 계몽주의의 성립과 더불어 진보적인 시민과 사회의 확립에 봉사하는 지식의 발전으로 그 중점이 이행되었다. 이러한 과정에서 미술관, 갤러리, 공공도서관, 콘서트 홀 등 19

세기의 문화시설이 탄생되었던 것이다. 19세기 문화조직의 핵심에는 지식의 민주화라는 관념이 놓여져 있었다. 그 목적은 부상하는 산업화 시대 및 국민국가의 조건에 부합하는 시민을 보다 많이 양성하는 데 있었다.

문화에 대한 핵심 과제는 시장경제에서 생활하는 데 익숙해지는 것이고, 또 가치 있는 것에 가격을 부가할 수 있는가를 사정하는 것이다. 하지만 시장경제는 이미 소비를 넘어선 의미 있는 목적을 창출하는 데 그 어려움을 드러내고 있고, 또 그것은 대중들 사이의 또다른 열망을 인식하기 시작하였다. 시포라(Sephora)에서 디스커버리 스토어에 이르는 직판 소매점은 통상적으로 미술관 등 문화시설만이 갖고 있던 속성, 즉 판매를 통해서 교육적인 목표를 달성하고자 하는 것을 도입하기 시작하였다(이 아이디어를 얻는 데에는 마크 팩터(Marc Pachter)가 도움을 주었다).

결 론

경제학·심리학·생물학 등 다양한 학문분야에 대한 새로운 이해와 디지털기술에서 바이오기술에 이르는 신기술이 갖고 있는 사회적·경제적 함의 등은 민주화 및 인구의 대량이동이 초래하는 효과와 결합됨으로써, 종래와 같은 인간의 이해방식에는 한계가 있다는 것을 분명히 해 주었다. 모든 것이 서로 연결되어 있다는 인식은 영역별로 칸막이된 사고가 갖는 한계를 폭로하고, 또 그것이 완전히 이해되지도 않고 탐구되지도 않을 가능성이 있다는 것을 분명히 했던 것이다. 우리의 관점을 바꾸는 것—예를 들면, 쓰레기를 비용이 아닌 오히려 자산으로 보는 것, 사람들을 일터로 불러 낼 것이 아니라 일을 사람들이 있는 곳으로 가져가는 것, 무엇이 무료이고 무엇이 유료인가를 새롭게 평가하는 것, 자치단체의 예산에서 투입보다 성과에 초점을 맞추는 것 등—은 커다란 효과를 가질 것이다. 지금부터 열리게 될 세계의 내적 논리는 직감에 반하는 것처

폐품회수를 조직화하라

필리핀

필리핀의 수도 마닐라는 리니스 간다(청소와 미화) 프로그램이라는 폐품 회수 프로젝트를 공식화하였다. 이 프로그램의 목적은 폐기물관리 등 환경의 지속가능성에 초점을 맞춤으로써 사회적 배제를 줄이고, 고용을 증가시키고, 도시환경을 개선하는 것이다. 500명의 폐기물업자는 상이한 자원에 대한 규정된 요금을 받으면서 정해진 길을 따라 일하는 1,000명의 '환경보호 협력자' 를 고용하고 있다. 20만을 넘는 세대가 타지 않는 쓰레기와 타는 쓰레기로 구별한다. 환경보호 협력자는 하루에 5달러에서 20달러에 달하는 재생가능한 물품을 모은다. 월 4,000톤 이상의 재생가능 자원이 집적되어, 1998년의 경제효과는 20만 달러 이상에 달했다. 위험하고 예측불가능한 주변의 활동이 안정되면서 '괜찮은' 직업으로 탈바꿈하고 있다. 지역의 산업은 저비용 재생 자원에서 편익을 얻고, 폐기물의 수집·수송비용은 삭감되고, 쓰레기처리장의 수명도 연장되고 있다.

[자료: Habitat]

럼 보이는 것도 있을 수 있다. 왜냐하면, 그 곳에 작용하는 룰은 직 감과 다르기 때문이다. 그러나 새로운 도전은 단순히 과거의 교훈 과 현재에 대한 전통적 사고방식에만 의존해서는 해결될 수 없다는 것을 이해하는 것이야말로 문제해결의 첫 걸음이다.

3
새로운 사고

창의적이지 않은 도시적 생활양식

　도시경영자는 도시가 안고 있는 문제가 잘 해결되기를 바라지만 그것을 실행하는 데에는 다양한 장벽이 있다. 이 장벽은 창의적인 환경을 구축하기 이전에 제거되어야만 한다. 이러한 장벽의 대부분은 관료적인 성향—이것은 민간부문 및 볼런터리부문에서도 피하기 어렵다—과 전문영역에 대한 고집에서 비롯된다. 이러한 장벽 가운데 개인의 노력으로 극복될 수 있는 것은 극히 일부에 지나지 않는다.

　많은 도시에서는 문제에 형식적으로 대응해 왔기 때문에 종래의 관행이 반복되고 있다. 좁은 시각에서 도시문제에 접근할 경우에는 현실파악에 실패한다. 깊은 통찰과 잠재성을 고려하지 않은 채, 다루기 쉬운 금전적 계산에만 의존하여 문제가 해결되고 있는 것이다. 예외적으로 훌륭한 실천사례가 없는 것은 아니지만, 도시에서는 비창의적인 행위가 우리의 주변을 감싸고 있다. 결과적으로, 오늘날의 주류적인 도시계획을 활용한 개입방식은 실망스러운 결과

창의성에 대한 장벽

하 더 스 필 드 (영 국)

일전에 나는 하더스필드의 공무원그룹을 대상으로 당신들은 창의적이냐는 질문을 한 적이 있다. 그러자 그들은 모두 "예"라고 대답하였다. 내가 개개인은 창의성을 갖고 있으면서도 집단적으로 책임을 지게 되는 도시의 경우에는 그러한 점이 보이지 않는 이유가 무엇이냐고 묻자, 그들은 다음과 같이 대답하였다. "가정이나 내 주변에서는 내 운명을 스스로 결정할 수 있다고 느낀다. 내 삶의 방식을 선택할 수 있고, 또 야망을 가질 수도 있다. 내가 자극을 받으면 아이디어와 새로운 관계가 형성된다. 하지만 나의 일에 초점을 맞추면 세계관은 좁아진다. 즉, 절차, 행정시스템, 위계질서와 같은 관청의 세계에 들어가면 개인의 창의성은 왠지 모르게 사라져 버린다"고.

를 초래하는 경향이 있다. 사람들은 생활의 질이라든가 21세기의 도시적 생활양식이 어떤 것이고, 또 이러한 것들이 어떻게 전개될 것인가 하는 것을 논의하는 자체를 두려워하는 것처럼 보인다.

부문별 이해우선의 악폐

도시계획분야에 종사하는 사람에게 창의성이 부족하다고 말하는 것은 문제의 일부에 지나지 않는다. 많은 나라에서는 규제 또는 그것을 실행할 힘의 결여로 인해서, 도시환경이 자의적으로 남용되고 있는 것이 보다 커다란 문제가 되고 있다. 특히, 동유럽의 신생 민주주의 국가에서는 건축, 표지, 소음, 공해를 관리하는 시스템이 일관된 도시경관을 만들어 낼 수 있을 정도로 강력하지 않고, 또 부패와 무관하지도 않다. 코카콜라와 말보로 같은 회사는 많은 판매점들이 자사의 로고를 사용하게끔 유인(incentive)을 제공함으로써, 소피아 또는 크라쿠프와 같은 도시의 간소한 거리가 자신의 문화에서 유래하는 것이라고는 아무것도 없다는 듯, 통제되지 않은 화려한 외관을 노정시키고 있다. 하늘 높이 치솟은 빌딩이 전통적인 거리의 모습 속으로 파고들고, 심야의 디스코텍이 뿜어 내는 레이저 광선이 상트페테르부르크의 네프스키 거리를 비추고 있다. 주민과 방문객은 즉각 그 배후에 의심스러운 밀실거래가 있다는 것을 알아차리고, 법에 호소하는 움직임이 일어나기도 한다.

노력과 사려의 부족

도시외곽에 들어선 쇼핑센터는 하나같이 획일적이고, 지역적인 개성(distinctiveness)을 갖고 있지 않고, 또 참된 공공 스페이스를 갖고 있지도 않다. 이 가운데 자연스러운 모습을 간직한 경우는 아주 드물고, 상점의 배치는 예상할 수 있을 정도이며, 또 예술센터와 도서관 같은 공공건물과 통합하려는 시도는 거의 눈에 띠지 않는다. 가장 중요한 것은 개성이다. 왜냐하면, 세계의 여러 도시는 서로의 경험을 통해 학습할 수 있지만 세계 도처의 선구적이라 할 만한 도시의 행위는 즉각 다른 도시공무원에게 연구대상이 되어 버릴 위험성이 크기 때문이다. 일반적으로 타도시는 성공한 도시의 지역적인 특성과 조건을 고려하지 않은 채 성공의 일반모형만을 채택해 버리는 경향이 있다. 결과적으로 수족관, 회의장, 박물관, 상점, 레스토랑과 같은 유사한 건물의 조합을 탄생시키고, 세계 전체가 놀랄 정도로 비슷한 것이 되어 버린다(*Urban Age*, 1999년 겨울호 참조).

도시계획을 수립할 때 공공 스페이스에 대한 배려는 제일 마지막에 붙이는 덤에 지나지 않는 경우가 많이 있다. 바르셀로나, 로마, 뮌헨과 같이 보행자 전용도로를 만들고, 공간의 네트워크를 실현하고 있는 도시는 많지 않다. 뮌헨에서는 보다 쾌적한 환경의 창출이 지가(地價)상승으로 이어져 지하주차장의 건설비용에 도움을 주고 있다. 대부분의 도시에서는 저렴하게 주차장을 만들려고 하기 때문에 주차장은 지상에 지어도 무방하다고 생각하지만, 오히려 그것이 역으로 지가와 사람들의 쾌적함을 저해한다. 도로와 횡단보도가 공공 스페이스의 일부이긴 하지만 로스앤젤레스의 기타 지역에서는 그 비중이 30%인 데 비해 놀랍게도 도시의 중심부에서는 60%에 달한다. 로스앤젤레스의 도로기술자들이 이러한 사실을 알고 있는 것처럼 보이지 않는다. 한편, 슈투트가르트의 내부환상도로는 훌륭한 도시계획이 도시발전에 끼치는 영향력을 여실히 보여 준다. 한편, 2000년 여름 파리에서는 '페리페라 록 페스티벌(Periphera rock festival)'이 주(主) 환상도로의 통행을 중지시킨 다음 개최되었다. 이처럼 도로에 의해서 분단된 도로 양편의 커뮤니티가 록 콘서트와 커뮤니티의 이벤트를 통하여 다시 결합하게 된 것이다.

조명은 단순한 불빛이 아니다. 그것은 분위기를 만들고, 보행에 도움을 주고, 또 안전에 필요한 조건을 형성한다. 리용, 멜버른, 글래스고, 빈과 같은 도시에서는 역사적 건조물의 조명전략을 훌륭히 실천해 내고 있지만 기타 지역에서는 아직도 조명이 창의적으로 활용되지 못하고 있다. 각 도시구역의 특징이 다양하다는 점에서, 테마별로 개성을 반영한 조명을 만들 필요가 있다. 1998년 겨울 토리노에서 개최된 '예술가의 빛(Luci d'artista)'이라는 프로그램의 전체 테마는 우주로 정해졌다. 이처럼 조명은 다양한 방법으로 활용될 수 있다. 안전하지 않은 구역이라면 어두운 길의 이곳저곳에 조명을 설치하면 어떨까? 또 밤이 되어 도심의 공원이 염려된다고 한다면 나지막한 숲에 조명을 부착하면 어떨까?

형식적인 사고

도시마케팅은 도시의 아이덴티티와 개성에 관련되는 것이지만, 도시의 지명도를 추구하는 것에서 출발하는 것이 일반적인 공식이 되고 있다. 어떤 도시의 경우에도, 항상 자신이 중심이라고 주장하는 방법을 찾고 있다. 버밍엄은 유럽 최대의 허브공항과 유럽의 중앙은행이 있는 도시인 프랑크푸르트와 마찬가지로 교통과 금융의 중심지라고 주장한다. 중심이 아니면서 중심이라고 주장할 때 어떤 의미를 가지는가?

동서 유럽 사이에 이전의 단층선을 따라 활모양으로 펼쳐져 있는 도시들은 모두 자신의 도시가 동서 유럽의 관문이 될 것으로 계획하고 있다. 헬싱키, 베를린, 바르샤바, 크라쿠프, 프라하, 빈, 부다페스트 등등. 이러한 도시는 한결 같이 페스티벌이 열리고 있는 페스티벌 도시이다. 그리고 주변에는 아름다운 자연이 있다. 이들 도시가 그리고 있는 이미지는 다음과 같은 테마를 반영하고 있다. 예를 들면, 풍부한 숲, 강철과 유리로 만들어진 오피스, 도심 주변의 하이테크 공업지구, 골프 코스, 많은 사람으로 붐비는 카페지역 등의 사진이 즐비하게 준비되어 있다. 이러한 도시에 대해서, 사람들은 도시의 이름만 바뀌었을 뿐 아무런 차이를 느끼지 못할 것이다. 지역의 특성에 대해서는 대부분의 도시가 아무런 언급을 하지 않는다. 예외적으로 팔레르모(이탈리아 시칠리아 섬에 있는 도시 † 역주)에서는 그 곳에 있는 아랍 유적에 조금씩 주목하고 있고, 나폴리에서는 도시의 아이덴티티를 찾기 위한 평의원을 임명하기도 하였다.

지역적 기풍의 중요성

지역적인 개성을 알리는 것은 어려운 일이다. 리버풀을 예로 들면, 지역의 시민은 창의성과 반골 기질과 같은 특성을 사랑하는 반면에 외부인은 그 범위가 한정되긴 하지만 리버풀의 기발한 측면을 좋아한다. 따라서 리버풀을 알리는 작업을 수행하는 도시마케터(city marketer)는 이러한 특성 가운데 어느 한쪽을 강조할 수밖에 없다. 리버풀과 비교할 때 레스터는 아이디어가 고갈될 수 있을 정도로 지루한 지역이다. 하지만 도시마케팅을 담당하는 사람은 이 도시가 겉모양과는 달리 심오하고 활기차지만 그것을 쉽게 알 수 있거나, 단순한 연극처럼 알기 쉬운 것이 아니라는 사실을 보여 줄 필요가 있다. 이것은 복잡한 것을 이해하고 전달할 수 있는 상징적인 표현을 구사하는 커뮤니케이션이 필요하다는 것을 뜻한다.

이러한 점은 깊은 의미와 지역적 창의성을 필요로 하는 축제의 경우에도 동일하게 적용된다. 하지만 지역의 아이덴티티를 고려하지 않은 채, 단순히 관광을 통한 선전활동을 수행하는 것은 결과적으로 도시를 매력적으로 만들고 있는 것 자체를 손상시킬 수 있다. 요크시(市)는 단순하고 저렴한 방법으로 혼잡을 처리함으로써 관광이 초래하는 부정적인 효과를 완화시키고 있다. 예를 들면, 안내인이 혼잡한 장소로부터 사람을 분산시킨다거나, 관광버스에서 도시를 산책할 수 있는 별도의 지도를 배포하기도 한다.

도시의 마케팅을 위해서는 인재의 폭을 넓힐 필요가 있다. 예컨대, 역사가, 인류학자, 문화지리학자 등 깊고 독자성 있는 생각을 할 수 있는 사람들이 참여할 필요가 있다. 장소마케팅의 분야에서는 생산전문가가 지배해 왔다. 이들은 좋은 정보와 기존 방식에 대해서는 잘 알고 있을지 모르지만, 도시가 갖고 있는 복잡성에 대해서는 이해하고 있는 것이 거의 없다.

미개발 자산

공항, 버스터미널, 기차역과 같은 도시의 입구는 과거에 그랬던 것처럼, 더 이상 타지에서 온 사람과 지역으로 돌아오는 주민을 따뜻하게 맞이해 주는 곳이 아니다. 도시를 관통하는 하천들—런던의 템즈강에서 로마의 티베르강, 그리고 극단적인 경우로는 부카레스트의 수로화된 덴보비차강 등—은 도시생활에 아무런 도움을 주지 않는다. 그다지 활용되지 않는 교회와 같은 건물이 장기적인 관점에서 수리되는 것을 원하지 않는 이유는 무엇인가? 루르강의 좋은 사례에도 불구하고, 많은 도시에서 자연을 아름다운 도로와 제방으로 활용하지 않는 이유는 무엇인가? 도처에서 사람들의 사회참여활동이 갖는 유용성이 충분히 논의되고 있는데도 불구하고 실제로 이루어지지 않는 이유는 무엇인가?

과거의 기억을 지워버리는 행위

우리는 기억에 관련된 것을 계속해서 지우고 있다. 즉, 그것은 도시의 미를 파괴하는 것 가운데 가장 악질적인 것에 속한다. 도시의 기억은 역사적 경위를 남기는 데 도움을 주고, 창조의 원천으로 활용될 수 있으며, 아이디어를 만들어 내고, 또 사람들을 연계시키는 데 도움을 주는데도 불구하고 과소평가되고 있는 것이다. 이와 관련된 많은 사례 가운데 쿠알라룸푸르와 싱가포르는 최근에야—너무 늦은 감이 있지만—그것의 중요성을 깨달았다. 즉, 도심의 테마파크에 과거의 모조품을 만들어 놓기는 했지만 모든 역사적인 장소를 풍경에서 없애 버린 손실은 지우기 힘들다는 사실을 깨달은 이후였다. 베를린에서는 베를린장벽 가운데 파괴되지 않은 채 남아 있는 곳이 거의 없다. 그 지역에서는 잊고 싶은 기억일지 모르지만 동독의 모든 기억을 지워 버리는 전략 이외의 다른 방법을 찾을 수도 있었을 것이다.

창의적이지 않은 아이디어의 내부 논리

권한과 정치적 의지

도시생활에 영향을 끼치는 유인구조와 규제활동 가운데 도시당국에 위임되지 않은 것들이 많이 있다. 도시당국에게는 세율 및 재정구조를 결정할 권한이 주어지지 않는 것이 보통이다. 예를 들면, 도시당국은 혁신을 위한 세제상의 우대조치 또는 환경정책과 관련한 세제개혁을 입안할 수 없다. 도시당국은 교육프로그램의 전체적인 성격을 창의적인 상상력을 조장하는 방향으로 바꿀 수가 없다. 그들은 또한 통상적으로 환경규제, 건축, 소재에 대한 독자적인 법적 표준을 결정할 수 없다. 도시에서는 대규모의 도로를 건설할 프로그램을 결정할 권한이 없다. 이것은 보다 넓은 지역의 당국이 결정할 사안이다. 그들은 철도처럼 도시와 도시의 경계를 초월한 공공교통 시스템의 공급에 관한 지출수준을 결정할 수 없다. 도시는 자신의 미래를 결정할 권한을 가진 외딴 섬이 아닌 것이다. 하지만 도시가 자신을 통제(control)할 수 있는 정도는 국가마다 다르다. 보다 연방적인 국가—예컨대, 미국, 독일, 이탈리아 등—일수록 자신의 운명을 보다 많이 결정할 수 있다. 독일의 각 주는 자신이 선호하지 않는 국가의 법제를 거부할 권한을 갖고 있고, 또 이탈리아의 새로운 지역들은 소득세와 교통세를 부과할 수도 있다. 스칸디나비아 제국처럼 '자유코뮌' 시스템하의 커뮤니티는 크건 작건 중앙정부의 감독에서 '벗어날' 수 있고, 자신의 문제를 스스로 처리할 수도 있다.

설명책임이 갖는 어려움

도시는 선거주민에게 설명책임(accountability)을 갖는 공무원에 의해서 운영되기 때문에 도시경영에 창의성을 도입하는 데에는 일정한 한계가 따르기 마련이다. 설명책임을 갖는다고 하는 것은 민간기업과는 달리 문제에 대처하는 속도를 느리게 한다. 설명책임에 따른 잠재적인 난점을 극복하는 민주적인 방법 가운데 하나는 역으로 이러한 난점을 강점으로 바꾸는 것이다. 이것은 도시경영에 관한 창의적인 아이디어를 풀뿌리에서 이끌어 내는 새로운 채널을 가동시키는 것이다. 하지만 정치가와 공무원은 공중의 기대가 자원을 적절하게 배분할 수 없을 정도로 과도하게 부풀어 오르는 것을 우려하기 때문에 이러한 구조가 실현되기는 어렵고, 설혹 실현되는 경우라 하더라도 제한된 범위 속에서 이루어질 수밖에 없다. 당국은 이러한 풀뿌리로부터 나온 구조가 법적 정당성을 찾기 어렵고, 특히 또다른 권력구조를 낳게 될 소지가 있다고 주장할 것이다.

관료적 절차주의

도시가 제대로 기능하기 위해서는 건축허가, 면허, 조례와 교통의 통제—이것은 상반되는 이해관계를 조정하여 시민생활의 공공선을 보증하는 데 필수적인 요소들이다―를 포함한 복잡한 규제를 필요로 한다. 하지만 이러한 통제시스템은 급변하는 환경에 적응하는 데에는 느리고, 어려운 절차임에 틀림없다. 특히, 전략적인 해결방식이 규범되지 않은 상태에서는 더욱 그렇다. 종종 관료적 절차주의가 도시의 조직으로 침투하여 내생적인 잠재적 창의성을 찾지도 못하게 하고, 또 그것을 활용하지도 못하게 한다. 자치단체 경영자가 규칙에만 의존하면 창의적인 인력을 충분히 활용하지 못하게되고, 결과적으로 새로운 형태의 조직관리방식을 찾게 된다. 이 가운데에는 각종 독립채산제, 조직을 태스크포스 팀으로 분할하는 것, 제한을 무시하고 발명을 장려하는 공공·민간 파트너십의 구축 등이 포함된다. 도시정부가 조직을 슬림화하고 중요하지 않은 기능에 치중할수록 전략적으로 생각하거나 행동하지 못하게 된다.

주도적이지 않고, 대응적인 태도

"깨지기 전에는 손대지 마라(If it ain't broke don't fix it)"는 격언은 때때로 진실일지 모르지만 현대도시의 경우에는 이것이 이득보다 해악을 끼친다. 대응적으로 문제에 대처하면, 위기는 아니라 하더라도 이미 그 자체가 문제가 되어 내일의 기회가 아닌 어제의 문제를 처리하는 데 급급하게 된다. 도시의 변화속도는 정책입안자가 미래지향적이고, 적극적이고, 아직 문제가 되지 않은 것에 관심을 가질 것을 요구하고 있다. 이것은 향후 중요하게 될지도 모르는 조그마한 변화를 정확하게 읽어 내는 데 경계를 늦추어서는 안 된다는 것을 의미한다.

단기주의의 폐단과 사람을 끌어들일 필요성

정치가 및 일정 기간 운영되는 단체 또는 파트너십이 갖는 단기적인 논리는 장기적인 성과보다 빠르고 가시적인 성과를 지향한다. 무엇인가가 일어나고 있다는 것을 보여 주는 축제행사, 또는 파리의 '그랑 프로제'(Grand Projects, 대규모 문화시설 건설계획†역주)처럼 최고의 프로젝트를 기획하는 경향이 있다. 이러한 것들은 사람에게 동기를 부여하고, 성과를 칭송하며, 전환점을 마련하기도 한다. 하지만 실질적인 경쟁에 노출되어 있는 도시에서는 단순한 훈련프로그램이라든가 민간 및 비정부조직(NGO)과의 파트너십이 보다 유리한 결과를 초래할지도 모른다. 이처럼 도시의 전략가는 눈에 띄지 않는 프로젝트를 가시적인 형태로 만드는 방법을 찾아 내지 않으면 안 되는 것이다.

권력과 후원

돈 많은 후원자와 옛날부터 확립된 엘리트층 간의 네트워크가 형성되어 있는 경우에는 보통사람이 권력과 정보에 접근하기가 어렵고, 또 공헌할 여지가 있는 사람을 배제함으로써 창의성이 저해되기도 한다. 어떤 나라에서도, 책임 있는 지위에 쉽게 진입하는 엘리트기구가 존재하지만, 혁신적인 아이디어를 가진 사람은 고등교육을 받지 않은 분야를 포함해서 어떠한 분야에서도 배출될 수 있는 것이다. 신생대학은 자신의 지명도를 높이기 위해서 보다 창의적인 조치를 취할 것이다. 피터 홀의 혁신도시에 관한 분석에 따르면, 주류에서 벗어나 있는 도시가 보다 혁신적인 것으로 나타났다. 예를 들면, 로스앤젤레스, 멤피스, 디트로이트, 글래스고, 맨체스터와 같은 도시가 활기에 차 있던 시기가 여기에 해당한다. 아울러, 피터 홀은 도시가 성장하는 데 이민자와 급진파와 같은 아웃사이더가 중요한 역할을 수행한다는 것을 지적하고 있다.

부적절한 훈련

도시계획의 전문직원은 지나치게 전문적인 훈련과정을 받았기 때문에 창의적인 관계를 이끌어 낼 정도로 폭넓게 일하지 않는다. 토지의 이용과 개발의 제한과 같은 분야에 종사하는 도시계획자는 물론이고, 엔지니어, 도서관 직원, 여가매니저, 환경 및 보건분야에 종사하는 사람도 마찬가지이다. 전문직원은 물론이고, 도시경영자는 아직도 내일의 도시가 갖는 개방적이면서 유연한 성격을 완전히 이해하지 못하고 있다. 더구나 아이덴티티, 사회개발, 역동적인 네트워크 등과 같은 '도시의 소프트웨어'가 갖는 중요성에 대해서도 이해하지 못하고 있다.

전문직원의 자기정당화

전문직원 사이에서만 통하는 내부 언어는 외부와의 커뮤니케이션을 어렵게 하고, 또 그들의 사고를 제약한다. 전문직원이 자신의 행동을 정당화하는 자기방어 시스템은 보다 전체적인 시각에서 사물을 바라보는 것을 제약한다. 예를 들면, 교통업무에 종사하는 엔지니어는 도시의 주요 도로를 달리는 운전자가 한눈을 팔지 않도록 아무것도 보이지 않는 텅빈 환경을 만들 것을 주장한다. 하지만 이 주장은 따분한 거리의 분위기로 인한 낙서와 범죄, 나아가서 사고의 빈발과 같은 효과를 고려하지 않는다. 모든 위험부담과 비용을 고려한 균형잡힌 해결책은 다면적인 관점을 요구한다. 전문직원 간, 커뮤니티 내, 그리고 분야를 초월해서 창의성을 이끌어 내기 위해서는 공통의 언어가 필수적이다.

통합의 결여

도시계획은 아직도 도시의 사회적 역동성보다도 토지의 이용문제를 중심으로 이루어지고 있다. 발전적 또는 관용적 패러다임보다 통제적 패러다임의 틀 내에서 토지이용의 방법을 계획하는 것이 용이하다. 하지만 지금 요청되고 있는 것은 전자의 방법인 개발을 자유롭게 허용하는 패러다임이다. 도시계획분야에서는 '종합적인 사고'가 강조되고 있는데도 불구하고, 경제적·사회적 또는 문화적인 문제, 환경문제, 미학 등이 도시계획 속에 충분히 통합되어 있지 않기 때문에 모든 도시에 손실을 입히고 있다.

고정관념

현대는 복잡하고, 단순한 통제로는 순조롭게 일이 진행되지 않기 때문에 파트너십과 공동의 행동을 취하지 않을 수 없다. 하지만 공공부문은 비효율적이고, 기업은 탐욕스럽고, NGO는 전문성이 결여되어 있다는 사고에 빠지면, 공동의 노력도 잘 진척되지 않게 된다. 각 부문은 독자적인 활동영역과 목적, 그리고 가치를 갖고 있지만 이들 역시 변화하고 있다. 볼런터리단체가 기업적인 성격을 띠게 될지도 모르고, 사기업도 공공의 정신을 갖게 될지도 모른다. 모든 부문에서는 핵심 원리가 동일하게 작용한다. 예컨대, 주어진 목적의 달성(효과성), 결과의 최대화(효율성), 자원·시간·에너지의 최대 활용(경제성), 일의 공정한 수행(공평성), 질적 측면의 달성(수월성) 등이다(Matarasso, 1993, p. 41). 하지만 이러한 원리가 의미하는 바는 각 부문마다 다르다. 효율성은 스피드와 이윤율뿐만 아니라 목적의 효과성을 포함한다. 이윤은 기업의 궁극적인 목적인 것처럼 보이지만 많은 기업은 영속성, 영향력, 시장점유율, 공정한 거래 등에 높은 가치를 부여한다. 이윤은 단지 가치의 한 척도에 지나지 않는다. 옥스팜(Oxfam, 빈곤자 구제기관 † 역주)은 얼마나 많은 생명을 구하는가 하는 것이 가치판단의 척도가 되고 있다.

실천을 수반하지 않는 말뿐인 협력

지방의 당국과 대학이 경제적 변화의 파고를 완화하기 위해서 협력할 필요가 있다는 것은 자명하다. 하지만 얼마나 많은 대학이 지역의 수요를 파악하고, 지역의 쇠퇴를 걱정하면서 지역의 제조업자와 한 몸이 되어 새로운 산업분야를 찾아 내고자 하는가? 또 얼마나 많은 지방의 당국이 대학과 함께 지역이 필요로 하는 전략적 교과목을 개설하기 위해서 노력하고 있는가? 오늘의 실리콘 밸리를 만든 것은 바로 스탠포드대학과 지역의 기업가, 그리고 벤처자본 간에 확립된 유대관계이다. 이러한 사례를 통해서 확인할 수 있듯이, 파트너십의 필요성은 시대의 전형이 되고 있지만 실제로 얼마나 많은 파트너십이 이루어지고 있는가 하는 것은 의문의 여지가 있다.

동기부여에 대한 제약된 시각

도시의 리더는 사람들의 신념과 그들의 동기부여에 관해서 알고 있는 것이 거의 없기 때문에, 향후 어떤 것이 이루어질 수 있을 것인가에 대한 자신감을 갖고 있지 않다. 우리는 유인구조를 넘어서 사람들의 행동을 유발하는 또다른 이유를 인정하는 접근방법을 개발할 필요가 있다. '최고의 경제적 역동성과 높은 사회적 결속력을 가진' 성공적인 사회란, "높은 수준의 신뢰문화를 갖고, 개개인이 각자의 책임을 지면서 모르는 사람과 교섭하고, 또 이들을 고용하여 장기적인 협력관계를 구축할 수 있는 사회를 말한다"(Perri 6, "Missionary Government," *Demos Quarterly*, 1995). 범죄대책에 대해서도 동일한 말을 할 수 있다. 범죄는 처벌조항을 손질함으로써 감소하는 것이 아니라 그 사람을 다시 공공적인 장(場)에 관계시킬 때 감소하는 것이다. 또한 환경 및 건강 역시 라이프스타일의 변화를 통해서 개선될 수 있는 것이다.

자본의 본성

자본의 활동은 필연적으로 이용가치가 낮은 것을 도시에서 축출하도록 한다. 이용가치가 낮은 것에서 이용가치가 높은 것으로 토지이용의 변화—전형적으로는 경공업 또는 직인적인 사용에서 사무실로의 변화—는 다양성을 상실하게 하여 단조로운 도시화를 만들어 낸다. 일단 건축물의 고층화가 인가를 받게 되면, 이것은 지폐다발을 마음대로 찍도록 허가받은 것과 같은 결과를 초래한다.

공중권(空中權)이 문제로 부각되는 경우는 거의 없고, 다른 토지이용은 고비용을 초래하는 것이 되어 버린다. 그리고 고층화에 의한 수익이 커뮤니티로 돌아오는 경우는 거의 없다. 조례와 전통이 이러한 난공불락의 논리를 약화시키는 사례가 예외적으로 없는 것은 아니지만, 이 경우에도 끊임없는 공격에 시달려야만 한다. 조례와 전통 등과 같은 요소들은 도시의 경관을 결정하기 때문에 통찰력이 있는 사람이라면 쉽사리 이것을 확인할 수 있을 것이다.

예를 들면, 워싱턴에서는 주의회 의사당보다 높은 건물은 허용되지 않기 때문에 고층빌딩이 없고, 도시는 말 그대로 평면상에 펼쳐져 있다. 멜버른은 바둑판 모양의 도시 중심부에 고층빌딩을 집중시킴으로써 빅토리아거리 연변에 있는 빌딩의 높이를 통제하고 있다. 거기서는 빅토리아거리를 따라 보행자용 도로가 정비되어 있는 한편, 빌딩의 실루엣은 국제적인 21세기의 도시와 같은 외관을 보여 주고 있다.

자본의 운동은 비용을 절감하는 것과 소비자를 만족시키는 가치 및 질적 향상이라고 하는 긴장관계 속에서 행해지고 있다. 이러한 계산의 결과, 장기적인 가치를 창출하기보다 질을 저하시키는 한이 있더라도 단기적인 이익을 올리는 데 초점을 맞추는 유인이 작동하는 환경이 조성된다. 이 경우, 정부가 질을 향상시키는 유인을 만들어 낼 수 있다. 예를 들면, 빌딩을 녹화(綠化)해서 자연환경에 녹아들도록 유도한다거나, 하나의 예술작품처럼 보이는 주차장을 건설하도록 하는 것 등이다. 만약 빌딩 단독으로 그 가치가 없다고 한다면 비용의 일부를 부담하는 것도 채산이 맞는 투자가 될 것이다. 이것은 프로젝트 그 자체를 뛰어넘어 실질적인 비용과 편익을 '전체적인 상황 속에서 평가'할 필요가 있다는 것을 의미한다. 결국 이것은 전문가와의 충분한 논의가 이루어지지 않은 상태에서, 질적으로 문제가 있는 상태에서, 나아가 잘 디자인되지 않은 환경에서 비롯되는 낙서와 범죄에 따른 실질적인 비용을 산정해야만 한다는 것이다.

도시를 변화시키기 위한 혁신적인 사고

이 절은 두 개의 부분으로 구성되어 있다. 첫째는 신선한 사고에 영향력을 미치는 폭넓은 문제에는 어떤 것이 있는가를 다루는 것이고, 둘째는 새로운 사고의 특성과 그 질적 측면을 개관하는 것이다. 여기서 언급될 사회적·기술적·경제적·정치적인 전환을 통해서, 그리고 새로운 개념적인 접근방법을 통해서 다양한 기회가 열릴 것이다. 새로운 사고는 창의적인 가능성을 인식하고 실현하기 위한 전제조건이다. 그것은 자신의 독자적인 해결책을 발견하게 하는 전략적 도구이자 이를 스스로 강화하는 메커니즘이다. 아울러 그것은 현재 우리가 할 수 있는 최량의 것에 적응하게 하고, 또 그것에 새로운 것을 부가시킨다. 새롭게 생각하는 것이 갖는 잠재가치를 최대화하기 위해서는 다른 유형의 생각과 행동을 이해하는 것이 필수적이다. 예를 들면, 다양한 형태의 추상화, 이야기적인 것과 상징적인 것 등과 같은 커뮤니케이션방식의 유용성, 목적과 수단, 그리고 전략과 전술 사이의 현격한 차이 등을 이해할 필요가 있다.

새로운 사고의 기초

대처능력을 개발하라

미래는 과거와 비슷할 거라는 생각이 사라져 버린 지 오래다. 우리의 대처능력은 어떤 일을 하는데 관건이 되는 많은 아이디어와 방법을 즉각적으로 바꿀 때 확대되는 것이다. 사람들은 새로운 기술적인 지식을 넘어서 새로운 사고방식을 포함한 새로운 기능을 필요로 하는 것이다. 사람들은 의무적으로 어떤 일을 처리할 때보다도 변화의 기회에 보다 잘 대처한다. 그들은 국지적이고 개인적인 측면에 대해서는 잘 대처하고, 이메일과 같은 일에 대해서도 잘 적응한다. 하지만 변화의 구조적 측면에 대해서는 잘 대처하지 못하고, 때때로 그것을 직시하려고 하지도 않는다. 이러한 문제는 본질적으로 보다 어려운 영역에 속하기 때문에 구조적으로 대응할 때에야 비로소 안정적인 해결책을 찾을 수 있는 것이다.

예를 들면, 연금기금은 현재 연금을 부담하고 있는 젊은이가 많다는 발상에서 출발한다. 하지만 인구피라미드가 역전되면 어떤 일이 일어날 것인가? 적어도 10년 전부터 이 사실을 알고 있었지만 그 대응책은 한정된 것에 지나지 않았다. 또다른 사례로서는 도시의 성장에 의해서 초래된 개발도상국가 간의 물을 둘러싼 위기인데, 이것은 가까운 장래에 전쟁의 씨앗이 될 것이다. 예멘의 수도 사누아에서는 그 인구가 지난 30년 사이에 16만 명에서 150만 명으로 불어난 결과, 지하수의 공급이 중단될 위기에 처해 있다. 이러한 위기는 분명 예견할 수 있었을 것이다.

새로운 사고는 대응책을 찾는데 도움을 주지만, 우리에게 밀려드는 정보의 홍수로 인해서 방해를 받고 있다. 도시 그 자체는 센서의 작동을 멈추게 할 수 있을 정도로 거대한 정보원이다. 이로 인해 점차 주의력(attention)—무언가에 집중하고, 듣고, 흡수할 수 있는 능력—이 노동, 자본, 창의성과 함께 핵심적인 생산요소가 되고 있다. 우리는 어떤 정보의 가치를 파악할 필요가 있다. 나아가 기술은 효율을 제고할 뿐, 그 자체가 목적이 아닌 단순한 수단이라는 사실을 상기할 필요가 있다. 우리는 선별하고, 해석하고, 의미를 파악할 줄 아는 사람—기술적인 의미뿐만 아니라 실제로 사람들이 구분하고, 분류하고, 폐기하는 데 도움을 줄 수 있는 사람—과 판단력을 갖춘 슈퍼 도서전문직원을 필요로 한다. 컴퓨터와 같은 물리적 환경은 반성하고 판단할 수 있는 정확한 균형감각이 있을 때에야 비로소 선별작업에 도움을 줄 수 있는 것이다.

인식의 틀과 흐름, 그리고 인식 틀의 전환을 이해하라

　도시의 잠재력을 경영하기 위해서는 우리가 어떻게 생각하고 학습하는가를 재평가할 필요가 있다. 아울러 우리가 무엇을 배우고, 지성을 어떻게 활용하고, 또 사용하고 폐기하는 정보의 형태를 재평가할 필요가 있다. 그것은 정보를 구별하고, 판단하고, 선별하기 위한 새로운 기준을 요청할 것이다. 그것은 이용가능한 자원에 대한 보다 폭넓은 인식과 문제해결과정에서 보다 유연하고, 측면적이고, 창의적인 사고과정을 포함한다. 그러면 어떻게 하면 그러한 상태에 도달할 수 있을 것인가? 그 관건이 되는 것은 인식의 틀을 바꾸는 것, 기본 원리를 재고하는 것, 그리고 새롭게 아이디어를 생각하고 창출하는 방법이다. 그러면 인식의 흐름, 인식의 틀, 인식 틀의 전환이 의미하는 것은 무엇인가?

　인식의 흐름이란 현 상황에 따라 움직이는 인식을 말한다. 인식은 좋은 이유에서 특정한 패턴으로 고정된다. 그것은 세계를 파악하고 대처하기 위한 수단으로서, 친숙한 사고과정, 개념, 관계성 그리고 해석을 이용한다. 환경이나 상황이 무엇을 보고, 무엇을 해석하며, 그 의미가 무엇인가를 결정하는 것이다. 예를 들면, 누군가에게 영어로 "실크의 철자는 무엇입니까?"라고 물으면 S-I-L-K라고 대답할 것이다. 이어서 "젖소는 무엇을 생산합니까?"라고 물으면 대부분의 사람은 Milk라고 대답할 것이다. 또다른 예는 소녀와 노파를 합쳐놓은 그림이 갖는 착시현상이다. 우선 어떤 그룹의 1/2에게는 소녀의 그림을 보여 주고, 나머지 반에게는 노파의 그림을 보여 준다. 그런 다음 하나로 합친 그림을 이들에게 보여 주었을 때 처음에 보지 않았던 이미지를 보는 사람은 거의 없다. 왜냐하면, 처음 본 상(像)이 사람의 기억에 각인되어 있기 때문이다. 우리의 뇌는 들을 것이라고 예측하는 것을 듣고, 볼 것이라고 예측하는 것을 보며, 또 그것에 적합하지 않은 것을 버린다. 이것은 '상황적 전제조건'이라고 불리는 것인데, 의식적으로 깨닫는 수준하에서 작용하기 때문에 강력한 힘을 발휘한다.

　동일한 것이 보다 복잡한 사고과정에 대해서도 적용된다. 전문적 훈련을 받은 사람은 훈련을 받은 덕분에 특정한 방식으로 문제를 바라볼 것이다. 그리고 반복적인 실천으로 선입관이 형성될 것이다. 토지이용계획자 또는 교통기술자는 그들의 분야가 도시문제를 해결하는 데 그다지 적절한 방법이 아니라는 말을 타인으로부터 듣기를 원하지 않을 것이고, 따라서 기를 쓰고 그 분야의 중요성을 강변할 것이다. 이들의 주장이 전문가로서의 권위를 손상시킬 정도가 되면 사람들은 불편한 심기를 드러낼 것이고, 또 창의적인 아이디어에 문을 닫게 될 것이다. 더구나 창의성에 초점을 맞추는 행위가 이들에게 위험하고, 위협적으로 보일 수 있다. 새로운 사고와 새로운 조직기법에 신속하게 적응하는 사람이 빨리 승진하게 되면, 지방자치단체 같은 곳에서조차도 권력지형에 일정한 변화가 일어날 것이다. 그러한 조직에서 전문분야의 협소한 시야밖에 갖지 못한 사람들은 그들이 보다 유연한 방식으로 자신의 전문성을 이해하고 활용하지 않으면 단순한 기술노동자로 전락하게 될 것이다.

　인식의 틀이란 사람들이 자신의 세계를 구조화하고, 가치·철학·전통·열망에 기초하여 실천적·이상적으로 무언가를 선택하는 방법의 틀을 말한다. 인식의 틀은 친숙하고 편리한 사고방식이므로 의사결정시에 가이드 역할을 한다. 그것은 자신의 작고 국지적인 세계에서 자신이 어떻게 행동할 것인가를 결정할 뿐만 아니라, 모든 주변상황에서 어떻게 생각하고 행동할 것인가를 결정한다. 인식의 틀은 선입관과 우선순위, 그리고 그들에게 부여하는 합리화를 하나로 묶은 개념이다.

　인식의 틀이 변한다고 하는 것은 행동의 일관성이 있다고 생각 —적어도 자신에게는—되도록 행동을 재합리화하는 것을 말한다. 중요한 것은 모든 차원에서 어떻게 하면 정책결정자를 구할 것인가 하는 것이다. 또 그것은 개개의 문제가 아닌, 접근방법을 체계적으로 바꾸어, 자신의 도시에 영향력을 주기를 원하는 사람을 공공조직 밖에서 여하히 구할 것인가 하는 것이다.

인식 틀의 전환은 어떤 사람이 자신의 지위와 직무, 그리고 주요한 아이디어를 생각하는 방식을 근본적으로 재평가하고, 전환시키는 과정을 말한다. 가장 바람직한 것은 이러한 변화가 일어날 수 있을 정도로 개방적인 인식태도에 기초할 때이다. 이러한 현상은 때때로 보다 넓은 세계에 대한 반성적인 관찰을 통해서 일어나기도 한다. 하지만 실제로 그 대부분은 자신의 요청에 의한 것이 아니라 외부의 환경변화에 의해서 일어난다. 그것은 개인과 그룹이 감내하기 어려울 정도의 위기에 처했을 때 발생한다. 또는 '유레카효과(한순간, 어떤 중요한 통찰력을 얻게 되는 것을 의미함.† 역주)'처럼 환경재난은 즉각적으로 지속가능성의 문제를 절실하게 느끼도록 해 준다.

인식 틀을 바꿔라

인식의 틀을 바꾼다고 하는 것은 어렵고, 불안정하고, 그리고 잠재적인 충격을 가져다 줄 수 있다. 인식 틀의 전환에 따른 효과는 직접적인 경험, 성공과 실패의 결과, 개념적 지식수준에 따라서 그 정도가 달라질 것이다. 가장 효과적인 방법은 체험을 통해서 인식을 전환하는 것이다. 예를 들면, 지속가능성의 원리에 입각하여 도시의 커뮤니티개발 프로젝트를 운영하는 것이다. 그것은 이해하고, 학습하고, 관계를 맺기 위한 실체적인 경험을 제공한다. 직접 이해함으로써 사람들은 학습을 내면화하고, 그것을 다른 상황에서 반복할 수 있는 것이다. 이러한 과정을 거쳐 그것은 복제가능한 것이 되는 것이다. 창조도시의 모범이 될 만한 곳을 방문하는 것은 간접적인 경험을 제공하겠지만 직접적인 경험만큼 효과적이지는 않다. 하지만 해당 프로젝트가 다른 원리—예를 들면, 능력개발과 일자리 창출을 위한 수단으로서의 인터넷기술의 활용—에 입각한 경우라면 학습할 만한 가치가 있을 것이다.

독서나 학교교육을 통한 개념적인 지식은 도시생활에 대한 또 다른 이해를 가능하게 하고, 특히 그것이 사고의 재편을 통해서 행동을 촉발할 때 강력한 힘을 발휘한다. 교육은 이러한 목적을 달성하는 데 일정한 기여를 하고 있는가? 또 젊은이에게 타인의 경험을 공유할 수 있는 충분한 기회가 주어지고 있는가? 그들이 직장에서 경험하고, 다양한 생활상태를 관찰하고, 또다른 환경에 대한 의식을 고양시키게 하고 있는가? 이러한 조건이 충족될 때에야 비로소 그들은 도시의 세계를 이해할 수 있을 것이다.

행동을 바꿔라
행동과 인식의 틀을 바꾸는 방법에는 다음 여섯 가지가 있다.

1) 힘이나 규제를 통한 강제
2) 돈이나 유인을 통한 유도
3) 논의를 통한 설득
4) 사기(詐欺), 협잡, 기만
5) 유혹: 자발성과 비자발성의 기묘한 조화
6) 인기 있는 모델을 통한 공표

창의적인 변화가 필요하다고 확신하고 있는 도시의 정책결정자는 인식의 틀을 바꾸기 위하여 영향력 있는 전략을 수립할 필요가 있다. 만약 직접적인 체험이 사람들에게 최대의 기회를 가져다 준다고 한다면, 상향식이 효과적일 것인가, 아니면 하향식이 효과적일 것인가? 이것은 생각처럼 간단하지 않고, 직·간접적 효과, 단·장기적 효과를 종합할 때야 비로소 그 해답이 가능할 것이다. 인식의 틀을 바꾸는 방법 가운데 가장 어렵고 가장 장기간을 요하는 것이 실은 가장 지속적이고 효과적인 것이다.

새로운 사고를 응용하라

새로운 사고는 세 가지 차원—개념적 차원, 전문분야 차원 그리고 실행 차원—에서 정책에 영향을 미치게 된다. 첫째는 도시를 전체적으로 조망할 수 있는 개념을 새롭게 설정하는 데 그 목적이 있고, 거기에는 사고의 패러다임 전환이 포함되어 있다. 그것은 행동을 하게 하는 개념과 아이디어를 재평가하는 것에 관련된다. 그리고 그것은 문제를 어떻게 인식하고, 다른 차원(전문분야 차원과 실행 차원† 역주)에서 이것을 어떻게 취급할 것인가를 결정하기 때문에 가장 중요한 것이다.

도시를 기계가 아닌 유기체로 파악하는 아이디어가 그 한 예가 될 것이다. 그것은 도시문제에 대한 체계적인 접근방식을 의미한다. 즉, 정책의 초점이 물적 인프라에서 도시가 갖는 역동성, 시민 전체의 복지와 건강 등으로 전환될 것이다. 유기체적 사고방식은 '지속가능한 도시'라는 개념 속에 들어 있다. 이 개념은 로마클럽이 출간한 『성장의 한계』를 기점으로 1970년대 중반에 처음으로 등장하였다(Meadows *et al.*, 1972). 당시에는 '지속가능한 도시'라는 개념 그 자체가 하나의 패러다임 전환이었다. 또다른 예로서는 교통을 이동성이 아닌 접근성으로 재확인한 것을 들 수 있다. 이것은 1970년대에 보행자 전용도로의 건설을 배경으로 그 기초가 형성되었다. 이러한 차원의 사고방식은 인식의 틀을 바꾸고, 인식의 전환을 가져오게 할 것이다.

전문분야 차원에서 정책을 새롭게 조명하면, 그것에는 교통, 환경, 경제발전, 사회서비스처럼 잘 알려진 분야에서 기존 정책을 재검토하는 것, 그리고 도시문제에 대처하는 기존의 모델과 방법의 유효성을 재검토하는 것이 포함될 수 있을 것이다. 예를 들면, 지금까지 교통분야에서는 자동차교통이 강조되어 왔지만, 이후에는 공공 및 민간 교통시스템의 편익을 포함한 통합모델로의 전환이 필요할지도 모른다. 또한 지방자치단체의 행정기구 가운데 '사회서비스'

같은 명칭을 '커뮤니티개발'로 바꿀 필요가 있을 것이다. 이것은 '수혜자로서의 시민'이라는 개념에서 '잠재력을 지닌 시민'이라는 긍정적 측면에 초점을 맞추는 개념으로의 전환을 의미한다.

정책집행을 새롭게 생각하는 것에는 발전을 촉진하고, 특정 방향으로 나아가게 하는 재정조치나 계획규정과 같은 장려정책의 흐름을 상세하게 재검토하는 것이 포함되어 있다. 이것은 또한 보조금정책을 어떻게 구축하고, 그 혜택은 누구를 대상으로 할 것인가, 그리고 세금의 환급 및 재정적인 촉진책과 같은 유인구조를 어떻게 설정할 것인가, 마지막으로 지역계획의 성격과 우선순위를 어떻게 설정할 것인가 등도 포함할 수 있을 것이다.

새로운 사고의 특징

통합적 접근방식과 애매한 경계선

흑백의 이분법적인 사고방식으로는 장래의 도시문제에 대한 해결책을 제시할 수 없다. 다양한 관점이 도시문제에 활용될수록, 그것에 보다 창의적으로 접근할 수 있게 될 것이다. 다양한 수준에서 다른 시각으로 문제를 관찰하는 것, 심층적인 분석, 그리고 다른 분야의 전제조건을 분명히 드러내는 것 등은 실패의 종류가 어디서 비롯되었는가를 이해하는 데 도움을 줄 것이다. 이것은 현재의 전문적인 지식체계를 부정하는 것이 아니다. 엔지니어와 물적 계획을 담당하는 기술적인 기능은 불가결하지만, 많은 도시의 문제를 해결하기 위해서는 다른 종류의 기량, 특히 인문과학 및 사회과학과 통합되어야만 한다. 역사, 인류학, 문화, 심리학 등의 지식은 도시문제에서 망각되어 왔다. 교통 및 도시구획문제는 결코 자동차나 토지이용으로 한정되지 않는다. 교통분야 계획자가 심리학과 문화, 그리고 인지지리학과 같은 분야를 보다 깊이 이해하고 있었다면, 커뮤니티를 가로지르는 도로가 그 지역을 엉망으로 만들어 버리는 그런 자동차도로를 건설하는 데 좀더 신중할 수 있었을 것이다. 결과적으로, 잇따른 범죄와 사회문제는 주민을 위하여 어떤 통일성을 재창조하고자 하는 사람에 의해서 개선되고 있다.

우리는 흑백의 이분법적인 사고에 길들어 왔기 때문에 통합적, 학제적, 다분야의 사고를 하는 데 가끔 회의적으로 되곤 한다. 양극화의 세계에서는 양자택일의 해결책을 찾을지언정, 양쪽이 모두 이기는 상호 승리(win-win)의 해결책을 찾아 내지는 못한다. 19세기와 20세기에는 다소 우리가 알고 있는 결과에 입각해서, 지식의 전문화와 계층화를 확대하는 경향이 있었다. 그 결과, 우리는 분야 간의 관계, 부분 사이의 패턴과 역동성, 그리고 자립적인 생태시스템을 무시해 왔다. 새로운 사고에서는 순환과 지속가능성이 그 기초가 되고 있다. 그 곳에서는 투입물이 산출물을 만들어 내고, 그 산출물은 새로운 사이클에서 투입물이 되어 돌아온다. 다시 말하면, 이 사이클에서는 모든 것이 어떤 형태로든 다시 되돌아오게 되는 것이다. 이 사고방식은 사회진보를 단선적으로 바라보는 뿌리 깊은 논리와 현저한 대조를 이룬다. 도시의 역동성을 지배하고 있는 패턴이나 모순을 파악하기 어렵게 한 요인은 바로 거기에 있었다.

예를 들면, 도로를 많이 만들면 자동차가 늘어나 혼잡도 늘어난다. 하지만 역으로 이동을 제한하면 사람들의 접근성이 높아질지도 모른다. 문화, 경제발전, 환경의 지속가능성 사이에 어떤 상승효과가 있는지, 그리고 교통과 이동이 도시에 거주하는 사람의 심리에 어떤 영향을 끼치는지를 기술하는 것은 대단히 어렵다. 지식의 분리가 가져오는 보다 커다란 위험성은 도시의 논의를 위한 공통의 언어가 상실되고, 도시문제를 해결하는 사람들이 서로 대화할 수 없게 되었을 때 나타난다. 대화할 능력이 사라졌을 때, 바로 위기의 순간이 도래했다는 것이다.

문화의 글로벌화에 따른 효과를 살펴보면, 많은 분야에서 지식의 통합과 지적 경계선을 뛰어넘는 도전—때때로 그것은 상상력 풍부한 재결합으로 나타난다—이 추진되고 있다는 것을 알 수 있다.

나토의 군사집적지에서 승마공원으로

지역의 전통에 입각한 상상력 풍부한 이행

트 위 스 테 덴 (독 일)

독일의 노르트-라인 베스트팔렌 지역의 케베라 근처에 있는 트위스테덴은 나토의 군사거점지역이었지만 1994년에 폐쇄되었다. 그 결과, 196개의 직종과 병사들의 구매력이 지역에서 사라졌다. 1995년에 마사공원과 버섯재배 센터로의 이행이 시작되었다. 원래 370에이커에 달하는 이 부지는 160에이커가 숲이고, 350개의 콘크리트로 축조된 연료저장고가 있고, 또 주거지역과 공공건물이 들어서 있었다. 지역사회를 재건하기 위해서는 지방자치단체의 혁신적인 해결방법이 요청되었다.

연료저장소 폐기에 따른 비용이 대안적인 이용의 편익을 상회하기 때문에 165에이커에 달하는 연료저장소를 해체하는 안(案)은 부결되었다. 따라서 연료저장소를 파괴하지 않으면서 커뮤니티에 도움이 되는 방안을 찾아야만 했다.

연료저장용으로 사용하자는 안과 버섯재배에 활용하자는 안이 제시되었다. 하지만 두 안 어느 쪽도 상업적으로 채산이 맞지 않는 것이었다. 이 지역에 경마의 전통이 있다는 사실을 알고 있던 기업가 하인츠 페라이트(Heinz Verreith)는 적합한 경마연습장이 부족한 시장의 상황을 간파하였다. 군용품 집적소는 경마트랙 근처에 위치하고 있고, 또 긴장하고 있는 말에게도 아주 평온한 환경을 제공하였다.

이 부지의 재활용은 1995년에 시작되었는데, 현존하는 도로 인프라가 재건을 용이하게 했다. 160에이커에 달하는 숲 밀집지역 가운데 1,300미터의 레이스트랙을 만들었다. 이전부터 존재하던 6km에 달하는 감시용 도로는 말의 스태미너 훈련을 위한 조깅트랙이 되었다. 병사들의 막사로 사용되던 곳은 조리사와 경마 스텝이 거주하는 주거지역으로 전환되었다. 110개의 연료저장소는 450필의 말을 묶어 두는 장소로 바뀌고, 60개는 버섯재배에 활용되었으며, 남은 50개는 저장용으로 사용되었다. 동물병원과 레스토랑도 건설되었다.

이로 인하여 지역에 130개의 일자리가 창출되었고, 더구나 190개의 파이프라인이 건설되었다. 말이 돌아옴으로써 지역의 농업이 소생하게 되었다. 근처의 농가가 말의 사료와 짚을 공급하여 1차산업의 일자리를 창출하였다.

다른 분야의 가치를 평가하는 것이 그 관건이다. 여러 분야에 걸친 계획에서는 다른 분야의 교훈을 고려하면서도, 각 영역의 고유성을 유지한 상태에서 추진되어야만 한다. 하지만 이것은 시작단계에 지나지 않는다. 이와는 대조적으로, 학제 간 계획에서는 지식형태를 혼합·교차함으로써 혁신적인 개념과 아이디어가 창출될 수 있다. 이 과정에서 각 분야는 변화되고, 인식의 지평도 보다 넓어진다.

예를 들면, 통합적인 팀이 볼런티어그룹의 구조 속에서 실업자를 활용한 리사이클링 프로젝트를 창출하면, 다양한 영향력을 낳게 할 수 있다. 초점은 환경문제이지만 실업자도 관계하고, 또 경제적으로도 지속가능하다. 이 프로젝트는 볼런티어 조직구조에서 수행되기 때문에 권한을 보다 많이 위임할 수 있고, 나아가 경영기법의 개발을 통해서 사회적, 궁극적으로 경제적인 영향력을 가져올 수도 있다. 또다른 예로 약점을 강점으로 바꾼 엠셔 파크 프로젝트에 포함된 통합적인 성격을 지적할 수 있다. 과거에 공업화로 번창했던 지역이 쇠퇴하면서 그 해결책을 연구·개발지역으로의 탈바꿈에서 찾았던 것이다. 이 곳에서는 대학의 기초분야에 대한 연구, 상업적 실험실에서의 제품개발, 역사적 경관을 유지하기 위한 실험적인 건물재활용 프로젝트, 그리고 생태원리에 입각하여 건설된 새로운 양식의 주택 등이 통합되어 있다.

도시의 전문직 종사자에게는 사고와 계획의 통합에 따른 지위상실을 받아들이기가 쉽지 않을지도 모른다. 기술·과학·재정분야는 일반인이 직접 관계하는 사회적인 분야와 비교할 때, 높은 지위를 갖는 경향이 있다. 장래에는 도시 리더십에 대한 수요가 커뮤니케이션·사회적 역동성·네트워킹에 대한 이해와 재정·계획에 관한 지식이 결합된 방향으로 나아갈 것이다. 그리고 이러한 방향은 종래의 관습 가운데 일부를 역전시킬 것이다.

　　과학적 방법의 논리만으로는 도시문제를 해결할 수 없다는 인식을 갖는 것이 분수령이다. 우리는 과학적 방법과 상상력, 직관, 전체적 사고와 실험을 결합할 필요가 있는 것이다. 창의적인 상상력이 갖는 강점은 "그렇게 될 수 있다고 생각하는 역량이고, 인식의 의도적 행위이고, 발명, 신기함, 창출의 원천이다. ……그것은 합리성과 구별되는 것이 아니라 오히려 합리적인 사고를 보다 풍부하게 만든 역량이다"(Kearney, 1988). 대안적인 견해를 모색하는 것은 합리성의 세련된 형태이며, 그것은 두려워할 것이 아니라 오히려 평가해야 할 일이다. 지식의 형태가 다르다고 해서 이들이 서로 양립하지 않을 것으로 생각할 필요가 없는 것이다. 과학적 합리성이 강하게 의식되는 현대는 "세계에 완전히 합리화된 질서를 강제하려는 뿌리 깊은 병폐를 갖고 있다. 더구나 이러한 질서는 초기의 생활양식을 특징짓는 애매함의 모든 흔적을 제거하려 한다"(Clarke, 1997). 하지만 이러한 애매함 속에는 인간의 상호 연계와 협력을 평가함으로써 도시문제에 관한 많은 해결책을 제시하는 길이 내포되어 있다.

메타포를 변화시켜라: 기계에서 유기체로

　　이미지와 메타포는 우리의 인식 틀을 형성하고, 생각을 구성하고, 또 명제를 찾는 데 강력한 영향력을 갖는다. 기계적인 인식 틀은 기계적인 해답을 가져다 주지만, 반면에 생물학에 기초한 것은 도시에게 자립적인 아이디어를 찾게 할 것이다. 새로운 사고를 특징짓는 첫 번째 메타포는 도시가 살아움직이는 유기체라는 것이다. 그것은 도시를 바라보는 시각에 대한 패러다임 전환을 의미한다. 즉, 그것은 전체적으로 지속가능한 틀 속에서 균형, 상호 의존성과 상호작용 등에 초점을 맞춘다. 그것은 "도시는 기계다"라는 근대적 메타포와 대조를 이룬다. 아울러 인프라(하드웨어 인프라[†]역주), 건축물, 입지에 초점을 맞추는 것에서, 도시의 생생한 경험과 함께 건강, 웰빙, 사람으로 그 초점이 이동한다. 이러한 생물학적 이미지는 보다 커다란 공감과 다양한 해석을 이끌어 내고, 문제해결을 위한 능력을 갖게 된다.

기계로서의 도시라는 것은 인간적인 여지 없이 통제되고 측정 가능한 인과관계를 가진, 닫힌 시스템을 반영한 권위주의적 이미지이다. 기계의 이미지는 조직, 도시계획, 디자인, 건축과 도시사회에 대한 우리의 생각에 깊은 영향을 미치고 있다. 누군가가 항상 기계를 조정·관리하고 있다는 가정은 통용되지 않고, 더구나 기계와 같은 조직이 갖는 조건은 더 이상 충족되지 않는다. 시스템은 닫힌 채로 유지될 수 없는 것이다. 하지만 기계는 하나의 목적을 위해서 만들어진 것이고, 따라서 유연성이 없다(Greenhalgh *et al.*, 1998).

도시를 전체적으로 파악하는 생물학적 메타포는 훌륭한 조직원리인 동시에 도시문제를 논의하기 위한 새로운 언어를 제공한다. 생물의 뼈는 지세(地勢)에 대응하고, 동맥과 근육은 도로·철도·인도에 대응할 것이다. 장(臟)은 수로이며, 신경은 전기통신에 대응할 것이다. 건강은 가변적이라는 생각에 눈을 돌리면 이러한 비유가 유익해진다. 심장발작은 모든 것이 멈추어 버리고, 혈액이 순환하지 않는다는 것을 의미하기 때문에 꽉 막힌 교통정체에 해당할 것이다. 제어할 수 없는 인구성장은 종양으로 간주할 수 있을 것이다. 유기체적 메타포는 진단, 처방, 치유의 관점에서 도시를 바라보는 방법을 시사한다.

진단은 도시의 맥을 측정하고, 문제가 어디에 있는가를 알려주는 일종의 건강체크에 해당한다. "도시는 신진대사의 위기에 빠져 있고, 성장능력의 한계에 도달했다"는 진단결과가 나올지도 모른다. 이렇게 되면 도시는 그 목적, 역할, 잠재력을 충족시킬 수 없

비둘기의 개체수를 줄이는 매

자연에 정화기능을 맡겨라

위킹(영국)

영국의 위킹에서는 다른 도시와 마찬가지로 비둘기의 배설물이 건물의 부식을 악화시키는 등 상당한 환경의 악화를 초래하였다. 도시인들에게 비둘기는 불편함과 걱정을 초래하는 귀찮고 골치 아픈 존재로 인식되어 있다. 상점 안에서는 성공의 상징으로 이야기되지만, 상점가가 밀집한 큰 거리에서는 환경을 악화시킨다. 많은 도시는 정기적으로 비둘기를 포획하고 있지만, 많은 사람들은 여전히 이러한 조치를 잔인한 행위로 생각하고 있다. 획기적인 대안이 영국의 위킹에서 전개되었다. 위킹시 위원회는 해리스 매 한 쌍을 비둘기 퇴치작업에 활용하기 시작하였다. 매가 비둘기를 잡는 경우도 종종 있지만, 매가 있으면 비둘기가 접근하지 않아서 문제가 해결되었다. 상점가는 깨끗해졌고, 비둘기 배설물을 청소하는 비용도 절약되었으며, 또 적지 않은 관광객들이 매를 보기 위해 그 곳을 방문하였다. 유사한 방법이 런던의 노스필드 전차수리장에도 도입되었다. 이 지역에서는 전차를 수리하는 비용보다 비둘기의 배설물을 처리하는 비용이 더 많이 든다는 사실을 알게 되었다. 2년 전부터 해리스 매를 정기적으로 도입하고 나서 10만 파운드에 달하는 비용이 절약되었다.

[자료: Global Ideas Bank]

다. 즉, 기능장애에 빠지게 된 것이다. 주어진 인식의 틀 내에서 우리가 상호 의존관계를 이해할 수가 없는 경우, 시스템이 붕괴할 위험성이 있다. 역사적으로 도시는 필요를 충족시키면 또다른 필요가 제기되는 등 자기조절의 범위 내에서 유기적으로 성장해 왔다. 인구성장이 제어할 수 없는 상태에 처하게 되면, 경제적·환경적·사회적 붕괴로 이어질 수 있는 시스템상의 긴장관계가 조성된다. 허비 지라르뎃(Herbie Girardet)이 지적하고 있듯이, 도시라는 기계의 과대한 욕망은 "지구의 수용능력을 능가하기 시작한다"(Girardet, 1992a). 지라르뎃은 모든 낭비적인 산출물을 투입물로 재활용하도록 투입물과 산출물을 재결합하는 순환형 사고(circular thinking)로의 전환을 주장한다. 리사이클링이 통합적으로 추진되고 낭비가 잠재적 자산이 되면, 도시는 자신의 자원을 공급할 수 있고, 환경이 미치는 효과를 줄일 수 있다는 것이다.

진단에 이어서 처방이 뒤따른다. 예를 들면, 도시를 무리하게 시골로 만드는 외과수술이 올바른 정책이 될 것인가? 아니면 투약이 필요할 것인가? 우리는 자원의 신중한 관리, 도로의 보다 효율적인 활용, 보다 좋은 디자인, 오염의 관리, 세제상 우대조치의 확립을 제창할 수는 있을지 모르지만, 그러한 대응 그 자체가 해답을 제공하지는 않는다. 이러한 도시기능의 기본 조건에 대한 지적은 타당하지만 그것은 시작에 불과하다. 이처럼 치료에 영향을 미치게 될 인간적인 측면은 사람들이 자신의 잠재력을 충족시키거나, 또는 상상력이 풍부하고 지속가능한 아이디어를 창출하는 데 도움을 줄 것이다. 지속가능성의 관점에서 도시를 바라볼 경우, 그것은 기초적인 문제의 재정의와 가능한 해결책을 제공할 것이다(Kevin Lynch의 저작, 특히 *Good City Forum*, 1981을 참조).

개념을 풍부하게 하라

핵심 용어—자본, 자산, 시간과 지속가능성—에 대한 개념을 확장하는 것은 도시발전을 재고하는 데 도움을 줄 수 있다. 그것은 아마도 하나의 영역에서 작용하고 있는 것을 다른 영역으로 이행시킴으로써 가능하다. 예를 들면, 자본이라는 용어는 전통적으로 금융자원으로서만 활용되어 왔기 때문에 화폐흐름과 현금, 보석, 토지와 같은 자산과 결부되어 있다. 그 가치는 환금성에 있고, 따라서 구입을 통해서 그 목적을 달성할 수 있다. 하지만 사람들의 생활을 뒷받침하고, 생활에 공헌하는 자산의 복합적인 조합을 자본이라고 하면, 사람들의 생활을 지배하는 보다 넓은 자원에까지 그 시야를 확대할 수 있게 된다. 그러면 금융자본은 인적 자본, 사회자본, 자연자본, 물적 자본, 문화자본과 같은 많은 자본 가운데 하나에 지나지 않는 것이 된다.

　인적 자본은 사람들의 기량, 재능과 건강을 포함한다. 사회자본은 사람들의 네트워크, 관계성, 그룹의 멤버십, 협력에 의한 신뢰관계를 포함한다. 사회자본을 구성하는 이러한 요소들은 협력관계를 구축하고, 거래비용을 줄이고, 비공식적인 안전망을 제공한다. 사회자본은 발전을 촉진하고, 지식을 공유하고, 혁신을 유발함으로써 경제의 효율성을 제고한다. 자연자본은 물에서 공기와 광물자원에 이르는 모든 자원을 총칭하며, 한편 물적 자본은 건설된 인프라를 의미한다. 문화자본은 사회가 공동으로 갖고 있는 신념과 그것을 전달하는 메커니즘에 의해서 성립하는 시스템, 결국 문화적 제도를 말한다. 경제학은 지배적인 가치시스템을 형성하고 있지만, 사회적·문화적인 문제를 이처럼 다양한 자본개념으로 표현함으로써, 새로운 정당성과 메타포의 힘을 획득하게 되는 것이다. 하지만 이처럼 다양한 형태의 자본으로 표현된 질적 측면을 계량화하는 작업은 새로운 사고의 과제가 될 것이다(『지속가능한 생활가이드 지침서』, Department for International Development, London, 1999가 자본의 형태를 정의하는 데 많은 도움이 되었다).

　시간은 우리가 하는 모든 것과 밀접하게 관련되어 있다. 즉, 그것은 우리의 활동에 영향을 미치고, 또 질서를 부여하는 고정된 규준점이다. 하지만 우리의 시간개념은 문화적으로 특수하고, 경제를 중심으로 바라본 세계상(像)에 결부되어 있다. 21세기의 시간은 산업화 이전과도 다르고, 산업화 시기와도 다르다. 따라서 자원으로서의 시간에 대한 우리의 생각을 바꿀 필요가 있다. 산업화 시기 이전의 시간은 자연에 따랐고, 본질적으로 순환적이었다. 산업화 시기에는 시계나 철도시간표에 의해서 관리되었다. 교역을 촉진하기 위하여 시간이 통일되고, 동일한 표준시간을 사용하는 존(zones)이 결정되었다. 산업화의 시기는 단선적이고 규칙적이며, 모든 것이 표준화되는 시기였다. 계절에 기초한 시간이 산업화 시대의 요구를 충족시킬 수 없었다고 한다면, 산업적인 필요를 충족하기 위해서 만들어진 시간개념이 포스트산업화 시대의 유연한 패턴에 부응할 것이라고 가정해서는 안 된다. 우리는 유연성과 균형잡힌 신뢰할 수 있는 리듬을 필요로 하지만 글로벌화된 세계에서 시간을 어떻게 인식하고, 조직할 것인가 하는 것은 그렇게 간단하지 않다("The Time Squeeze," *Demos Quarterly*, 1995 참조).

시대의 변화로, 이제 복수의 타임 존을 뛰어넘는 순간적인 커뮤니케이션이 가능하게 되고, 24시간 가동하는 시장, 쇼핑, 일, 여가 등이 생겨나고 있다. 도시생활의 다양한 자극은 마치 시간이 우리

━━━ ◁·‖· 사 례 연 구 ·‖·▷ ━━━

시간의 창의적인 활용

레스토랑의 빈 시간을 극복하라

홍 콩

빨리 먹는 것도 늦게 먹는 것도 건강에 좋지 않다. 홍콩에 있는 구룡호텔에서는 시간대에 따라 가격을 달리한다. 한가한 시간대의 이용을 최대화하기 위하여 가격은 오전 11시의 12.5달러에서 오후 7시의 33달러에 이르기까지 시간대에 따라 다르다. 현명한 고객은 점심과 저녁을 한 번에 먹기도 한다. 식사를 대접할 때 대접하는 측이 도착하기도 전에 타임카드를 누르는 경우도 있다. 이 아이디어에 입각하여 홍보가 시작된 이래 매상이 30%나 늘었다.

도쿄에 있는 도텐코(東天紅) 식당에서는 대조적으로 한 가지 음식을 4분 이내에 먹을 경우 1분당 35센트를 할인해 주기로 하였다. 다른 많은 가게가 이 식당을 모방하였다. 평상시에 사람들이 한 끼 식사를 하는데 대략 12분이 걸리는데, 이 곳에서는 많은 사람이 빨리 먹는다. 일반레스토랑에서 15달러 하는 것을 여기서는 4달러에 해결한다고 한다.

[자료: Peter Hadfield, *USA Today*, November 1998]

에게 한꺼번에 밀려오는 것 같은 느낌을 갖게 한다. 새로운 인지지
리학은 불안정한 것이다. 너무 많은 정보가 시간을 압축한 지나치
게 작은 정신적 공간 속에 들어가 있다. 이동성은 시간의 밀도를
더욱 높이고, 우리의 몸이 어려움에 적응할 때 그것을 물리적으로
느끼게 한다. 먼 장소도 그 곳에 가는데 시간이 걸리지 않기 때문
에 가깝게 느껴진다. 즉, 런던의 시민들에게 파리는 콘월(Cornwall,
잉글랜드 남서부에 있는 도시[†] 역주)보다도 가깝다.

시간은 하나의 경제적 상품이다. 도시가 팽창되어 가는 속에서
생활할 때, 그것은 허술하게 사용할 수 없는 자본의 한 형태이다.
그러나 시간을 받아들이는 방식은 개인적이고, 시간은 사회의 다른
측면을 반영하고 있다. 예를 들면, 대부분의 빈곤층은 낭비할 시간
을 많이 갖고 있는 반면에 유복한 사람은 건강을 즐길 시간조차 없
다고 본인은 느끼고 있다. 부에서 웰빙으로 그 초점이 바뀌어 감에
따라, 그저 시간을 때우는 것이 아니라 그것을 잘 활용하는 능력이
가장 중요하다. 포스트산업화 시대의 새로운 시간리듬은 시간에 대
한 권리와 그것을 사용하는 책임을 포함하는 것이 될 것이다.

지속가능성은 우리 시대의 중심 개념이고, 그것을 통해서 세계
를 해석하는 새로운 렌즈이다. 그것은 우리로 하여금 남겨진 유산
의 효과를 생각하게 하고, 그리고 세대 간 공평이라는 개념에 길을
열어 준다. 그것은 미래세대의 필요성을 충족하기 위해서 그들의
능력과 타협하지 않고 현재의 필요를 충족시킨다는 것을 의미하고,
근본적으로 우리의 도시발전이라는 개념에 커다란 영향을 미치고
있다. 그것은 환경주의를 넘어 심리학, 경제학, 문화의 개념을 재구
성할 필요성을 제기한다. 그것은 새로운 사고를 주입하고, 창의성의
지속가능한 형태를 정식화하도록 한다.

창의성과 지속가능성이라는 관념의 조합은 다소 기이하게 생각
될지도 모른다. 하지만 지속가능성은 외부의 충격이 있을 때 반드
시 그 귀결과 시스템의 회복능력을 확인하게 함으로써 우리의 창의

적인 노력을 이끌어 낸다. 지속가능성의 이러한 특성은 다른 영역으로 확대될 수 있다. 예를 들면, 경제적 지속가능성은 시간을 경과하면서 소득의 흐름을 일정하게 유지할 필요성을 제기하거나, 또는 범죄, 자신감의 결여, 불충분한 교육시설과 같은 문제에 대처하기 위해서는 경제적 이니셔티브가 필요하다는 것을 시사한다. 사회적 지속가능성은 사회적 배제를 최소화하고, 사회적 공평성을 제고하고, 나아가 지역커뮤니티에 의한 실질적인 참여를 보증할 필요성에 빛을 비추는 것이다. 제도적 지속가능성은 구조가 장기간에 걸쳐서 기능할 것을 요구한다.

　정치적 지속가능성은 그다지 자주 거론되지 않지만, 프로젝트의 성공은 장기적인 활력을 위한 정치적 의무감 또는 관용에 달려 있다는 것이다. 개념적 지속가능성은 부분적으로는 정치적 지지를 획득하기 위해서, 그리고 보다 중요한 목적으로서는 기대되는 결과를 얻기 위해서 시간의 경과와 더불어 그 활동이 내·외적으로 일치할 필요성이 있다는 것이다. 문화적 지속가능성은 사람들이 어떻게 생활하고, 또 그들 삶의 방식을 대변하는 가치관과 같은 문화적인 맥락을 고려하면서 다양한 활동을 수행해야만 한다는 것이다. 마지막으로, 감정적 지속가능성을 잊어서는 안 된다. 우리는 자신도 의식하지 못하는 감정적인 이유에서 모든 종류의 일을 처리하고 있다. 예를 들면, 교육의 지속가능성은 제공되는 급료 못지않게 교육에 참여하는 사람들, 또는 강사진에 대한 긍정적인 느낌에 의존하는 경우가 많다(프랑수아 마타라소는 이 점을 분명히 하는 데 커다란 도움을 주었다). 사람들을 행복하게 하는 것은 높은 소득이 아니다. 사회가 아무리 발전하더라도 우리가 원하는 것은 물질적 풍요와 함께 스스로 유복하다고 느끼는 감정, 즉 웰빙감각이다(Argyle, 1987 참조).

지성을 풍부하게 하라

서양사회는 지성의 특정한 형태—특히, 과학적·언어학적 형태—를 높이 평가하는 경향이 있다. 그것은 우리의 인식에는 하나의 지적 형태만이 존재한다는 신념이 우리의 사고 중에 깊이 뿌리내리고 있기 때문이다. 이러한 단선적 사고는 논리적 사고가 의사결정을 위한 유일하고 적절한 기초라고 주장한 다음, 모든 것을 부수고 부분으로 해체하여 버린다. 새로운 지식은 제한된 기초 위에 구축되고, 자신의 내적 논리에 빠지게 되고, 그리하여 조직은 이미 접촉한 바 있는, 같은 생각을 가진 사람만을 선택한다. 이러한 형태의 사고가 갖고 있는 가치관은 종종 다른 형태의 지성에 무관심하고, 특히 예상하지 못한 관계성, 동시성, 유연성을 통해서 이루어지는 것에 관심을 갖고 있는 사람에게 조금도 눈길을 건네지 않는다.

교육시스템은 교육과정 속에 있는 복수의 지성이 갖는 유효성을 뒤늦게 인식했다(Gardner 1993). 인식적·언어학적 기능과 비교할 때, 다른 형태의 지성—예컨대, 공간적·시각적·음악적·신체예술적·인격론적·심리학적·대인관계론적 지성—은 여전히 주변적인 것으로 취급되고 있다. 문자로 쓰여진 언어는 유익하지만, 거기에는 들어가지 않는 요소가 많이 있고, 만약 이것을 간과하면 우리는 덫에 걸리고 만다. 모든 목적에는 그것에 부합하는 지성의 적절한 조합이 있기 마련이고, 그렇지 않은 경우에는 우리의 가능성을 제한하여 버린다. 우리가 다른 이해, 관점, 해석능력을 활용할 때에야 비로소 도시의 문제를 창의적으로 해결할 수 있는 것이다.

문화와 시대의 변화에 따라 선호하는 지성의 조합도 바뀌기 마련이다. 산업화의 초기에는 기계 이미지의 시대상을 반영하고 있기 때문에 암기하는 것이 가치를 가졌다. 이어서 보다 산업화되고, 포스트산업화 사회에서는 논리·수학적, 언어학적, 개인의 내적인 지식형태에 가치가 두어졌다. 창의성의 시대에는 지성의 모든 형태가 영감의 원천이 되고, 생각, 정보, 이론을 표현하는 매체가 된다. 그

도시의 빈곤한 고령자를 위한 건강 프로젝트

마닐라 (필리핀)

고령자가 국제도시의 사회적인 의제로 등장하는 경우는 거의 없다. 마닐라에서는 거리의 아이들을 위한 그룹이 200개 이상에 달하면서도 고령자에 대해서는 무관심하였다. 이러한 상황에서 '고령자를 위한 통합서비스(COSE)'라는 혁신적인 프로젝트가 제안되었다. 마닐라에 있는 '불법거주자 커뮤니티' 단체가 두 명의 노인에게 '커뮤니티 노인학자(CGs)'가 되어달라고 요청하였다. 이들은 3일간에 걸쳐 일반의사, 치과의사, 간호사로부터 고령자의 질병예방에 중점을 둔 트레이닝을 받았다. 이후, 이들은 체온계, 혈압 · 혈당측정기, 기본적인 치과도구, 널리 사용되는 약품 등 기본적인 도구로 '무장'한 다음, 전문적인 의료진에게 불신감을 갖고 있는 커뮤니티 사람들에게 저비용으로 가치 있는 중개인으로서의 역할을 수행하였다. 이들의 기능은 정기적인 모니터링을 통하여 유지 · 촉진되었고, 결과적으로 커뮤니티는 건강해졌고, 지역의 고령자는 자기소유 의식과 주체성을 유지할 수 있게 되었다.

[자료: Habitat]

림은 하나의 사상을 표현하고, 음악은 정치적인 정서를 나타내고, 영화는 비전을 제시할지도 모른다. 새로운 커뮤니케이션 미디어는 이미 이러한 지성이 수행하고 있는 역할을 인식하는 데 눈을 돌리고 있다. 우리는 보다 적극적으로 그러한 것들을 활용해야만 한다.

우리는 또한 언제, 어디서 학습할 것인가를 새롭게 생각할 필요가 있다. 급속한 변화의 속도가 고정된 삶의 단계와 생활의 단선적인 발달개념을 약화시키고 있다. 교육 · 노동 · 노후의 세 시기로 구성되는 인생의 모델에서는 그러한 것이 사회적 · 경제적인 지원을 받으면서 진행한다. 하지만 이제는 평생학습의 필요성이 인식되고 있다. 학습은 반복적으로 우리를 새로운 환경에 적응하도록 해 준다. 이것은 전통적인 교육서비스의 공급독점체제에 대한 도전이다. 학습의 기회는 증대하고 있다. 즉, 가정에서, 직장에서, 도서관에서,

대학 또는 보다 복합적인 상황에서조차도 분명하고 놀랄 정도로 비공식적인 교육형태가 늘어나고 있다.

이러한 움직임은 다양한 문화적·인구학적인 배경을 가진 많은 사람을 유인하기 시작하고, 새로운 인재를 활용하게 하였다. 50대 이후를 위한 자생적인 제3세대 대학은 세대를 기초로 하는 차별적인 관행에 진지한 도전장을 내밀었다. 노후세대라는 것이 한 마디로 표현하기 어려운 개념이 되었다 하더라도, 과연 우리는 경험의 다양성에 충분한 가치를 부여하고 있는 것인가? 만약 이러한 인적 자원이 과소평가되고 있다고 한다면, 모든 재능을 사회로 끌어들이는 데 도시가 실패하고 있는 것이고, 또 그로 인해서 빠른 속도로 진행하는 고령화 사회의 비용부담을 초래하게 될 것이다. 우리가 젊은 세대의 잠재력을 높게 평가하는 것과 마찬가지로, 노후세대를 어떻게 재평가할 수 있을 것인가 하는 것은 대단한 상상력이 요청되는 일이다.

커뮤니케이션을 풍부하게 하라

커뮤니케이션의 형태, 특히 이야기 형식과 상징적(iconic)인 방식을 구별하는 것이 중요하다. 이야기 형식의 커뮤니케이션은 논의를 전제로 한다. 그것은 시간을 요하고, 반성하고 생각하는 것을 촉진한다. 이 커뮤니케이션은 '폭'이 넓고, 그 시야는 탐색적이고 비판적인 사고와 결합되어 있다. 하나하나씩 이해를 거듭해 간다는 의미에서는 밀도가 낮다. 이와는 달리, 상징적인 커뮤니케이션은 '폭'이 좁고, 고도로 초점을 맞춘 목적을 갖고 있다. 그것은 계획되고 있는 것이 의의 있는 것으로 느끼게 하는 상징적 행동을 촉진함으로써 높은 영향력을 창출한다. 이처럼 그것은 단기간에 '응축된 의미'를 탐구하기 때문에 그 '밀도가 높다'. 상징적인 커뮤니케이션의 전형적인 예는 자선구제단체의 선전활동이다. 그것은 상황의 원인을 설명하는 것이 아니라, 단지 금전적으로 표현된 반응을 이끌어 내는 것을 목적으로 한다.

　창의적인 도시가 앞장서서 추진하려고 하는 것은 상징적인 힘을 갖는 프로젝트에 이야기적 특성과 깊고 원칙에 입각한 이해를 도입하는 것이다. 상징적인 것에 우선순위를 두는 것은 아이디어와 심벌의 힘을 활용함으로써 학습을 뛰어넘고, 장황한 설명을 피할 수 있기 때문이다. 이러한 맥락에서 볼 때, 통찰력 있는 리더, 상징적이라고 할 만한 최량의 실천 프로젝트, 캠페인의 주최자, 혁신주의자, 위험을 선호하는 사람 등은 모두가 중요하다. 예를 들면, 캘커타에 있는 '도시의 보다 나은 삶을 추구하는 사람들의 연대(PUBLIC)'라는 단체는 쓰레기, 공공교통, 문화유산의 보존에 관한 직접적이고 실천적인 캠페인을 통하여 도시의 생활조건을 개선해 나가고 있다.

　런던에서 직접선거로 선출된 시장을 낳겠다는 결정은 커다란 상징적인 특성을 갖고 있었다. 그것은 도시에 봉사하는 리더의 선출이라는 의미뿐만 아니라, 전통과 단절하고 새롭게 출발한다는 것을 상징하는 것이었다. 상징적인 특성을 갖는 또다른 아이디어로서는 지역의 개성을 중시하는 활동단체인 '코먼 그라운드(Common Ground)'에서 찾을 수 있다. 이 단체는 하천에 기반한 새로운 노래의 작곡을 통해서 런던에 있는 모든 커뮤니티를 연관시키고자 했다. 템즈강은 런던 시민들을 분단시키기도 하고, 결합시키기도 한다. 그러한 참여이벤트는 런던에 대한 시민들의 느낌을 바꾸고, 사람들이 서로 만나고, 문화적·정치적인 재생을 가능하게 하고, 아울러 의무감, 시민의 자부심, 동기부여를 할 것이다. 이것은 결과적으로 런던의 또다른 현실적인 문제에 대해서도 시민의 관심을 갖게 하는 기반이 될 것이다. 뒤에서 상세히 설명하게 될 핀란드 헬싱키의 '빛의 힘'이라는 프로젝트는 조명의 중요성을 강조하고 있는데, 그 성격에 있어서는 런던의 사례와 유사하다(상세한 내용은 이 책 제4장 참조[†]역주).

뉴욕이 선도한 범죄에 맞서기 위한 '정상참작 없음(zero toler-ance)'이라는 아이디어 역시 상징적인 의미를 갖고 있다. 모든 사람이 '영'이라는 단어가 갖는 힘을 즉각적으로 알아차린다. 그것은 한마디로 함축된 구절을 통해서 그것이 무엇을 의미하고, 또 무엇을 기대하는가를 장황한 설명 없이도 알게 한다. 즉, '정상참작'이라는 말과 영을 결합함으로써 심리적인 안정감을 가져다 주었던 것이다.

상징적인 의미를 함축하는 대상—조명, 노래, 심지어 '영'이라는 말—을 선정할 때 가장 커다란 어려움은 그 커뮤니케이션이 장소, 전통, 지역의 아이덴티티와 관련지을 필요가 있을 때 발생한다.

사례연구

역할을 바꾸어라
거리의 아이들이 경찰관을 훈련시키게 하라

아디스아바바 (에티오피아)

에티오피아의 수도 아디스아바바의 경찰관 트레이너들이 '아두나 커뮤니티 무용극단'이 주최한 젊은이와의 워크숍을 통해 거리의 아이들 처리문제에 대해서 함께 토론할 기회를 가졌다. 이 프로그램은 커뮤니티의 발전과 개인의 능력개발을 위한 영화와 무용의 훈련을 통하여, 아디스아바바 거리의 아이들의 생활을 개선하고자 하는 '제미니 스트리트 심포니 청년 프로그램'의 일부였다. 경찰관과 거리의 아이들 사이의 관계는 옛날부터 적대적이었고, 경찰의 폭력성에 대한 인식으로 악화되었다. 이 워크숍은 권위적인 사람의 폭력과 태도와 관련된 이슈를 이끌어 내기 위하여 무용을 그 메타포로 활용하였다. 이것이 지향하는 것은 거리의 아이에게는 경찰관의 생각에 의문을 제기하고, 그들의 일을 이해하는 기회를 제공하는 대신에, 경찰관에게는 거리의 아이들의 의견을 듣는 기회를 만들고, 그들의 폭력성을 묵인하는 전략을 세우지 않도록 하는 환경을 조성하자는 것이었다.

[자료: Adugna Community Dance Theatre/Gem TV, project reports, 1999. Andrew Coggins, Street Symphony Support Operation, 20, Wandsworth, Bridge Road, London SW6 2TJ. Tel: 0171 736 0909, E-mail: apc555@aol. com]

앞에서 언급한(이 책 pp. 9~12[†] 역주) 문화자원모델은 이러한 상징물을 선정하는 하나의 접근방식이 될 수 있다. 주의집중 시간이 짧아지는 시대에, 원칙에 입각하면서도 신선한 아이디어를 내포한 프로젝트가 상징적인 커뮤니케이션이 되도록 하는 것이 창조도시에 요구되고 있다. 하지만 깊은 원리에 대한 이해와 그 수용이 전제되지 않는 한, 상징적인 형태의 커뮤니케이션은 위험할 수 있고, 심지어 대중조작과 선동이 될 수 있는 것이다(나는 이 점을 분명하게 해 준 톰 버크(Tom Burke)에게 감사의 마음을 전한다).

협력의 공간을 창출하라

통합적인 사고는 존경, 공감, 그리고 전체 목표에 대한 이해력에 달려 있다. 차이와 대안적인 시각을 존중하는 단계에 이르는 길은 여러 개 있지만 자신의 인식을 바꾸고자 하는 의사가 필수적이다. 창의적인 도시가 되는 길은 많이 있다. 박물관, 레스토랑, 인터넷 서비스 등을 운영하는 방법 역시 다양하고, 이 경우 차별이 비교우위가 될 수 있다. 사람들의 서로 다른 공헌도를 존중하는 분위기는 아이디어를 자극하고 잠재력을 극대화시킨다. 그것은 또한 대화의 장과 공동의 행동을 위한 공간을 창출한다. 하지만 그것의 성공 여부는 누군가에게 자신의 가장 소중한 가치를 포기하라고 강요하지 않으면서도 각자의 차이를 존중할 수 있는가에 달려 있다. 불행하게도 대부분의 정치적 논의에서는 그러한 특성을 발견할 수 없다. 대화과정을 훈련받은 사람은 이러한 협력공간에서 활동하기가 보다 쉬울 것이기 때문에, 대화참여에 필요한 기술을 가르치는 것이 새로운 사고전략의 일부가 되어야만 할 것이다.

존경은 호기심과 리스크를 두려워하지 않는 용기를 부여하고, 또 문제의 제기보다도 해결책을 찾고자 하는 태도를 성숙시킨다. 예를 들면, 감정적·심리적·미학적인 지성은 경영관리와 정책입안 분야에서는 하나의 기능으로 인정되지 않고 있다. 실제로 대부분의 경영자는 그것이 의미하는 바를 잘 모르고 있을 것이다. 하지만 그러한 지성을 가진 사람들이 종종 팀워크를 개선시키고는 한다. 중요한 것은 무엇이 적절히 기능하고 있는가 하는 것이다. 창의적이기 위해서는 비판적인 입장을 가진 사람이 개인에 대한 비판이 될 것을 우려하지 않고 자신의 견해를 주장하고, 또 그 리스크에 도전하는 것이 중요하다. 하지만 창의적인 비판은 반드시 대안제시와 함께 이루어져야만 한다. 실험을 허가하고 대안적인 시각을 존중하는 것은 사람들이 개념적·실천적으로 새롭게 생각하고 탐구할 기회를 제공한다. 이러한 과정은 실험적 프로젝트를 낳고, 그것이 결과적으로 주류가 되게 할 수 있다. 다른 대안적인 견해의 일부를 사용할 때 그것은 흑백의 양자택일적인 사고에서 벗어나게 할 것이다.

권리를 확대하라

새로운 사고는 선택하고, 구별하고, 판단하는 시스템을 필요로 한다. 그러면 이 경우에 그 기초가 되는 것은 무엇인가? 그것은 분명 인간성을 공유하는 상호 의존성이라는 인식—각각의 도시에 살면서도 지구는 하나라는 것—이 있다. 그러나 적어도 일정 기간 논쟁의 여지 없이 사람들에게 공통의 기반을 제공하기 위해서는 이러한 상호 의존성에 대한 이해에서 어떠한 보편성과 최종적인 가치를 도출할 수 있을 것인가?

그 핵심은 이 원리가 인권—양심의 자유, 표현의 자유, 신앙의 자유—에 관계되어 있다는 것이다. 즉, 그것은 문화적 다양성을 수용하고 있다. 하지만 국제연합(UN) 헌장의 모델은 분명히 개인에게 초점을 맞추고 있다. 그러면 그것이 도시생활을 논의할 때 어떤 도움을 줄 수 있을 것인가? 가장 진보적인 사회에서는 구성원 가운데 약자—아동, 장애자, 고령자 등—가 공공지원을 받을 권리가 있고, 또 차별을 받아서는 안 된다는 것을 인정하고 있다. 이러한 권리에 대한 인식은 타영역으로 확대되어 간다. 예컨대, 그것은 깨끗한 공기와 물에 관한 권리개념으로 발전해 가는 것이다. 일단 그것이 하나의 권리로서 인식되면, 우리의 우선순위체계와 의사결정에 영향을 미치기 때문에 그 이상으로 중요한 문제가 있을 수 없다.

우리의 권리에 대한 이해는 시간의 경과와 더불어 변하고, 그것은 항상 이해관계자 간의 정치적인 협상에 영향을 받아 왔지만, 그 개념은 강력한 힘을 발휘할 수 있다. 하지만 권리가 항상 보편적이라고 생각해서는 안 된다. 왜냐하면, 한 곳에서 권리인 것이 또 다른 곳에서는 그렇지 않을 수 있기 때문이다. 예를 들면, 도시에서는 많은 서비스의 질적 표준에 관한 결정이나 시민헌장을 통해서 시민에게 사실상의 권리를 인정하고 있지만, 다른 장소에서는 그러한 것을 획득할 수 없다. 이것이 도시에게 비교우위를 제공하고 있는 것이다.

새로운 단순함: 에토스에 착안하라

세계가 보다 복잡하게 된 것은 자명하지만, 도시의 미래를 계획하고 디자인하고 논의하는 방법에서는 복잡한 방향으로 나아갈 것인지, 아니면 단순한 방향으로 나아갈 것인지는 우리가 선택할 수 있다. 지식경제는 그 룰만 잘 이해하면 산업경제보다 복잡하다고 생각되지 않는다. 복잡한 사항은 보다 명쾌한 패턴으로 정리할 수 있다. 미디어와 인터넷을 통해서 얻는 정보는 대단히 복잡하지만, 일단 선별해서 질서를 부여하면 그것은 해체되어 능률적으로 배치할 수 있다.

하나의 정답만이 존재한다는 믿음체계에서 상대적인 가치에 초점을 맞추는 포스트모던적인 틀로 전환되면, 판단을 할 때를 제외하고는 무엇이든지 있을 수 있다는 느낌이 든다. 하지만 우리는 선택과 실행을 이끄는 가치판단을 해야만 하고, 복잡한 것을 이해할 수 있도록 해야만 한다. 우리는 특정한 표현형태, 사회적 목표, 생활양식, 완전성과 목적이라는 개념을 선호한다. 원리주의자의 좁은 신념체계, 또는 '신세대'로 불리는 사람의 지나치게 폭넓은 신념체계를 다시 생각하는 것이 삶의 방식을 보다 쉽게 파악하는 새로운 길이 될 것이다.

단순한 판단이나 천박하게 판단하지 않으면서도 단순화하는 것은 가능하다. 전체적인 접근방식에 초점을 맞추는 새로운 사고는 복잡성을 인식하는 하나의 길이 될 수 있다. 그것은 그 속에 얼핏 보면 정반대로 보이는 역량을 포함하고 있기 때문이다. 이것은 개방성과 엄격성을 결합하거나, 두 가지에 동시에 초점을 맞추는 것과 유연성을 결합할 때 그 의미를 가질 것이다. 근저에 있는 논리, 원칙, 룰과 시스템에 의존함으로써, 복잡성은 이해가능한 필수적인 것이 될 수 있는 것이다. 우리가 다양한 것에 가치가 있다는 것을 인식하면, 그 다양한 가치 중에 있는 윤리적인 틀을 통해서 무질서는 하나의 초점을 얻게 된다. 에토스라는 개념은 일관성을 창출하는 데 도움을 준다. 제프 멀건(Geoff Mulgan)은 노먼 슈트라우스(Norman Strauss)의 아이디어를 정리하면서 다음과 같이 말하고 있다.

에토스(ethos)는 아주 포괄적인 원리의 집합과 무엇이 달성되어야만 하는가에 관한 서술적인 설명을 함께 해 주는 하나의 통일된 비전이다. 에토스는 일관성을 회복하기 위한 도구이다. 이것이야말로 어떤 조직도 추구해야만 하는 첫 번째 과제이다. ……그러기 위해서는 자신을 이해하고, 자신을 둘러싸고 있는 환경을 이해해야만 한다. 대립하고 있는 것처럼 보이는 정보와 양립하지 못할 것 같은 이익단체를 보다 높은 차원에서 통합하는 능력이 필요하다. ……새로운 상황에 대한 대응은 에토스와 같은 것을 갖고 있으면 비교적 용이하다. 에토스를 갖고 있을 경우의 반응은 비교적 예상할 수 있고, 그 원리는 사람들에게 침투된다. ……어떤 에토스를 확고한 것으로 만들 수 있다면 정부는 대단히 강력한 도구를 얻게 된다. 그것은 우선순위와 자원배분의 지침이 되고, 공통의 아이덴티티가 되고, 사람들을 하나로 묶는 목적이 된다. ……에토스는 의사결정의 도구이고, ……그것이 있으면 새로운 문제가 생기더라도 처음부터 전부 생각할 필요가 없는 것이다. 에토스는 이념에 관한 것과 실천에 관한 것을 연결한, ……다양하고 복잡한 것을 용해시키는 도구다. ……일관된 것이 되기 위해서는 세 가지 층의 전략이 필요하다. 첫째, 에토스·비전·윤리·전환 등과 같은 메타 또는 그랜드전략, 둘째 경영·제어·룰·예산·발의·감사에 대한 핵심 전략, 셋째 일상적으로 반복되는 작업의 기초전략이다(Mulgan, 1995).

새로운 도시의 리더십을 위해서 강력히 요청되는 에토스는 우선 시민적 창의성에 초점을 맞추는 것이다. 시민적이라는 말은 통상적으로 창의성과 연결되지 않고, 더구나 우리는 경제발전 또는 인종차별 철폐와 같은 공적인 목표에 창의성이라는 용어의 적용을 생각하지도 않는다. 이 에토스는 그 문화와 문화자원의 잠재력에 대한 평가와 조화를 이루면서 본래 있어야 할 자리에 각인되어야만 하는 것이다. 이렇게 될 때에야 비로소, 에토스는 사람들의 정신적 지주가 되고 영감을 자극하는 것이 된다.

갱신가능한 자원으로서의 리더십

리더십은 갱신가능하고 개발가능한 자원으로 파악할 필요가 있다. 그것은 영역 간의 경계가 애매하다는 것을 인식하는 것에서 출발하고, 자신의 전문영역에서조차도 모든 것을 알지 못한다는 것을 인정하는 과정에서 형성된다. 이것을 인정하는 문화는 탄력성이 있고, 정직하고, 서로 속일 필요가 없다. 이런 맥락에서 볼 때 파트너십은 필수적이다. "리더십을 위한 문화를 창출하는 것은 예상 밖의 일을 하는 사람에게도 찬사를 보내는 것을 포함한다. 높은 지위에서 강등되는 것이 규범의 일부가 된다. 이것은 비전, 목표, 전략적 계획을 장기적으로 수립하기 위한 전제조건이다. ……이러한 종류의 리더십을 형성한 커뮤니티는 시민적 역량을 구축하게 된다. 즉, 이것(리더십†역주)은 도로 및 하수도와 마찬가지로 도시의 핵심적인 인프라에 해당한다. 시민적 역량은 커뮤니티가 긴장상태에 처하게 되었을 때 버팀목이 되고, 또 그것은 대담하고 새로운 행동을 할 수 있게 한다"(McNulty, 1994).

리더십을 탈인격화하는 것이 중요하다. 왜냐하면, 좋은 아이디어—그것은 본질적으로 전략적 기회이다—는 한 사람의 표현이라기보다도 집단이 공유하는 의제의 일부이기 때문이다. 그것은 좋은 아이디어가 많은 원천에서 나오게 하고, 또 어려움 없이 그것을 선택할 수 있게 한다. 제도화된 리더십은 아이디어가 지속되도록 하는 데 도움을 주지만, 침체, 퇴출, 심지어 파산의 상황까지도 계획에 포함한다. 그것은 새로운 리더를 훈련하는 과정을 의미한다. 그리고 그것은 오래된 리더를 교체하는 대신에 그들에게 과거의 공헌에 대한 존경심을 표하고, 젊은이에게는 새로운 기량을 개발할 수 있는 리더십의 기회가 되어야만 한다. 이러한 과정을 거칠 때, 커뮤니티는 새로운 리더와 함께 앞으로 나아갈 수 있는 것이다.

비즈니스, 시민단체, 문화 및 볼런티어단체, 전문직업단체 등의 리더는 그들 자신이 속한 분야는 물론이고 커뮤니티에서도 공동적인 기능을 수행하고 있다. 리더는 한 가지 문제에만 관심을 가질 수 없고, 자신의 커뮤니티와 관련된 일들을 다루어야만 한다는 사실을 인식할 때 비공식적 수탁자가 되는 것이다. 불행히도 많은 경우에 리더는 과거의 전통적인 권력구조하에서 선출되고, 이것은 그들이 미래도시의 참된 다양성보다도 과거를 대변할 것이라는 것을 의미한다(McNulty, 1994 참조).

평가와 성공을 지속적으로 재평가하라

새로운 사고는 성공과 실패에 관한 감독·평가·판단을 전반적으로 재평가할 것을 요청한다. 지속적인 자동평가장치(built-in evaluation)는 창의성이 프로젝트과정 속으로 침투하는 것을 보증할 필요가 있다. 평가는 반성적인 학습을 장려하고 사고를 항상 재활성화한다. 그것은 지식을 흡수·습득하는 역량이고, 과거의 학습경험 위에서 구축되는 것이고, 또 지금 진행되고 있는 것을 완전하고 적극적으로 의식하는 역량이다. 따라서 효과적이고 효율적인 평가가 되기 위해서는 분석적이고 비판적인 생각과 함께 논의가 생성력 있게 발산하거나, 또는 결론을 하나로 집약하는 사고에 기초한 학습이 될 필요가 있다.

성공과 실패는 동반하는 경우가 많고, 모든 관점에서 성공한 프로젝트는 아주 드물다. 성공의 씨앗은 실패 속에 들어 있고, 실패의 씨앗 또한 성공 속에 들어 있다. 따라서 계속적인 피드백을 통해서 성공과 실패로부터 배울 수 있다. 다음 기회에 최선을 다하면 실패를 면할 수 있을 것이라고 자신하는 사람이 있지만, 전체적인 맥락을 고려하지 않는다면 이것은 종종 반성 없는 실패를 반복하게 될 것이다. 중요한 것은 누가 성공과 실패를 평가하는가 하는 것이다. 단순한 재정적 계산만으로는 이미 그 한계가 분명하게 되었다.

창의적인 도시에 거주하는 사람을 최고의 가치 있는 자산으로 간주하는 것도 하나의 방식이다. 하지만 "회계시스템은 시대가 요청하는 전환을 따라잡지 못하고 있다. 즉, 회계시스템은 금전적인 자본의 가치에만 의존한 측정방식에서 인적 자본의 구축을 측정하는 방식으로 나아가지 못하고 있다. 기업 내부에서는 금전적 측정방법이 성과와 가치를 측정하는 기타 방법을 압도하고, 또 금전적 가치에만 시간과 주의력을 지나칠 정도로 요구하고 있다"(1993년 로즈 모스-칸터(Rose Moss-Kanter)가 산업노동부에서 행한 직장의 미래에 관한 연설에서 인용, 워싱턴). 국민총생산(GNP)의 도시버전이라고 할 수 있는 종합지표는 도시의 건강을 나타내는 지표로서는 빈약하고, 또 그것은 도시의 장기적 잠재력보다도 단기이윤이나 좁게 정의된 도시의 원동력에 초점을 맞추고 있다.

하지만 미국의 저명한 여론조사원인 데이비드 얀켈로비치(David Yankelovich)는 다음과 같은 논점을 예리하게 지적하고 있다. "최초의 단계는 간단하게 측정할 수 있는 것은 무엇이든 측정하는 것입니다. 어느 정도까지는 그것으로 충분합니다. 제2단계는 측정할 수 없는 것, 또는 재량적으로밖에 수치를 부여할 수 없는 것을 무시하는 것입니다. 이것은 인위적이며, 그래서 오해를 불러일으키는 것입니다. 제3단계는 측정할 수 없는 것은 실제로 중요하지 않다고 상정하는 것입니다. 이것은 무분별한 것입니다. 제4단계에서는 쉽게 측정할 수 없는 것은 실제로 존재하지 않는다고 말하는 것입니다. 이것은 자살행위입니다!"

새로운 사고의 좋은 점은 무엇인가?

이 새로운 사고법을 활용하면 풍부한 가능성과 아이디어의 보다 넓은 자원적인 기초가 열리게 된다. 그것은 정책결정자가 문제와 기회의 부분적인 모습을 단순히 관찰하는 것이 아니라, 오히려 어떤 장소의 진정성과 전문성을 발견하는 커다란 기회를 연구하고 계획하게 한다. 그것은 조직 내는 물론이고 조직을 뛰어넘어 작동하는 유효한 방법이고, 또 비난받지 않고 실패할 기회를 제공한다. 또한 그것은 보다 폭넓은 조직과 주민의 네트워크로 연결된 책임 있는 사람에게 건설적인 작업환경을 제공한다. 이러한 과정을 통해서 그것은 도시를 보다 경쟁력 있게 만드는 것이다.

도시의 미래모습을 상상하라

암스테르담 서머스쿨이 개최되는 동안, 우리는 도시에 대한 우리의 꿈이 그 대부분 실현된 유토피아와 같은 도시의 모습을 상상해 보았다. 우리는 세계 전체적으로 최량의 실천사례가 많이 있다는 것을 알고 있지만, 이 유토피아를 실제로 볼 수는 없다. 왜냐하면, 상상력 풍부한 해결책이 한 장소에 모여 있지 않기 때문이다. 현실은 이와는 달리 혼잡, 오염, 불안 그리고 천박함과 같은 도시의 비극으로 넘쳐나고 있다.

공통의 관심

나이, 이해, 배경에 따라 사람들이 그리고 있는 유토피아의 구체적인 모습은 다를지 모르지만, 어떤 측면—고상한 생활, 살기에 쾌적한 장소, 시설에 대한 접근성—은 공유하고 있을 것이다. 보다 지속가능한 생활을 할 필요가 있다는 인식이 높아지고 있다. 도시는 독자적이고 자신만의 색깔을 드러내는 뚜렷한 아이덴티티와 커뮤니티 의식을 가져야만 하는 데 많은 사람이 동의할 것이다. 우리는 의사결정과정의 참여와 그 관련성이 동기와 책임감과 시민적 자부심을 높일 것이라는 점에 동의할 것이다. 하지만 지금까지 얼마나 많은 사람이 자원과 권력의 보다 공정한 분배가 범죄와 사회적 스트레스를 줄이게 된다는 것을 받아들이고 있는가? 그리고 도시가 경제적·사회적·문화적으로 생명력 있고 활기찰 필요성을 누가 문제로 받아들일 것인가?

이   동

이것은 무엇을 의미하는 것인가? 도시 주변의 이동을 생각해보자. 우리는 자동차의 편리함을 누리면서도 과다이용에 따른 비용과 오염에서 벗어날 수 없다. 그 대안은 강제적이고 명령적이며, 또 비용이 너무 많이 든다고 생각한다. 우리는 의식적으로 자동차교통을 줄이도록 하는 교통과 토지이용에 관한 접근방식을 상상할 수는 없는 것인가? 즐거움을 위한 도보나 자전거 활용으로 돌아가게 하는 방식—이 곳에서는 대중교통이 기쁨의 대상이 되고, 자동차공유와 같은 파라-프란지트(para-transit, 합승택시)가 일반화된다—은 문제가 없는 것인가?

아마도 우리는 다음과 같은 정책과 실행의 올바른 조합을 선택할 수 있을 것이다.

✳ 이용자를 우선하는 공공교통기관을 확충하는 것.

- 20시간 서비스 시스템을 구축한 다음, 주간의 혼잡에 대응하고 야간의 발을 확보하는 것.
- 쉽게 보행이 가능한 범위 내에 정류장을 설치하는 것.
- 주거구역 내에서는 교통을 규제하고, 이것을 도시 전체로 확대하던가, 그렇지 않으면 '자동차 없는' 주거구역을 설정하는 것.
- 공공교통기관을 통합하고, 하나의 교통수단에서 다른 교통수단으로 쉽게 환승하도록 하는 것.
- 기차, 버스, 노면전차의 질적 향상과 자전거 통행경험 등에 우선권을 부여하고, 도시 전역의 새로운 길과 연결점을 통한 커뮤니케이션 시스템을 구축하는 것.
- 주민과 단시간 주차에 우선권을 주는 대신, 중심부와 도심에서는 공공주차장의 수를 점차 줄여 가는 주차장구조를 정착시키는 것.
- 도시 주변의 파크 앤드 라이드(교통혼잡을 피하기 위해 자가용차를 도시교외의 주차장에 세워 놓은 다음, 공공교통을 이용하여 도심으로 들어오게 하는 방식†역주)를 통해서 공공교통기관이나 자전거 가운데 선택하도록 하는 것.
- 오염을 배출하지 않는 공공교통기관(노면전차, 전기버스)을 제외하고는 도심에서 도보를 원칙으로 정하는 것. 언덕이 많은 도시의 경우조차도 이동하는 사람의 도보화를 확대실시하는 것.
- 소음방지구간을 설정하고, 특히 야간의 소음을 방지하는 것. '저소음트럭'에 대한 허가제도를 신설하는 것.
- 자동차교통을 간선도로로 이전하는 것.
- 할인 및 유인책을 제공하는 것. 예를 들면, 피고용자—아마도 첫 번째가 공공부문이 될 것임—와 교섭하고, 공공교통기관 및 자전거를 위한 시설(비바람을 피하는 장소, 샤워장 등)

- 의 이용요금을 면제해 주는 대신 주차공간을 없애는 것.
- ※ 컴퓨터관리 시스템과 신호를 통해서, 어떤 기준에 미달하는 자동차를 배제하는 시스템을 구축하는 것.
- ※ 공공교통 투자재원을 조달할 정도로 충분한 조세수입을 확보하는 것.

환상을 넘어서?

그것은 환상처럼 들릴 것이다. 즉, 제안하기는 쉽지만 실행하기는 불가능한 것처럼 들릴 수 있을 것이다. 하지만 여기서 제안된 모든 것은 이미 유럽의 다른 도시에서는 상식이 되었고, 단지 모든 것이 한 장소에서 일어나고 있지 않을 뿐이다. 바젤, 취리히, 프라이부르크, 스트라스부르 등의 지역에서는 이 가운데 많은 것이 실천되었고, 개인의 자동차이용과 에너지의 소비가 크게 감소하고, 심지어 경제도 활성화되었다. 네덜란드의 헤이그, 그로닝겐, 델프트, 암스테르담, 그리고 코펜하겐, 빈, 볼로냐와 같은 선구적인 도시에서는 공공부문의 비전, 주도성, 일관된 목적의 설정, 압력단체에 의한 캠페인, 그리고 민간부문의 지원이 결합되어 착실한 풀뿌리운동이 전개되고 있다. 이러한 조치가 성공하면서 초기의 비판적인 여론은 바뀌어 가고 있다. 예를 들면, 취리히에서는 1987년경에 61%에 달하는 시민들이 자동차의 수를 급격히 줄이는 조치에 찬성표를 던졌다.

자동차의 억제는 그 지역을 활력 없고 느리고 영감을 상실하게 하지 않았다. 또한 부를 창조하는 능력과 도시의 창의성의 칼날을 무디게 하지도 않았다. 자동차—그 자체는 '사람과 사람을 연결하는 위대한 수단'이지만—는 적어도 도시에서는 궁극적으로 커뮤니케이션과 인간의 접촉을 제한한다. 도보, 만남의 기회, 사람과 사람의 직접적인 교제를 장려하는 도시는 창의성, 부, 웰빙을 촉진하고 있다.

자동차는 가장 눈에 띠는 도시의 상징이지만, 우리가 이상적이라고 말하는 현대적인 도시는 어디에서도 에너지를 절약하고 낭비를 줄이기 위한 창의적인 해법을 갖고 있다. 예를 들면, 에너지에 대한 정기적인 검사, 에너지의 공동이용을 통한 소규모 전력장치의 활용, 에너지를 낭비하는 사람에게 일정한 추가요금을 부가시키는 것, 에너지절약 표준의 강화를 통한 에너지절약방법에 대한 보조, 생태적인 가계협동조합에 대한 원조 등이 여기에 해당한다. 자르브 뤼켄(독일 서부에 있는 산업도시 †역주), 프랑크푸르트, 헬싱키와 같은 도시가 이러한 노력의 최전선에 서 있다.

기업의 창의성

환경영역을 넘어 도시의 유토피아를 위한 조건은 어떻게 창출할 것인가? 자신들의 활동무대인 사회에 대한 책임을 받아들이는 기업들이 있다. 그들은 다음과 같은 일을 하고 있다.

- 인종통합을 촉진하라.
- 거리의 아이들을 위한 교육과 노동의 기회를 제공하라.
- 장애자가 독립된 생활을 하고, 그들의 생활태도가 변화하도록 직업을 창출하라.
- 고용되기 어려운 사람에 대한 훈련, 지역의 학교, 지역의 장학금, 감찰관제도, 훈련의 장으로서의 기업을 활용하는 등 고용환경을 개선하라.
- 회사가 허용하는 범위 내에서 실업자 재건을 위한 조치를 실시하라.
- 잡 로테이션(일을 교대하는 것 †역주) 또는 잡 쉐어링(일을 나누는 것 †역주)을 통해서 잉여노동력이 발생하지 않도록 혁신적인 방법을 찾아라.
- 낙후지역의 재개발을 돕기 위한 선도적인 조치를 취하라.

- 생산자를 공정하게 대할 수 있도록 비즈니스와 공정한 거래의 실천을 결합하라.
- 윤리적 회계감사를 실시하고, 매년 윤리적인 가치를 평가한 회계보고를 실시하라.

이들과 그 이상의 실천은 모두 이미 많은 기업에서 실시되고 있다. 예를 들면, 보디 숍, 리바이 스트라우스, 3M, 덴마크의 SP (Sparekassen Nordjylland), 안트베르펜의 아럴스, ABN, AMRO, 네클만, 퀠레, 휴렛패커드, 맥도널드, 피아지오, 스타벅스, 톰슨CSF, 차누시, 그라민뱅크, 사우스 숄 뱅크 등이다. 이러한 기업들은 기술혁신, 신제품개발과 같은 분야에서 커다란 성공을 거두고 있다. 피아트와 피아지오의 사장을 역임한 바 있는 죠바니 아그넬리(Giovani Agnelli)는 다음과 같이 말하고 있다. "나는 기업의 궁극적인 목적이 이윤이라는 말을 받아들이지 않는다. 물론 이윤은 필수적이지만, 산업의 역할은 더 좋은 사회를 만드는 데 있다는 것을 확신하고 있다" (European Business Network for Social Cohesion, 1996을 참조).

……의 눈을 통해서 보라

사회적 지속가능성이라는 공동의 편익을 위해서 계획과 의사결정과정에 참여하는 새로운 담당자를 구하기 위한 혁신적인 제안이 있다. 여성, 고령자, 장애자, 아동 등이 다양한 프로젝트를 통해서 도시계획에 참여하고 있다. 예를 들면, 핀란드의 키테와 헬싱키, 그리고 루안과 로카르노에서의 '계획자로서의 아이들', 빈의 '여성이 일하는 도시', 암스테르담의 '시민병원', 리버풀의 '열려라 참깨', 위트레흐트의 '고령자 제품라벨' 등이 여기에 속한다. 다른 그룹의 눈으로 도시를 바라보는 것은 권한을 위임하는 수단이 되는 동시에 다른 접근에 대한 통찰력을 얻는 수단으로서도 중요한 의미를 갖는다.

도시계획은 대체로 중년남성의 수중에 들어 있기 때문에 그 속에는 그들 자신의 필요와 우선순위에 관한 아이디어가 반영되어 있다. 아이들을 포함한 단순하고 창의적인 스텝은 그들 자신의 환경에 대한 책임감을 갖고 있을 뿐만 아니라 시민적 자부심과 소유권 의식을 발달시킨다. 여성의 관점을 받아들이게 되면, 전통적인 계획에서 무시되어 온 주제들, 예를 들면 놀이터, 접근성, 사회적 교제를 위한 공간, 조명과 안전에 대한 배려, 주거 인테리어 등과 같은 주제들을 부각시킨다.

영감을 통한 문화적 자부심

문화적으로 풍부한 장소에서는 1회성 페스티벌에서 정기적인 활동을 수행하는 조직에 이르기까지 문화활동에 많은 사람을 관여시키고 있다. 그 곳에 있는 건물들은 도시환경에서 옛 것과 새로운 것을 대조적·시각적으로 자연스럽게 혼합시킨다. 그러한 접근방식은 그 핵심에 창의성을 두고 있으며, 그것은 아이덴티티, 개성과 자신감을 심화시킨다. 그렇게 하는 과정에서, 그것은 현대적인 목적에 맞게 지역의 특징, 그 전통, 신화와 역사를 강화하고 적응시킨다. 그것은 상이한 사회적 또는 문화적인 그룹의 가치와 규범을 인식함으로써 문화적 지속가능성을 촉진한다.

코먼 그라운드(영국)의 지역적 개성을 표출하는 프로그램은 좋은 사례이다. 즉, 그것은 지역을 재발견하기 위하여 지역교구(敎區)의 지도와 영국의 60개 마을에서 실시하고 있는 '애플데이'를 재도입하는 것을 골자로 한다. 헬싱키의 조명 페스티벌은 어둠을 극복하기 위한 전통을 이어받은 것이다. 베를린의 다문화 프로그램은 '베를린 시민이 되는 35가지 방식'이라는 주장을 통해서 이민그룹의 통합을 도모하고, 사회적 통합과 이(異)문화 및 세대 간의 상호이해를 증진시킨다. 볼로냐의 젊은이를 위한 통합프로그램은 옛날부터 존재하던 청년클럽을 삶의 기술과 고용가능성을 높이기 위하여 예술을 활용한 창의적인 산업센터로 편입했다. 문화적으로 감수성 풍부하고 창의적인 건축물에 기반을 둔 접근방식으로는 파리의 페이 피라미드(루브르미술관에 설치된 유리로 만든 피라미드 † 역주), 알렉산드리아의 알렉산드리아 도서관의 재건, 아파르트헤이트 지배하에서 마을에서 강제적으로 배제된 역사를 기념하는 케이프타운의 제6지구 박물관과 같은 침례교회의 재이용 사례 등을 들 수 있다.

어느 곳에도 없는 아이디어?

종합하면, 지금까지 제시한 사례가 유토피아처럼 들릴지도 모른다. 하지만 당신이 어디를 가더라도 일정한 조건만 충족되면 도처에서 리더를 만날 수 있을 것이다—그들이 이 곳에서는 기업가, 저 곳에서는 공무원, 또는 경험삼아 활동에 참가하는 주부일 수는 있지만. 창의성은 모든 영역에서, 또 모든 분야에서 성장한다. 어떠한 도시문제라 하더라도 어떤 지역에서는 상상력이 풍부한 방법으로 대응하게 될 것이다.

만약 최선의 실천이 한 장소에서 이루어졌다면 아마 우리가 꿈꾸는 '꿈의 도시'가 존재할지도 모른다. 여기서 근본적인 의문이 떠오른다. 만약 어떤 도시가 한 측면에서 최선의 실천을 전개할 수 있다고 한다면, 그리고 다른 곳에서 최선의 실천을 인식했다고 한다면, 왜 도시의 다양한 관심사에 관해서 이들과 유사한 방법을 전개할 수 없는 것인가? 혁신적인 해결책에 저항이 있는 곳에서는 창의성을 가로막는 요인은 무엇인가? 그것은 관료제의 본질적인 속성 때문인가? 아니면 자본에 기초한 단기적이고 협소한 마인드를 갖고 있는 경제논리 때문인가? 그것은 개인이 취급할 수 있는 문제인가? 아니면 조직이 취급할 수 있는 문제인가? 어떻게 하면 다양한 조직의 상호작용이 가능할 것인가? 도시만이 창의성의 확실한 과실을 가지게 될 것인가? 하지만 왜 어떤 곳은 다른 곳보다 창의적인가? 아이디어를 갖고 실천할 수 있는 창의적인 환경을 창출하는 것은 무엇인가?

이처럼 잠재력으로 충만된 관점에서 도시의 창의성을 바라본다고 하더라도, 우리는 혁신 앞에 도사리고 있는 장애물이 갖는 힘에 압도당할 것이다. 즉, 거기에는 경제적·사회적·정치적으로 만연하는 이해관계의 힘, 시대착오적인 폐쇄된 인식체계, 리스크를 두려워하지 않는 문화의 결여 등 다양한 장애요인이 도사리고 있는 것이다. 이렇게 되면, 결과적으로 시민과 프로젝트 사이의 상호 학습은 이루어지지 않게 되고, 도시의 삶의 질은 저하될 것이다.

　결국, 핵심적인 과제는 도시가 어떻게 하면 창의적이고 혁신적으로 될 수 있을 것인가 하는 것이다. 어떻게 하면 새로운 아이디어를 현실 속에서 실현할 수가 있을 것인가? 그 전제조건은 무엇인가? 어떻게 하면 도시는 창의적인 과정을 지속할 수 있는가? 도시가 조직 내, 그리고 조직 간에 상호 학습하고, 성장하고, 성과를 완수하게 하는 환경은 어떻게 확립할 수 있을 것인가? 결국, 도시생활의 모든 차원에 걸쳐서 '창조도시'가 되도록 하기 위해서는 어떻게 하면 될 것인가?

제 2 부
도시창의성의 원동력

4 창조도시로의 전환

코메디아가 수행한 두 가지의 장기 프로젝트는 상세하게 음미해 볼 가치가 있다. 하나는 하더스필드의 '크리에이티브 타운 이니셔티브(Creative Town Initiative: CTI)'이고, 다른 하나는 헬싱키의 '헬싱키 창의적 잠재성 최대화 프로그램(Helsinki Maximizing Creative Potential Programme)'이다. 아울러 '엠셔 파크(Emscher Park)'와 유럽연합의 '어번 파일럿 프로젝트 프로그램(Urban Pilot Projects Programme)' ─후자는 우리가 직접 관여하지 않았지만─에 대해서도 고찰하고자 한다. 이 프로젝트들은 다음과 같은 일련의 논점을 전형적으로 나타내고 있다.

- ⚔ 자치단체에 의한 도시정책의 틀이 창의성과 혁신을 촉진하는 정도.
- ⚔ 창의적 환경은 그 도시의 조직문화 및 도시가 창의적·혁신적으로 될 수 있는 역량에 달려 있다. 따라서 창의적 환경을 발전시키는 것이 갖는 중요성.
- ⚔ 기술적·경제적·사회적 및 환경적 요인과 문화적 창의성 및

혁신과의 관계.

⚹ 도시 내 경제사업의 다양한 수준으로 창의적 변화를 창출하기 위해서는 장기적 척도가 필요하다는 점.

⚹ 이러한 정책들이 자립적인 성격을 갖는 새로운 기능을 도시로 유인하는 효과, 그리고 외적 및 내적 창의성 간의 균형.

소도시에서 창의적인 문화를 뿌리내려라 : '크리에이티브 타운 이니셔티브'

하더스필드는 잉글랜드 북부에 위치한 인구 13만 명의 산업도시이다. 이 곳은 리즈와 맨체스터에 근접하고, 런던에서는 300km 정도 떨어져 있다. 모직물, 엔지니어링, 화학제품 등에 산업적·제조업적인 기반을 둔 이 도시는 19세기와 20세기 초에 급속히 성장하였다. 영국 경제의 대부분이 그러하듯이, 1980년대에 들어서면서 하더스필드는 대량의 실업과 산업재편을 초래하는 격심한 경기후퇴의 영향을 정면으로 받기 시작하였다. 섬유산업과 엔지니어링분야는 1970년대 초 이후 75% 이상 쇠퇴하였지만, 처음 얼마 동안은 화학산업과 식품산업, 음료산업 등의 성장에 의해서 그것이 상쇄되었다. 하지만 하이테크분야에서의 성장은 거의 보여지지 않았다. 그런 연유로, 하더스필드는 영국 전체의 평균보다도 제조업이 많은 대신 우수한 노동력은 부족하며, 또 임금은 낮고, 실업률은 높았다. 근린 도시로의 통근이 시작되면서 우수한 기능과 재능이 다른 지역으로 빠져나갔다. 아울러 빈곤은 주로 아시아계 소수민족에게 집중적으로 나타났다.

하지만 하더스필드는 유럽에서 가장 혁신적인 도시의 선구자를 선정하기 위한 일환으로 1997년 유럽연합의 주도로 개최된 대회에서 승자 가운데 하나로 선정되었다. 500개 이상의 도시가 참가하고, 그 가운데 총 26개의 도시가 최종적으로 어번 파일럿 프로젝트에 선발되었다. 그것은 도시정책과 발전의 새로운 형태에 관한 단기적인 실험을 하고, 또 최량의 실천을 위한 새 모델을 구축하고, 그리고 그 결과를 유럽의 다른 도시로 확산한다는 목표하에 추진되었던 것이다. 하더스필드의 프로젝트(CTI)는 예술부문을 넘어 창의적인 아이디어를 확산하는 방법에 관해서 수 년간에 걸친 필자와의 논의를 거듭하는 과정에서 탄생하였던 것이다. 16개로 나누어진 실험적인 프로그램을 2000년 말까지 3년간 실행하기 위한 대응자금을 조달한다는 전제하에 총 300만 유로에 달하는 자금이 이 프로젝트에 지원되었다.

CTI는 이런 종류의 도시전략 프로젝트 가운데서는 최초의 것이었다. 그 출발점은 창의성, 즉 지적 자본의 잠재적인 형태는 생활의 모든 활동영역 속에—비즈니스 속에도, 교육 속에도, 행정 속에도, 사회적인 케어서비스 속에도—존재한다는 것이다. 파일럿 프로젝트를 활용하면서 마을 전체로 창의적인 사고를 확산시키는 프로세스의 일환으로, 혁신적인 장(場)의 구축을 모색하였다. 그 프로세스에는 실업자가 재교육을 통해서 자신감을 회복하는 방법과 기업가정신을 양성하는 방법 등이 포함되었고, 이것은 실제로 모든 학문과 부문을 횡단하는 창의적인 사고의 네트워크를 만들어 가는 것이었다.

많은 프로젝트가 '도시창의성의 순환'이라고 하는 목적을 달성하기 위하여 고안되었다. 그것에 대해서는 이 책 제9장에서 자세히 설명하게 될 것이다. 몇몇 프로젝트의 목적은 아이디어를 창출하는 도시의 역량을 제고하는 데 있었다. 예를 들면, 2000년 말까지 2,000개의 혁신적인 사회·경제적 도시 프로젝트를 실행한다는 '창의성 포럼'과 '밀레니엄 챌린지' 등이 여기에 해당한다. 또한 '창의적인 비즈니스 훈련회사'와 '창의적인 투자서비스(CIS)'처럼 중소기업(SMEs)의 비즈니스 발전을 목적으로 한 것도 있었다. '창조하라! (The Create!)' 프로젝트는 네트워크의 중심에 위치하는 것이고, 그것은 마을에 창의적인 생각을 가진 사람을 육성·발굴하기 위하여 기획된 것이다. 양호한 환경 속에서 혁신적 비즈니스가 탄생할 수 있도록 '핫하우스 유니트'가 설립되었다. 아울러 다양한 보급매체가 동원되었다. 즉, 살롱에서의 논의, 웹사이트, 창의적인 프로젝트의 데이터베이스, 북부지방의 창의성에 관한 잡지 『브라스(*Brass*)』, 그리고 마지막으로 이 책이다. CTI는 하나의 팀에 의해서 운영되고, 그 팀에는 두 명의 핵심 인물과 새로운 실험 프로젝트별로 디렉터가 있었다. 대부분의 프로젝트는 성공하였지만 실패한 것도 있었다. CIS와 『브라스』가 그것이다.

CTI는 하더스필드가 자신에 대해서 갖고 있는 시각을 변화시키는 것을 목표로 하였다. 하더스필드의 웹사이트는 대폭 유연한 것이 되었다. "CTI는 신뢰할 수 있고, 야심적인 하더스필드 사람들—그들은 통설에 대해 도전하고, 변화를 낳을 준비가 되어 있다—을 대표하고 있다. CTI에 관련된 모든 것, 특히 공동의 브랜드를 창출하는 것은 이 에토스(기풍, 심성 † 역주)를 발산시키는 것이어야만 했다. 창의적인 마을이라고 하는 것은 페이스 투 페이스, 인쇄물을 통해서, 지금은 웹사이트를 통해서 커뮤니케이션을 할 때 항상 자신의 창의성을 과시해야만 하는 것이다."

CTI의 영향력은 예상 밖의 것이었다. 그것은 '하더스필드의 파트너십을 마케팅하는 모임(MHP)'—주도적인 민간, 공공, 커뮤니티 기관의 연합체—에 의한 마을 자체의 철저한 재평가를 가져왔다. 마을의 브랜드를 새롭게 구축하는 전략이 '하더스필드: 강한 열정, 창의적 마음'이라는 슬로건하에, 종전에 비판적이던 언론의 전폭적인 지원을 받으면서 개시되었다. 그것은 하더스필드에 대한 보다 우호적인 인식—지역적·국가적·국제적 차원에서—을 구축하는 것을 지향하고 있다. 즉, 그것은 하더스필드를 창의적이고 혁신적인 문화를 가진 마을, 최량의 제품을 산출한다는 평판을 듣는 마을, 진보적인 비즈니스와 조직을 가진 마을, 활동적인 시민과 법인을 가진 마을, 문화적인 다양성을 풍부하게 가진 마을, 그리고 진취적인 커뮤니티 정신을 가진 마을로서의 이미지를 각인시키는 것이다. CTI는 그 탄생의 모체인 '하더스필드 프라이드'—1995년부터 2002년에 걸친 사회적·경제적·환경적인 재생을 지향하는 야심적인 조직—에까지 영향을 미쳤다. CTI의 정신을 이어받은 이 조직의 프로그램은 하더스필드를 번영과 부유한 마을로 탈바꿈하는 것을 그 목적으로 삼고 있다. 그 성공 여부는 생활의 질이라는 측면에서 지역주민과 부를 창조하는 사람, 그리고 이 마을을 방문하는 사람들에 의해서 평가될 것이다.

주변에서 주류로

CTI가 갓 출범한 1997년 당시, 하더스필드의 지도자에게 창의성은 애매하고, 또 선명하지 않고, 그리고 예술에만 관계하는 그 무엇으로 간주되었다. 2년 후 창의적인 사람과 창의적인 조직은 재능을 해방하고, 지적 자본을 활용하는 하나의 수단이 될 수 있다는 것을 인정받게 되었다. 오랜 시간이 지나지 않아, 하더스필드는 창의성이 탁월한 지역의 센터가 되고, 또 창의성을 도시 재활성화에 활용하는 전략이 주변적인 것에서 주류가 되었다. 영국의 지역개발 담당 장관인 리처드 카본(Richard Caborn)은 1999년 2월에 지역발전 공사의 발족을 기념하는 기조연설에서 하더스필드의 사례를 언급한 바 있다. 당시 카본은 창의성이야말로 새로운 지역이 갖고 있는 최대의 자산이라고 말하고, CTI에 대한 국가적인 지지를 표명하였다. 하더스필드시(市)가 속한 커크리스 광역도의회는 '변화를 위한 플랫폼'이라는 도시의 재생프로그램 속에 CTI의 핵심적인 아이디어를 도입하였다. 즉, 마을을 구성하고 있는 구석구석에 창의적인 아이디어를 침투시켜 커뮤니티의 중심이 되게 하자는 것이다. 상공회의소, 직업훈련 및 기업협의회(TEC), 하더스필드대학 비즈니스 스쿨 등도 모두 CTI와의 관계를 갖기를 원했다. 아울러 이 개념은 정책입안자들에 의해서도 받아들여지게 되었다.

중요한 것은, 창의성은 누가 보더라도 창의적인 뉴미디어산업뿐만 아니라 모든 프로세스와 프로젝트에 뿌리내리게 할 필요성이 있다는 특성을 점차 인식하게 되었다는 것이다. 하지만 커크리스 미디어센터가 결정적인 요소가 되었다는 것을 강조해야만 한다. 그것은 창의성이라는 아이디어에 시각적이고 상징적인 표현을 부여하고, 그리고 논의와 회의 및 회식을 위한 센터로서의 역할을 수행하였다는 것이다. 어떤 비즈니스센터는 뉴미디어를 갖춘 25개의 공간을 갖고 있는데, 오픈 이래 예약이 넘치자, 이후 공간을 두 배로 확장하고서도 동일한 현상이 일어나, 마을의 일부를 물리적으로 재생하는 데 커다란 기여를 하였다.

작업모를 쓴 노동자계급과 브라스밴드와 깊은 관계를 맺고 있는 마을인 하더스필드에서 그러한 센터가 들어선다고 하는 것은 1990년대 중반의 당시에도 다소 기묘한 것이었다. 하더스필드의 이미지는 미디어에서도 변화하고 있다. 하더스필드의 실험은 보통 사이즈의 신문과 타블로이드판 신문 양쪽의 전국지에도 실리게 되었다. 최종적인 성과는 1990년대 말이 되기까지 가시적인 형태로 나타나지는 않았다. 하지만 수천 명의 사람이 이미 이벤트와 훈련프로그램에 참가하고 있고, 최신의 테크놀로지와 미디어분야를 중심으로 50개 이상의 비즈니스가 시작되었으며, 또 새로운 인재가 마을로 유입되고 있다. 전문가가 관계하는 도시재생 현장으로서의 하더스필드는 예상을 초월한 규모로 외국의 방문객을 끌어들이고 있다. 특히, 볼로냐, 베를린, 틸부르흐, 헬싱키 등과 같은 도시재생의 선두에 서 있는 유럽의 대도시에서 온 방문자가 많은 비중을 차지한다.

하더스필드는 어느 날 갑자기 이런 상황에 도달한 것이 아니다. 그것은 기본 방침을 바꾼 결과로써, 또한 도시의 미래에 대한 깊은 통찰을 행한 결과로 이런 상황에 도달하게 된 것이다. 하더스필드처럼 이전의 유리한 입지조건, 자원의 기반과 숙련기반을 상실해 버린 중소규모의 마을은 유럽은 물론이고 세계 어느 곳에서도 존재한다. 그러한 도시에서는 새로운 글로벌화된 경제의 요구에 적응하지 못한 채 실패와 쇠퇴를 거듭하고 있다. 그들은 종종 쇠퇴에 따른 모든 사회적 귀결과 함께 뿌리 깊은 상실감으로 악순환에 빠져 있다. 하더스필드도 이것과 똑같은 입장에 처할 위험성이 있었지만, 20세기 최후의 10년 사이에 이 악순환에서 빠져 나올 수 있었던 것이다. 그것은 역경에 처한 하더스필드의 사람들이 자신의 도시를 재생시키기 위하여 제공할 수 있는 것이 무엇인가를 인식하고, 육성한 데서 비롯되었다. 이 마을은 자신들이 오직 하나의 자원밖에 갖고 있지 않다는 사실을 깨달았던 것이다. 바로 사람들이다. 즉, 그들의 지성, 재능, 열망, 동기, 상상력, 그리고 창의성이다. 만약 이러한 것들을 잘 품어 낼 수 있다고 한다면, 쇄신과 재생이 뒤따를 것이라고 믿었던 것이다.

도시의 재생은 당초 이해하고 있던 것보다도 훨씬 섬세하고 포괄적인 과정이라는 것을 점차 깨닫게 되었다. 그것은 단순히 물질적인 환경을 개선하는 문제가 아니라, 인간 전체를 포괄하는 것이었다. 물질적인 변화는 신뢰를 쌓게 하고 가시적인 발달의 징표가 된다는 점에서 도움이 된다. 하지만 도시재생이 스스로 지속가능한 것이 되도록 하는 것이라면, 사람들이 참여하고 있다는 것을 스스로 느끼게 하고, 또 그들에게 최선을 다할 기회를 제공하고, 그리고 권한을 위양할 필요가 있는 것이다. 이것은 사람들의 창의성에 대한 배출구로서의 역할을 수행한다는 것을 의미하고, 또 그들의 능력을 문제해결과정에 활용한다는 것을 의미한다. 이것이야말로 도시경쟁력의 참된 원천인 것이다.

하더스필드는 도시의 성쇠를 결정하는 것이 부분적으로 그들자신의 통제하에 있지만, 다른 한편에서는 도시가 감당할 수 없는 커다란 경제적·사회적·정치적인 힘에 의존하고 있다는 사실을 깨달았다. 하더스필드가 직면한 불안정성의 그 대부분은 세계적인 규모로 생산, 서비스, 부를 창출하는 능력의 입지가 크게 변화하고 있는 결과에서 비롯되었다. 섬유산업이 점차 극동으로 이동함에 따라, 하더스필드는 그 지역의 가장 뛰어난 인재가 런던과 리즈, 나아가 더욱 멀리 떨어진 장소에까지 이동하기 시작하고 있다는 것을 깨달았다. 이 충격은 힘과 자신감의 상실이라는 결과를 초래한 동시에 사회적인 생활기반 그 자체를 해체시켰다.

　　신속한 자본이동, 생산의 글로벌화, 그리고 정보기술의 효과에 의해서 추진되고 있는 이 프로세스는, 하더스필드가 제2의 산업혁명을 경험하고 있다는 것을 의미한다. 그것이 마을에 미치는 전반적인 충격은 최초의 산업혁명과 마찬가지로 극적인 것이 될 것이다. 조만간 그것은 경제활동의 모든 국면을 바꾸고, 새로운 제품과 서비스를 만들어 낼 것이다. 현재의 국면은 주로 경제활동의 거의 모든 영역에 마이크로칩 기술을 활용하는 것에 일어나고 있지만, 앞으로 제조업과 운송체계, 그리고 서비스의 존재방식을 근본적으로 변화시킬 것이다.

　　가속화하는 기술의 변화속도에 뒤처지지 않고자 하는 도시와 기업이라면, 노동력의 질뿐만 아니라 경영관리와 의사결정의 질이 가장 중요하다는 것, 그리고 희소하고 이동가능한(portable) 기능과 창의적이고 혁신적인 능력에 프리미엄이 붙고 있다는 것을 하더스필드는 목격하였던 것이다. 이러한 급속한 변화속도를 감안할 때, 사람들은 보다 유동적이고, 보다 숙련되고, 시시각각으로 변화하는 요구에 대해서 보다 적응적으로 되지 않을 수 없다. 또한 그것은 하더스필드와 같은 마을의 역할과 기능에 영향을 미치고, 그리고 도시 간의 경쟁을 격화시키는 것이다. 이 변화의 격류 속에서, 쇠퇴하는 도시가 있으면, 또 최상의 위치까지 올라가는 도시도 있을 것이다. 이러한 변화의 격류는 다른 도시와 마찬가지로, 하더스필드의 모든 공업 및 상업부문에 위협과 기회를 가져다 주고 있다.

하더스필드는 이러한 글로벌화된 변화에 의해서 새로운 기회가 많이 생겨나고 있고, 게다가 그 혁명적인 변화가 이제 막 시작단계에 불과하다는 것을 이해하였다. 하더스필드가 깨달은 것이 있다고 한다면, 그것은 한편에서는 지적 자본에 기초한 지식경제의 지적·창의적 부문—그 곳에서는 본질적으로 높은 생활의 질이 필수적인 것으로 간주되고 있다—이 대두하고 있다는 것이고, 다른 한편에서는 이런 움직임과는 무관하게 도시와 도시 간의 새로운 단절이 생기고 있다는 것이다. 이 패러다임의 전환이 갖는 함의를 이해하는 과정에서, 하더스필드는 장기적으로 마을을 재생하는 데 필요한 핵심적인 전략능력에 초점을 맞추고, 또 마을의 활동을 보다 높은 가치사슬로 끌어올리는 것을 통해서 도시의 '근본적인 재흥'이 가능하다는 것을 깨달았던 것이다. 그리고 그렇게 하면 하더스필드를 단일의 제조업 중심지에서 지적·창의적 중심지로 전환시킬 수가 있다는 것을 느꼈던 것이다. 아울러 그들은 다른 도시가 본받을 만한 모델이 될 수 있을 것으로 생각했던 것이다.

계기는 내적 변화에서

하더스필드가 창조도시라는 이름을 자신들의 것으로 만들게 된 기초는 10년 전에 형성되어 있었다. 하더스필드와 커크리스 당국은 인로고프(Inlogov)라는 정평 있는 공공기관전문 컨설팅회사의 평가를 받은 적이 있었다. 그 결과는 명백했다. 이들 자치단체는 이 컨설팅회사가 관계했던 것 가운데 최악의 상태였다. 즉, 그것은 이들 자치단체가 '심각한 무능력상태'에 빠져 있다는 것을 의미했다. 협동이 전혀 이루어지고 있지 않고, 개별 부문들은 마치 독립한 왕국처럼 행동하고 있었다. 정치적 지도자는 보수파의 노동당원이고, 또 직원에게 자주성을 갖지 못하게 하는 방식으로 그들을 통제하고 있었고, 그리고 일을 잘 하고자 하는 동기가 전혀 없었다. 그 곳에는 정치적인 내부항명이 이어졌고, 공포와 비난의 문화가 있었다. 볼런터리부문과 민간부문의 파트너십은 거의 없고, 새로운 아이디어에 대해서는 개방적이지 않고, 또한 변화에 적응해 가기 위한 지식도 거의 갖고 있지 않았다.

드디어 1986년, 노동당 내부의 정치적 항쟁을 거친 다음, 타협적 선택으로 존 하먼(John Harman)이라는 인물이 정치적 리더로 선택되었다. 그는 보수파로부터는 조종하기 쉬운 인물로 비추어졌다. 동시에 롭 휴즈(Rob Hughes)라는 사람이 새롭게 사무쪽의 수장에 임명되었다. 이 두 사람에 의해서 긍정적인 혁명이 시작되었던 것이다. 그들은 영국에서 공공기관의 지도(map)가 바뀌어 가고 있다는 것을 깨달았다. 예를 들면, 지방공공서비스에서는 경쟁이 도입되기 시작하고, 또 일정한 기능에 대해서는 모든 것을 지방자치단체의 외부로 이양되고, 그리고 선거에 의하지 않는 기관들―국민보건서비스 트러스트, TECs처럼 지방정부 그 자체보다 거액의 자본을 관리하는 특수법인―이 증가하고 있다는 점 등이다.

이러한 새로운 흐름 속에서 자치단체를 기능시키기 위해서는 다른 여러 기관과의 광범하고 밀접한 관계를 구축하는 것이 필요하였다. 결국, 영향을 미치고, 협동하고, 조직화하고, 그리고 문제점을 조사하는 것이 필요했던 것이다. 그러한 기능은 균형을 잡는 것이 쉽지 않다. 다시 말하면, 누가 무엇을 하는가를 나타내기 위한 공보서비스가 요청되었던 것이다. 왜냐하면, 지방자치단체는 그 자체가 서비스를 공급하기보다 오히려 서비스의 위탁을 증대시키고 있었기 때문이다.

하먼과 휴즈는 지방자치단체의 도시경영이 극적으로 변화하지 않으면 안 된다는 것을 인식하였다. 이러한 변화는 끈기와 일종의 비정함을 요구했다. 그들은 각 부서의 실력자를 사실상 경질하고, 기업조직의 군살을 잘라 냈다. 그들은 전략의 형성과 전체를 조망하는 일들을 실무적인 일에서 분리시켰다. 강력한 지도 아래 내부 연수를 쌓아 가는 문화가 충분히 확립되지 않았다. 따라서 도시재생을 가속화시키기 위한 새로운 형태의 파트너십이 고안되었다. 그것이 갖고 있는 가장 중요한 목적은, 당시 보수당 정부의 가이드라인과 지시에 부응하는 방법을 찾아 내는 것, 또 새로운 가능성에 부응하는 방법을 찾아 내는 것, 그리고 모든 형태의 사업활동―민간, 볼런터리, 공공적인 것―이 왕성하게 되는 조건을 창출하는 것이었다. 커크리스는 실용적으로 정부제약을 강점으로 바꾸고, 또 협력을 통해서 공적 자금의 지원을 받을 수 있다는 것을 학습하였다. 커크리스는 최종적으로 효과적인 '커크리스식 자금획득방안'을 고안해 냈다. 그것은 공통의 비전을 향해서 지방자치단체 당국이 힘을 합치는 방식으로, 정부자금을 획득하기 위한 경쟁을 이용하자는 것이었다. 커크리스는 7년 사이에 하더스필드를 위하여 8,000만 파운드에 달하는 공공지원금을 확보할 수 있었다. 이러한 접근방법 가운데 많은 것이 이곳저곳에서 모방되어 그 주류가 되어 가고 있다.

이러한 적극적인 대응은 1980년대에 횡행하던 의기소침과 냉소적인 자세를 극복하게 하였다. 지금의 마을은 보다 적극적으로 리스크를 떠맡으려 하고, 그리고 성공과 실패에 따른 책임을 공유하도록 되어 있다. 문화센터가 하더스필드에 초창기의 창의적인 환경을 조성하는 데 중요한 역할을 수행하였다. 볼런터리 부문과 환경 관련 부서는 변화에 대해서 적극적으로 대응하였다. 최근까지 주요한 문제는 대학과의 협력이 부족하다는 것이었다. 대학에서 일어나고 있는 학문적인 고립주의의 원인은 그 대부분이 사람과 관련되어 있었다.

커크리스에서 일어났던 변화를 처음부터 뒷받침한 것은 문화서비스국이고, 특히 그 부국장―지금은 크리에이티브 타운 이니셔티브의 코디네이터를 맡고 있다―이었던 필 우드(Phil Wood)였다. 이 부서는 이른 시기부터 문화를 광의적으로 정의하는 입장을 취하고 있었고, 그리고 예술 그 자체의 발전을 훨씬 뛰어넘는 문제와 씨름하였다―예를 들면, 커뮤니티의 발전을 위하여 예술을 활용한다거나, 잠재적인 경제원동력으로서의 예술을 활용하는 것 등이 여기에 해당한다. 문화서비스국은 1991년에 커크리스문화산업(CIK)이라고 하는, 지역을 기반으로 하는 조직을 만들었다. 그것은 경제적·사회적인 재생을 지원하기 위하여 예술을 활용한다는 취지를 갖고 있고, 그리고『참여기회: 커크리스 재생을 위한 문화산업과 커뮤니티 아트의 역할』이라는 보고서를 만들어 냈다. CIK의 가장 중요한 영향은, '예술을 위한 예술'이라는 종래의 과제설정으로부터, 문화는 지방자치단체의 보다 광범위한 목적을 달성하기 위한 하나의 수단으로 간주해야만 한다는 식으로, 예술에 대한 논의를 전환시킨 것이었다. 이미 진취적인 기상을 풍부히 갖고 있던 문화부문과 외부조직의 상호 협력은 지방자치단체의 검토과제 가운데 상위에 문화문제를 올려놓는 데 기여했다. 예술부문에서 시작된 것이 건강, 환경, 그리고 사회서비스와 연계하는 것을 지원해 갔던 것이다.

1994년에 전개된 커크리스의 문화정책은 크리에이티브 타운 이니셔티브의 중요한 결절점이 되었다. 필 우드와 나는 협동하여 다음 세 가지 요소를 발전시켰다. 즉, 다양성을 존중하는 것, 고유성을 유지하는 것, 그리고 창의성을 활용하는 것이다. 그 원칙은 다음과 같이 되어 있다.

- 지역의 문화적 아이덴티티와 긍지는 경제적인 재생과 커뮤니티의 재생, 나아가서 환경적 측면에서의 재생을 달성하기 위해서는 필수불가결한 전제조건이라는 것.
- 상상력과 창의성은 지역의 아이덴티티와 개개인의 발전 양자를 달성하는 필수불가결한 요소라는 것.
- 라이프스타일, 생활, 문화, 습관의 다양성은 일종의 자산이고, 이것을 이해하고 세상에 알리는 것을 통해서 관용적 사회가 발전할 수 있다는 것.
- 지역의 고유성은 수 세기에 걸쳐 발전하지만, 그것은 하루

아침에 상실될 수 있기 때문에 그것을 지키고 진흥하지 않으면 안 된다는 것.

※ 지역문화는 동적인 것이지, 결코 정적인 것이 아니라는 점. 따라서 변화와 발전은 그 보호와 보존을 위한 필수적인 파트너라는 것.

※ 투자, 권한위임, 교육을 통해서, 모든 시민이 가진 창의적 능력은 좋은 개인, 좋은 커뮤니티, 좋은 경제에 도움이 되도록 해방되어야만 한다는 것.

추종자로부터 추세의 총아로 떠오른 하더스필드와 커크리스가 걸어온 길은 이제 문제를 제기하고 있다. 즉, 크리에이티브 타운 이니셔티브는 새로운 사람들이 책임을 떠맡게 되었을 때에도 계속해서 창의적인 기동력을 유지하면서 전진해야만 한다는 것이다. 1998년에 하먼과 휴즈가 그 자리를 떠나고, 변화를 짊어질 새로운 세대가 탄생하였다. 과연 그들은 똑같이 성공할 수 있을 것인가? 두 전임자의 결합된 자질―고도의 전략적인 차원에서 사고하는 능력, 끈기, 선량함, 그리고 비정함―은 다른 사람이 흉내내기 어려울지도 모른다. 분명한 것은 우선순위가 바뀌게 될 것이라는 점이다. 파트너십과 규제완화와 같은 아이디어는 더 이상 보강될 필요가 없다. 다음 단계는 세 가지 관건이 되는 문제를 포함하고 있다. 첫째, 사회자본의 형태를 발전시키는 것이다. 그렇게 함으로써 개인은 보다 큰 목적을 위하여 이기심을 스스로 억제하고자 할 것이다. 이러한 과정을 거칠 때, 파트너십은 립서비스 이상의 것이 되는 것이다. 둘째, 모든 부문 내의 모든 수준에서 창의적인 과정에 대한 이해를 심화시키는 것이다. 셋째, 창조도시가 의미하는 것을 건물, 경관, 교통관리, 도로표지판, 정보센터, 문화시설 등에 보다 분명히 알 수 있도록 표명하는 것이다.

헬싱키: 숨은 자원을 발굴하라

도시생활을 하는 것은 모순과 함께 살아가는 것을 의미한다. 헬싱키는 남성과 여성 간의 우선권에 관해서, 그리고 안전에 대한 욕구와 문화적 자극의 필요성 간의 조화에 관해서 눈부신 균형을 달성한 것으로 생각되는 도시이다. 그것은 부분적으로 견고한 틀 속에서 예상하지 못한 것을 제공하는 방식으로 달성되었다. 헬싱키는 자신의 역사인식과 현대성 및 혁신에 관한 욕구를 조화시켰다. 또한 헬싱키 문화의 중요한 부분을 구성하는 것은 보다 기초적인 이중성이다. 즉, 그것은 더위와 추위를 공유하고 있다는 것이다― 눈과 사우나, 고독과 핀란드풍의 탱고, 밝음과 어둠, 대지와 바다 등이다. 헬싱키의 문화는 현대적인 도시문화이지만, 그 뿌리는 농촌 사회에 있다. 그것은 자연의 세계에 뿌리를 둔 문화를 말한다. 이러한 표면상의 모순을 극복하는 헬싱키의 역량은 활용되어야 할 하나의 자산이다.

외국인이 품고 있는 이미지는 여전히 정형화된 것이다. 헬싱키는 '춥다', '멀다', '잘 알려져 있지 않다', '음울', '신비적'인 것 등이다. 하지만 그들이 헬싱키를 방문하면 그들의 인식은 급속히 좋은 쪽으로 바뀐다. 헬싱키는 그들이 생각하는 것만큼 춥지 않고, 심지어 혹한 속에서 할 수 있는 예상 밖의 일들이 많이 있고, 그리고 정열과 '야수성'이 있다. 헬싱키는 과거의 역사적 선례에 의존하는 행정상의 관행, 과도하게 분업화된 개발수법, 그리고 조직상의 변화에 대한 공포심에도 불구하고 번영해 왔다. 이러한 과정에서도, 예상하지 못한 것과 놀랄 만한 것이 그 나름대로의 역할을 수행해 왔던 것이다.

빛의 힘: 바론 보이마트(Valon Voimat)

어떻게 하면 시의 현존하는 혁신적인 전통에 기초하여 헬싱키의 고유한 문화자원을 발전시킬 수 있을 것인가를 고민하던 중에 나는 SAD, 즉 빛상실증후군(seasonal affective disorder)이 종종 언급되는 것에 주목하게 되었다. 그것은 우울증을 초래하는 것인데, 심하면 자살하는 경우도 있다고 한다. 그러면서도 눈이 내리는 날이면 사람들은 핀란드 겨울의 신비한 아름다움을 경험한다. 북극광이 북쪽 하늘을 밝히면 시민의 생활 역시 변한다. 아이들은 여름에 헤엄치던 곳에서 스케이트를 타고, 사람들은 여름에 딸기를 따먹던 곳에서 스키를 탄다. 5개월 동안 계속되는 길고 긴 겨울은 눈과 빛으로 밝게 비추어진다. 빛과 어둠, 즐거움과 슬픔, 이러한 양 극단은 일찍부터 이미 주목을 받아 왔다. 자연계의 전환점인 5월 초의 축제일(Vappu)은 길고 어두운 겨울에서 탈출하는 신호가 되어 왔고, 그리고 여름의 자연은 빛의 환희를 축복했다. 그 활기는 11월 들어 해가 짧아지게 됨에 따라 음울한 분위기에 자리를 내주지만, 짧아진 해를 반영하는 눈은 아직 내리지 않는다.

나는 밝은 것으로 간주할 수 있는 모든 것을 찾았다. 그리고 바로 크리스마스 전 시기에 창문 근처에서 타오르는 촛불, 루시아 촛불 퍼레이드, 묘지에 놓인 촛불, 나아가서 독립기념일을 기념하는 빛과 같은 전통이 있다는 것을 알게 되었다. 나는 또한 핀란드의 조명디자인이 최첨단을 걷고 있음에도 불구하고, 이탈리아의 것만큼 잘 알려져 있지 않다는 사실을 알게 되었다. 2주간 계속되는 겨울의 '빛의 제전'은 나에게는 어둠의 약점을 강점으로 바꿀 수 있을 것으로 생각되었다. 그것은 또한 전통의 흐름과도 조화된 아이디어였다. 이 페스티벌은 1995년 11월부터 12월에 걸쳐 처음으로 개최되었는데, 이후 매년 정기적인 이벤트가 되어 가고 있다. 당초는 3만 파운드의 자금이라고 하는 소규모로 시작되었지만, 그 이후 예상하지 못한 형태로 10배의 규모로 성장했다.

바론 보이마트—빛의 힘—는 빛과 어둠의 대칭성을 이용한 것인데, 헬싱키를 사계절의 도시로 알리기 위한 아이디어의 일부이기도 하다. 그것은 때때로 항구적인 것이 되는 설비를 사용한 어둠 속에서의 빛의 축복인 동시에 도시의 조명을 진지하게 고찰하자는 강력한 제언이기도 하다. 당초의 생각은 중앙역 광장에서 조명을 부채꼴로 펼쳐 놓고, 교외에서는 다양한 지구를 상징하는 빛을 이용한 손 램프를 든 프로젝트와 퍼레이드를 합류시키는 것이었다.

빛의 힘은 통합적으로 전개된 것으로서, 그 곳에는 경제, 환경, 사회, 문화 등 다양한 요소가 결합되어 있다. 동시에 그것은 문화계획(cultural planning)이라는 개념의 실천사례이고, 또 관광객을 매료시키는 것이며, 그리고 빛에 대한 전체적인 접근방식이다. 가게와 갤러리에서 거리, 공원, 미술관, 나아가서 공장과 건축현장에 이르기까지 거의 모든 장소가 페스티벌 장소가 된다. 오늘에는 이 페스티벌이 일련의 다양한 지역 프로젝트를 창출하고 있을 뿐만 아니라 헬싱키의 브랜드로서 기능하고, 아울러 최근에는 부다페스트, 런던, 이스탄불, 오르후스(덴마크의 도시 † 역주), 바르셀로나 등 국제적인 제휴를 이끌어 내고 있다. 이처럼 빛의 힘은 헬싱키에게 단순한 브랜드 네임으로서만 도움을 주고 있는 것이 아니다.

11월 늦게 찾아오는 방문객은 산업적인 이벤트에서 신형 조명을 볼 수 있고, 그리고 빛과 조명수법의 문제를 다루고 있는 많은 세미나를 청강할 수가 있다. 스카노(Skanno)의 '라이트 박스'와 같은 기술혁신의 성과—SAD의 영향을 제거한 극적인 조명설비—가 환경조명의 사례로 전시된다. 이것이 페스티벌의 경제적인 측면이다. 건물, 공공 스페이스, 거기에다 여러 섬에 조명이 들어와 신년의 홍콩을 떠올리게 하는 그런 방식으로 색채를 변화시키고 있다. 1996년에는 예술을 배우는 학생들이 조명을 밝히지 않은 노면전차를 운행하게 함으로써, 조명으로 빛나는 시내를 승객들이 볼 수 있게 하는 아이디어를 제안하였다. 관광사업, 문화, 이미지 만들기라는 점에서 복잡한 아웃리치 활동을 전개하고 있는 '빛의 힘'은 다양하고 상이한 관점을 시에 제공하고 있다.

페스티벌 디렉터인 잇세 카스튼(Isse Karsten)은 모든 생활영역에 있는 사람의 참여를 촉구하는 등 모든 계층의 사람을 축제의 현장으로 포섭하고자 한다. 조직위원회가 세계의 지도적인 조명 아티스트와 함께 핵심이 되는 프로그램을 만들어 가는 한편, 카스튼은 지역에서의 아이디어—예를 들면, 피스트라의 거주자는 자신들의 아파트 안뜰에 얼음으로 만든 촛대를 놓고 선명하게 빛을 밝히는 것—를 환영한다. 교육적·사회적인 측면은 더욱 확산되어, 아이들이 모든 종류의 조명을 만들어 볼 것을 장려하는 학교의 프로그램이 생겨나고 있다. 특히, 교외주택지역에서 그런 현상이 두드러지게 나타나고 있다.

프로젝트는 필립스 주식회사에 의한 최초의 지원을 통해서 공공·민간의 파트너십을 낳았다. 당시의 헬싱키에서는 그것이 당연한 것이 아니었다. 하지만 이것이 선례가 된 이후부터 유사한 방식으로 많은 예술 이벤트가 자금을 공급받게 되기에 이르렀다.

빛은 헬싱키의 새로운 브랜드 명칭이다. 페스티벌은 매년의 캘린더 속에 정착하고, 2000년에 헬싱키에서 실시된 '유럽의 문화수도 프로그램'의 중심을 이루는 것이 되었다. 그것은 시의 직원 및 민간업자에게 혁신적인 방법으로 빛과 그 힘, 그리고 그 영향력을 생각하게 만들었다.

돌이켜보면, 하나의 지역자원으로서 빛을 활용한다는 것은 명백한 것처럼 생각된다. 왜냐하면, 그것은 핀란드 전통에서 핵심적인 요소였기 때문이다. 다만, 개념상의 획기적인 변화가 없었다면, 그 자산이 활용될 수 있는 틀을 만들어 내기가 어려웠을 것이다. 이 틀—경제적·문화적 차원을 동시에 가진 하나의 특정한 페스티벌—은 유연했다. 그로 인해서 사람들의 가는 길을 방해받지 않고 참가할 수 있는 여지를 창조할 수 있었던 것이다.

비혁신적인 상황 속에서 탄생한 혁신 : '엠셔 파크'

루르지역—독일 최대의 공업지역—의 중심부에서 실시된 IBA-엠셔 파크 프로젝트는 가장 극적이고, 가장 혁신적이며, 게다가 가장 포괄적인 방식으로 고안된 도시재생 프로그램의 하나였다. 엠셔는 엠셔강변을 따라 펼쳐진 길이 70km, 면적 800km²에 달하는 지역인데, 그 곳에는 200만 명에 달하는 사람들이 17개 도시에서 살고 있다. 루르지역의 중심에는 530만 명에 달하는 사람들이 밀집해 있고, 유럽의 가장 도시화되고 공업화된 지역이 되어 있다. 그 곳에는 에센, 도르트문트, 보쿰, 겔젠키르헨, 뒤스부르크와 같은 주요 도시들이 포함되어 있다. 엠셔는 과거의 산업혁명이나 현재의 산업혁명에서도 강렬한 경제·사회적인 발전의 용광로가 되었던 것이다.

루르지역의 발전은 지역에 뿌리를 둔 대기업—크루프스, 튀센—에 의해 주도되고 있다. 공업화가 루르지역에 남긴 환경적인 유산은 아무리 과장해도 부족할 정도다—극단적인 지형의 침식, 오염된 토지, 거대한 돌무더기, 하늘까지 닿을 것 같은 굴뚝, 용광로(이 대부분은 현재 사용되고 있지 않다), 그리고 거대한 가스탱크 등이다. 엠셔강 그 자신이 하나의 하수구가 되었는데, 그것은 대량의 채광이 지반침하를 일으키고, 하수도를 붕괴시켰기 때문이다. 심한 날에는 도저히 참을 수 없을 정도의 악취가 났다.

20세기의 마지막 10년 사이에 60만 이상의 고용이 이 지역에서 사라졌다. 실업률은 13%에 달해 독일에서 가장 높았다. 대기업의 지배는 기업가정신의 쇠퇴와 소규모 기업의 쇠퇴라고 하는 효과를 가져왔다. 루르지역은 오랜 기업의 반봉건적인 정신상태에 푹 빠져 있었다. 루르지역의 재생과정에서는 엠셔강의 근본적 재편성과 '복원'이 그 상징적인 의미를 가졌다. 콘크리트 속을 흐르는 적나라한 하수를 물고기가 헤엄치고 아이들이 놀 수 있는 강으로 바꾸자는 아이디어는 영웅적이기까지 했다.

1980년대에 제정된 새 법률은 대규모의 산업오염을 야기한 사람에게 배상책임을 지게 했다. 1990년대 후반까지 5만 명이 넘는 사람이 수복 및 예방의 기술분야에서 엠셔지역에 고용되었다. 국가적인 지원도 정비되고, 또 많은 새로운 기업이 출현하고, 그리고 그들은 품질보증 테스트 및 환경기술분야에서 최신의 기술을 채용하였다. 지형의 침식은 새로운 제품, 서비스, 시장을 창출하는 기회가 되었고, 아울러 엄격한 기준의 설정과 법률의 제정은 혁신적인 프로세스를 만들어 내는 데 도움을 주었다. 이러한 점에서 루르지역이 과거의 다른 공업지역에 비해 한 발 앞선 것은 수출시장의 개척을 초래하게 되었다.

이 구조적인 재생(및 100개 이상의 혁신적인 프로젝트군(群))의 원동력은 엠셔 파크 국제건축전시회(Internationale Bauaustellung Emscher Park: IBA)였다. IBA는 1989년에 개막하고, 10년 후에 폐막하였다. 그 목적은 엠셔 파크의 생태적·사회적·경제적·문화적인 재생을 위한 아이디어뱅크로서 봉사하는 것에 있었다. 본받을 만한 모델을 갖지 못했지만 하나의 틀을 만들었다. 그 틀 속에서 세미나와 경진대회, 미디어 토론, 특별한 이벤트, 참여활동 등을 통해서, 아이디어와 개념이 전문가와 지역주민들에 의해 철저히 논의되고, 테스트되고, 추구되었다. 그 재생과정은 건물을 개축하거나, 훼손된 경관을 복원하는 그 이상의 것을 하지 않으면 안 되었다. 그것은 그 지역의 혼을 재생시키는 것을 필요로 했다. 그 곳의 석탄과 철이라는 단일화된 산업, 그리고 20세기 말의 그 쇠퇴는 사람들의 심성에 각인되어 있었던 것이다. 더구나 죽어 가고 있는 산업문화가 여전히 경제적·정치적·문화적·사회적인 환경에 영향을 끼치고 결정권을 쥐고 있었던 것이다.

외적인 충격 없이 문화, 경제, 생태를 갱신할 정도의 혁신적인 기풍이 육성될 수는 없었다. 즉, 비혁신적인 환경 속에서 혁신을 수행할 수밖에 없다는 문제가 중요한 논점이 되었던 것이다. 심각한 딜레마가 생겼다. 그것은 기억을 지우지 않고 문화적인 변화를 창출하기 위해서는 어떻게 하면 좋을 것인가, 비탄력적 성향을 갖는 민주적 제도, 그리고 장기적 영향력을 가진 혁신은 기존의 정책을 근본적으로 변화시켜야만 한다는 전제조건하에서, 합의를 유지하면서 혁신을 달성하기 위해서는 어떻게 하면 될 것인가, 많은 개인적·분산적 프로젝트를 통해서 합의할 필요성을 감소시킬 것인가, 그렇지 않으면 스펙터클을 방불하게 하는 시각적 효과를 가진 획기적인 프로젝트에 초점을 맞춤으로써 지지를 이끌어 내는 것이 좋을 것인가 하는 것이 당시에 직면했던 난점들이었다. 이러한 긴장관계 속에서 IBA의 디렉터인 칼 간서(Karl Ganser)는 '균형잡힌 점진주의(incrementalism with perspective)'라고 하는 캐치프레이즈를 내걸었다. 즉, 고립적·분산적인 프로젝트가 채택되고 추진될 수 있는 그런 틀을 생각했던 것이다.

IBA의 서브타이틀인 '낡은 공업지역의 미래를 위한 워크숍'은 혁신, 실험적인 상호 학습, 결론을 실천에 옮길 때 공공부문의 역할 등과 같은 핵심 개념을 요약한 것이다. 100개 이상의 프로젝트가 5개의 테마로 분류되어 있다.

1) 엠셔강 수계의 생태적인 재생: 30년 이상에 걸쳐 오염되어 온 350km에 달하는 수로의 완전한 재건 및 '복원'.
2) 파크 내의 운영: 오래된 공업용지에 22개에 달하는 과학 및 기술센터의 연쇄적인 창출.
3) 고도의 생태적·미적 기준에 입각하여 6,000개에 달하는 건물의 개축 또는 건설.
4) 이전의 광산, 제강소, 또는 공장을 해체하지 않고 그들의 새로운 용도를 찾아 내는 것.
5) 엠셔토지공원의 창출 및 주요 도심을 서로 분리하기 위한 7개의 연속적인 그린화랑지대 창출.

5년 후에 이루어진 재평가에서는 그 초점이 문화적인 문제로 이동되었고, 그것은 이벤트, 관광, 이미지 만들기를 촉진하기 위하여 수립된 전략의 일부가 되었다. 또한 새로운 근로문화의 창조에도 그 중요성이 부여되었다.

10년 이상에 걸쳐 4,500명 이상의 사람들이 100개 이상의 프로젝트에 참여하였다. 10억 파운드 이상에 달하는 건설사업과 관련분야에의 공공투자가 3만 명 이상의 고용을 창출하였고, 사적인 자금의 수 배에 달하는 공공자금이 투입되었다. 다만, 그 참된 진가와 장기적으로 본 이득은 새로운 생활형태와 노동형태의 발전에 힘을 불어넣은 것에 있었다. 그것은 생태와 문화를 기반으로 한 경제구조의 갱신에서 비롯되었던 것이다.

흔한 것에서 화려하고 장대한 것까지

프로젝트의 넓이는 화려하고 장대하며 외경심을 불러일으키는 기념비적인 것에서 일상적인 것, 그리고 눈에 보이지 않는 것에 이르기까지 다양했다. 각각의 프로젝트는 모방할 만한 모델이 되는 학습의 제일보로 간주되고 있다. 베르크카멘에 사는 여성들이 제기한 소규모 주택단지의 구상은 바로 근처에 있는 경찰본부의 스타일에 영향을 주고 있고, 그리고 자주건설의 새로운 시도는 새로운 사회적 유대를 만들었을 뿐만 아니라, 주택시장에 새로운 그룹을 참여시키게 하고 있다. 보트로프의 퀠렌보슈공원은 병원 근처에 만들어진 10에이커에 달하는 건강회복의 공원이지만, 그것은 새로운 '감각의 경험'을 할 수 있게 하는 디자인을 창출하기 위하여 의식적으로 식물을 사용하고 있다. 그것은 일반적인 헬스케어, 외래환자의 재활, 애프터케어, 거기에다 자조건강그룹에 대한 봉사와 지원을 의도한 것이다. 오버하우젠에 있는 유럽 최대의 가스탱크는 전시센터로 전환되었다. 대규모 석탄광산인 졸페라인 탄광은 회의, 여가, 그리고 공업디자인의 센터가 되었다. 뒤스부르크-마이데리히에 있는 제철소는 경관공원이 되었다.

　이들이 지향하는 것은 많은 프로젝트에 포함된 혁신적인 여러 목적들을 통합하는 것에 있다. 결국, 거의 모든 프로젝트는 문화적인 측면을 갖고 있다. 생태환경적인 요소가 신소재의 사용, 건축방법, 자원의 리사이클링을 통해서 강조되고 있다. 나아가 프로젝트 그 자체가 훈련 및 고용창출을 위한 새로운 시도가 되고 있다.

　건축분야의 혁신적인 사례로서는 한 무더기의 화산암재를 머리에 이고 있는 보트로프의 '사면체' 기념물과 게르젠키르헨에 있는 라인엘베 사이언스파크의 미래형 유리 파사드 등이 있다. 참고로 게르젠키르헨은 유럽 최대의 태양전지판 시스템이 있는 곳이다. 함(Hamm)에 있는 생태비즈니스 파크는 과학기술분야를 선도하고 있다. 아울러 '미래센터'에서는 공업지대의 재활용에 관한 선진적인 연구가 진행되고 있다.

IBA는 어떻게 기능하고 있는가?

　칼 간서 교수와 자문조직이 이끌던 IBA는 대략 30명 정도로 구성된 작고 매개적인 기능을 수행하는 단체이다. 이 단체의 사명은 조직적·사회적·환경적·디자인적 그리고 미적 기준을 포함하는 품질규준과 최량의 실천(benchmarks)에 있었다. IBA는 계기와 실천을 창출하기 위해서 엄격한 마감기한을 설정했다. 그것의 근본적인 목적은 창의적인 훌륭한 사례가 갖는 선전효과—즉, 시간을 요하는 장기적·간접적 프로세스—를 통해서 많은 기대를 결집시키는 데 있었다. IBA는 프로젝트에 직접 관여하는 대신에 나름의 촉매역할에 충실함으로써, 교통규제처럼 아주 논쟁적인 분야는 피하고, 훌륭한 모범사례가 경계선을 넘어 "오래된 시스템의 껍질을 깨트릴" 것을 기대했다. 즉, 그것은 모범사례가 브랜드를 창출하는 장치로서, 또 품질관리의 최량실천으로 기능하기를 희망했던 것이다. IBA는 란트주(州)가 소유한 사기업이다—그것은 "공적 구조의 일부이지만,

그렇지 않은 부분도 있다." 다시 말하면, 그것은 정치를 뛰어넘어 정치의 외부에 머물게 하려는 시도였다. 왜냐하면, 이 지역에서는 정치적 권위가 중층적으로 누적되어 생긴 '제도적 고착화'가 오랜 기간 혁신과 전진에 대한 장벽으로 작용하고 있었기 때문이다.

IBA는 경진대회뿐만 아니라 브레인스토밍, 워크숍, 출판, 게다가 실행가능성 조사를 통해서 아이디어와 새로운 제안의 발달을 도왔다. 100개 이상에 달하는 프로젝트는 각각 자발적이고, 자기운영적이며, 그리고 자금에 관해서도 자기책임이었다. IBA는 전통적인 의미에서 행정기관이나 계획이 아니고, 또한 그것은 발전에 관한 하나의 견해에 불과했다. 그것은 또한 자금도 법적 권한도 갖고 있지 않았다. 모든 IBA의 프로젝트는 계획의 책정과 자금조달에 관해서는 정규의 절차를 준수하였다. 특별한 기금도 없고, 지역개발이라는 지정도 받지 못했다. 단지, IBA는 간접적인 힘을 행사했다. 즉, 지역커뮤니티의 적극적인 지원뿐만 아니라, 그 정치적인 지위와 호칭이 위신을 높였던 것이다. 그것을 통해 얻어진 이점은 특정 조건하에 있는 자원에 접근하기가 용이해졌다는 점이다. 특히, 북부 라인지역의 베스트팔렌주와 유럽연합의 그것에 접근하기 쉽게 되었던 것은 커다란 의미를 갖고 있었다.

관건이 되는 것은 문제를 가능성 있는 것으로 파악하고, 또 위기를 기회로 삼은 것이다—예를 들면, 엠셔의 여러 문제에 대처하는 프로세스가 수출산업 탄생의 계기가 되었던 것을 들 수 있다.

IBA는 모순에 맞서지 않을 수 없게 되었다. 오랜 공업지역에는 그 정의(定義)에서부터 창의적인 잠재가능성을 거의 갖고 있지 않다. 그렇지 않다면 이미 벌써 초기의 쇠퇴를 탈출했을 것이기 때문이다. 문화적 태도 및 노동조합과 같은 권력집단을 통해서 얻게 된 소극적인 태도와 실천이 그 곳에는 만연해 있었다. 따라서 그 곳에는 밖에서 그리고 위로부터의 충격이 필요했던 것이다. 정치조직의 바깥에 머물면서 IBA가 영향력과 독립의 측면에서 획득한 것이 이

제 위기를 맞이하고 있다. IBA의 기능이 만료된 지금, 우리는 변화에 대한 에토스가 충분히 뿌리를 내렸다고 확신할 수 있는가? 비판적인 사람은 IBA가 프로젝트의 '등대효과'에 그칠 것이 아니라, 현장에서 개혁을 추진하는 사람과 보다 적극적으로 협동할 필요가 있었다고 주장하고 있다. 지금은 IBA가 존재하지 않기 때문에, 아직 어느 정도는 힘을 갖고 있는 수구파가 이전의 상태로 되돌리지 않을까 하는 걱정이 생겨나고 있다. 상대적으로 약한 풀뿌리의 참여 또한 걱정거리다. IBA는 많은 소규모의 참여형 사회계획을 세우는 것을 계획하고 출발했다. 하지만 이 점은 너무 복잡하고 시간을 요하였기 때문에 가시적인 성과를 낼 수 없었다. 목적달성이라고 하는 압력 속에서 조직은 점차 물적 인프라를 건설하는 프로젝트에 의존하게 되었던 것이다.

공업문화는 탈공업문화로 쉽게 이행되지 않는다. 독점적인 복합기업체의 비호 아래 수동적으로 길러졌던 노동력이 하루아침에―10년의 시간이 경과했다 하더라도―진취적인 기상을 가진 자립적인 존재로 변화할 수 없는 것이다. 바로 이러한 이유 때문에, IBA의 가장 강력한 영업방침 가운데 하나가 남아도는 공업용 토지를 재활용하는 것이었다. 지역의 노동자계급은 그들의 전통이 그저 사라져 가는 것을 본 것도 아니고, 그리고 그들의 공통의 기억이 지워져 버린 것도 아니었다.

엠셔 파크, 다음은 어디로?

새로운 관광과 이미지에 관한 루르지방 기본 계획(마스터플랜)이 IBA로부터 영감을 받아 추진되고 있다. 그 전략은 세 가지의 중요한 요소를 갖고 있다. 공업문화, 현대적 엔터테인먼트, 그리고 이색적인 문화이벤트 등이다. '공업문화의 길'은 개개의 지역을 결합하는 하나의 수단으로서, 18개의 상징적으로 중요한 거점을 내세우는 것이다. 이러한 '점(點)'들은 또한 노동자의 주택, 환경개선, 사회의 역사, 또는 산업적 건축물의 재이용과 같은 주제에 대한 이정표의 역할을 수행하고 있다. 기본 계획은 루르지역을 세계 최대의 국민적 공업문화파크로 자리매김하는 비전을 갖고 있다. 이것에 비하면, 방문객이 450만 명에 달하는 맨체스터의 카슬필드, 그리고 300만 명에 달하는 로웰 등과 같은 기타 도시형 테마파크들은 그 존재가 미미하게 되어버릴 것이다. 이 상징적인 파크는 살아 있는 존재가 될 것이다. 그 목적은 공업화 사회를 창조하는 데 있어서 과거에 이루어져 왔던 도전에 초점을 맞추는 것, 그리고 도시의 구조적인 변화와 공업화 사회의 향후 발전방식에 초점을 맞추는 것 등이다.

IBA가 성취한 것은 무엇인가?

엠셔 파크 국제건축전시회는 완벽하지는 않지만, 지극히 창의적이라는 것이 증명되었다. 참여와 정착에 관한 학계에서의 비판은 타당할지도 모르지만, 그럼에도 불구하고, IBA의 참된 영향력에 관한 보다 확실하고도 심도 있는 평가는 시간이 지나면 분명해질 것이다.

IBA는 다음과 같은 의미에서 전략적 비전을 갖고 있었다. 즉, 계획된 개별 프로젝트는 보다 커다란 전체적인 틀 속에 위치지어지고, 또 그러한 것을 생태적·경제적·사회적·문화적인 차원에서 통합한 것은 하나의 철학으로까지 승화되었다고 할 수가 있다. 이 철학은 기존 개념에 구애받지 않는 균형잡힌 사고와 기존 영역을 횡단하는 해결방법의 탐구를 촉진하는 역할을 수행하였다. 지속가능성을 생태적인 차원뿐만 아니라 문화적·경제적 그리고 사회적인 생활까지 포함한 통합적인 개념으로 간주한 것은 이러한 균형잡힌 사고의 또 하나의 본질적인 부분이다. 파크에서 일하거나, 또는 현대적인 디자인센터로 변모한 석탄광산에서 일하는 등의 아이디어처럼, 형식에 얽매이지 않는 조합과 이례적인 결합은 균형잡힌 사고의 한 계기가 되었다. 보통의 경우에는 보이지 않는 이러한 조합은 약점이 강점의 원천이라는 아이디어—환경침식문제를 신제품을 개발할 수 있는 기회로 파악한 점—에 공감하게 하였다.

엠셔 프로젝트의 전개는 1960년대에 이 지역에 설립된 몇몇 대학의 존재에 의해서 크게 촉진되었다. 그 곳에서는 이론을 실제로 검정할 수 있었다. 대학이 개발한 기술과 전문지식은 지역발전에 중요한 전제조건이 되었다. 더구나 엄격한 환경기준이 기업에게 해결방법을 찾지 않을 수 없게 함으로써 경제발전을 촉진했던 것이다. 산업폐기물과 같은 부(負)의 유산을 자산으로 재평가한 것은 잠재적 가능성을 해방시켰고, 동시에 그것은 사람들의 기억 속에 있는 과거를 보존하게 했다. 이런 과정을 거치면서, 산업상의 역사적 건조물은 시민적 긍지의 원천으로 전환되었던 것이다. 그런 방식에 의해서 IBA는 도시의 연구개발지구가 되었던 것이고, 만약 그것이 없었다면 여성들이 구상한 베르크카멘의 단지와 같은 프로젝트는 이 세상에 존재하지 못했을지도 모른다. 그러한 것들은 지금 신뢰를 얻고 있고, 또한 흠모의 대상이 되고 있다.

IBA 가치의 대부분은 그 브랜드 파워에 있다. IBA의 이름을 단 프로젝트는 주목을 끌고, 또 자금획득을 용이하게 했다. 그리고 브랜드의 품질이 장래에 걸쳐 유지될 것이라는 점이 중요하다. IBA라는 브랜드는 에토스를 구체화하고 상징적인 공명작용을 일으키고 있다. 그것은 뒤스부르크 노르트 경관파크의 제철공장에서 열린 밤의 불빛 쇼와 같은 프로젝트가 증명하고 있다. 브랜드는 상징의 힘과 결합한다—'파크 내 생활과 일'이라는 개념이 수행했던 것처럼, 엠셔라는 개념을 하나의 파크로 떠올리게 하는 것은 상징적이다. 옛 것과 새로운 것, 그리고 과거와 미래와 같이 끊임없이 상반되는 것을 다루는 프로젝트는 토론을 육성하고 상호작용을 창출한다. 상징적인 것과 일상적인 것의 병존, 그리고 거대한 가스탱크와 자조건설 주택 프로젝트와의 병존 등은 어떤 부분적인 것에 대한 투자보다도 전체적인 비전에 커다란 중요성을 두었던 것이다.

디렉터인 칼 간서의 인격적 매력과 탁월한 리더십은 IBA의 비전을 추진하는 데 불가결한 것이었다. "공헌의 60%는 그의 것이다"라는 인터뷰는 기억에 남는다. 주정부의 관료제와 IBA의 리더십 간의 역관계가 중요했다. 칼 간서가 가질 수 있었던 상대적인 자율성은 아주 이례적인 것이었는데, 그것은 그가 이전에 주정부의 일원이었다는 사실과 조직의 생리를 잘 이해하고 있었다는 데 기인한다. 이와는 대조적으로, 그는 똑같은 방식으로 지방정부를 조종할수는 없었다. 그것은 그가 다른 프로젝트에 전념하는 대신, 그러한 것을 모방할 수 있는 핵심 인재를 활용한 것이 분권적인 프로그램을 조정하고 추진하는 데 중요한 역할을 했기 때문이다. 이러한 협력자들은 비공식적인 대사, 제자, 그리고 '승수기(multiplicators)'로서의 역할을 수행하였다. 아이디어 수호자로서의 이들의 장기간에 걸친 영향력은 세월이 지난 다음 예기치 못한 형태로 나타날 것이다.

부수적인 효과는 있었는가?

엠셔의 프로그램은 전체 계획 중 상호 관련성을 가진 프로젝트가 많이 있는 것으로 인식되고 있다. 그것은 전체적인 성공이 부분을 합한 것을 상회하는 시너지효과가 있기 때문이다. IBA의 이러한 두드러진 특징은 빨리 인정을 받게 되었다. 지역 내에서는 엠셔방식에 대한 전문적인 지원이 쇄도했고, 그 수가 대부분 계획입안자였던 20명 정도에서 공공부문과 민간부문에 걸쳐 다양한 전문성을 가진 수백 명으로 늘어났다. 이러한 승수효과는 시간이 지나면 분명해질 것이다. 많은 공업적인 발달은 IBA가 존재하지 않았다면 일어날 수 없었을 것이다. 게르젠키르헨의 라인엘베 사이언스 파크에 있는 태양전지판의 대규모 전시와 광기전성(光起電性)기술에 관한 연구센터는 시에 태양전지판 공장을 유치하게 만들었다. 그라트베크에 있는 응용생산기술센터는 15명의 전문인력을 고용하고 있는 의료기 생산업체를 유치했다. 그들은 지금 인근에 자체 빌딩을 갖고 있고, 그리고 고용규모가 150명에 달할 정도로 성장했다. 민간부문의 태도도 변하고 있다. 당초 IBA의 질 높은 품질관리가 비용인상으로 이어질 것이라고 생각하였다. 하지만 현재 기업, 특히 신생의 소규모 업체들은 그들의 경제적·사회적 가치가 기대와 열망을 높이게 될 것으로 인식하고 있다.

주정부가 새롭게 추진하는 '지역(Regionale)'이라는 프로젝트는 주 내에서 추진되고 있는 혁신적인 도시발전 프로젝트를 장려하기 위하여 IBA 접근방식의 핵심 요소를 도입하고 있다. '지역'은 노르트-라인 베스팔리아 내의 지구 또는 소지구가 응모할 수 있는 2년 간의 경쟁 프로그램이고, 시행 첫해가 되는 2002년을 대상으로 한 선발대회에서 이미 8개의 신규 참가자가 응모하였다. IBA가 좋은 결과를 가져오도록 지원했던 주정부 내의 강력한 정치적 이해관계는 새로운 돌파구를 찾게 된 것이다. 관광 측면의 발전전략은 IBA의 전략을 그대로 이어 받고 있다. 마지막으로, 칼 간서의 전임 보좌관이 1996년에 IBA를 떠났는데, 그것은 구동독의 작센-안할트주에서 유사한 조직을 만들기 위해서였다. 발전을 통해 기억을 육성하는 것이 IBA의 가장 위대한 유산 가운데 하나이기 때문에, 장기적으로 요청되는 문화적인 변화는 아마도 단절과 불안정을 그다지 경험하지 않고서 그 곳에서 일어나게 될 것이다.

엠셔 파크의 세 가지 상징

엠셔 파크에서 공업용 건축물의 재활용은 특히 상징적이다. 오베르하우젠에 있는 유럽 최대의 가스탱크는 높이 120m, 폭 67m에 달하는 거대한 구조물인데, 이것이 전시센터로 전환된 것은 1994년이다. 이 상징물은 지역의 기념비적인 역사건조물이 되어 있다. 1994년부터 1995년에 걸쳐 열린 최초의 전람회인 '불과 불꽃'에는 50만 명의 방문자가 모여들었다. 그것은 원칙적으로 지역의 과거를 지향하는 것이었지만, 제2회 전람회는 영상과 미디어에 관련한 미래지향적인 것이 되었다. 이 역사적 건조물의 새로운 이용방법에 대한 탐구가 독일 최대의 쇼핑센터인 첸트로를 인접지역에 유치하게 했다.

두 번째 중요한 변화는 유럽 최대의 석탄광산, 즉 부지 200에이커, 건물 20동에 달하는 출페라인 탄광이 회의, 여가 그리고 공업디자인센터로 다시 태어났다는 것이다. 노르만 포스터(Norman Foster)에 의해 디자인된 공업디자인센터는 낡은 구조물을 새로운 구조로 통합한 것이다. 즉, 과거의 더러운 흔적과 광산 폐쇄 이후 주변에 널려 있던 도구류가 많은 전시장 안으로 옮겨졌다. 지역에서 가장 인기 있는 레스토랑 가운데 하나는 낡은 보일러 하우스에 들어간 것이 좋은 평판을 얻게 했다. 과거의 탄갱은 그 자체가 방문자를 끌어들이는 것이 되고 있는 것이다.

세 번째 중요한 변화는 뒤스부르크-메이데리히의 제철소가 경관공원으로 변모한 것이다. 바로 뒤스부르크 노르트가 그것이다. 매일 밤, 낡은 공업구조물 위에 슬로모션으로 비추어 지는 라이트 쇼는 잊을 수 없을 것이다. 전위적인 록음악그룹인 핑크플로이드의 조나산 파크(Jonathan Park)에 의해 디자인되고, 이전에는 통행금지지역이던 공장지구가 밤마다 장관을 보여 주는 곳으로 변모하였다. 방문자가 어둠 속의 철제 건조물을 타고 올라가는 광경을 볼 수 있는 것이다. 북독일 최대의 등산클럽이 이 공원에 본부를 두고, 공장의 벽을 절벽의 노면으로 활용하고 있다. 또한 다이빙협회는 낡은 트럭과 다른 잔해가 들어 있는 가스탱크 속에서 구조기술을 배우고 있다. 저녁 무렵에는 콘서트가 격납고에서 열린다. 낮이면 가족들은 다른 공원을 산책하는 것과 마찬가지로 이 공업적 경관 속을 산책하고 있다.

자연경관은 시민단체와의 광범위한 협의 끝에 드디어 회복되기 시작하였다. 이 곳에서 경연대회가 열리고, 5개의 국제적으로 저명한 경관계획 수립 팀이 각자의 제안을 출품하게 되기에 이르렀다. 1991년 조직위원회는 수상자를 결정하고 5개 분야로 수상을 확대하기로 결정하였다. '새로운 야생동물', '산업박물관', '모험 놀이터', '폴크스 파크(또는 사람들의 공원)', 그리고 '문화포럼'이 그것이다.

혁신의 종자를 뿌려라: '어번 파일럿 프로그램'

진행중인 프로그램

어번 파일럿 프로그램(UPP) 경진대회는 도시혁신을 촉진하기 위한 프로그램 가운데 가장 자금력이 풍부하고, 조직화된 다국적 프로그램이다. 그것은 1990년 유럽위원회에 의해서 시작되었다. 1990년에서 1996년까지의 기간 동안 총 33개의 어번 파일럿 프로젝트가 착수되고 완료되었다. 이들 프로젝트는 총 1억 800만 달러에 달하는 기금을 지원받았는데, 그것은 프로젝트의 전체 비용 가운데 거의 50%에 해당한다. 1997년 7월에 유럽위원회는 제2차로 2000년까지 완료하는 26개의 프로젝트를 선정하였다. 이들은 503개에 달하는 제안서 가운데 선정된 것이고, 또 7,000만 달러의 자금지원을 받았으며, 그리고 그것은 프로젝트의 총비용 가운데 거의 40%에 해당하는 것이었다. 프로젝트는 15개 유럽연합 회원국 가운데 룩셈부르크를 제외한 14개국에서 추진되었다.

이 프로그램은 사회적 배제와 산업의 쇠퇴, 환경의 침식과 오염으로 생기고 있는 다양한 문제와 함께 도시의 경제적 잠재능력을 파악할 수 있는 새로운 방법을 탐구하고, 거기서 도출된 교훈이 유럽 전체에 공유될, 수 있도록 하는 새로운 방법을 제시하기 위하여 구상되었다. 그 목적은 도시재생을 위한 혁신전략을 지원하는 데 있었다.

선정기준은 광범한 영역에 걸쳐 있었고, 다음과 같은 것이 포함되어 있다. 보다 좋은 토지이용 및 기능상의 노후화를 극복하기 위한 포괄적인 계획, 사회적·경제적 상실에 대한 창의적 해결책의 제시, 경시되고 있는 역사적 중심지의 재활성화, 환경의 악화 및 생태의식의 결여에 맞서는 계획, 통합된 새로운 교통형태, 중규모 도시의 문화적·지리적·역사적 우위성을 최대화하는 방법, 지금까지의 연구개발활동과 중소기업과의 부족한 연계를 극복하는 방법, 방치된 공업용지의 새로운 용도를 발견하는 방법, 도시기능을 개선하기 위한 신기술의 활용방법, 혁신적인 계획을 실현하는 데 필요한 제도적·법률적 문제를 해결하기 위한 신기술의 활용방법 등이다. 그 최대의 역점은 제안된 프로젝트가 경쟁력을 높이고, 또 사회적 배제를 극복하고, 그리고 지속가능한 발전을 육성하기 위해서 통합적인 해결방법을 제시하고 있는가의 여부에 두어져 있었다.

통합적 접근방식의 사례

코펜하겐에서는 생태기술과 도시재생을 결합하는 시도가 추진된 바 있다. 그 시도의 초점은 우크센헤렌—이전에는 우스터브로의 쇠퇴지구에 있던 시장회관(market-hall)—의 전환에 맞추어져 있었다. 우스터브로에는 4만 5,000명의 인구 가운데 거의 50%에 달하는 사람이 공공부조를 받아 생활하고 있었다. 이 건물은 도시환경기술센터로 바뀌고, 직업훈련·고용 프로젝트뿐만 아니라 리사이클링 프로세스 및 환경건축을 상징하는 것이 되었다. 우크센헤렌이 시장지구의 미래 발전을 위한 촉매가 되면서 지역주민에게 보다 많은 고용기회를 가져다 주었다.

포르투갈의 포르토에서는 시에서 가장 긴 역사를 갖고 있으면서도 지금은 가장 쇠퇴한 바이로 데 세 지구의 재생프로그램을 위한 자금을 염출했다. 그 주요 목적은 전통과 지역문화를 배려하면서, 그 지역을 물적·환경적·경제적인 측면에서 부활시키는 것이었다. 건물, 경관, 조명 등의 개선과 쇄신이 일련의 경제적·사회적 척도—노인과 젊은이를 위한 특별한 서비스, 상업적, 관광적, 문화적인 활동의 촉진 등—와 결합되면서 이루어졌다. 이 지구가 주민과의 직접적인 연결을 촉진하는 조정 및 정보센터가 되면서, 이 지역의 경영방식이 새롭게 조명되기 시작했다―이러한 맥락에서, 이 프로그램은 하나의 새로운 출발점이 되었다. 포르토가 세계문화유산으로 지정된 것이 이 프로젝트에 도움을 주었고, 아울러 포르토 역시 그것의 도움을 받았다고 할 수 있는 것이다.

또다른 초점은 도시의 경쟁력에 두어져 있었다. 스토크라고 하는 영국의 마을은 도예디자인센터―핫하우스로 알려져 있고, 오래된 학교건물에 위치하고 있다―를 설립했다. 이 지역의 전통―도예제작―에 입각한 이 활기 넘치는 새로운 디자인지구는 문화산업과 박물관과 전통적인 도예산업 간의 연계를 자극하게 되었다. 이와는 대조적으로, 베니스는 쇠퇴하고 있는 전통산업에서 지속가능하고 고용을 창출할 수 있는 새로운 경제활동으로 전환할 필요가 있었다. 베니스는 해양기술서비스센터의 창출을 통해서 이것을 실현하고자 했다. 베니스는 1만 6,000m²에 달하는 낡은 무기고를 과학과 기술의 지역공원으로 전환했고, 오늘날 이 곳에는 이 복합시설뿐만 아니라 신소재, 재생과 환경을 위한 연구센터를 포함하고 있다.

로테르담의 '이너 시티 프로그램'의 목적은 경제재생 프로그램을 계기로 코프 반 쥐드 지구에 '사회적 부활'을 달성하는 것이었다. 지역의 고용기회는 근린서비스를 제공하는 기업―쇼핑센터를 청소하고, 수리하는 업무를 담당하는 기업―의 유치뿐만 아니라 직업훈련을 통해서도 개선되었다. 아울러 주택을 유지·관리하고 도로의 안전을 개선하기 위한 지구(地區) 팀이 지역이미지를 제고하고 사람들을 유인하기 위한 목적으로 설립되었다.

독일의 노인키르헨 프로젝트는 생태적·문화적인 측면에 대한 고려가 어떻게 고용창출과 지역 아이덴티티, 지속가능성을 자극할 수 있는가를 잘 보여 주고 있다. 과거의 주물공장이 재생·보수되어 오늘날 지역사회의 역사를 대변하는 상징물이 되고 있다. 또한 근린지구에 있는 낡은 승마장은 현재 문화센터가 되어 있고, 다른 건물은 박물관의 고문서보관소가 되어 시와 지역의 산업부문 역사를 기록하는 책임 가운데 일부를 담당하고 있다. 이러한 활동은 지역의 기억이 소멸되지 않도록 하는데 기여할 것이다. 황폐된 공업용지의 환경개선은 이 곳을 일신시키고, 결과적으로 오염이 제거된 경관을 낳게 되었다. 아울러 새로운 인프라가 기업을 유치하기 위해 정비되고 있다. 흥미로운 것은, 그들이 입지하고 있는 곳이 바로 석탄산업과 기타 산업에 의해 방치된 폐기물을 활용하여 조성된 자연환경 속이다.

두 단계 모두 통합적 방법에 의한 물질적 환경의 개선에 주안점이 두어졌지만, 특히 두 번째 UPP의 일부에서는 커뮤니티의 참여, 직업훈련, 고용시책, 사회적 통합 등 '보다 소프트한' 문제가 강하게 부각되었다. 또한 재생의 촉매로서 문화의 잠재적 가능성, 도시 재활성화에서 수행하는 정보기술의 적극적인 역할이 한층 폭넓게 인식되기에 이르렀다. 영국의 하더스필드, 핀란드의 헬싱키, 덴마크의 라나스, 베를린의 프리드리히샤인 등에서는 재활성화의 계기로 문화가 활용되었다. 특히, 다문화사회의 여러 문제에 대처하는 등 보다 포괄적인 도시전략을 창조하기 위해서 문화가 활용되었다. 미디어센터 프로젝트의 하나인 헬싱키의 유리궁전은 인터넷과 디지털 미디어가 사회적 통합을 경험하는 계기가 되도록, 프로그램 속에 문화와 과학기술의 두 가지 테마를 결합하고 있다. 예를 들면, 공중전화박스—이 곳에서는 방문자가 화면, 웹카메라, 마이크로폰을 향하고 있다—는 영국의 하이드 파크에 있는 연설용 코너의 디지털 버전인데, 어떤 사람이 제공하고자 하는 것을 인터넷으로 보거나 들을 용의가 있는 세계의 모든 사람에게 방송할 수 있게 하고 있다. 또다른 공중전화박스에서는 통행인이 자신의 웹페이지를 3달러에 만들 수 있게 하고 있다. 새로운 경영구조를 창안하는 것이 요청되었고, 그리고 대부분의 프로젝트에서 새로운 형태의 실험적인 파트너십이 설정되었다.

유럽연합 차원에서는 유럽위원회에서 추진한 것과 같은 유형의 도시정책은 존재하지 않는다. 다만 1998년 후반 빈에서 제안된 '실천을 위한 틀'은 UPP의 경험을 본받고 있다. 그 결과, 도시문제는 유럽연합 회원국 간의 협의사항 가운데 높은 위치를 차지하게 되었다. UPP의 교훈과 사고방식은 유럽연합의 자금지원 시스템으로 편입되었고, 그것은 보다 예산규모가 큰 '도시' 프로그램 속에 녹아들어 있다. 이 프로그램은 2001년에서 2006년까지 8억 달러의 예산이 배정되어 있다.

평   가

적극적인 측면으로서는 유럽연합이라는 조직에 의해서 혁신의 가치가 공적으로 인정되고, 또 거기에 자금을 공급하는 결정이 내려진 것은 상상력 풍부한 도시의 제안에 정당성과 신뢰를 주었던 것이다. 위험(risk)을 자진해서 떠안으려고 한다거나, 또한 통상적인 자금지원 시스템에 예외규정을 설정하는 등 구체적인 의사표시는 유럽의 지방자치단체 당국에게 중요한 신호를 보냈던 것이다. 그것은 많은 자치단체에게 유럽연합의 관료조직—유럽위원회—과 최초의 직접적인 연결을 해 주는 것 이외에도, 지방자치단체의 지위격상을 이루어지게 했다. UPP의 영향은, 예컨대 한 나라의 수도보다도 소규모의 도시상황에서 보다 컸다(그 곳에서는 프로젝트가 보다 눈에 띠는 것이다). 정치적 의사결정자가 가세한 것은 더욱 그 효과를 강화시켰다.

또다른 현저한 특징, 특히 제2라운드에 나타난 것은 집합적인 학습이었다. 연 두 차례의 회의를 통해, 또는 웹사이트나 뉴스레터의 작성을 통해서 26개의 프로젝트는 자신들이 하나의 특별한 그룹으로 느끼게 했고, 그리고 1 대 1의 정보교환은 단결정신과 그들이 개척의 여정을 함께 떠났다는 느낌을 갖게 했다. 누구도 대답할 수 없는 문제가 발생할 때에도 네트워크 속에 지원그룹이 존재하고 있다는 의식이 있었다. 경험이 많은 사람조차도 보다 단순한 프로젝트에서 배울 수 있었고, 또 자신의 지식을 정의하고 커뮤니케이션할 필요성 때문에 학습할 수 있었다. 덴마크의 라나스지역이 다문화의 여러 그룹을 '경이(驚異)'라고 하는 프로젝트로 통합시키는 과정에서 획득한 노하우는 베를린의 프리드리히하인으로 이전되어, 그것과 유사한 프로젝트를 탄생시켰다. 또한 레스터의 선구적인 생태관련 프로젝트와 토리노의 '떠나지 말고 생활하라(living not leav-ing)'는 프로젝트 사이에는 서로 간에 교훈의 교환이 있었던 것이다.

개개의 재생전략—그것은 지역주민이 참여하는 것에서 상업적인 것에 이르기까지—을 파트너십의 중요성과 결합시킨 포괄적 프로그램을 승인하는 것은 그리스와 포르투갈, 스페인 등의 나라에서 일정한 성과를 낳았다. 왜냐하면, 그 당시 학제적 접근방식은 일반화되지 않았고, 따라서 이러한 나라들이 그러한 접근방식을 실천으로 옮기는 것은 대단히 어려웠기 때문이다.

정해진 기한 내에 프로그램을 완성시켜야만 한다는 부담감은 경영방식에 영향을 주었고, 대체로 그것은 혁신의 프로세스를 가속화시켰다. 더욱 긍정적인 특징으로서는 계획을 추진시키는 데 그 강조점이 두어졌고, 그것은 당초부터 확립된 출구전략을 갖는 것이었다. 이 밖에도 프로젝트를 다른 장기정책과 조정할 필요성이 있었다는 것, 또 지방조직의 네트워크 속에 그 아이디어를 포함시킴으로써 지방정치에 어떠한 변화가 생길 경우에도 이 프로젝트가 살아 남을 수 있도록 보증하는 것 등이 있다.

마지막으로, 그리고 가장 중요한 것은 계획이 강행되었다는 점이다. 만약 그렇지 않았다면 훨씬 완만하게 진행되었을 것이다. 크리에이티브 타운 이니셔티브가 그 한 예이다. 라나스에 있는 우나바겔 시장을 업그레이드시키기 위한 프로젝트('경이')는 또 하나의 예이다. 후자의 경우, 관건이 된 요인은 다문화 비즈니스의 장려였다.

부정적인 측면으로서는 전체적인 프로세스가 대단히 완만하였다는 것을 지적할 수 있다. 제2라운드의 기금신청은 1996년 4월에 제출되었지만, 그 선정은 1997년 7월까지 이루어지지 않았다. 제안서의 사후수정은 인정되지 않았고, 환경은 변하고 있는데도 이것을 인정하지 않는 것은 비현실적인 것이었다. 결과적으로, 프로젝트 진행중에 수정을 하지 않으면 안 되게 되었고, 이것이 관료적인 혼란과 더불어 언제 끝날지 모르는 지연으로 이어졌던 것이다. 어떤 사람은 "결정하는데 1년이 걸리고, i자에 점찍고 t자의 문자를 교차시키는 데 엄청난 시간이 걸린다"라고 했다. 이러한 과정에서도 프로젝트의 책임을 맡은 사람들은 접촉하고, 언질을 받고, 계약을 맺고, 대금을 지불해야만 했다. 운이 좋은 사람이라면, 자신이 속한 자치단체로부터 심각한 자금변동의 위기에 도움을 받을 수 있었지만, NGO에게 이것이 항상 가능한 것은 아니었다.

더욱이 프로젝트는 혁신적이었지만, 보고절차는 중심적인 프로그램과 마찬가지로 대단히 관료적이었다. 월례 리포트에는 세부사항에 걸쳐서 모든 카테고리와 수입·지출항목(모든 것은 그때그때의 유로변동환율과 연동시켜야만 했다)을 망라한 것이었고, 또한 그것이 규범이었다. 이러한 잡무는 행정시간의 현저한 손실을 초래했다.

유럽위원회와 같은 조직이 파트너십, 상호 교류, 상호 학습을 진흥할 수 있을 것인가 하는 물음을 제기할 필요가 있다. 그 구조는 경직적이고, 그 인재는 상상력이라는 점에서 평가받고 있다고 말하기가 어렵다. 이러한 조직은 기동적이지 않고, 또 활기를 불어넣는 활동을 해 본 경험이 거의 없으며, 그리고 창의력을 키우는 데 필요한 상찬의 정신도 부족하다. UPP의 혁신적인 성격은 설령 유럽위원회 구성원이 창의적인 프로젝트를 현장에서 보고, 그것이 개인차원에서 그들에게 영향을 미친다 하더라도, 유럽위원회 그 자체의 내부기능에까지 영향을 준다고는 생각하지 않았다. 혁신에 관한 프로그램에서조차 그 곳에는 리스크를 회피하고자 하는 경향이 있었다. 예를 들면, 창의성에 영향을 미칠지도 모르는데도, 회원국들 간

프로젝트 선정의 균형을 취해야만 한다는 암묵적인 룰이 있었다(물론 역으로, 이러한 기준이 기회의 폭을 넓혔던 것도 사실이지만).

'실현가능성'이라는 기준은 503개에 달하는 신청서를 미리 예선에서 탈락시키는 데 관건이 되었다. 예를 들면, 토지소유 및 경영관리상의 문제가 불명확한 것은 예선에서 탈락되었다. 유럽위원회 자신의 의사결정은 신속하지 못했지만 타이밍이 중요했기 때문이다. 유럽위원회는 그 사고가 관료적일 뿐만 아니라 전통적이었기 때문에 자신의 눈에 맞는 조직구조를 택했다. 그리고 새로운 조직형태에 초점을 맞춘 선구적인 시도는 공공·민간 파트너십—그것이 현재는 많은 경우 상식이 되어 있고, 이미 새로울 것도 없지만—을 제외하고는 거의 뽑히지 않았다. 그 곳에서는 '통합적 갱신'처럼 시행되고 검증된 실험이 선호되었다. '통합적 갱신'은 독일과 네덜란드에서 15년간 실제로 실천되어 왔던 것이다. 자금제공을 결정하는 룰은 수용가능한 프로젝트의 범위를 제한하는 효과를 가졌다(주택과 건강은 제외되었다). 또한 건축 중심의 선구적인 시도에 편중되는 경향이 있고, 권한위임, 네트워킹, 기능향상 프로세스 등 현재 주목을 받고 있는 보다 혁신적인 계획은 중시되지 않았다. 3년이라는 완료기간이 너무 짧은데도 불구하고, 물적 환경의 갱신 프로젝트가 언제나 유럽위원회의 첫 번째 선택대상이 되었다. 그것은 자신들이 개입했다고 하는 가시적인 증거를 가져다 줄 것이기 때문이다.

UPP 프로그램에 관한 보다 상세한 내용은 생태기술 리서치 앤드 컨설팅회사의 기술지원사무소에서 입수할 수 있다. 연락처는 Technical Assistance Office at ECOTEC Research and Consulting Ltd, 13b Avenue de Tervueren, 1040 Brussels, Belgium (Fax: +32 2 732 7111)이다.

5 창조도시의 기반

창의성을 유전자암호로 전환시켜라: 그 전제조건

진실로 창의적인 도시가 되기 위해서는 많은 전제조건이 필요하다. 아울러 창의성 그 자체가 도시의 조직체계 속으로 스며들게할 경우에도 상황은 마찬가지다. 그러한 전제조건들은 다양한 개인적 요소와 집단적 요소에서 출발하는 것이 보통이다. 예컨대, 자극적 환경, 안전, 소란 및 불안으로부터 자유로운 상태 등이 여기에 해당한다. 창의적 사고, 아이디어의 부화, 그리고 객관적 검증을 가능하게 하기 위해서는 이들을 포함한 다양한 요소가 필수적이다. 여기에서는 교육시설과 같은 유형적인 요소와 가치체계, 라이프스타일, 자신의 도시에 대한 사람들의 아이덴티티 등과 같은 무형적인 요소를 구별해 두는 것이 유용하다. 적어도 이러한 요소들은 7가지 그룹으로 나누어지고, 그 각각에 대해서는 일련의 지표를 개발할 수 있다.

1) 개인의 자질

2) 의지와 리더십
3) 다양한 인간의 존재와 다양한 재능에의 접근
4) 조직문화
5) 지역 아이덴티티
6) 도시의 공간과 시설
7) 네트워킹의 역동성

어떤 전제조건의 유효성은 도시가 그것 없이도 창의적일 수 있는가를 물어 봄으로써 검정될 수 있다. 이러한 전제조건 가운데 일부가 충족되면 도시가 창의적일 수 있지만, 역시 도시가 그 잠재력을 최대로 발휘하기 위해서는 모든 조건이 충족될 때일 것이다. 관건이 되는 요소—정치적 의지와 적절한 조직문화 등—가 결여되면 창의적인 과정을 위험에 빠뜨릴 수 있고, 또 그것 자체가 창의적인 도전과제가 될 수 있다. 도시의 창의성은 실현하기 어렵다. 그것은 다양한 주체와 대리인, 또 다양한 배경을 가진 이해단체, 열망, 잠재능력 그리고 문화를 총합하고 있다는 것을 의미하기 때문이다. 창조도시는 개인의 창의성과 조직의 창의성, 그리고 도시의 창의성을 구별하는 측면을 갖고 있고, 특히 관계성, 공동으로 비전을 설정하는 과정, 그리고 네트워킹의 역동성에 보다 중점을 두고 있다.

위기와 도전을 인식하라
창의적 역량은 고립된 형태로는 형성되지 않는다. 혁신적 대응은 어떤 상황이 도시문제를 일으키고 있다는 것을 인식할 때, 그렇지 않으면 그것이 부적절하다는 것을 인식할 때 이루어진다. 모든 것이 순조롭게 굴러 가고 있는 것처럼 보이는 곳에서는 혁신을 이루어 내기가 무척 어렵다. 도시가 대처해야만 하는 위기나 도전을 갖고 있다는 것을 스스로 인식하는 것이야말로 창의적인 해결을 고찰하는 출발점이다. 이것 없이는 어떠한 정치적 의지와 절박감도 창의성을 이끌어 내는 데 실패할 것이다. 특히, 일이 순조롭게 진행되고 있는 상황에서 혁신을 유지하기는 대단히 어렵고, 비즈니스업계에서 종합적 품질관리(total quality management: TQM)와 같은 개념이 발전하게 된 이유도 바로 여기에 있다. TQM은 과제를 내부에서 이끌어 내는 수단으로서의 지속적 개량이라는 관념에 입각하고 있다. 도시는 자신의 필요에 따라 이 모델에 적용할 수 있었던 것이다.

어떤 타입의 도시가 창의적 대응을 할 수 있는가를 말하기는 어렵다. 모든 것이 순조롭게 진행되는 곳에서는 위기를 인식하는 것조차 어렵고, 또 과거의 영광과 일의 진행방식을 회고하는 경향이 있다. 어떤 위기는 그 뿌리가 너무 깊어서 도시를 압도하는 위협이 되기도 한다. 대표적으로는 글래스고의 상황을 들 수 있다. 글래스고는 18세기와 19세기에 창의적인 시대를 유지한 이후, 쇠퇴의 시기를 경험하였고, 그 후 70년 가까운 세월이 지난 다음에야 간신히 모종의 대응을 하기 시작했다. 하지만 그 때조차도 외부의 유인과 전문가의 조언, 그리고 보조금이 있고 난 다음에야 가능하게 되었던 것이다. 이와는 대조적으로, 성공적인 도시는 추락의 나락으로 빠져들지 않기 위해 문제를 예측하고, 또 그들 자신의 도전을 제기할 필요가 있는 것이다. 이런 점에서, 경쟁의 위협은 초점을 확정하고, 그리고 새로운 목표와 도전을 정하기 위한 자극제가 될 수 있다. 즉, 효과성(effectiveness)이라는 새로운 기준점은 성과를 달성하기 위한 목표가 될 수 있을 것이다.

만약 도시의 이해당사자가 자신에게 영향을 미치는 패러다임의 전환을 이해하고 있다고 한다면, 그들은 사려 깊은 과정을 시작할 준비가 보다 잘 되어 있다고 할 수 있다. 지속가능성이라는 개념은 지역의 많은 의사결정자로 하여금 자원의 활용을 새롭게 생각하게 하였고, 아울러 그것이 도시생활의 모든 측면에서 갖는 의미를 재고하도록 하였다. 즉, 지속가능성은 모든 차원에서 역사적 분기점이 되었고, 또한 혁신의 흐름을 창출하였던 것이다. 하지만 이것은 단지 시작에 불과하다. 현 상황에 대한 도시의 인식도를 측정할 수 있는 지표에는 자기비판적인 전략계획의 존재 유무, 그리고 공적인 장기예측 데이터와 그 동향분석의 존재 유무, 또는 TQM 스타일의 시스템을 폭넓게 활용하고 있는가의 유무가 포함되어 있다.

개인의 자질

창의적인 사람 없이 창의적인 조직과 창의적인 도시는 존재할 수 없다. 창의적 개인이란 풍부하게 사고하고, 개방적이고, 유연하고, 자진해서 지적인 리스크를 떠안고, 종래와는 다른 관점에서 문제를 사고하고, 그리고 반성하는 사람을 말한다. 그들의 학습스타일은 몇몇 가능성을 열어 놓고 또다른 가능성을 찾아가는, 말하자면 창조와 재창조의 질 높은 선순환구조를 육성하는 것이다. 그들은 우선순위를 효과적으로 정할 수 있고, 또 틀에 박힌 요구가 혁신에 필요한 시간을 잠식하는 것을 결코 허용하지 않는다.

창의적인 개인은 전략적 요충지에서 역할을 다하도록 배치될 필요가 있다. 왜냐하면, 창의적인 도시에서는 모든 사람이 창의적일 필요는 없지만, 그 성패는 개방적이고, 용감하고, 신선한 사색가가 충분히 있느냐에 달려 있기 때문이다. 전략적 위치에 있는 소수의 창의적인 개인이 영향력 있는 적절한 부서에 배치된다면 도시를 변화시킬 수 있다―반드시 권력을 변화시키지는 못하지만. 바르셀로나, 글래스고, 엠셔에서는 아마도 이러한 개인이 10명도 되지 않는 상태에서 출발하였던 것이다.

상상력으로 충만한 자질을 혼합시켜라

창의적인 사람이 창조도시의 원동력이라고 하더라도, 그들은 그 밖의, 아마도 그다지 창의적으로 보이지 않고, 시행·실험·적응·배치·설명하는 사람들―단적으로 말하면, 그들의 아이디어를 실행에 옮기고 사용하는 사람이 없다면, 아무것도 달성할 수 없다. 창의적인 사색가는 항상 실제적이지 않고, 또 일관성도 없고 세태를 잘 따라가지도 못한다. 하지만 튜더 리카즈(Tudor Rickards)가 주장하듯이, 우리는 혁신을 창의적인 아이디어에서 시작하여 실행으로 끝나는 프로세스로 간주한 다음 실행단계는 하찮은 일상사가 되어버리는 함정에 빠져서는 안 된다. 리카즈는 다음과 같이 주장하고 있다. "'창의적' 단계와 '비창의적' 단계의 분리는 현실세계에 중대한 결과를 초래한다. ……몇몇 개인에게 '사색가 겸 창의적인 사람'의 지위를 부여하고, 그 밖의 사람들을 '심부름꾼'의 지위, 또는 기껏해야 '지원스텝'이라는 용어에 함의된 열등한 지위로 절하시켜 버린다"(Rickards, 1996). 이 견해는 조직 전반에 걸쳐 권한을 위임받은 개인이 혁신문화가 될 가능성을 부정하는 것이다. 즉, 우리는 아이디어를 갖는 것과 그것을 이용하는 것에 포함되어 있는 상이한 형태의 창의성을 인식할 필요가 있는 것이다.

상이한 형태의 역할은 환경이 바뀌면 촉매가 될 수 있다. 그것은 지역재생 프로젝트를 운영하는 사람의 형태를 띨지도 모르고, 그리고 지역축구클럽의 경영자, 사회사업가, 피해자지원그룹을 설립한 어머니, 또는 새로운 투자기회를 찾는 비즈니스연합이라는 형태를 띨지도 모른다. 창의적인 행위는 무수한 형태로 자신을 표현할 수 있고, 또 어떤 원천에서도 생길 수 있지만, 그 영향력은 공공·민간·커뮤니티의 리더십에 의존한다. 그리고 도시 내부에 있는 창의적인 사람들이 공동의 과제와 씨름하고, 시너지를 창출하고, 또 상호 지원하기 위해서는 서로의 존재를 인식할 필요가 있는 것이다.

의지와 리더십

의지의 질적 특성

창의적인 도시는 창의적일 뿐만 아니라, 변화 속에서 성공을 발견하는 의지를 가진 사람을 필요로 한다. 왜냐하면, 방향성이 정해지지 않거나 비협동적인 의지는 위험한 것이 될지도 모르기 때문이다. 그것은 현재의 문제를 인식하고 새로운 접근방식이 필수적이라는 결론을 내린 다음, 개인이 도시의 프로젝트를 맡거나, 자신의 책임하에 그 일부가 될 때 발달할 수 있는 것이다. 의지는 우리가 사는 도시의 아이덴티티를 설정하고, 또 달성되어야 할 목표를 구체화할 때 길러진다. 아울러 그것은 비전을 창출하고, 그 명시화로부터 힘을 얻을 때 신장되는 것이다.

아사골리(A. Assagoli)는 신념에 의해서 유발되는 잠재적 의지는 7가지 성질을 갖고 있다고 한다. 의지를 창출하는 데에는 다음의 것이 포함된다. 에너지의 적절한 활용, 원동력, 격함; 규제와 억제; 집중, 초점, 주의력; 판단을 위한 결의, 충분한 용의와 의욕; 인내, 끈기 그리고 관용; 주도성과 용기; 조직·조정·통합하는 능력 등이다. 이러한 조정과정은 의지를 효과적으로 만드는 데 필요한 '지적 에너지'를 창출한다(Assagoli, 1973).

그러나 의지만으로는 충분하지 않다. 그것은 그에 상응하는 관용과 공감과 이해에 의해서 균형잡혀야만 한다. 열린 환경을 유지하기 위해 사람의 권력과 에너지를 사용하는, 이른바 '좋은 의지'의 활용은 결과적으로 자신을 강화시킨다. 자신의 도시를 바꾸려고 하는 사람은 자신의 뜻을 해당 도시의 민주적·정치적인 구조 내에서 처리하고, 그 균형을 취해야만 하는 것이다.

리더십의 질

리더의 종류에는 보통의 리더, 혁신적 리더, 그리고 미래지향적 리더가 있다. 보통의 리더는 통솔하고 있는 집단의 욕망 또는 필요를 단순히 반영한다. 혁신적인 리더는 지역의 상황을 진단하고, 또 잠재적인 필요성을 도출하고, 그리고 새로운 영역에 대한 신선한 통찰력을 발휘한다. 이와는 대조적으로, 미래지향적인 리더는 완전히 새로운 아이디어가 갖는 힘을 활용한다. 창의적인 도시는 기업체에서도, 공공단체에서도, 비즈니스조직에서도, 볼런터리조직에서도 모든 종류의 리더를 갖고 있다. 지방자치단체와 그 밖의 독립법인조직의 중요한 역할 가운데 하나는, 특정 부문의 이해나 개인적 이해보다도 광범위한 변화를 추구하는 데 지역의 리더가 공헌할 수 있는 포괄적 비전을 제시하는 것이다.

리더십은 질적인 동시에 기능적인 측면을 갖고 있다. 상황에 따라 다른 자질이 요구된다―부패의 고리를 끊기 위해서는 윤리적 리더십이, 독자적인 해결책을 찾기 위해서는 지적인 리더십이, 영감을 주기 위해서는 정서적인 리더십이, 자신감을 쌓기 위해서는 단순히 효율적인 리더십이 요구될 것이다. 리더십의 기술에는 본인이 잘 모르고 있는 경우조차 사람들이 무엇을 원하고 있는가를 이해하는 능력, 또 나아갈 때와 물러날 때를 아는 능력, 그리고 판단을 내리는 능력 등이 포함된다.

성공하는 리더십은 의지, 기지, 에너지를 비전과 도시 및 주민의 필요성에 대한 이해를 연계시킨다. 그것은 지역의 상황에 부합하는 일관된 아이디어, 카리스마, 고결함과 같은 개인적 매력, 그리고 가드너(H. Gardner)가 '평범함과 비범함의 수수께끼 같은 혼합물'이라고 부르는 것을 갖고 있다. 리더는 비범한 자기신념을 갖고 있고, 또 자기입장을 강변하는 위치에 있는 사람들과 기꺼이 맞설 용기를 갖고 있고, 그리고 위험을 두려워하지 않는다. 그들은 도시 내외의 많은 차원에서 다양한 관계를 유지하고 있다는 점에서는 평범한 사람들과 크게 다르지 않다.

리더는 자신의 창의적인 도시가 어떤 모습을 띠어야만 하고, 또 어떻게 하면 거기에 도달할 수 있는가를 이야기해야만 한다. 이것은 리더와 지역주민과 보다 광범한 상황과의 상호작용을 통한 끊임없는 경신이 요청된다는 것을 의미한다. 창의적인 도시의 리더는 향후 추세를 예측하고, 또 피드백을 환영하고, 그리고 문제점과 가능성에 대한 토론을 권장할 것이다(Gardner, 1996).

리더십에 관계된 어려움

리더십은 지속적인 문제를 제기한다. 데비 젠킨스(Debbi Jenkins)는 리더십에는 공백이 있다는 것을 믿고 있다. "우리가 필요로 하는 것은 뚜렷한 방향성이다"(Jenkins, 1998). 각종 집단은 그것이 중간관리직이든, 지역의 활동가이든, 경영계의 지도자이든, 각종 집회에서의 일반청중이든 이렇게 외친다. "왜, 정상에 있는 사람은 자신들의 행동을 결집하지 못하는가? 정쟁을 중단하지 못하는가? 상상력을 갖지 않는가? 새로운 아이디어를 받아들이지 않는가? 보다 창의적이 못하는가? 이 문제를 이해하지 못하는가? 이것을 처리할 전략을 결정하지 못하는가?"라고. 사람들은 종종 자신의 도시에 대한, 현행 조직에 대한, 자신이 헌신하고 있는 분야에 대한, 또는 자신이 열정을 느끼고 있는 문제에 대한 책임감이 권한을 갖고 있는 사람들로 인해서 사라지게 되었다고 하는 실망감을 느끼고는 한다.

우리는 비전과 의지를 가진 사람에게 복합적인 감정을 품고 있다. 한편에서는 강하고, 분명하고, 심지어 독선적이기까지 한 리더, 다른 한편에서는 다양한 의견을 이해하고, 모든 답을 알고 있지 않다는 것을 인정하는, 결국 사려 깊고, 교훈적인 리더를 동시에 원하고 있는 것이다. 예언자에게는 추종자가 따르지만, 적대자도 나타나기 마련이다. "새로운 유형의 리더십이 요청된다. 그것은 새롭게 증대하고 있는 현대도시생활의 복잡함과 섬세함에 대응할 수 있고, 그리고 전통적 도시리더에게 있기 마련인 위선과 허세의 인습 없이도 해낼 수 있는 타입을 말한다. 나아가 그것은 리더십의 중책을 혼자서 짊어지고 가는 소수의 개인에게 의존할 것이 아니라, 공유된 비전을 창출할 수 있는 능력을 가진 많은 사람을 리더십이라는 무명천에 짜 넣을 수 있는, 결국 새로운 타입의 리더십을 말한다"(Jenkins, 1998, p. 2).

이 새로운 접근방식을 요구하는 목소리는 도시사회와 그 리더십 사이에 서 있는 모든 영역의 중간관리직과 계획실무담당자 사이에서 대단히 강하다. "전문지식과 풍부한 경험, 일정한 의사결정권한을 갖고, 더욱이 정책결정자와 그 곳에 특유한 피라미드 권력구조의 제일 밑에 있는 사람들과의 접촉을 유지하고 있는" 사람들이 많이 있다(Jenkins, 1998, p. 3). 그들은 점점 도시 전체에 제공할 수 있는 무언가를 갖고 있다는 것을 확신하고, 그리고 생활하고 일하는 장소에 대한 명확하고 공유된 비전을 설정하는 데 기여하기를 원하고 있다. 하지만 그들은 여전히 의사결정에 참여하지 못한다고 느끼고 있다. 그것은 현존하는 대의제 시스템이 부적절하고 그 공개성이 불충분하기 때문일 것이다.

잠재적으로 고도의 능력을 갖춘 리더는 참기 어려운 시스템과 내향적인 정치관행을 갖고 있는 지방자치단체를 거부하는 대신에, 보다 답례가 많은 제3섹터 내지는 최첨단 비즈니스분야에서 리더의 위치를 추구하고 있다. 하나의 해결책으로서, 영국의 30개 이상의 도시에서 매년 실시하고 있는 '공동의 목적(Common Purpose)'을 들 수 있다. 이 프로그램은 건강, 교육, 소매(小賣), 예술, 미디어, 지방자치단체, 실업계, 자선단체에서 운영매니저를 모아서 서로 만나게 하는 프로젝트이다. 그 목적은 도시의 도전에 대한 공통의 이해를 창출하고, 또 그러한 과정을 통해서 폭넓고 공통의 인식을 가진 리더십의 네트워크를 구축하는 것이다. 많은 혁신적인 제안이 있었다.

그 가운데 보건분야 전문가들이 예술가와 함께 환자의 재활치료를 재고(再考)해 온 밀턴 케인스지역의 사례가 흥미를 끈다.

다양한 인간의 존재와 다양한 재능에의 접근: 사람들을 혼합시켜라

다 양 성

사회상황 및 인구학적인 상태가 도시의 창조능력에 영향을 줄 수 있다. 예를 들면, 사회적 다양성 및 문화적 다양성이 외국인 혐오를 낳는 것이 아니라, 상호 이해와 학습을 조장하는 경우가 여기에 해당한다. 활기찬 시민사회는 보통, 관용의 역사, 다양한 기회의 사다리를 통한 사회적 참여를 보장하고자 하는 책임감의 존재, 그리고 넓은 의미에서의 안전이라고 하는 감각에 의존하고 있다. 이들은 활력을 증진시키고, 이용·참가·실시·교류하는 수준을 최대로 끌어올린다. 이와 달리 하나의 동질적인 인구구성은 다양한 창의성을 실현하기 어렵다는 것을 종종 발견할 수 있다. 그들은 자신들이 가진 시각 속에서 새로운 해결책을 모색할 수 있을지 모르지만, 점점 복잡다기해지는 도시생활이 요청하는 상상력의 조합을 찾기란 그다지 쉽지 않을 것이다.

아웃사이더

역사적으로는 아웃사이더와 이민자들은 같은 나라에서 온 사람이건, 아니면 외국에서 온 사람이건, 창의적인 도시를 건설하는 데 관건이 되어 왔다. 그러한 사람들의 공헌이 경계의 대상이 아닌 적극적으로 권장되는 환경하에서는 그들의 다양한 기능·재능·문화적 가치가 새로운 아이디어와 기회를 가져왔다. 콘스탄티노플, 암스테르담, 안트베르펜, 파리, 런던, 베를린, 빈과 같은 지극히 다양한 장소의 혁신능력에 관한 역사적인 연구는 소수파 집단이 커뮤니티를 활성화하는 데 얼마나 많은 도움을 주었는가를 밝히고 있다—
경제적·문화적·지적으로.

　런던은 세계에서도 가장 국제화된 도시 가운데 하나이고, 각각
1만 명 이상의 구성원을 가진 33개의 다른 민족으로 구성되어 있
다. 이민의 물결이 수차례 지나갔다. 거기에는 위그노인, 유대인, 아
일랜드인, 러시아인, 중국인, 인도 대륙에서 온 사람들, 가장 최근에
는 소말리아인도 포함되어 있다. 그들은 자신들과 함께 교역, 기능,
공예, 재능을 함께 가지고 왔고, 그러한 것들이 세계도시로서의 런
던의 지위를 구축하는 데 일조했다. 그 증거는 도처—역사적 건조
물, 공예품, 음식, 전통, 문화적 표현 등—에서 보인다. 예를 들면,
하튼 가든의 보석 직인, 크라큰웰의 리틀 이탈리아 거리, 스파이털
필즈의 섬유산업, 쇼디치의 가구제조업자, 사자크의 도예, 시티 오
브 런던의 금융·은행권력 등이다. 이러한 공헌은 지금도 계속되고
있다. 영국의 아시아인은 영국의 전통섬유산업을 유지·재생하는 데
공헌하였고, 심지어 전통적인 상점가의 잡화점을 부활시키는 데에
도 도움을 주었다.

　아웃사이더의 재능은 가끔 의도적으로 수입되지 않으면 안 되
었다. 왜냐하면, 많은 도시는 한 장소의 습관, 전통, 문화 속에서 자
신들이 안고 있는 문제를 논의하기 때문이다—인사이더는 기본적
으로 내부를 향하고 있기 때문에 가끔 저 너머 세계에서 바라보는
방식에 관심을 가진다. 아웃사이더—새로운 주민이든, 비즈니스 투
자자이든, 컨설턴트이든, 중개인이든, 또는 의사결정자이든—는 적
어도 처음에는 조직의 압력과 각종 제약으로부터 보다 자유롭다.
그들은 신선함이라고 하는 미덕을 도시로 가져올 수 있고, 또 그들
의 첫인상은 종종 아주 계몽적이고, 아울러 새로운 잠재가능성을
재빨리 파악하기도 한다. 조직과 도시를 운영하는 전통적인 방식은
아웃사이더에게 의미를 가지지 못할 것이다. 외부에서 온 사람들,
아마도 컨설턴트, 조언자(adviser) 또는 투자자 등의 독립성은 새로운

연대와 새로운 통찰력을 가져다 줄 것이다.

인사이더

아웃사이더가 중요하지만 그들은 완벽한 답이 아니다. 즉, 내인성(內因性)의 지성, 창의성, 그리고 잠재적인 학습능력을 활용하고, 사람들에게 동기를 부여하고, 지역의 자기의존과 소유감각을 개발하는 것도 역시 중요하다. 그것은 책임감을 기르고, 또 아이디어뱅크를 열고, 그리고 모든 차원의 자원을 활용하는 것이다. 자기의존은 볼런터리 조직문화에서 가장 중요하다. 그것은 사회문제를 처리하는 과정에서 가장 창의적 해결책이 비영리단체에서 비롯된 경우가 많았기 때문이다. 인사이더의 지식과 아웃사이더의 그것 사이의 균형을 찾는 것은 리더십의 중요한 과제이다. 최상의 경우, 아웃사이더는 신선함과 분명함을, 인사이더는 깊은 지식을 가져다 준다. 하지만 최악의 경우 아웃사이더는 무지하고 인사이더는 범용할 뿐이다.

실제로 도시가 이런 측면에서 어떻게 하고 있는가를 평가하는 지표에는 다음의 항목이 포함될 수 있을 것이다. 중요한 의사결정자 가운데 몇 %가 다른 상황, 또는 전문분야에서 참여하고 있는가? 피용자 가운데 몇 %가 프로젝트 단위로 계약을 맺고 있고, 또 조직체계에서 어떤 위치를 차지하고 있는가? 주어진 기간 동안 얼마나 많은 신생조직들이 탄생되었는가?

조직문화

하더스필드에서 조직문화가 전환된 것은, 보다 창의적인 해결과 혁신적인 환경이 등장하는 데 어떤 변화가 필요한 것인가를 잘 나타내고 있다. 혁신이 없는 조직은 위계적으로 되고, 또 부서조직이 지나치게 세분화되고, 그리고 내부지향적인 성향을 갖게 된다. 그들

창의적인 조직으로 전환하라

그 관건이 되는 요소

하더스필드는 보다 혁신적인 도시가 되는 경험을 하는 과정에서 자신의 조직문화에 여러 가지 변화가 일어났다는 것을 알게 되었다. 그것은 대개 다음과 같은 것들이다.

집권주의		권한위임
고립	−	파트너십
통제	−	영향
지도	−	조건정비
정보	−	참여
양	−	질
획일성	−	다양성
리스크 회피	−	리스크 선호
높은 비난	−	낮은 비난
순응성	−	창의성
실패	−	성공

이 불러들이는 관료주의는 '최종 결과가 아닌 절차를 중시하는' 곳에 위치하고, 그것은 또한 "전체적인 흐름을 잃게 하고, 중요한 것과 지엽적인 것을 구별할 수 없게 만들어 버린다." 그리고 그 곳에서는 "특별히 허가받지 않는 한 모든 것이 금지된다"(Landry, 1998b).

권한위임을 통한 학습

이와는 대조적으로, 창의적인 조직의 조직문화는 덜 경직적이고, 또 상호 신뢰하는 것이다. 그 곳에서는 일의 많은 측면이 "직무를 교환하고, 또 수평적인 프로젝트 팀과 학습기구를 결합하고, 그리고 개발 아이디어와 훈련을 자매조직과 정기적으로 접촉하고 공유하도록 매니저를 독려하는, 이른바 하나의 학습체험기회"로 전환된다(Leadbeater and Goss, 1998). 이러한 조직, 특히 공공조직의 매니저는 항상 자신과 조직의 다른 사람을 새로운 아이디어에 노출시키고, 나아가서 "대부분 실험적이고 실천적인 학습을 통해서 ……그들을 소화하고, 또 시도하고, 그리고 실제로 그러한 것들을 전개할 방법을 찾을" 필요가 있다. "매니저는 벤치마킹클럽, 공동으로 문제를 해결하는 그룹, 버딩시스템(두 사람 이상을 조직하는 방식 † 역주) 및 멘토링시스템(경험이 풍부한 사람이 하급자를 지도하는 방식 † 역주)을 통해서 서로 학습할 수 있다. 아마도 가장 중요하고 가장 활용되지 않고 있는 아이디어의 원천은 일반인과 서비스 이용자에게 있다. ……그들은 훈련과정을 통해서는 도저히 나오기 어려운 아이디어의 보고를 창출한다"(Leadbetter and Goss, 1998). 도시는 이러한 아이디어가 얼마나 많이 기능하고 있는가를 계측하고, 모니터할 수 있는 것이다.

개인이 권한위임을 통해서 학습할 수 있도록 하기 위해서는 일정한 지원시스템이 필요하다. 그것은 실험적·학습적, 그리고 '창의적·혁신적인 일탈'을 적극적으로 허용하는 것이다. 그것은 대부분의 조직문화를 변화시킨다는 것을 의미한다. 즉, 팀워크를 중시하고, 현장의 최전선에 있는 스텝에게 권한을 위임하고, 분권을 추진하고, 전략적으로 중요한 프로젝트의 주도권과 실권을 보다 광범하게 개인에게 부여하는 것이다. 이처럼 보다 개방된 구조는 사람들이 새로운 방식으로 서로 커뮤니케이션하는 것을 가능하도록 한다. 그 곳에서는 통상적인 토론진행방식과 상하관계가 보류되고, 또 다양한 가능성과 문제에 관한 논의가 활성화되고, 그리고 현장에서 고객과 일상적인 접촉을 하는 일이 많은 젊은 인재가 공헌할 수 있게 할 것이다.

모든 조직은 일단 일정한 규모에 도달하면 관료적인 성향과의 싸움에 돌입하게 되지만, 공공기관은 대개 변화를 강제하는 그러한 외부의 압력이 적기 때문에 그러한 문제에 대처하기가 더욱 어려울 것이다. 사업상의 압력은 종종 비즈니스에서 관료제의 비효율성을 드러내고, 또한 다양한 자원의 결여는 비영리조직을 보다 발 빨리 움직이게 할 수 있다. 이처럼 전통적인 지방자치단체의 구조는 개방적인 환경을 제공하는 것이 가장 어렵고, 따라서 관료적인 절차를 간소화한다거나, 의사결정기간을 단축한다거나, 장애요인보다도 기회를 중시하는 그런 태도를 발전시킬 수 없다. 이런 연유로, 새로운 조직구조의 형성이 다양하게 시도되고 있지만, 그들은 본질적으로 공공·민간의 다양한 파트너십 형태를 띠고 있다. 이것은 프로젝트를 실행하는 커다란 능력을 가진 민간부문의 편익과, 보다 폭넓은 공공선 및 설명책임의 문제에 관심을 가지는 공공부문의 편익을 각각 활용하자는 것이다.

규정을 파괴하라

학습을 허용할 필요성은 분명한 것처럼 보일지도 모르지만, 아이러니하게도 대학을 포함한 대부분의 환경은 학습에 장애가 되는 요인을 갖고 있다. 따라서 확립된 규정과 절차를 깨트릴 능력이 요청된다. 대부분의 장애는 전문분야의 견고한 틀과 마찬가지로 조직적 내지는 관료적인 속성에서 비롯된다. 관료주의, 창의성, 학습은 쉽게 융합되지 않는다. 규정은 본질적으로 속박이고, 반면에 창의성은 가능성을 확대하는 것이다. 도시의 자치단체 정부는 분산적이고 경합적인 이해관계를 평화롭고 품격 있는 공존으로 이끌기 위해, 또한 공동선을 지키고 확충하기 위해 경제·사회적인 생활을 통제할 필요가 있다. 이것은 계획의 허가, 면허, 조례, 교통규제와 같은 복잡한 규정·규제·통제의 형태를 띠게 된다. 통제와 규제의 행사에 필요한 관료시스템은 장기간에 걸쳐서 고정되어 왔기 때문에, 때때로 변화하고 있는 상황에 충분히 적응할 수 없게 된다. 관료문화는 모든 대규모 조직에 광범하게 침투해 있다. 이렇게 되면 조직의 생존은 조직이 무엇을 하고 있는가 하는 것보다도 중요한 것이 된다. 실험적인 프로젝트의 수, 주요한 임무를 맡은 부서의 수, 또는 여러 부서에 걸친 연계작업의 수준 등이 그 지표가 될 것이다. 이들은 전통적인 작업방식에 도전하는 것이 될 것이다.

실패의 미덕

창의적으로 학습하는 도시에서는 리스크와 실패에 대한 태도가 변화될 필요가 있다. 다양한 요구에 대한 지성적이고, 혁신적이고, 상상력 풍부한 대응은 리스크와 실패할 가능성을 포함하고 있다. 하지만 대부분의 조직, 특히 공공조직에서는 리스크는 경시되고, 실패는 허용되지 않는다. 그 곳에서는 공식적으로 실패라고 하는 것이 존재하지 않고, 더구나 공개적으로 논의되는 경우조차 없다. 하지만 조직을 쇄신하고 새로운 제안을 검증하기 위해서는 실험과 실패할 가능성을 허용할 필요가 있다. 만약 실패가 기계적으로 처벌대상이 되지 않고 분석되면, 장래 성공의 씨앗이 될지도 모른다. 성공은 자기만족으로 이끌 수 있기 때문에, 실패에 대한 반성으로부터 더 많은 것을 얻을 수 있는 것이다.

실패는 그 자체가 하나의 학습기구이다. 그것은 전체가 모두 실패하는 경우는 드물고, 아울러 실패요인은 장래 프로젝트에 유용하게 활용될 수 있기 때문이다. 중요한 것은 우리가 성과를 낳은 실패와 그렇지 못한 실패를 구별할 필요가 있다는 것이다. 리스크를 기피한다는 것은 어떤 조직이 장래의 실패를 근절시키는 연구 및 개발의 메커니즘을 내부에 갖고 있지 않다는 것을 의미한다. 이것은 실험적 프로젝트의 중요성을 부각시킨다. 각각의 실험은 교훈을 줄 수 있고, 만약 잘 되면 상호 학습을 통해서 주류의 방식이 될 수 있을 것이기 때문이다. 조직은 이처럼 꼬리표가 붙지 않은 혁신예산(innovation budget)을 요청한다. 그 자금은 손실될 지도 모르지만, 그것이 효과적으로 사용되면 도시에 대한 아이디어뱅크를 창출하는 동시에 지속적인 학습환경도 조성할 수 있을 것이다. 도시

를 평가하는 기준으로는 다음과 같은 것을 생각할 수 있다. 해당
도시는 얼마나 많은 실험적인 프로젝트를 장려하여 왔는가? 그 가
운데 얼마나 많은 프로젝트가 주류적인 것이 되었는가? 연구개발은
독립된 예산항목으로 계상되어 있는가?

촉　　매

　　혁신예산에서 나온 자금의 일부는 촉매가 되는 이벤트와 조직
을 위해 사용되어야만 한다. 그것은 창의적 학습개념이 하나의 전
략으로 존재한다는 인식을 낳는 중요한 수단이 되기 때문이다. 관
련미디어의 주목을 받지 못하면, 어려움에 빠지기 쉽다. 이 경우에
이벤트는 '발명 페스티벌'이나 '학습 페어'처럼 성과를 축하하기 위
한 연례행사가 될지도 모른다. 촉매가 되는 것은 도시에서 환상적
인 활동을 주목적으로 하는 어떤 조직의 판촉부문이 될 수도 있고,
또한 대학의 어떤 학과, 앞에서 언급한 영국의 사례('공동의 목적'),
도시에서 축복받아야 할 성공스토리가 될 수도 있을 것이다.

　　혁신적인 것은 리스크가 있고, 그리고 두려운 것이다. 따라서
승낙하고 인식하는 기구가 필요하다. 경진대회, 상금, 공적인 상찬
등은 그 목적을 달성하는 하나의 방법이 될 것이다. 도시는 내부와
외부의 양쪽을 바라보지 않으면 안 된다. 좋은 아이디어는 전국 또
는 국제규모의 경진대회에서 생긴다. 현재, 그것은 건축, 도시디자
인, 가든 페스티벌, 예술관련 프로젝트로 한정되어 있다. 경쟁의 범
위는 실망스러울 정도로 좁은 상태로 유지되고 있다. 예를 들면, 범
죄나 마약의 문제, 기타 사회실험에 대처하는 최량의 방법에 관한
경쟁, 환경 및 경제발전을 목적으로 하는 경쟁이 있을 수 있을 것
이다. 이 경우의 평가기준에는 다음의 것이 포함될 수 있을 것이다.
혁신이나 도시의 비전을 알리는 이벤트는 존재하고 있는가? 해당
도시는 얼마나 많은 경쟁을 장려하고 있는가? 해당 도시의 개인 또
는 조직이 경진대회에서 승리한 경험은 얼마나 있는가?

학습하는 조직을 향해서

창의적 조직은 끝없는 발전경로를 이동해 가는 평생학습자가 될 필요가 있다. 즉, 개인의 능력을 구축해 가는 조직이 될 필요가 있다는 점, 공유된 조직의 비전을 창출하는 조직이 될 필요가 있다는 점, 지속적 자기계발이라고 하는 정신적 모델을 적용하는 조직이 될 필요가 있다는 점, 집합적 사고로 전환하는 조직이 될 필요가 있다는 점 등이다. 그것은 전체적인 상호 관련성을 파악하고 이해하기 위해서는 팀은 부분의 합보다 크고, 조직은 시스템의 한 부분으로 바라본다는 것을 의미한다.

장래의 웰빙을 확보하기 위해서는 교육과 학습이 무대의 중앙으로 이동할 필요가 있다. 학습이 우리의 일상체험의 중심에 들어오기 시작하면서 다음과 같은 것이 가능하게 될 것이다.

- 개인은 자신의 기량과 역량을 끊임없이 발전시켜 간다.
- 단체와 조직은 그들의 노동력이 갖고 있는 잠재력을 활용하는 방법을 인식한 다음, 우리가 살고 있는 이 패러다임 전환시대의 기회와 어려움에 유연하고 상상력 풍부하게 대처할 수 있게 된다.
- 도시는 대두하는 필요성에 민감하고 유연하게 대처한다.
- 사회는 지역 간의 다양성과 차이가 부유, 상호 이해, 잠재력의 원천이 될 수 있다는 것을 인식한다.

따라서 정책입안자가 직면하는 도전은 '학습하는 사회' 내지는 '학습하는 도시'가 전개할 수 있는 여건을 장려하는 것이다. 학습하는 사회는 그 구성원이 단순히 좋은 교육을 받는다고 하는 것을 훨씬 뛰어넘는다; 그것은 학습이라고 하는 사고가 존재하는 모든 세포조직에 침투한 장소나 조직을 말한다; 그것은 개인과 조직이 자신이 생활하고 있는 장소의 역동성과 그들이 어떻게 변화하고 있는 가에 관한 학습이 장려되는 장소를 말한다; 그것은 학교를 통해서 든, 이해와 지식의 촉진을 도울 수 있는 기타 조직을 통해서든, 그 것을 기반으로 학습방법을 변화시킬 수 있는 장소를 말한다; 그것 은 모든 구성원이 학습하는 것을 장려하는 그런 장소를 말한다; 마 지막으로, 그리고 아마도 가장 중요한 것은, '민주적으로' 학습의 여러 조건을 변화시키는 방식을 배울 수 있는 장소를 말한다(Cara *et al.*, 1999).

조직의 역량

조직이 갖는 역량과 개방적 통치에 필요한 다양한 합의가 아마 도 창조도시의 전제조건 가운데 가장 핵심적인 요소에 속한다. 즉, 그것은 전제조건 속의 전제조건이다. 도시 내부에서는 개인에서 조 직에 이르는 모든 차원에서 적절히 대처하고 실행할 수 있는 역량 이 개발될 필요가 있고, 그렇게 될 때 혁신적 아이디어는 흡수되고, 학습되고, 적용될 수 있는 것이다. 이것은 창의성과 혁신의 요소가 도시의 의사형성과정 전체로 침투해 갈 필요가 있다는 것을 의미한 다. 그것이 공공조직이든, 민간조직이든, 볼런터리조직이든, 또는 경 제활동에 종사하는 사람이든, 사회·문화·환경분야에서 활동하는 사람이든 모든 경우에 적용된다. 조직이 갖는 역량은 자원과 확인 된 잠재능력을 배증시키는 승수와 같은 역할을 하고, 그리고 그것 은 창의적 생각, 창의적 반성, 창의적 학습을 통해서 극대화된다.

조직이 갖는 역량은 전체를 지배하는 하나의 기량이 된다. 그 것은 다음과 같은 다양한 능력을 포함한다. 선도하는 능력, 기술적 으로 뛰어나고 첨단을 달릴 수 있는 능력, 전략적인 과제와 우선순 위를 찾고 확정하는 능력, 장기적으로 전망하는 능력, 타인에게 귀 기울이고 상담하는 능력, 충성과 신뢰를 이끌어 내고 다른 의사결 정자에게 영감을 주고 열광시키는 능력, 강력한 기업 아이덴티티를 가진 지원팀을 창출하는 능력, 공유된 비전의 확정을 통해서 중요 과제에 대한 합의를 이끌어 내는 능력, 자신을 강화하는 능력, 대립의 긍정적인 가치를 발견하는 능력, 특정 부문에 편중된 이익을 극복하는 능력, 이해관계가 있는 다양한 집단과의 파트너십을 확립하는 능력, 책임을 떠맡는 능력, 권한을 위임하고 어려운 결단을 신속하고 효율적으로 내리는 능력, 반대와 어려움에 직면할 때에도 이미 합의되어 있는 방침을 밀고 나가는 능력 등이다. 이것은 도시의 경영관리를 재고할 필요가 있다는 것을 의미한다. 탄탄한 조직적 역량을 갖고 있지 않는 창의성은 도시의 자원을 충분히 활용할 수 없는 것이다.

강력한 지역 아이덴티티를 육성하라

강력한 아이덴티티는 긍정적 영향력을 가지고, 또한 그것은 시민적 자부심, 커뮤니티 정신, 도시환경에 빠질 수 없는 남을 배려하는 마음을 확립하는 전제조건이 된다. 도시는 가끔 도시의 다른 권역에 뿌리를 둔 다양한 아이덴티티로 이루어져 있는 경우가 있고, 이 경우 다양한 라이프스타일을 표현하는 것이 된다. 따라서 아이덴티티를 활용하기 위해서는 관용이 필수적인 것이 되고, 또 그것은 도시의 전체적 생명력에 공헌할 뿐만 아니라 대립과 분산을 일어나지 않게 하는 중요한 요소가 된다.

문화적 아이덴티티

문화적 아이덴티티를 확립하는 것은 결정적으로 중요하다. 왜냐하면, 동질화되고 있는 세계에서 지역의 고유성을 널리 알리는 것은 한 장소를 인접한 장소와 구별하는 것이 되기 때문이다. 해당 도시와 그 인접지역에 고유한 상징을 음식, 노래, 전통적 산업, 또는 기타 전통을 통해서 구체화하는 것은 부가가치를 창출할 수 있는 자산이 된다. 이것과 더불어 요청되는 것은 새로운 전통과 이미지를 창출하고, 또 그 도시의 이미지가 과거의 것으로 고착되지 않게 하는 것이다. 오랜 역사를 가진 도시는 고유한 이점을 갖고 있다. 역사도시가 제대로 기능하기 위해서는 여러 겹으로 각인된 역사의 층과 유적이 그들의 독자성과 특수성을 반영해야만 한다. 만약 그들이 다른 형태의 유행을 만들어 낼 수 없다면, 보다 어려운 것이 될 것이다. 하지만 어느 수준을 넘어 일단 기본이 되는 서비스, 점포, 설비 등이 정비되고 나면, 지역의 고유한 특성이 그 도시에 가치를 부가하는 수단이 될 것이다.

역사의 불명료성

역사는 복잡하고, 그것이 창의성과 학습 및 혁신의 계기가 될 수 있을 것인가 하는 것이 문제로 남는다. 창의성과 학습능력을 창출하는 역사적인 기록은 퇴보적인 것과 진보적인 측면을 동시에 갖고 있다. 때때로 그것이 다른 사람에게 영감을 주기도 하지만, 부담이나 짐이 되기도 한다. 최상의 경우, 그것은 역사적 선례―'마스터'가 도제에게 기량을 전수한다거나, 그렇지 않으면 자신감과 혁신성과 상호 협력의 자립적인 과정을 강화하기 위해 평판과 전문성을 높여 가는 교육조직 등―에 입각한 혁신사슬을 창출한다. 하지만 최악의 경우, 역사적 성공은 오만과 정체, 그리고 "우리는 이미 그 모든 것을 경험했다"는 말을 동반하면서 변화에 대한 저항으로 이어지게 할 수 있다.

피렌체는 아름다운 도시이지만, 오늘날 많은 사람은 이 도시를 과거의 영광을 반영하고, 강화하고, 재생하는 장소에 지나지 않는다고 생각한다. 자기만족과 오만은 아웃사이더에 대한 닫힌 감각을 만들어 내고, 또 아이디어의 고갈을 초래하고, 그리고 모든 것을 무시해 버린다. 이와는 대조적으로, 그 근교의 공업도시인 프라토는 역사의 무게도 기대할 것이 없지만, 최근 이탈리아의 상황에 부응한 많은 혁신을 발전시키고 있다. 그것은 새로운 형태의 비즈니스 제휴를 통해서 이 도시를 현대미술에 투영시키는 것이다.

도시의 아이덴티티와 고유성은 입수가능한 정보와 아이디어의 물결 속에서 무엇이 중심적이고, 또 무엇이 주변적인가를 구별하는 데 필요한 닻과 근거를 제공한다. 그것은 다양한 조직의 이해를 갖고서, 도시의 공동선을 향해 협동하는 사람들 사이의 유대를 창출한다. 하지만 아이덴티티와 고유성이 편협, 내향, 차별, 외부에 대한 적의로 타락할 때, 그것은 창의적 환경의 기초를 파괴하는 것이 되고, 또 폐쇄공포증과 위협의 감각을 만들어 내는 것이 될지도 모른다.

도시의 공간과 시설

공적 공간

때때로 공공권(公共圈) 내지는 공공영역으로 알려져 있는 공적 공간은 혁신적 환경의 심장부에 있는 다면적 개념이다. 그것은 물리적 환경인 동시에 물리적 교류에서 신문, 사이버공간에 이르는 다양한 커뮤니케이션 형태를 통해서 거래가 일어나는 영역이다. 그것은 또한 비공식적인 것에서 세미나 등 보다 공식적인 것에 이르는 집회공간과 그 기회를 포함하고 있다. 공적 영역은 창의성의 발전을 돕는다. 왜냐하면, 그것은 사람들이 자신의 가족과 자신의 전문성, 그리고 자신의 사회관계 틀을 뛰어넘을 수 있게 하기 때문이다. 공적 영역이라는 아이디어는 발견이라는 아이디어와 결합되어 있고, 또한 그것은 어떤 사람의 시야의 확대, 미지, 경이, 실험, 모험 등과 같은 아이디어와 결합되어 있다.

물리적 공간

시에나지역에 있는 캄포와 같은 이탈리아의 전형적인 '피아차(piazza)', 즉 공공광장은 보통 도시의 중핵에 위치하고, 그것은 공적 공간을 물리적으로 대변하고 있다. 그 곳에 있는 네 모퉁이는 도시의 권력과 열망을 상징적으로 대변하고 있다. 전형적인 것이지만, 한 모퉁이에서는 교회가 종교적인 권력을 표상하고, 다른 한 모퉁이에서는 미술관·도서관·대학이 문화·학습·지식을 표상하고 있다. 세 번째 모퉁이에서는 시청과 성(城)이 세속적인 권력을 전형적으로 드러내고, 네 번째 모퉁이에서는 시장의 홀과 상점이 상업적인 권력을 대변하고 있다. 중앙의 광장은 그들이 얼굴을 마주하는 만남, 뉴스, 수다를 주고받는 장소이고, 또 아이디어의 교환과 새로운 프로젝트를 전개하는 장(場)이다. 이 아이디어는 유럽의 도시적 생활양식 전반에 반영되어 있다. 헬싱키의 고풍스런 의회 앞 광장에는 아래쪽에서 보면, 성당이 경관을 지배하고 있다는 것을 알 수 있지만, 그 오른쪽에는 대통령궁이, 그 왼쪽에는 대학본부가, 반대쪽에는 과거에 경찰본부가 있었다. 경찰본부가 건설될 당시만 하더라도, 핀란드가 억압적인 러시아 제정국가의 지배를 받고 있었기 때문에, 당시에는 중요한 역할을 수행했을 것이다. 시대는 변화하여 오늘날 그 곳에는 카페와 소규모 상점들이 줄지어 들어서 있다.

중립적 영역으로서의 도시 중심가

시의 중심가 또는 도시의 부중심가는 일반대중을 상징하는 장소가 될 가능성이 있다. 그 곳에는 사회계급별 공간적 격차의 위험성과 맞서 싸우면서 어떤 형태의 공동 아이덴티티와 장(場)의 정신이 만들어질 가능성이 있다. 즉, 그 곳에서는 다양한 연령, 사회계급, 민족 및 인종그룹, 라이프스타일이 아주 차별화되고 사회적으로 계층화되어 있는 교외 및 외연지역보다도 쉽게, 비공식적 또는 비형식적으로 혼합되고 만날 수 있는 것이다.

'중립적 장소'로서 시의 중심가 내지 공적 공간은 창의적 아이디어를 창출하게 한다. 왜냐하면, 그 곳은 사람들이 안심하고 편안하다고 느끼는 동시에 보통 경험하는 것보다도 한층 사회적으로 이

질적인 환경과 접하면서 자극과 도전을 받는 장소가 될 수 있기 때문이다. 최량의 경우, 그들은 도시의 모든 영역에서 창출된 창의적인 아이디어와 활동의 전시장이 되고, 그리고 공공시설의 대부분이 집적하는 장소로서도 기능한다. 그러한 공공시설에는 미술관에서 카페, 공공광장, 영화관, 주점, 레스토랑, 극장, 도서관에 이르는 것이 포함된다. 그들은 공공영역의 핵심 장소에 해당할 것이다.

공적 공간과 아이디어를 교환하는 장소로서의 도시라고 하는 개념은 공적 공간의 민영화와 쇼핑센터의 확대, 그리고 자기완결적이고 내향적인 건축물이 주류가 되어 가고 있는 최근의 추세로 인해서 그 존립의 위협을 받고 있다.

만남의 장소: 가상적인 장소와 현실의 장소

공적 공간에 대한 감각은 다채로운 방식으로 창조될 수 있고, 그리고 상상 속의 도시는 그러한 모든 것들을 담아 낼 필요가 있다. 만남의 장소—회의, 공개강좌를 위한 장소, 세미나를 위한 시설이건, 카페, 바, 클럽이건, 최근 토론문화를 지향하는 새로운 경향인 열린 연대 네트워크이건—는 모두가 공적 공간이다. 예를 들면, 런던과 파리 같은 대도시에서는 만찬을 겸한 토론클럽이 붐을 이루고 있다. 최근에 런던에서는 많은 클럽—보이스데일, 마베릭, 아사이람 등—이 설립되었다. 파리에서는 철학카페가 다시 인기를 얻고 있다. 그것은 파리 토박이들의 살롱문화를 계승한 것인데, 그 규모는 만찬 디너파티와 싱크탱크의 중간 정도이고, 강의가 갖는 지적 엄격함과 주점에서 이루어지는 것과 같은 비공식적인 지성을 겸하고 있다. 전통적인 클럽은 서로 동의한 구성원들을 위한 것이었지만, 새로운 클럽은 그것과 정반대의 이유를 내세우는 경향이 있다. 기본 발상은 토론에서 승리하는 것이 아니라, 토론을 자극한다는 것이다. "새로운 만찬클럽의 매력은 주점에 나가는 밤과는 명확하게 다른 충분한 구조와 전통적인 클럽과는 명확하게 다른 비공식적인 것을 결합시킨 점에 있다"(런던의 마베릭 클럽의 잔 마크바리쉬의 발언).

채팅 룸과 채팅 포럼, 그리고 양방향 대화의 가능성을 가진 인터넷의 시대가 새로운 공적 사이버공간을 창출하고 있다. 신기술의 발달로 교환과 텔레커뮤팅을 제공하는 기회가 수없이 많은데도 불구하고, 컴퓨터는 우리가 얼마나 인간 대 인간의 직접적인 접촉을 원하고 있는가를 증명하고 있다. "수많은 비트와 바이트를 만들었는데도 불구하고, 우리는 여전히 원자로 구성되어 있는 데 지나지 않는다. ……우리는 여전히 얼굴을 마주대하는 시간을 필요로 한다"(Andy Pratt, "A Working Culture," September 1998: DCMS 회의에서 발표된 미공개논문). 창의적인 도시를 향한 도전은 상호 활동에 필요한 유연한 장치를 제공하는 것이다. 그것은 사이버세계에서 제대로 기능할 가능성을 가진 물리적이고 고정된 장치의 미덕을 포함한다.

◀ 사 례 연 구 ▶

유토피아의 밤

런던(영국)

이것은 직장과 문화공간을 혼합시킨 것이고, 또 세미나와 음식이벤트와 전시회를 결합시킨 것이며, 그리고 살롱의 부활과 캠프파이어를 혼합시킨 것이라고 할 수 있다. 10년 전, 영국의 한 디자인기업(Interbrand Newell and Sorrel)이 다양한 사람들을 초청하여 이들이 어떤 활동에 대해서 느꼈던 열정을 자신의 스텝에게 이야기하게 하는 프로그램을 전개하였다. 이후 이 프로그램은 다양한 '삶의 장소'에서 활동하는 사람들—그 수가 200명에 달하는—의 공개적인 이벤트로 전환되었다. 그것은 런던에서 가장 매력적인 초대 가운데 하나가 되었다. 연간 다섯 차례 개최되는 이 프로그램은 초대된 게스트의 이야기와 식사를 겸한 파티와 전시회가 동시에 개최된다. 학교의 교사가 내각의 장관과 교류하는 이 커뮤니티는 이제 독자적인 역동성을 갖게 되었다. 이 이벤트가 지향하는 궁극적인 목표는 서로 '영감(inspiration)'을 주고받는 것이다.

사이버카페는 하나의 출발점에 지나지 않는다. 또한 오피스를 1시간 또는 하루를 빌릴 수 있도록 조직하는 것도 하나의 출발점에 지나지 않는다. 요청되고 있는 것은 그 두 가지를 결합하는 환경이다. 즉, 그것은 이곳저곳을 전전하는 사이버 노동자가 집에 있는 것처럼 편안함을 느낄 수 있게 하는 동시에, 보다 넓은 세계의 일부이기도 하다는 것을 느낄 수 있도록 하는 단체정신을 장려하는 것이다.

공공시설

시설과 어메니티가 조합된 양, 질, 다양성, 접근성 등은 도시에서 창의적인 과정을 촉진하는 데 결정적인 역할을 수행한다. 도시의 미, 건강, 교통, 쇼핑시설, 청결, 공원 등과 같은 어메니티는 중요하지만, 다음 세 가지 요소가 특히 중요하다. 즉, 조사연구능력, 정보자원과 문화시설이다.

조사연구와 교육

창조도시가 될 가능성의 지적 기초는 차별화되고 포괄적인 연구와 교육시스템이다. 그것은 초등학교에서 기술계 및 인문계 대학에까지 이르는 폭넓은 교육과 함께, 대학 및 공적인 독립기관과 민간조직의 연구능력도 포함한다. 이론적 지식을 실천적 응용으로의 전환가능성이 그 관건이 된다. 사이언스 파크, 특히 대학과 연계한 사이언스 파크, 인큐베이터가 되는 연구단위 등도 중요하다. 이러한 조직은 기량을 가진 인재들을 머물게 하거나 유인할 수 있는 핵심요소이고, 또 그것은 그들에게 자기발전의 기회를 제공하기도 한다.

커뮤니케이션 채널

교육인적자원을 지원하기 위해서는 도서관, 어드바이스 센터, 커뮤니케이션 미디어 등에서 제공하는 정보와 커뮤니케이션의 세련된 시스템이 필요하다. 정보의 '밀도'와 교환이 클수록 창의적인 개인과 조직은 도시의 내·외부에서 사태의 진전과 최량의 실천사례를 파악하기가 쉽다. 도시의 커뮤니케이션 능력은 해당 도시가 제조업 중심지인가의 여부, 그리고 지방과 지역과 전국 규모의 신문, 라디오, TV방송국, 기타 미디어산업의 본부를 갖고 있는가의 여부에 따라 다르다. 하지만 '탈공업화' 도시에서 점차 중요하게 되는 정보는 기존의 조직뿐만 아니라, 사이버 스페이스, 모임, 회의를 통해서도 얻어지는 것이다. 따라서 국제적인 네트워크의 전략이 중요하게 된다.

지역에서 연구개발의 활동폭이 넓어질수록 도시의 경제력을 유지하고 갱신하는 기회가 커지게 된다. 이것은 공공기관 및 민간기관으로부터 관리운영상의 지원과 재정상의 지원, 그리고 물적 지원을 필요로 한다는 것을 의미한다(Laundry *et al*., 1996 참조).

문화시설

문화시설과 문화활동은 도시의 이미지를 창출하는 것과 마찬가지로 영감, 자신감, 토론, 아이디어의 교환을 창출하는 중요한 요소이다. 그들은 기능과 재능을 가진 인재를 유인하는 데 도움을 주고, 또 주민에게도 다양한 기회를 제공한다. 사람의 눈을 끄는 고급의 예술과 문화활동을 단순히 소비하는 것이 개인의 변화에 미치는 영향력은 직접적인 참여보다도 크지 않다. 인간의 발달과 창의적인 잠재능력을 이끌어 내기 위해서는 문화활동에 대한 직접적인 참여가 보다 효과적이다.

적절한 가격으로 이용할 수 있는 창의적인 스페이스

창의적 인간과 프로젝트는 어디엔가 거점을 마련할 필요가 있다. 창의적 도시는 창업한지 얼마 되지 않는 비즈니스와 사회기업가에게 적당한 가격의 토지와 건물을 제공할 필요가 있다. 이들은 도시의 주변부, 과거의 항만이나 공장지역이었다가 그 용도가 변경된 지역에서 쉽게 구할 수 있다. 저렴한 공간은 비록 새로운 타입의 레스토랑이나 상점의 개점과 같은 가장 흔한 수준이라고 하더라도 재정적 부담을 줄이고 실험을 장려하는 데 혁신적으로 전환될 수 있다. 옛 공업용 건축물을 재이용하는 것은 도시재생의 보편화된 기법이 되었지만, 오늘날에도 그 가치는 조금도 줄어들지 않는다. 전형적으로 그들은 새로운 비즈니스를 설립하기 위한 인큐베이터 공간으로 재이용되기도 하고, 또 최첨단을 달리는 회사의 본부, 예술가의 스튜디오, 디자인과 뉴미디어의 센터 등으로 재이용되고 있다.

이와 관련된 사례는 아주 풍부하다. 노키아의 케이블생산을 위한 과거 거점이었던 헬싱키의 케이블공장은 소규모 비즈니스에서 미술관에 이르기까지 600명이 넘는 사람이 일하고 있고, 아마도 이런 종류의 건물로서는 유럽 최대규모의 센터에 해당한다. 칼스루에(독일 남서부 라인강 연변의 도시†역주)의 중심가에서 조금 떨어진 옛 군수공장에는 '미디어 테크놀로지 및 예술센터'가 입주해 있고, 전자미디어와 새로운 형태의 전시공간, 음향 및 시각예술을 위한 연구시설 외에도 임대용 공간도 보유하고 있다. 세계 최대의 예술 스페이스는 아마도 매사추세츠 현대미술관일 것이다. 13에이커에 달하는 이 미술관 건물은 19세기의 공장건물을 보수한 것이다.

글래스고의 트램웨이는 원래 버스 및 노면전차의 차고였던 것을 개조한 문화센터인데, 시의 중심지에서 수 마일 떨어진 곳에 위치하고 있다. 브리스톨의 워터쉐드 미디어센터와 아놀피니 갤러리는 원래 연안에 인접한 창고를 개조한 것인데, 과거에 시의 중심지에서 멀리 떨어진 이 곳이 지금은 시의 허브가 되고 있다. 이러한 시설물은 새로운 창의적인 인프라를 만들고, 또 기타 혁신적이고 발전적인 연쇄반응을 일으키고 있다―이와 관련하여 가장 두드러진 변화는 야간의 오락과 높은 가치를 얻을 수 있는 주변건물에 대

창의적인 연계를 맺기 위한 리사이클링 스페이스

독일 칼스루에의 '미디어 테크놀로지 및 예술센터(ZKM)'

ZKM은, 이것과 완전히 똑같은 것은 세계 어디에도 없지만, 오스트리아의 린츠에 있는 아르스 엘렉트로니카 센터와 도쿄의 인터커뮤니케이션 센터와 어딘가 연결되어 있다는 느낌이 드는 시설이다. 1989년에 설립되고, 1997년 10월 일반에 공개된 ZKM은 사용가능한 공간이 48,000야드가 넘는다. 그곳에는 미디어미술관 외에도 시각미디어연구소, 미디어·음향연구소, 미디어도서관, 미디어극장, 현대미술관이 입주해 있고, 관활은 다르지만 국립디자인학교와 칼스루에 시립미술관도 있다. "미디어박물관을 둘러보다 보면 전자테마파크에 왔다는 느낌이 든다. 이 곳은 어른들을 위한 미래의 놀이터이다. 그 곳에서는 미니어처극장, 비디오와 대형 이미지들이 춤추고, 또 질문에 답하고, 그리고 방문자에게 허구의 여행을 떠날 것을 권한다. ……설치된 많은 장치가 심각한 문제에 대해서 많은 어려운 질문을 하고 있지만, 미술관은 예술과 오락의 장벽을 완전히 무시한다. ……예술가는 실험실에 장기간 체류하도록 초빙되고, ……음향 및 시각적인 환경에서 실험할 수 있다. ……미디어예술은 최초의 지구규모의 예술시스템을 창조했다. 그것은 ……광장에 있는 모든 사람이 다른 모든 사람을 알고 있다는 점에서"

[뉴욕 타임즈, 1999년 2월 14일자]

한 부동산투자에서 나타난다.

도시재생의 견인차: 예술가

이러한 창의성은 흥미로운 환경을 조성하게 되고, 그것은 결국 외부효과를 창출하여 다른 영역의 상상력으로 충만한 활동을 촉진할 수 있다. 이 원동력은 종종 예술가들에 의해서 창출되기도 한다. 하지만 이후에 전개되는 과정을 살펴보면, 처음에 그 재생과정을 개시한 예술가들을 분산시키게 된다. 런던은 하나의 좋은 사례이다. 지금은 예술가들이 수도의 여기저기에 흩어져 있지만, 중심부 가까이에 싸면서 흥미로운 지역으로 모이는 경향을 갖고 있었다. 지난 40년 이상에 걸쳐 여러 차례의 물결이 있었다. 한때 런던의 소호 (Soho)는 예술가가 살면서 일하던 지역이었지만, 그 시대가 지나간 지 오래 되었다. 즉, 지가가 상승하면서 예술가는 주변의 값싼 지역으로 밀려나게 되었던 것이다. 예술가들을 대신한 것은 보다 성공한 새로운 미디어회사였다. 캄덴 타운도 비슷한 과정이 일어났던 또 하나의 지역이다.

현재 영국에서 예술가가 가장 많이 거주하고 활동하고 있는 곳은 이스트 엔드—워핑, 브릭 레인 또는 해크니 주변의 타워 햄릿, 그리고 혹스튼 스퀘어—지역이다. 재개발 가능성의 압력대상이 되면서도 아직까지도 재개발과정이 시작되지 않고 있는 흥미롭고도 황폐한 지역에 예술가가 모이는 것은 과거부터 진행되었다. 예술가는 실제로 탐험가이고, 지역의 고급화 과정에 시동을 거는 재생자이며, 또 황폐한 지역에 활기를 불어넣고, 카페, 레스토랑, 상점 등과 같은 지원시스템의 발전을 가져온다. 예술가는 그 후 보다 중류계급의 고객을 끌어들인다. 중산계급의 사람들은 공포라든가, 황폐한 지역에 대한 혐오감, 또는 동료집단으로부터의 압력 등의 이유로 처음에는 이러한 리스크를 부담하려 들지 않는다. 예술가에 의해서 그런 '불쾌감'이 억제되고, 안전하다고 판단된 이후에야 비로소 이 두 번째 집단이 도래하게 되는 것이다.

도시계획의 관점에서 보면, 관건이 되는 과제는 어떻게 하면 폭넓은 '공공선'의 편익을 가져오게 하는 값싼 가치의 이용을 유지할 것인가 하는 것이다. 더블린의 문화지구인 템플 바(Temple Bar)에서는 시당국이 예술가에게 시가 소유하고 있는 소유물을 장기에 걸쳐서 임대하고 있다. 그러한 물건은 시에서 예술가용으로 지정하고 있다. 광범위한 지역에서 생기고 있는 파급효과가 이러한 조치를 정당화하고 있다.

네트워킹과 연대구조

　　네트워킹에는 두 가지 측면이 있다. 그것은 도시 내부에서의 네트워킹과 국제적인 네트워킹이다. 도시는 항상 네트워킹과 커뮤니케이션의 중심이 되어 왔지만, 커뮤니티가 보다 이동하기 쉽게 되고 기술적으로 상호 연결됨에 따라 네트워킹의 성격은 변화해 가고 있다. 도시를 조감하면, 도시는 그 도시의 종적·횡적 범위를 훨씬 뛰어넘는 중첩된 커뮤니티 및 네트워크의 연속이다. 그것은 도시를 하나로 잇는 눈에 보이지 않는 접착제와 다면적인 상호 교류를 창출할 뿐만 아니라, 도시의 범주를 넘어선 충성심과 연계를 이끌어 낸다. 각각의 네트워크는 도시를 다른 방식으로 보고 있다. 즉, 어떤 것은 지극히 지역적으로, 또다른 것은 보다 글로벌하게 바라보고 있는 것이다.

　　네트워킹과 창의성은 본질적으로 공생관계에 있다. 하나의 시

❖ 사 례 연 구 ❖

매사추세츠 현대미술관(MASS MoCA)

　　가난한 농업용 공장마을에 위치하고, 13에이커에 달하는 19세기의 개조된 공장빌딩은 미국은 물론이고 아마 세계에서도 가장 큰 현대예술·시각예술센터로 자리잡고 있다. 이 곳은 1999년 5월에 개관하였고, 건축, 무용, 연극, 영화, 디지털미디어 및 음악의 각 장르를 망라하고 있다. 이 곳의 소장은 "미술관은 유물전시 상자다"라고 말한다. (하지만) "이 곳은 유물전시 상자가 아니다. 여기는 예술을 보는 장소이고, 예술에 직접 관계하는 곳이다." 방문객은 예술작품의 창작과정을 볼 수 있고, "할리우드에 있는 영화 스튜디오의 야외촬영장소와 비슷하다"고 전한 리포터도 있었다. 대개의 미술관은 현대적인 소장품을 가지려고 하지 않을 것이다. 하지만 이 미술관은 가끔 공장건물과 어울리는 작품의 전시를 의뢰한다. "예를 들면, 베를린의 미술가 크리스티나 쿠비슈는 명종곡(鳴鐘曲)을 울리는 종을 공장의 시계탑에 설치하고, 그 음색이 태양의 움직임과 밝기에 따라 조절되도록 하였다."

스템에서 매듭의 수가 많을수록 반사적으로 학습하거나 혁신하는 능력이 커진다. 편익을 극대화하기 위해서는 네트워킹은 새로운 구성과 보다 고밀도화될 필요가 있다. 전통적인 많은 네트워크방식은 도시의 창의성에 특별한 공헌을 하지 않는다. 그들은 단순히 커뮤니티를 구성하는 한 부분으로서, 공통의 문제를 해결하고 상호 교류하기 위해 협동하고 커뮤니케이션할 필요성에 입각하고 있다. 지리적으로 도달가능한 범위가 훨씬 작았을 때에는 동질적이고 고정된 사회가 지배적이었다. 하지만 이동성, 다양한 종족과 라이프스타일, 지리에 기초한 커뮤니티가 무너지고 있는 세계에서는 더 이상 그러한 조건이 적용되지 않는다.

　도시발전을 위한 파트너십 모델의 융성은 이 점에서 흥미롭다. 공공·민간·비영리부문의 파트너십은 각 부문에서 서로 모르고 지내던 훌륭한 사람들을 하나로 결집시켰다. 이 과정은 지역정치가의 우월과 권력을 잠식하는 한편, 새로운 구성원을 유인하고 있다. 도시의 새로운 사이버 커뮤니티의 장기적 효과는 아직 분명하지 않다. 버추얼(virtual) 헬싱키, 코펜하겐, 암스테르담, 맨체스터를 포함한 '가상도시'운동은 해당 도시에 관한 정보와 마케팅 서비스를 제공할 뿐만 아니라, 보다 폭넓은 기능을 제공하고 있다. 멀리는 캐나다와 오스트레일리아에 있는 수천 명의 맨체스터 출신들이 맨체스터와 연락을 취하기 위해서 정기적으로 접속하고, 나아가 지역에 거주하는 사람들과 토론형식의 포럼을 창립하기도 한다. 즉, 이것도 하나의 커뮤니티인 것이다.

　도시 커뮤니티를 서로 연결하고, 또다른 장소와 이들을 연결하는 문제는 대단히 중요한 과제이기 때문에, '네트워크환경'과 네트워킹 업무를 관장하는 지방자치단체의 담당부서가 행동에 나설 시점이 되었다. 그들의 첫 번째 목적은 도시의 커뮤니케이션에 초점을 맞추면서, 실제로 또는 가상적으로 사람들을 만나게 하는 것이다. 이것은 국제지향의 네트워킹—시의 직원, 지역의 비즈니스업계,

학교, 연금생활자에 대한 네트워킹—을 장려하는 도서관 또는 시당국의 홍보부서와 같은 도시의 정보서비스를 포함할 것이다. 다양한 도시와의 경쟁과 상호 비교는 서로에게 자극을 주고, 또 벤치마킹(최량의 실천과의 비교·평가 [†] 역주)할 수 있는 기회가 되기도 한다. 새로운 관계의 형성과 새로운 경제적·과학적·문화적인 공동작업의 알선은 도시의 장기적 번영의 관건이 된다.

학습의 잠재력을 극대화하기 위해서는 도시 간의 국제적 네트워킹이 다음과 같이 변화될 필요가 있다(Gilbert *et al.*, 1996 참조).

- 관례에 따른 네트워킹에서 실제적 네트워킹으로 전환: 실질적인 성과를 가져오지 않는 자치단체의 '시찰여행'에 중점을 두지 않는다.
- 친선도모방식에서 가시적이고 성과를 달성할 수 있는 프로젝트로의 이행.
- 아이디어와 프로젝트가 분명히 실행될 수 있도록 아마추어리즘에서 프로페셔널리즘으로의 이행.
- 커뮤니티의 친분관계에 입각한 것에서 보다 폭넓은 이해관계자를 참가시키는 방식으로의 이행.
- 일반적이고 평범한 제안에서 보다 목적이 뚜렷한 활동으로의 이행. 예를 들면, 지가평가가 낮은 토지문제를 다룬다거나, 비즈니스 창업 등과 같은 전문지식의 참된 이전을 포함하고 있는 것.
- 공동작업의 편익이 극대화될 수 있도록 부수적인 기술연계에서 체계적인 기술연계로의 이행.

네트워크환경을 평가하는 척도로서는 다음의 것을 고려할 수 있다. 휴대전화의 이용가능성 또는 인터넷 접속과 같은 커뮤니케이션의 밀도, 도시 내·외부에서 실시된 특정 프로젝트 단위별 파트너십의 수, 바에서 레스토랑에 이르는 회합장소의 범위.

깊이 뿌리 내린 네트워킹

최근의 경영학 문헌은 네트워크화된 조직의 중요성을 강조하고 있다. 즉, 기업 내의 네트워크는 물론이고, 기업 간, 유사부문 간, 부문을 넘나드는, 나아가 대학과 공공부문 및 민간회사 간의 네트워크가 그것이다.

하지만 대단한 영향력을 가진 푸트남의 저서가 강조—특히, 유럽적인 상황에서 강조—하고 있는 새로운 차원이 중요하다. 그 책에서 강조하고 있는 것은 사회구조에 깊은 뿌리를 두고 있는 네트워킹 능력이다. 그것을 단기간에 모방하여 재현하기는 대단히 어렵지만, 혁신이 일어나고 확산되기 위해서는 필수불가결한 것이다(Putnam, 1993). 이것은 지속가능한 발전에 관련된 혁신의 경우에는 지극히 중요하고, 그리고 그것은 혁신이 행동상의 변혁을 수반한다는 것을 의미한다. 수 세기에 걸친 북이탈리아와 남이탈리아의 발전상을 비교한 다음, 푸트남은 상호 지원구조—사회구조에 깊은 뿌리를 내리고 있는 볼런터리조직 및 커뮤니티조직의 강점—가 북이탈리아처럼 경쟁이 극심한 환경하에서, 어떻게 협동작업을 장려하는 산업적·금융적·사회적 구조를 육성하게 되었는가를 잘 보여 주고 있다. 협동작업을 강조하고 있는 이 점은 남이탈리아의 '실패한' 발전과 대조를 이루고 있다. 남이탈리아에서는 봉건적이고 보다 상하관계가 엄격한 구조가 그 발전을 억제해 온 것으로 해석되고 있다.

이러한 통찰은 일본의 테크노폴리스 구상처럼, 지금까지 이러한 역량을 갖지 않았던 지역에 혁신적인 환경을 만들어 내고자 하는 전략에 의문을 던지게 한다(Hall and Castells, 1994). 이러한 일반적인 도식이 러시아, 페루, 핀란드, 이집트 또는 중국 등 다양한 국가에 어느 정도로 적용될 수 있을 것인가를 추측하는 것은 대단히 흥미롭다. 또한 그들의 문화가 네트워킹과 파트너십에 기초하여 도시발전에 접근하는 방식—이것은 창의적 환경의 핵심에 해당한다—을 조장할 것인지, 그렇지 않으면 억제할 것인가를 추측하는 것도 흥미로운 작업이다. 헬싱키에서 인터뷰를 한 어떤 사람은 이렇게 말하고 있다. "핀란드에서는 네트워킹 문화가 간단하지 않다—진부한 말처럼 들릴지 모르지만 핀란드인은 완고하고, 질투심 강하고, 유아독존적이다." 또는 "기억해 두어야만 하는 것은 우리 모두가 서로를 알고 있다는 것, 그리고 최근까지 우리 모두가 시골의 숲 근처에서 살았고 자기방어적이었다는 것이다."

그럼에도 불구하고, 이 네트워킹의 가능성은 몇몇 성공하고 있는 상업조직, 특히 하이테크산업과 문화산업에 종사하는 기업에서는 그 열매를 맺고 있지만, 도시 전체의 맥락에서 그것을 달성하기는 쉬운 일이 아니다. 이러한 기업들은 네트워킹을 촉진하는 많은 특징을 공유하고 있다. 그리고 실제 그것에 의존하고 있다. 그들은 특정한 시간 내에 주어진 과제를 중심으로 집단의 구성이 변화·집중되는 경향이 있다. 예를 들면, 소프트웨어 가운데 일부 부품의 개발, 한 연극작품의 제작, CD 하나의 제작, 영화 한 편의 제작이 여기에 해당한다. 그러한 제품들은 소프트웨어 프로그램, 레코드, 로고에 대한 권리 등과 같은 지적재산권을 갖고 있다.

창의성이 지극히 높은 제품은 정규고용된 인재를 기초로 하는 밀폐되고 닫힌 대기업에서는 그 생산이 불가능하지는 않지만, 그것이 점점 어려워지고 있다. 각각의 제품은 독특하고, 그것이 제조되기 위해서는 사람들의 독특한 혼합을 필요로 한다. 그리고 생산경제학은 하도급 스텝을 고용한 쪽이 보다 유리하게 되는 경향이 있다고 밝히고 있다. 더욱이 제품개발의 관건이 되는 운전사들—'예술가' 또는 '혁신적인 기술자'—은 종종 그들 자신이 지배권을 유지하고자 하는 스타들이지만, 역으로 이번에는 함께 일해 줄 다른 사람을 필요로 한다. 비즈니스는 반드시 정규의 흐름에 따르는 것은 아니고, 그 과정에 있는 구성원 각자는 자신들의 '네트워크환경'

이나 네트워킹 수준에 의해서 생존능력을 높인다. 네트워킹은 필요에 기초하는 것이지, 욕망에 기초하는 것이 아니다.

도시와 조직 간 네트워킹

시급히 네트워크할 필요성이 있다는 것을 느끼게 하는 것은 대단히 어렵다. 도시가 다양한 행위자—공공·민간·볼런터리부문—로 구성되어 있다는 것을 생각하면, 문제는 한층 어렵게 된다. 각 부문은 독자의 조직문화와 그 과제를 갖고 있다. 그로 인해 신기술과 같은 하나의 부문 내에서는 조직이 창의적이고 네트워크화되어

◀◀ 사례연구 ▶▶

쾰른의 예술네트워킹

독 일

예술도시로서의 쾰른의 대두는 네트워킹의 힘에 의한 것이다. 예술과 음악의 시 전역에 걸친 네트워크의 중심에는 시의 문화수장(1955~1979)이었던 쿠르트 하켄부르크가 있었다. 1960년대에 그는 해프닝 및 플럭서스 예술운동에 연동한 장대한 이벤트를 지원한 바 있었다. 이것이 결과적으로 보다 많은 미술가와 미술관경영자, 그리고 수집가들을 끌어들이게 되고, 또 그들이 협력하여 쾰른미술제와 같은 일련의 유인책들을 전개하게 되었다. 유사한 과정이 전자음악에서도 일어났다. 1951년에 설립된 전자음악스튜디오가 현대작곡가의 관심대상이 되고, 그들이 스튜디오에서 실험을 했던 것이다. 이렇게 해서, 보다 많은 작곡가들이 스튜디오를 근거로 하게 되고, 그들이 현대음악쾰른학파로 알려지도록 만들었던 것이다. 이러한 계속적인 일련의 활동성과 가운데 하나는 그 집단의 구성원이 새로운 프로젝트의 흐름을 낳았을 뿐만 아니라 초현대적 예술장르를 찾는 관객이 증가하였다는 점, 그리고 적어도 예술분야에서는 예술적 창의성의 수용이 당연한 규범이 되는 그런 장소가 되게 하였다는 것이다. 작곡가, 예술가, 미술관, 수집가들 사이의 네트워크는 참가자에게 다양한 이점과 금전적인 편익을 가져다 주었을 뿐만 아니라, '예술도시'로서 쾰른의 이미지 창출과 시경제의 중요한 부분을 차지하게 만들었다.

헬싱키

포괄적으로 네트워크화한 도시

헬싱키는 시민들의 포괄적인 인터넷 경험을 통해서, 선도적 역할을 할 준비가 되어 있다. 이미 핀란드인의 65%가 휴대전화를 소유하고 있고, 특히 25세 이하의 연령집단에서는 그것이 90%에 육박하고 있다. 이것은 휴대전화를 갖고 있지 않다는 것은 논의에서 배제된다는 것을 의미한다. 유리궁전(Lasipalatsi)은 독자적인 특색을 가진 미디어센터로 1999년에 개관했다. 전화박스에 들어가면, 스크린, 웹카메라, 마이크로폰이 있다는 것을 알게 된다―그것은 '디지털 발신자'의 코너인데, 정치가 또는 누군가가 인터넷으로 보고들을 태세가 되어 있는 사람에게 자신이 생각하고 있는 것을 방송할 수 있도록 하고 있다. 공공의 사이버도서관에서는 인터넷으로 자유로운 접근이 가능하다. 또 구하기 어려운 서적을 다운로드하여 제본해서 배달받을 수 있고, 또 스스로 출판할 수도 있다. 또는 인터넷상에서 2,000파운드 이상의 비용이 들지 않는 영화를 제작해서 상영할 수도 있다. '아레나 2000 프로젝트'는 대부분의 시민이 인터넷에 접근할 수 있도록, 고속의 브로드밴드를 구축하는 것이다. 이것은 실황비디오를 송·수신하는 것이 가능하다는 것을 의미한다. 헬싱키는 인터넷상에서 '버추얼 헬싱키'를 만드는 수준까지 진척되어, 사람들은 인터넷으로 버스 또는 택시를 찾는다거나 음식을 주문할 수 있게 되어있다. 부모가 아이가 있는 곳을 찾거나, 의사가 환자와 정면으로 대화한다거나, 학생이 강의를 받는다거나, 다른 장소에 있으면서 함께 TV를 볼 수도 있다. 그것은 도시의 3-D 모델로서, 주민은 가상의 거리를 따라 물건을 사거나 집에서 도시의 일부가 될 수 있다는 것을 의미한다.

[자료: Keegan, 가디언, 1999년 9월 16일자]

있고 협동적일지는 모르지만, 중요한 문제는 그들이 얼마나 다른 부문과 함께 창의적으로 될 수 있는가, 또 될 수 있다면 그 이유를 찾을 수 있는가 하는 것이다. 만약 그 이유가 찾아진다면, 창의성의 문화를 도시의 '유전자암호'로 전환할 수 있을 것이다.

기술을 공유하고 지식을 교환하는 것이 서로에게 편익을 가져다 주는 경우, 기업이 협동에 따른 우위를 차지하기 위해 서로 네트워크를 맺게 되는 것은 이해하기 쉬울 것이다. 하지만 그 합리적 근거는 무엇인가? 특히, 전국적인 지명도가 낮은 소규모 기업이 목전의 단기이익을 반드시 가져다 주지 않을 문제에 관해서 시당국과 네트워크할 이유는 무엇인가? 볼런터리부문과 상업비즈니스 사이의 연결에 대해서도 똑같은 질문을 할 수 있다.

공동의 작업을 하는 이유를 찾아 내는 한 가지 방법은 도시의 비전, 즉 사업계획의 개념을 개별 기업의 차원에서 점차 도시지역 내지는 시 전체의 차원으로 격상시키는 과정을 통하는 방법이다. 이 때 가장 어려운 문제는 새로운 가능성이 있는 창의적 아이디어를 발전시키기 위해 사람들을 책상 앞으로 모이게 하는 것이다. 시민으로서의 책임감이 자연스럽게 형성되는 것은 아니다. 위기가 중요한 계기가 될 것이다. 위기는 자본이나 가장 교육을 많이 받은 사람이 전출해 버리는 사태가 될지도 모른다. 그들은 기업이 스텝으로 필요로 하는 사람이고, 그들 없이는 그 기업의 경쟁상의 유리한 지위가 약화되어 버릴 것이다. 그렇지 않으면 공공적인 행동이 기업의 자산가치를 올리는 방법 가운데 하나가 될지도 모른다. 일단 상호 의존성이 이해되면, 그러한 사적 이득의 폭은 확대될 것이다. 하지만 이러한 책임감을 유지하는 것은 설령 도시비전이 합의된 경우에도, 여전히 어려움으로 남는다.

최량의 실천사례의 벤치마킹을 넘어서

반성적인 학습과정을 장려하는 것은 창조도시의 중요한 목표 가운데 하나이다. 벤치마킹은 뛰어난 실천과 혁신에 관한 정보를 보급시켜, 그 모방을 장려하고, 촉발하고, 조장하여 그 자체를 벤치마킹의 대상이 되게 한다. 그것은 현재와 미래의 성과를 측정하기 위한 출발점을 확립하는 수단이다. 최량의 실천개념은 '도시의 내부에 있는 수월성의 문화'를 발전시키는 한 수단이다. 아울러 최량의 실천 아이디어는 지속적인 개량을 향한 원동력으로 작용한다. 이것은 비즈니스업계에서 잘 알려진 종합적 품질관리(TQM) 개념과 유사하다. '최량의 실천'이라는 관념은 어느 부분, 특히 무엇을 '최량'이라고 하는가를 둘러싼 논쟁을 불러일으켰다. 최량의 실천이란, 본질적으로 "어딘가 다른 곳에서 잘 기능해 왔던 뛰어난 프로젝트로서, 해당 도시에서도 재현가능할 것"을 의미한다. 중요한 것은 최량의 실천이란 학습에 관계되는 것이지, 서열을 매기는 것이 아니라는 이해가 확산되고 있다는 것이다. 그리고 이러한 맥락에서는 뛰어난 프로젝트가 존재한다는 사실을 단순히 아는 것을 넘어서, 그 프로젝트가 어떻게 시작되었고, 그 성공조건이 무엇인지를 발견하는 데 이르게 될 것이다. 가장 중요한 학습은 스스로가 무엇인가를 하는 과정에서 일어난다. 따라서 혁신적인 프로젝트에 대한 지식은 그것이 아무리 우수한 것이라 하더라도 항상 출발점에 지나지 않는 것이다.

창조도시가 맞이하고 있는 도전은 최량의 실천을 넘어, 최첨단에서 기능하는 것이다. 그것은 최량의 실천을 받아들임으로써 학습곡선은 완화되겠지만, 특수성을 가진 해당 도시에 무엇이 적합할 것인가를 제대로 평가하지 않은 채 시도되고 검증된 도식만을 단순히 모방할 위험성이 있기 때문이다. 기본적으로 그 과제는 모방한 것이 언제 도시를 전진시키게 할 것인가를 평가하는 것이지만, 가끔 그것은 프로젝트의 세세한 것이 아닌 프로젝트의 원칙을 적용한다는 것을 의미한다. 그리고 어느 때 완전한 발명이 적절한가를 평가하는 것이다. 이 경우에 선택할 수 있는 지표로서는 다음의 것이 될 것이다. 자신의 도시에는 최량의 실천과 비교·평가하는 프로그램이 있는가? 조직의 계획 속에는 최량의 실천을 지속적으로 찾는 작업이 통합적으로 이루어지고 있는가?

6 창의적인 환경

관심의 출발점

도시의 창의적이고 혁신적인 환경(milieu)에 대한 관심의 원천은 시대를 불문하고 세계 전체 가운데 몇몇 도시와 지역에서 전통에 입각하지 않고 창의적인 접근방식을 활용하여 놀랄 만한 성공을 거둔 것에서 비롯되었다. 여기서 말하는 창의적인 접근방법이란, 도시와 지역의 발전을 위해 창의성을 도시의 '유전자암호' 속에 장착시키는 것이다. 조직문화, 리더십, 그리고 그러한 환경하의 일정한 질적 특성은 그것을 달성하기 위한 도구였다. 여기에는 실리콘 밸리와 에밀리아로마냐 주변의 '제3의 이탈리아'로 불리는 지역처럼 고도로 네트워크화되어 있고, 또 서열구조를 갖지 않는 창의적인 지역이 포함된다. 이러한 지역에서는 개별 기업이 종종 아주 소규모인데도 불구하고 끊임없는 기술개량이 이루어지는 환경과 특화된 지원서비스(support services)에 의해서 번창하고 있다.

오늘날 필요한 지원서비스라는 개념은 벤처자본가 및 유통망의 정비에서, 문화시설에 대한 필요성, 종종 문화산업의 기업가나 예술

활동에 의해서 조성되는 도시의 활기, 사회활동, 그리고 보다 일반
적으로는 뛰어난 주거 및 운송수단, 건강시설을 포함하는 생활의
질에 관련된 어메니티로 그 범위가 확장되고 있다. 도시의 환경은
직장 이외의 무대, 또는 기업 간 네트워킹 기회를 제공할 것을 요
청한다. 이것은 카페, 콘서트, 헬스클럽 또는 학교에서 우연한 만남
의 기회를 제공하는 역량을 포함한다. 중요한 것은 어떠한 타입의
도시환경이 그러한 상호 교류를 촉진할 것인가를 발견하는 것이다.

　　규제, 유인구조, 조직문화의 개선을 통한 공적 개입은 그러한
환경을 촉진하는 데 도움을 줄 수 있다. 많은 경우, 처음에 강조된
것은 소규모 기업이 활성화되도록 재정상의 우대조치나 지원프로그
램을 활용하는 것이었다. 이어서 생활의 질에 관련한 문제가 부상
됨에 따라 공적 개입을 위한 다른 수단이 평가받게 되었다. 하나의
극단적인 경우에는 그 개입방식이 공공교통기관이나 옛 산업구조물
의 재활용과 같은 하드웨어 인프라의 정비를 포함하고 있다면, 또
다른 극단적인 경우에는 보다 활발한 사회생활이 일어날 수 있도록
레스토랑이나 카페의 영업허가와 같은 문제를 포함하고 있다. 새로
운 혁신적인 환경으로서 점차 인용되고 있는 시애틀에서는 최근 미
국에서 처음으로 모노레일의 부설을 시당국에 촉구하는 시민운동의
주장을 둘러싼 토론회가 열렸다. 이것은 미국 전역에서 처음 있는
일이었다. 그 곳에서 제기된 주장의 핵심 쟁점은, 공공교통기관(모
노레일† 역주)을 통해 창출될 도시생활의 질적 향상이 도시의 경제
적 지위를 유지하기 위해 필요한 것인가 하는데 있었다.

창의적인 환경이란 무엇인가?

　　창의적 환경이란 하나의 장소를 말한다—그것이 빌딩숲, 도시
의 일부분, 또는 도시 전체나 한 지역일 수는 있지만. 그것은 아이
디어와 발명의 흐름을 창출하는 전제조건, 즉 '하드웨어' 인프라와

'소프트웨어' 인프라를 필요로 한다. 또 그러한 환경은 하나의 물리적인 조건설정을 말한다. 그 곳에는 기업가, 지식인, 사회운동가, 예술가, 행정담당자, 숨은 실력자나 학생이 개방적이고 국제적인 맥락에서 활동할 수 있고, 또 사람과 사람의 직접적인 상호작용을 통해 새로운 아이디어, 예술작품, 제품, 서비스와 시설이 창출되고, 결과적으로 경제적 성공에 기여한다.

'하드웨어' 인프라는 교통, 건강·어메니티 등과 같은 지원서비스뿐만 아니라 연구기관, 교육시설, 문화시설과 기타 만남의 장소 등과 같은 일련의 건물과 시설이다. '소프트웨어' 인프라는 상호 관련구조와 사회적 네트워크, 상호 연계, 그리고 사람들의 상호작용이 이루어지는 시스템이다. 즉, 그것은 개인과 제도 사이의 아이디어 흐름을 촉진하고 떠받치는 것이다. 이것은 인간과 인간의 직접적인 만남이나 정보기술을 통해서 이루어지고, 또 커뮤니케이션 네트워크의 발달을 가능하게 하고, 그리고 재화와 서비스의 거래에도 도움을 준다. 이러한 네트워크에는 다음과 같은 것이 포함될 것이다. 클럽과 비공식단체의 정기적 모임, 비즈니스 클럽이나 마케팅협회 등 공동의 이해를 가진 네트워크, 그리고 공공·민간의 파트너십 등이다. 특히, 공공·민간의 파트너십은 재정지원구조와 기구를 포함하는 것인데, 그것에 의해 사람들은 공적 및 사적인 자원과 아이디어를 창의적으로 결합할 수 있고, 또 그러한 창의성을 활용할 수 있다.

이 창의적 환경의 핵심에 위치하는 네트워크역량은 고도의 신뢰, 자기책임, 그리고 강력하고 종종 명문화되지 않은 원칙을 갖고서 활동하는 유연한 조직을 필요로 한다. 여기에는 보다 커다란 선을 위해, 네트워크의 성공을 공유하고 공헌하고자 하는 의지를 포함한다. 창의적 네트워크의 건전성과 번영에 따라, 개별 기업의 번영이 결정된다. 만약 그 환경이 성숙되지 않으면, 그 일부를 구성하는 것에 유래하는 영감의 원천이 고갈되어 버린다. 단순한 이기심은 환경의 쇠퇴를 야기한다. 신뢰는 창의적 환경이 작동하는 방식

가운데 핵심 역할을 수행하고, 또 그것은 창의적 아이디어와 혁신 사슬을 창출한다. 나아가 그것은 창의성이 확대되고 수용됨으로써 보다 질 높은 발명사이클을 창출한다. 네트워크는 개인적 필요보다 더욱 중요하다는 점에서, 시스템의 룰은 원칙에 입각하면서도 실제의 적용에서는 유연성을 갖고 있다.

창의적 환경은 직종 및 기업 각각의 내부와 상호간에 용이한 이동을 요구한다. 이것은 블루칼라, 화이트칼라와 조사연구원 등으로 구별하는 경직적 노동시장에서는 이루어지기 어려운 것이다. 그러한 노동시장에서는 커뮤니케이션에서 비롯되는 잠재가능성을 상실하게 될 것이다. 이것과 마찬가지로, 민간부문과 공공부문에서 보여지는 부문 간 선입관, 또는 외국인 혐오 등은 작업의 효율성을 떨어뜨린다. 협력적 경쟁이라고 하는 문화야말로 번영을 위한 환경의 토대가 되는 것이다.

역사를 통해 본 창의적인 환경

역사적으로 도시를 창의적인 것으로 만드는 방법에는 다양한 것이 있었다. 문화적·지적인 것도 있다면, 기술적·조직론적인 것도 있을 것이다. 지금까지 도시는 다양한 방식으로 그것에 부합하는 환경을 정비해 왔다. 18세기 말의 산업혁명 이후에는 기술적·조직론적인 측면과 관련된 것이 보다 중요한 것이 되었다. 더구나 20세기에는 문화산업이 발흥하면서 문화적·기술적인 창의성과 혁신이 융합하는 경향이 있었다. 이러한 것들의 상호 연결은 새로운 조직형태와 경제체제 및 정치체제를 요구하는 새로운 시너지의 발전에 도움을 준다. 새로운 제품과 서비스의 등장은 그러한 시너지를 통해서 이루어지게 된 것이다. 피터 홀은 『문명 속의 도시(*Cities in Civilization*)』(1998)에서 그러한 역동성을 잘 요약하고 있다.

아테네, 로마, 피렌체, 런던, 빈, 베를린과 같은 도시의 전성기에 지적·문화적인 활력은 경제적·사회적인 측면의 급격하고 근본적인 전환에 기인한다. 그 곳에서는 과잉된 부가 새로운 아이디어, 특히 예술적 창의성을 촉진하고 투자하는 데 중요한 역할을 했다. 지적 영역에서 벌어지는 "보수세력과 진보세력 사이의 끊임없는 긴장 속에서는"(Hall, 1998), 근본적인 변혁을 추구하고자 하는 측의 세력은 '항상 고통받고', 기득권체제에서 배제되었다. 왜냐하면, 그러한 급진적인 세력은 젊거나 지방출신이던가, 그렇지 않으면 외국인이었기 때문이다. 하지만 도시가 보다 넓은 사회에 접근하기 위해서는 그 당시 주류로서 정착하고 있는 질서와 선(線)을 대는 능력이 요청되었던 것과 마찬가지로, '아웃사이더' 또는 급진적인 사람들을 받아들이는 것 역시 필수적인 것이었다.

기원전 500년, 아테네의 클레이스테네스(Cleisthenes)에 의해 만들어진 민주헌법은 도시의 활력과 성공으로 이끈 하나의 사회·정치적인 혁신이었다. 그것은 다수파 집단에게 발언권과 영향력을 가져다 주었을 뿐만 아니라, 제국의 확대에도 도움을 주었고, 또 새로운 생산물, 상품, 아이디어와 영감을 증대시켰다. 하지만 그리스 제국의 주변국과의 추가적인 접촉은 불안정을 가져왔고, 결과적으로 문화적인 생활을 영위하는 철학자와 명사들에게 커다란 영향을 미쳤다. 1270년에서 1330년에 걸친 피렌체에서의 창의적인 역사적 전환은 세대 간의 끊임없는 권력투쟁, 가문 간 또는 다른 도시 간의 경쟁에 의해 야기되었던 것이다. 18세기 잉글랜드에서의 문학적·예술적 환경의 성장은 부상하는 상업사회 내부의 왕실과 신흥중산계급 간의 정치적·경제적 권력균형의 변화로 이어졌다. 중요한 것은, '자유헌법'이 새로운 양식의 문학과 공연예술의 발전을 허용했다는 것이다. 그 결과, 런던은 유럽에서 가장 급속히 성장하는 도시가 되었고, 또 예술가와 음악가를 끌어들이는 자장(magnet)이 되고, 그리고 그것이 더욱 많은 예술가를 끌어들이게 하는 자기증식적인 사이클이 성립했던 것이다.

한편, 1880년에서 1914년에 걸쳐 빈은 창의적인 활동의 중심이 되었다. 그것은 쇠퇴해 가는 제국의 불안정성이 사회적·제도적·정치적인 구조의 불균형을 초래하였기 때문이다. 그 결과, 경제학, 의학, 철학에서 정신의학, 미술, 도시계획과 건축에 이르기까지 관련성이 없어 보이는 다양한 학문들을 재고하는 기회가 되었다. 이 '긍정적' 불안정성에 기여하는 열광적인 행동의 중심에는 문화적으로 창의적인 집단과 오래된 사회제도 사이의 갈등과 세대 간의 충돌이 놓여 있었던 것이다.

이러한 혼돈의 와중에 카페문화가 발흥하게 되었다. 이후 카페문화는 베를린, 빈, 뮌헨, 프라하, 취리히 등과 같은 중부유럽의 다양한 장소에서 일반화되었고, 이어서 전 세계적으로 창의적인 환경의 중요한 특징이 되었다. 카페는 지식인, 언론인, 예술가, 과학자, 나아가서는 사업가에게 일상적인 만남의 장을 제공하고 있다. 카페는 긴밀한 네트워크를 형성했던 것이고, 그 곳에서 아이디어, 지식, 전문기술이 순환해 갔다. 카페는 말하자면, 용광로와 같은 것이고, 그 곳에서는 계급과 지위와 같은 구별이 극복될 수 있었던 것이다.

기술적 의미에서 혁신적 도시는 짧은 역사를 갖고 있고, 그 곳에서는 "혁신을 창출하는 사람은 아웃사이더였고, 그들이 거주하는 곳 역시 아웃사이더적인 장소였다." 예를 들면, 맨체스터, 글래스고, 디트로이트와 같은 주변적인 도시가 여기에 해당한다. 이들 도시는 완전한 원격지도 아니고, 또한 오래된 일처리방식에 커다란 구애를 받지도 않고, 리스크를 기꺼이 감수하려고 하고, 그리고 지극히 평등주의적인 구조를 갖고 있다. 아울러 자조와 자기실현의 에토스, 개방적인 교육구조를 갖고 있다. 그들은 기술적 수완에 뿌리를 두고, 주류적인 영역의 혁신보다도 비주류적인 영역의 혁신에 보다 많이 관여하면서 시장에 적응해 갔던 것이다. 로스앤젤레스가 영화·오락산업을 서서히 지배하게 된 것은 문화적 창의성과 기술적 창의성의 융합에 관한 좋은 사례이다. 원래 권력과 부의 전통적인 중심지에서 떨어진 신흥지역은 혁신적 에너지를 대중소비시장과 연결시켰고, 특히 그것은 대중문화와 기술의 만남을 통해서 이루어졌던 것이다.

기술적·조직론적인 도시의 혁신은 도시가 이룩한 성장과 발전에 따른 도시문제를 해결할 필요가 있는 해당 도시 그 자체에서 일어났다. 예를 들면, 하수와 폐기물의 처리시스템, 공공교통기관, 새로운 건축기술, 주택공급, 늘어나는 인프라에 대한 수요를 충족하기 위한 재정혁신의 필요성 등이다. 고대 로마에서 런던, 뉴욕, 그리고 현대의 스톡홀름에 이르는 도시는 이 영역에서 리더의 역할을 수행해 왔다. 도시의 지속가능성에 관한 논의는 그러한 혁신을 촉진하는 하나의 새로운 계기가 되었다. 그 가운데 하나가 로마클럽이 최근에 발표한 『4배수: 부의 배증, 이용자원의 반감』(von Weizsacker 외, 1998)이라는 저작이다. 그것은 현재의 원칙—'적은 자원으로 많은 것을'—에 입각하여 사용되고 있는 자원에서 얻고 있는 부의 적어도 4배에 해당하는 부를 얻을 수 있다는 것을 시사한다. 이러한 사고는 특히 비즈니스 그 자체의 사적 이익에 호소하고 있다는 점에서 매력이 있다. 즉, 잠재적으로 이익을 남기기 때문에 보다 지속가능한 방향을 지향할 수 있다는 것이다. 다시 말하면, 이 지속가능성에 뿌리를 둔 창의성의 성공 여부는 환경주의자와 자유시장주의자와의 투쟁결과에 의존할 것이다.

이 투쟁을 향한 경로는 내가 코메디아에서 행한 대부분의 작업에서 증명되고 있다. 우리는 헬싱키, 하더스필드, 만투아, 아델레이드 등에서 종종 나이와 관련된 것이 아니라, 인생관에 관한 이해에서 뿌리 깊은 마찰과 갭이 있다는 것을 발견하였다. 그 곳에서는 세대마다 이념과 가치관이 제각각이었다. 변화를 창출하는 사람은 암묵적으로 이념과 접근방법이 일치하고 있었고, 그리고 집단적으로 정신, 가치관, 철학 등의 관점에서 세대를 뛰어넘고 있었다. 몇몇 경우에는 당파적인 차이에 따라 사용되는 언어도 달랐기 때문에 커뮤니케이션을 위한 공통의 토양 그 자체가 없는 상태였다. 피터 홀이 말하고 있듯이, "창의적인 도시는 안정적인 장소 또는 쾌적한 장소가 아니다. 그렇다고 해서 완전한 무질서상태에 처해 있는 것은 아니다. 그것은 기존의 질서가 새롭고 창의적인 집단에 의해 끊임없이 위협받고 있는 도시라는 것이다"(Hall, 1998).

다음 세대의 혁신적인 물결은 당연히 정보기술의 혁신, 그리고 텔레커뮤니케이션—TV와 컴퓨터—과 멀티미디어의 융합과 관련되어 있을 것이다. 중요한 것은 그것이 강력한 힘을 발휘하기 위해서는 그러한 물결의 효과를 증대시키는 윤활유와 기폭제의 역할을 수행하는 사회적·정치적 혁신과 연결될 필요가 있다는 것이다. 원칙적으로, 이것은 '거리의 제약'을 극복하고 재택근무의 발전을 초래할 가능성이 있다. 하지만 그것은 묘하게도 응집·군집효과로 인해 도시의 문화적 재생을 초래하게 될 것이다. 그러한 도시는 문제가 있는 산업을 배제함으로써 도시로서의 매력을 획득하고, 또 인간과 인간의 직접적인 만남을 필요로 하는 활동을 활성화시킬 것이다. 이러한 재활성화된 장소는 종종 '문화지구'로 불리어지고, 예술가와 뉴미디어 비즈니스에 의해 그 모습이 변모해 가고 있다.

문화산업지구

20세기 말에 걸친 'IT경기의 붐'은 생산에 기반한 문화지구 또는 창조산업지구와 같은 아이디어를 전 세계로 유행시켰다. 그들은 런던의 타워 햄릿 블릭 레인에서 틸부르흐의 팝 클러스터에 이르기까지, 또 베를린의 하키쉐 회페에서 요하네스버그의 뉴 타운, 뉴욕의 실리콘 앨리, 또는 애들레이드의 런들 스트리트 이스트에 이르기까지 광범하다. 이 용어는 보편화되어 있고, 우연히도 문화시설이 근접해 있다는 점에서 지금은 '문화지구'로 불리고 있다. 이 호칭은 암스테르담의 박물관지구에서 볼티모어의 이너 하버에 이르기까지 브랜드 네임으로 기능하고 있다. 단지, 이러한 지역에서는 문화가 생산되기보다도 소비되고 있지만.

미국의 문화산업은 항공기산업을 능가하고 있고, 그것은 최대의 수출산업인 동시에 인구의 10% 이상을 흡수하는 고용의 장이 되고 있다. 문화산업의 고용규모에 관해서는 20%를 초과한다는 주장도 있다(Pratt, 1998). 유럽에서는 그 수치가 5% 정도이다. 영국을 예로 들면, 1980년대 초반 이후 음악의 수출은 엔지니어링 관련산업보다도 크다. 이러한 산업에는 우선 음악 외에도 출판, 오디오·비주얼 멀티미디어부문, 공연예술, 시각예술, 공예분야가 포함된다고 한다면, 디자인, 산업디자인, 그래픽, 패션 등이 포함되어 있다. 특히, 후자인 디자인 등과 같은 산업분야는 창의적인 요소는 부차적이지만, 이들이 없으면 마케팅능력과 제품의 효과성이 크게 줄어들게 된다는 점에서 생산물의 가치를 높이는 중요한 수단이 되는 것이다.

예술에 기반한 산업과 컴퓨터 커뮤니케이션과의 만남, 그리고 그 디지털화를 통해서 문화산업은 신경제의 견인차가 되었던 것이다. 이 산업의 이미지가 전직희망자와 관광객을 유인하고, 또 부가적으로 간접적인 경제효과도 창출하고 있다. 디지털화는 변화를 위한 관건이 되는 힘이다. 즉, 이미지, 사운드, 텍스트는 전자정보로 교환되고, 그것이 어떤 형식으로도 조작되고 융합될 수 있게 되고, 더구나 아주 저렴하게 복제되고 송신될 수 있는 것이다.

이 새로운 디지털미디어경제는 재택근무의 형태를 가능하게 하였지만, 실제로는 그것이 정반대로 공적 개입 없이 개성적인 도시지구에서 융성하고 있다. 그 곳에는 오래된 산업용 건축물이 리사이클링될 수 있다. 세계에서 가장 네트워크화된 미국에서조차도 소프트웨어기업과 멀티미디어회사는 '멀티미디어 걸치(Multimedia Gulch)'와 같은 지역으로 모여들고 있다. 이 곳은 샌프란시스코의 창고·공장지구인데, 최근까지 조업중단상태에 처해 있던 곳이다. 똑같은 것이 뉴욕의 실리콘 앨리, 그리고 런던의 해크니와 혹스튼에도 적용된다.

이와는 대조적으로, 영국의 셰필드는 공공부문 주도로 1980년에 '리드밀 예술센터'를 개관하였다. 이 시설은 영국 최초로 시가 운영하는 리허설, 리코딩, 사운드 리코딩 등을 갖추고 있다. 이 자치단체는 시소유의 옛 산업클러스터 빌딩을 활용하여 '영상사업센터', '워크스테이션'으로 불리는 복합시설, '유선 워크스페이스', 그리고 최근에는 '국립대중음악센터'를 개관하였다. 셰필드에서는 창조산업이 지리적으로 불리한 여건 속에서 산업의 창출뿐만 아니라 물리적으로 놀랄 만한 쇄신을 가져왔다. 중요한 것은 공공부문이 그러한 문화산업지구를 창출하기 위해 개입할 수 있는가 하는 것이다. 선진사회라면 어디에서도 공공당국은 '사양화된 공업지대에 빛을 비추어 줄 것'을 기대하면서, 문화클러스터와 디지털클러스터가 되기를 갈망하고 있다. 이것은 마치 "컴퓨터 마니아(digerati)가 자신을 훌륭한 아티스트가 아닌 활발한 수출지향형의 기업가로 생각하는 것과 같은 것이다"(롭 브라운의 「누구라도 얼굴을 마주할 필요가 있다」에서 인용. 문의는 rbrown@indigo.ie).

이러한 '창조환경'은 다음과 같은 일들이 일어나는 장소(places)를 말한다. 그 곳에서는 문화적으로 주의 깊은 '기술자들'이 동일한 작업분야에서 일하는 사람들과 '서로 만나서 자극을 주고받는 기회'를 제공할 뿐만 아니라, 다른 문화분야의 종사자들과도 협동할 수 있게 한다. '무중량경제'의 가장 좋은 사례인 멀티미디어는 시장과 공급자와의 내부거래뿐만 아니라 사회적 네트워크와 조직 및 제도를 통해서 스스로 공간적으로 침투해 간다. 정책입안자가 어떠한 조건에서 지역을 문화지구로 설정하는 것이 유용할 것인지, 또 어떤 시기에 그것을 해서는 안 되는가 하는 것은 도시의 총체적인 전망에 대한 광범위한 판단에 달려 있다. 어떤 구역에 자원을 집중하는 것이 다른 구역을 사양화시켜 버리는 경우도 종종 있다. 자원의 물량이 빈약하거나 잘 알려지지 않은 곳에서는 집중화(clustering)와 브랜드화(branding) 전략이 보다 유리할 것이다.

역사적 고찰의 함의

네 가지 중요한 결론이 도출된다.

1) 미래에도 최첨단의 도시로 남아 있기 위해서는 위에서 언급된 모든 차원—지적, 문화적, 기술적 그리고 조직론적—에서 창의적이고 개혁적일 필요가 있다. 그리고 어느 한 유형에 특화해서는 안 된다. 도시의 지속가능성을 높이기 위하여 도시혁신과 결합된 멀티미디어의 사례에서 확인된 바와 같이, 문화적 창의성과 기술적 창의성의 융합은 환경적·경제적·사회적·문화적 차원을 포괄하는 개념으로 정의된 지속가능성과 더불어 그 관건이 될 것이다.

2) 도시적 상황에서 창의성과 혁신은 경제적·정치적·문화적·환경적 그리고 사회의 다원적 혁신의 관점에서 도시생활의 모든 측면을 포함하는 전체적이고 통합된 프로세스로 파악될 필요가 있다. 그렇게 할 때에야 비로소, 도시는 글로벌화에 따른 다양한 긴장과 스트레스에 대처할 수 있고, 또 효율적이고 효과적으로 남을 수 있을 것이다.

3) 창의성과 혁신의 새로운 형태인 '보다 소프트한' 측면을 강조할 필요가 있고, 또 관용적이고 개방적인 장소로서의 도시역할을 강조할 필요가 있다. 사회적 통합, 사회적 파편화와 다문화의 이해와 같은 문제를 해결하는 것이 아마도 핵심적인 과제가 될 것이다. 즉, 도시와 지방에 있는 집단 간의 상호 이해, 그리고 이(異)문화 간의 그것은 생산의 새로운 세계질서에 의해 야기된 글로벌화, 자본의 급속한 이동, 인구의 대량이동 등의 문맥에서 중요한 것이 될 것이다. 보스니아, 동티모르, 르완다는 이러한 문제를 사려 깊고 일관된 방식으로 해결하지 못하고 있는 전형적인 사례에 속한다. 사회는 불가피하게 다문화적인 것이 될 것이다. 이것은 긍정

적인 의미를 가질 수도 있고, 또 부정적인 의미를 가질 수도 있다. 추진방향은 그 문제를 위협이 아닌 하나의 기회로 파악하는 것이다—이것은 말하기는 쉬워도 그 실천은 어렵다.

4) 시애틀, 포틀랜드, 밴쿠버, 멜버른, 취리히 또는 프라이부르크와 같은 창의적이고 개혁적인 일련의 도시들은 높은 삶의 질을 추구하는 데 역점을 두고 있다. 그들은 엄밀한 도시활성화를 위한 벤치마킹 프로그램과 결합된 커뮤니티의 권한위임과 지속가능성을 서로 연계하는 방식을 통해 경제적 혁신성에 도달하고자 한다. 높은 삶의 질은 경쟁을 위한 도구로 활용되고, 그것은 도시의 경제적·사회적 역동성을 강화한다. 주목할 것은, 이러한 도시들이 자신을 포함한 보다 광범위한 지역의 견인차 역할을 하는 지역(샌프란시스코, 로스앤젤레스, 시드니)이 아니라, 새로운 지위를 발견하고자 하는 '이류급'의 도시라는 점이다.

창의적인 환경을 조성하는 데에는 여러 방법이 있고, 또 그러한 환경은 기술적인 측면만으로 활성화될 수 있는 것이 아니라는 것이 점차 분명해지고 있다. 어떤 경우에도 도시의 다양한 주체 간의 네트워킹을 구축하는 것이 중요하다. 기업과 대학의 협동도 중요한 네트워크 가운데 하나이다. 특히, 경제적 혁신에 초점을 맞출 경우, 거대도시는 항상 두드러진 창조환경 속에 남아 있다는 것을 역사는 말하고 있다. 그 원인을 단순히 관찰하면, 그러한 도시가 네트워킹을 위한 용량이 보다 크기 때문일 것으로 보이지만, 특이한 것은 혁신을 일으키게 하는 '보다 소프트'하고 미묘한 조건을 인식하고 있다는 것에 그 비밀이 숨어 있었다.

창의적인 환경의 특성

앤더슨(Anderson), 홀 등(Toernqvist, Aydalot)과 같은 도시사상가들은 창조환경의 중요한 특성을 다음과 같이 말하고 있다.

- 일정한 수준의 독창적이고 깊이 있는 지식이 집적한 장소, 그리고 서로 커뮤니케이션할 필요와 역량을 가진 사람과 그들의 기능이 공급될 수 있다는 것.
- 충분한 재정적 기반을 가지고, 또 엄격한 규제 없이 실험할 수 있는 여지가 적절히 주어진다는 것.
- 그 곳에는 의사결정권자, 사업가, 예술가, 과학자, 사회비평가 등에게 보여지는, 필요와 현실적인 기회 사이에 불균형이 존재하고 있다는 것.
- 그 곳에는 문화적·과학적·기술적인 영역의 장래변화에 관한 불확실성과 복잡성을 처리할 수 있는 역량이 존재한다는 것.
- 비공식적이고 자발적인 커뮤니케이션이 대내외적으로 활발하게 이루어질 가능성이 있다는 것. 또 다양성과 변화에 부응하는 환경이라는 것.
- 다면적이고 활발한 시너지효과가 창출되는 환경이고, 특히 그것이 과학과 예술분야의 발전과 관련되어 있다는 것.
- 마지막으로, 구조적 불안정성이다. 실제로 가끔 어떤 통제된 상황에서는 그러한 구조적 불안정성이 도입될 필요가 있다. 예컨대, 수요자를 대변하는 환경운동은 현실과 규범 사이에 불균형을 초래하는 경우가 있다.

지역에 뿌리를 내려라

사이버세계에서조차도 '거래되지 않는' 상호 의존관계에 기반하는 지역성이라고 하는 것의 중요성이 새롭게 인식되고 있다(Storper,

1997). 그것은 지역 차원에서 구축되고, 그리고 지역에서 집단적 활동을 통해, 조직론적·기술적·개인적 학습을 복합적으로 하게 한다. 따라서 글로벌화와 지방화는 상호 배타적인 것이 아니다. 어떤 지역이 '높은 관심의 대상'이 되는 것은 특정 장소에서의 이산과 집합의 역동성에 달려 있다. 중요한 것은 수많은 기업가적 활동과 함께 새롭고 견고한 조직편성이 지속되어야만 한다는 것이다. 아울러 뉴미디어산업에서처럼 신기술과 비즈니스 기회에 대한 우위를 확보할 수 있는 경험이 풍부한 개인을 확보하고 있어야만 한다는 것이다. 이것은 특정 거점의 밀집을 초래할 뿐만 아니라, 유익한 형태의 사회적·커뮤니티 발전을 위한 조건이 된다. 밀집화의 계기는 개보수가 필요한 값싼 빌딩에서, 정부연구기관의 부근, 주요 대학, 엔지니어와 과학자와 문화적인 의식을 갖춘 사람들의 비율이 높은 경우, 또 벤처자본의 이용가능성 등에 이르기까지 아주 다양하다.

지역에 뿌리를 내리는 데 도움을 주는 것은 '제도적 두께(institutional thickness)'이다(Amin and Thrift, 1994). 이것은 흥미 깊은 개념이고, 그리고 글로벌화 시대에 '지역을 지키는' 수단이다. 그것은 다음과 같은 요소의 조합이다. 제도 간의 강한 상호작용, 정치적 차원에서의 공동대의제 문화, 공통의 산업적 목표의식의 발달, 그리고 문화규범과 가치의 공유 등이다. 지역제도의 네트워크가 단지 존재하는 것만으로는 어떤 장소의 성공을 뒷받침하기에는 충분하지 않다. 이러한 분위기를 창출하는 데 도움을 주는 것은 사회적 분위기와 제도구축의 프로세스이다. 이 '두께'야말로 기업가정신을 지속적으로 자극하는 것이고, 또 산업의 지역적 정착을 공고히 하는 것이다. 동시에 그것은 신뢰관계, 정보의 교환, 도시의 '활력'을 촉진하는 것이다.

어느 정도의 제도적 유연성은 제도적 두께의 또다른 결과이다. 이것은 다른 어떤 곳보다도 빨리 배우고 변화하기 위한 창조환경의 조직역량에서 분명하게 나타난다. '신경제'의 논리에 따라 활동하고 있는 멀티미디어 기업은 현재 혁신적인 힘이고, 향후 10년 이상은 지속적으로 새로운 기술을 전달하고 역사적인 노동관계 패턴을 파괴해 나갈 것이다. 전자엔지니어들은 항상 새로운 기술적 도전과 마주하지 않을 수 없기 때문에, 그들은 오랫동안 혁신의 사슬을 만들고 있는 것이다. 예를 들면, 산업혁명기 글래스고의 조선산업처럼 핵심이 되는 영웅적인 인물이 '마스터'로서 활동하고 많은 '제자'를 지도하면, 이번에는 그들이 경력을 쌓은 다음 독립하고 공부한 것을 기반으로 그것을 개량하고자 하였던 것이다.

선순환을 유지하라

성장의 시대에는 다양한 요소가 서로 힘을 강화하는 방식으로 작용하고, 또 신뢰와 성과를 최고조로 높인다. 그리고 사양의 국면

◀〗〗 사 례 연 구 〗〗▶

영원히 창의적일 수 있는가?

"아마도 어느 시대의 어떤 도시도 장기간에 걸쳐 계속해서 혁신적인 경우는 없었다. ……역사는 이와 관련된 많은 사례를 언급하고 있다. 문화적인 영역에서는 기원전 5세기의 아테네와 15세기의 피렌체, 18세기의 빈과 같은 지역이 거론될 수 있고, 기술적인 영역에서는 18세기의 맨체스터, 19세기의 베를린, 그리고 20세기 초반의 디트로이트와 같은 지역이 거론될 수 있다. 하지만 이러한 지역은 시간의 경과와 더불어, 때때로 수 세기에 걸쳐 창의성의 빛이 소멸되어 버린 것처럼 보인다. 실제로, 이것과 반대되는 사례는 드물다. 런던과 파리와 같은 유럽의 거대한 수도도시와 뉴욕 및 로스앤젤레스와 같은 미국의 거대도시는 다른 지역의 인재를 끌어들임으로써, 어떤 종류의 창의적인 잠재력을 지속적으로 유지했던 것처럼 보인다. 그렇지 않으면 그 지속성이 행정과 정부의 중심적 역할을 통해 가능했는지도 모른다. 결국, 그것은 그들이 그러한 종류의 인재를 유인하는 데 독점적 지위를 효과적으로 유지했다는 것을 의미한다."

[자료: Hall(1998)]

에서는 서로 상황을 떠받치는 패턴이 정반대로 누적적인 문제를 낳는다. 선순환은 악순환이 될 수 있는 것이다. 개방성과 협동성은 폐쇄성, 방위, 경쟁으로 전환될 수 있다. 도시가 생존경쟁에 처해 있고, 또 축소성향을 보이고 있을 때에는 창의적인 계기를 유지하기 어렵다. 창조환경은 유쾌하지 않은 장소이다. 그것은 한편에서는 긴장과 이완, 그리고 협동과 경쟁 사이의 균형을 취할 필요가 있고, 다른 한편에서는 이들 사이의 불안정성을 창출할 필요가 있기 때문이다. 도시의 전략가가 할 일은 시장의 흐름을 읽는 투자분석가처럼 이러한 물결을 읽어 내는 것이다.

창의성의 방아쇠를 당겨라

우리는 많은 계기를 통해 창의적 프로세스를 작동시킬 수 있다. 그것은 필요에 의해 생기기도 하고, 또 의식적으로 테크닉을 사용하거나 다양한 과정을 거쳐 활성화되기도 한다. 이하에서는 이러한 내용을 보다 상세하게 검토해 보자.

불가피한 압력

필   요

주지하듯이, 필요는 발명의 어머니다. 두 가지 사례가 그 핵심을 보여 준다. 북극권에 위치한 스칸디나비아에서 광물자원을 발견한 것은 이러한 가혹한 조건하에서 생활양식의 발전을 가져오게 했다. 새로운 보온기술에 대한 필요는 헬싱키의 파텍을 세계 최대의 건축 및 단열물질회사로 만드는 데 기여했다. 또 하나의 두드러진 사례로서는 호주 중부지방의 쿠퍼 페디를 들 수 있다. 이 지방은 너무 더워서 그들의 조상이 과거에 그랬던 것처럼 지하생활에서 쾌적함을 추구하고자 하였다. 지금부터 거의 1500년 전에 토루코 지역의 데마유투쿠에서는 9,000명 이상에 달하는 커뮤니티가 지하 10

층 도시에서 거주하였다. 이 오랜 생활양식은 지금 '토굴 오두막촌' 과 같은 특이한 커뮤니티와 건축물에 의해서 재생되고 있다.

희소성

부족한 공간을 구하기 위한 일환으로 뉴욕 사람들은 하늘 높이 건축물을 짓기 시작하였고, 그 과정에서 새로운 건축기술과 프로젝트 및 경영기술을 발전시켰다. 일본의 기업들은 1km에 달하는 초고층 건축물의 가능성을 탐색하고, 특히 바람의 저항문제를 해결할 수 있는지를 연구조사중이다. 암스테르담에서는 주차공간이 제약되어 있는 대신 충분한 물이 있는 상황에서 수상주차장이라고 하는 해결책이 등장했다. 하늘을 찌르는 에너지비용은 태양, 풍력, 파력(波力) 등의 새로운 에너지원에 대한 투자를 촉진하고 있다. 아테네에서 북쪽으로 18km 떨어져 있는 교외노동자용 주택지(Lykovrussi)에서는 태양열 에너지가 435개에 달하는 아파트에 제공되고 있다. 발전능력이 있는 건물과 태양열 에너지가 이 아파트가 필요로 하는 전체 에너지 가운데 약 80%를 저비용으로 공급되고 있다.

노후

기술, 시설 또는 건물을 교체해야 할 필요성은 공간의 존재방식에 대해서도 새롭게 생각하는 상황을 만들어 낸다. 환경적인 측면에서 문제가 되는 엠셔 파크의 코크스 처리설비는 과잉배출되는 열을 재활용함으로써, 새로운 에너지를 만드는 기술로 전환되었다. 산업의 쇠퇴에 따른 부산물, 예컨대 제재소, 공장, 조명산업 등과 같은 공간은 약간의 손질을 거치면, 새로운 생활양식과 노동양식을 제공할 수 있다. 노동 및 생활공간 형태에 관한 우리의 감각은 미적 가치 및 라이프스타일과 더불어 로프트 리빙(loft living, 창고 등을 예술가에게 싼 임대료로 제공하는 것 † 역주)과 같은 아이디어를 통해 전환되어 왔던 것이다.

생각할 수 없는 것, 예측할 수 없는 것

발   견

발견이 가져올 영향력은 몇 가지 점에서 분명한 것처럼 보이지만, 그것이 초래하는 혁신사슬은 예측하기가 대단히 어렵다. 전기의 발명은 뒤이어 연속적으로 일어나는 발명, 즉 라디오에서 컴퓨터에 이르기까지의 발명을 예측할 수 없었다. 이처럼 발명에 따른 미래전망의 어려움은 그것이 현대생활의 모든 균열에 어떻게 침투해 있는가를 알 수 없게 한다. 이것과는 대조적으로, 석면이 갖는 부정적인 효과에 대한 발견은 건설방식을 극적으로 변화시켰다. 플라스틱 가방이라고 하는 하찮은 발명은 포장에서 쇼핑, 폐기물제품의 처리방식에 이르기까지 현대의 소비생활양식에서 근본적인 사회혁신을 초래하였다. 핀란드 북쪽에 위치한 한 지역(Syvankyla)에서 우연히 금을 발견한 것은 단열가옥주택 등 도시생활에 수많은 창의적 아이디어로 이어지게 하였다.

행   운

창의성은 어떤 과정을 거쳐 형성되는가에 대한 전통적 설명—예를 들면, 천재들의 영감에 의한 행위라든가, 또는 우연한 순간적 깨달음 등—은 그다지 믿을 수 있는 것은 아니라 하더라도, 가끔 그러한 일이 일어나고 있는 것이다. 새로운 시각에서 자신의 도시를 바라볼 수 있는 상황을 맞이한 도시의 리더에 관한 이야기는 수없이 많다. 영국의 전 환경부 장관인 마이클 헤슬타인(Michael Heseltine)은 리버풀에서 일어난 폭동의 여파가 남긴 현장을 방문했을 때 그러한 계시를 받았다. 그 결과로서 등장한 것이 바로 도시재생을 위한 실제적인 의무를 규정한 '시티 챌린지(City Challenge)' 구상이다. 이것은 당시 영국에서는 공공·민간·볼런터리부문 간의 파트너십에 주목하는 등 혁신적인 측면을 담고 있었다.

세계은행 총재인 제임스 울펜슨(James Wolfensohn)은 우즈베키스탄에서 한 어린 소년을 만났다. 그 소년은 찌든 가난에도 불구하고 전통적인 관습에 따라 그에게 약간의 돈을 건네 주었다. 그가 이 일을 경험한 다음 문화와 관습이 지극히 중요한 것이 되고, 개발과정에서 문화의 역할이 재평가되기에 이르렀다—이것은 은행업무에서는 흡수하기 아주 어려운 하나의 혁신이다. 보다 평범한 수준에서는 1934년에 핼리팩스 출신의 퍼시 쇼(Percy Shaw)는 길을 걷다가 한순간에 '고양이의 눈'을 발명했다. 이것은 빛을 비출 때 그 빛을 반사하는 반사경을 활용하는 원리이다. 거의 비용이 들지 않는 이 발명품은 이후 도시의 야간 길안내방식을 근본적으로 변화시켰다.

야망과 열정

기회주의, 기업가주의, 이윤추구

경쟁활동은 그것이 성공으로 이끌든, 그렇지 않으면 실패로 이끌든 창의성을 견인하는 것 가운데 가장 근본적인 것에 속한다. 1970년대 후반의 마이크로컴퓨터를 개발한 사람 가운데 한 명인 클라이브 싱클레어(Clive Sinclair)는 동력으로 움직이는 도시형 자전거인 C5를 개발하고자 하였다. 그것은 참담한 실패로 끝나버렸지만, 이후에도 그것과 똑같은 계획에 도전하는 수많은 시도를 막지는 못하였다. 언젠가는 그 가운데 하나가 성공할 것이다. 버밍엄의 딕베스에서 요하네스버그의 뉴 타운에 이르기까지, 도시 내부의 쇠퇴지역에서 부상하는 문화지구는 부동산개발업자의 열정, 뉴미디어영역에서 활동하는 예술가와 디자이너의 발상, 그리고 종종 그들 자신의 상업적인 의제가 결합되어 추진되고 있다. 그들의 왕성한 야심은 그 자체로 추가적인 시너지와 혁신이 갖는 파급효과를 창출하고 있다. 그리고 이러한 생산거점은 종종 새로운 상가의 중심지가 된다. 이처럼 새로운 사회적 '테크놀로지'의 기업가적인 응용은 도시에 일정한 영향력을 미칠 수 있다. 예컨대, 해리슨 오웬(Harrison Owen)

의 '오픈 스페이스'가 그 좋은 예가 될 것이다. 이것은 수백 명의 사람들을 의사결정과정에 재빨리 참여하게 하는 하나의 수단이다. 똑같은 사례가 남아프리카 및 아메리카의 여러 도시에서도 나타나고 있다.

경쟁압력

도시발전은 도시 간의 경쟁에 의해 초래되고, 그리고 창의성은 투자, 숙련노동, 국제적 이벤트, 관광객 등을 둘러싼 도시 간의 경쟁에서 필수적이다. 내부의 투자를 확보하는 데에도 많은 요인이 요청된다. 노동비용은 가장 명백한 요인이지만, 그 기능과 유연성도 점차 중요한 것이 되고 있다. 세계 리그에 들어가지 못하거나, 싱가포르와 시드니처럼 제2위 수준의 핵심 도시에서는 개성을 드러내기 위한 격렬한 경쟁이 이루어지고 있다. 그 곳에서는 모든 대도시에 기대되는 문화 및 비즈니스 관련시설을 단지 갖추고 있을 뿐만 아니라, 그 차이를 보이는 것이 중요한 과제가 되고 있다. 이러한 요청의 결과, 도시는 자신들의 자원 및 잠재능력을 재음미할 것을 요청받고 있다.

바르셀로나와 빌바오가 세계의 주목을 끌게 한 그 방식은 창의성의 가치를 잘 보여 주고 있다. 그것은 건축에서 가장 두드러지게 나타난다. 예를 들면, 프랑크 게리(Frank Gehry)에 의한 구겐하임미술관(빌바오), 세라, 폴록, 엘스워스, 미로와 같은 예술가들에 의한 공공권역에의 대담한 개입(바르셀로나)은 주목할 만한 가치가 있다. 영국에서는 셰필드시(市)가 국립대중음악센터의 건축을 위해 가장 익살스러운 건축가 가운데 한 사람인 나이젤 코츠(Nigel Coates)를 선택하였다. 하지만 과장된 말만으로는 충분하지 않다. 창의성은 비즈니스생활에서 가끔 보이지 않고, 또 인식되지 않는 도시생활의 어려운 측면을 다루는 사회사업에 이르기까지 다양한 장면에서 발견될 수 있을 것이다.

참여와 아이디어의 결집

토 론

여러 가지 한계성—특히, 여성의 배제—에도 불구하고, 토론이라고 하는 아테네의 문화는 높은 수준의 도시창의성을 촉진했다고할 수 있다. 즉, 상세한 설명, 성숙된 사고, 설전, 대립하는 견해의설득 등은 도시형 사회의 발전에 공헌하였다. 기원전 510년에 클레이스테네스에 의해 '발명'된 민주주의는 하나의 창의적인 사회혁신이었다. 그것은 2500년이 지난 이후에도 만족스러운 생활과 발전의잠재력, 그리고 적응성을 가져다 주고 있다. 이 토론문화의 현대적이고 보다 기술적인 사례는 실리콘 밸리이다. 그 곳에서는 지속적인 토론과 의견교환이 신제품을 생산하도록 권장되고, 또 그러한것들이 창조환경을 갖추는 경쟁요소로 간주되고 있다.

도시비전의 설정

도시비전은 도시의 사명선언 또는 기업의 사업계획과 같은 것이다. 1970년대 미국에서 시작된 비전의 설정은 이후 보편적인 것이 되었다. 지역구조계획이 열망을 다양한 방식으로 규제하는 것이라고 한다면, 도시비전이란 변화를 위한 계기를 창출하고자 하는하나의 시도라고 할 수 있다. 도시비전을 설정하는 작업은 현재의실제상황과 기대 사이에 공간을 열어 놓고, 창의적인 응답이 나오도록 자극하는 것을 말한다. 성공을 위한 관건은 지속적인 자기개선을 촉진하는 제도화된 리더십문화를 광범하게 발전시키는 것이다. 이러한 방식을 통한 비전의 설정은 변화를 위한 에이전트가 된다. 특히, 그것은 공공의 참여를 촉진하고, 또 선진적인 아이디어를창출하고, 그리고 성공의 목표를 설정하는 견인차가 되어야만 한다.

다른 것에서 학습하라

최량의 실천사례로부터 공부하라

독일 남부에 있는 인구 22만 명의 소도시인 프라이부르크는 환경을 중시하는 도시개발로 지금 세계적 명성을 얻고 있다. 프라이부르크에 있는 국제적 재활용에너지기관인 프라운호퍼연구소가 존재한다는 그 자체가 생태연구소 및 지역순환추진국제센터(ICLEI, 환경문제에 관한 도시의 훌륭한 실천사례를 데이터베이스로 구축하고 있는 단체 † 역주) 등과 같은 혁신단체를 이 지역에 유치하게 하였다. 이러한 단체들은 선진적인 환경도시로서의 프라이부르크의 위상을 높이고 있다. 이 도시는 독일에서 가장 오래된 태양열발전 주택의 전시시설을 갖고 있고(1978년 이후), 또 에너지를 절약하기 위한 공공교통기관, 자전거교통, 빌딩이용 등에 관한 자치단체 차원의 강력한 환경정책을 추진하고 있다. 이러한 과정을 거치면서 자연스럽게 선순환구조가 형성되어, 그 곳에서는 기술관련 시연, 의식향상, 생태생활에의 시민참여 제고 등이 자치단체와 함께 추진되고 있다. 프라이부르크는 외부세계에 이 분야의 혁신자로 투영되어 있고, 그것이 이제는 보다 많은 재능과 아이디어와 자원을 끌어들이게 하고 있다.

로바니에미(핀란드 라플란드주의 수도 † 역주)에 있는 라플란드대학의 북극센터는 북극권에서 이 도시의 위상을 확보하기 위한 한 수단으로 앞의 사례와 유사한 실험을 하고 있다―로바니에미가 '산타클로스의 고향'으로 불리는 것과는 별도로. 추위와 거리에 대처하는 것이 건물과 의복의 보온에서 커뮤니케이션 기술에 이르기까지 이 도시의 판매전략이 되었다. 연구자원은 산업부문―지리적으로 밀집되어 있지만―에 분산되어 있지만, 그것은 상호작용, 일의 분담, 기술의 집적을 통해 창의성을 배양한다. 이것과 유사한 대표적 사례는 실리콘 벨리이다. 이 지역은 원래 스탠퍼드대학과 인접해 있고, 방위관련 공공지출을 획득하기 위하여 형성되었던 곳이다. 이와 유사한 공공·민간연합의 클러스터가 로스앤젤레스, 그리고 보스턴 인근 128호선 연안의 발흥을 설명해 준다. 그들은 도시의 구조·환경·명성 등을 변화시킨 새로운 멀티미디어산업에 초점을 맞추어 발전하였다. 혁신의 원천은 방위산업에서 비롯되었지만, 방위산업은 이후 민간이용에 맞게 조정되었다. 그리고 보다 중요한 것은 그 곳에는 인터넷 그 자체가 포함되어 있다는 것이다.

외부에서 영감을 얻어라

타자의 창의성은 종종 자신의 내부에 있는 창의성을 불러일으키는 효과적인 수단이 된다. 특히, 그것은 체험을 공유하는 것에서 비롯된다. 휴양, 연수 여행, 세미나 등은 퍼스트 네임과 같은 친근감과 인간적 유대를 만들고, 또 협동을 촉진하고, 그리고 변화를 일으키는 강력한 촉진제가 된다. 스웨덴의 도시지역 도서관의 혁신에 관한 코메디아의 연구에 의하면, 다른 지역의 창의적인 도서관을 방문하기 위한 해외연수 여행에의 참여가 가장 효과적인 것으로 나타났다. 1980년대 중반에는 차타누가(Chattanooga, 미국 조지아주 접경지역에 있는 도시 †역주)의 60명에 달하는 의사결정권을 가진 그룹이 미국의 인디애나폴리스로 가서, 그 곳의 도시재생계획을 시찰하고 위급한 문제가 어떻게 해결되었는가를 조사한 적이 있었다. 이 학습과정을 통해, 그들은 서로 학습할 기회를 갖고 '차타누가 모험가를 위한 재단'을 설립하였다. 이후 '비전 재설정 2000: 차타누가'는 1996년 이스탄불에서 열린 '하비타트 세계최량실천 12' 가운데 하나로 선정되었다.

생각하지 못한 관계에 주목하라

다른 연구분야 또는 다른 업종의 사람을 한 자리에 모으는 것은 시야를 넓힐 수 있고, 또 새로운 형태의 창의성을 가져오게 할

베를린에서의 자동차공유제도

1990년대 초부터 만간주도에 의한 슈타타우토(STATTAUTO)—'시티 카'와 '대리자동차'를 의미하는 독일어 첫 글자의 합성어—는 4,000명의 회원을 가진 독일 최대의 자동차공유(car-sharing)회사가 되었다. 140대의 자동차는 도시 전체에 배치된 40여 곳의 지점이 있고, 특히 도시 중심부의 인구과밀지역에 중점적으로 상주하도록 되어 있다. 지점 간의 평균간격은 약 10분 정도로 되어 있다. 슈타타우토는 1976년에 51만km의 주행거리를 감소시켰고, 연간 80.32톤에 달하는 이산화탄소 배출량을 감소시켰다. 독일 국내의 자가용 자동차가 연평균 1만 4,500km 주행하는 것과 비교할 때, 슈타타우토의 공유 자동차는 연평균 3만km를 주행하였고, 또 국내 평균승차인원이 1.3명인데 비해 공유자동차의 그것은 2명인 것으로 나타났다.

수 있다. '웰컴 트러스트 사이언스-아트' 경진대회—심사위원은 작가들이 담당—는 과학과 예술의 지인을 결집시켜, 2년 사이에 400개 이상에 달하는 공동제안서를 성공적으로 제출할 수 있었다. 이 경진대회의 첫해에 대한 평가는 과학자와 예술가가 공동으로 작업한 프로세스가 '과학의 정신과 예술의 정신을 넘어선 통합을 낳고, 또 새로운 종류의 창의성'을 자극할 수 있었다고 결론짓고 있다(클레어 코헨 박사의 SCI-ART 평론, 브루넬대학, 1997에서 인용).

이처럼 도시재활성화 과정에 예술가를 참여시키는 것은 예상하지 못한 결과를 가져올 수 있다. 예를 들면, 밧트레이(요크셔 서부)에 사는 레슬리 팔레이스(Lesley Fallais)는 저렴한 주택의 임차인들과 작업을 수행한 적이 있었다. 그녀가 추진한 프로젝트에는 주민, 주택공급 담당자, 계획입안자, 지역의 리더, 경찰 등이 포함되어 있다. 이 프로젝트를 통해 건물과 놀이터의 환경적 측면의 개선은 물론이고 인형극과 축제 등의 활동도 활성화되는 결과를 가져왔다. 이 프로젝트는 이처럼 예상하지 못한 결과, 즉 지역적 자존의식, 사회적 결집과 활기 등과 같은 긍정적인 영향력을 가져왔던 것이다.

예외적인 상황

정   변

심각한 정치적 대립상황과 사회적·정치적 변화는, 경기침체와 마찬가지로 창의적인 실험을 하기 위한 비옥한 토양이 될 수 있다. 베를린의 전후 상황과 이후의 통합도시로의 재구축은 이 땅에 재흥의 기회를 가져왔다. 논자에 따라서는 그러한 사회적·정치적 전환과정을 서독에 의한 동독의 인수로 파악하기도 하지만, 그것은 동시에 공공·민간 각 영역에서 새로운 이념을 받아들이게 하는 분위기를 만들었다. 그것은 도시의 실험적 프로젝트로 받아들여졌고, 더구나 사회적·경제적 웰빙은 환경의식의 제고와 결부되어 있다는 것이 인식되어 있다. 예를 들면, 도시 전체의 에너지 이용량을 조사하기 위하여 실업자가 고용된 것을 들 수 있다. 이 계획을 추진하기 위한 공공재원이 마련되지 않은 곳에서는 전문가 비즈니스를 구축할 수 있게 되어 있다. 크로이츠베르크의 '블록 103'에서는 전직 불법거주자들이 점거하고 있던 땅을 공식적으로 할당받은 다음, 그 주택이 현대적인 환경을 고려한 건물로 전환되게 되었다. 옛 동독의 헬러스도르프에서는 아파트가 높은 환경기준을 통과하도록 새롭게 정비되었다.

정치적 위기

벨파스트, 베이루트, 사라예보 등에서 보여지는 투쟁은 때때로 우연한 혁신을 낳기도 한다. 벨파스트에서는 형해화한 자치단체 구조가 사라지는 대신 새로운 파트너십의 구조가 대두하고, 그것을 위한 조직 및 통치상의 절차가 개발되고 있다. 또 하나의 혁신은 같은 지역의 스프링베일에서 찾을 수 있다. 그 곳에서는 혜택받지 못한 사람을 위한 벨파스트대학 설립계획이 마련되었다. 이것은 얼스터대학의 전 부총장인 트레보 스미스(Trevo Smith)에 의해 주도되었다. 그것은 서베이루트의 가톨릭 커뮤니티와 프로테스탄트 커뮤니티를 분단하고 있는 경계선을 횡단하고, 수많은 장벽을 극복하고, 지금도 지속적으로 그 존재방식을 쇄신하고 있다. 마지막 사례는 최초의 '생애학습'대학으로 인가받은 것과 관련되어 있다. 예를 들면, 생애학습 신용시스템을 채택함으로써 학생들에게 단계별로 자격을 취득할 수 있게 하는 것이다. 대학입학시험에 대체하기 위해 고안된 제도는 입학에서 떨어지는 70%의 사람에게 전 생애에 걸쳐 자신의 신용을 높일 수 있는 기회를 제공한다는 것이다. 보다 비극적인 형태이기는 하지만, 분쟁은 또다른 혁신을 낳기도 한다. 예컨대, 벨파스트의 외과의사는 현재 중상자 치료분야에서 세계적인 명성을 얻고 있다.

리더십을 변화시켜라

근본적으로 변하라

변화는 극적 효과를 가질 수 있고, 하더스필드의 경험이 보여주듯이 숨어 있는 재능을 발굴하기도 한다. 1980년대의 하더스필드는 영국에서 가장 경영상태가 나쁜 자치단체 가운데 하나였지만, 10년 후의 그것은 도시경영이 근본적으로 변하지 않으면 안 된다는 인식 덕택으로 도시의 리더가 되었던 것이다. 새롭게 임명된 의회 수장과 그 집행위원들이 가장 먼저 취한 조치는, 과거부터 핵심적인 문제로 여겨져 왔던 고착되고 자기목적 지향적인 부문의 직원을 처리하는 것이었다. 일부 사람들은 사직을 '권고'받기도 하였다. 당시에 창의적으로 여겨졌던 변혁은 오늘날 어디에서도 주류가 되어 있고, 또한 협동작업의 활성화, 전략의 세분화, 사령탑의 운영시각에 서서 총괄적으로 생각하는 것 등은 왕성하게 시행되고 있다. 또한 기회균등정책과 인재육성을 포함하는 교육계획도 그 촉매작용을 했다. 창의성은 홀로 존재하지 않았던 것이다. 창의성은 변혁을 일으킨 최초의 견인차로서의 역할을 하였지만, 이어서 용기, 끈기, 설득력, 정치적 수완 등에 대한 높은 질적 특성을 요구하였다. 여하튼, 일단 시작되면 그 편익은 서서히 파급되기 시작하고, 사람들의 헌신적인 노력과 재능을 수반한 최량의 운영기술이 서서히 전개되어 갔다. 그것은 스텝의 프로의식을 향상시키고, 또 부서를 횡단하는 활동을 촉진하고, 그리고 보다 개방적인 경영스타일을 촉진하였다. 그러한 경향은 조직을 통해 침투해 갔다. 어떤 비서가 자신의 부서 상사에게 솔직한 의견을 말하고 난 후 다음과 같이 덧붙였다. "5년 전이라면 나는 일자리를 잃을 것이 두려워 이렇게 말하지 않았을 것"이라고 할 정도로 그 곳에는 많은 변화가 일어났던 것이다.

지역의 개성을 널리 알려라

지역적 제약조건

어떤 종류의 지역전통은 특히 그것이 법률의 제정으로 반영될 때, 창의적인 반응을 불러일으킬 수 있다. 그것은 종교적·상징적 또는 역사적인 요인이 '합리적' 의사결정과정보다 우위에 서는 경우가 있기 때문이다. 안자크 미모리얼(호주 군인들의 기념비† 역주)을 항상 눈에 띄는 상태로 두는 것을 요청하는, 멜버른의 조례 준칙은 도시의 중심부에서 고층빌딩의 디자인을 아주 이례적인 것으로 이끌었다. 또 하나의 조례 준칙은 빅토리아주에서 지평선의 경관보존을 요구하는 것인데, 이것은 기존 건물의 배후토지를 상상력 풍부하게 이용하도록 하는 상황을 초래하였다. 결과적으로, 멜버른은 지극히 국제적인 외관과 친숙하고 걷기 쉬운 빅토리아 공간을 잘 결합시킨 도시가 되고 있다.

개념상의 획기적인 변화

생각을 바꿔라

문제를 새롭게 정의하는 것은 혁신적인 활동의 잠재력을 드러내게 할 수 있다. 쓰레기를 의무가 아닌 하나의 자원으로 파악하는

가난한 폐품수집업자에서 부자가 되다

베 로 호 리 존 테

브 라 질

전문폐품회수업자라는 용어는 브라질 남동부에 위치한 베로 호리존테라는 지방자치단체에서는 결코 일반화되어 있지 않다. 그러나 가정, 회사, 상점 근처의 쓰레기더미에서 나오는 폐품을 리사이클링하는 것이 많은 사람의 생계수단이 되고 있다. 지금은 도시의 폐품회수업자와 쓰레기에 대한 사람들의 인식을 새롭게 하기 위해 매년 퍼레이드가 개최되고 있다.

마리아 다스 그라카스 마르갈은 그녀의 어린 시절을 베로 호리존테에서 폐품회수를 하면서 보냈다. 그녀는 경찰관과 통행인들로부터 증오의 눈길을 종종 회고하고는 한다. 하지만 사태는 변했다. 1990년에 그녀는 폐품회수업자가 자신이 회수한 물품을 분류해서 시장으로 내보내는 대규모 창고의 건설을 감독하기 위해 노상폐품회수협회(ASMARE)의 결성을 도왔다. 1992년 겨울에는 정부와 이 협회는 그 활동을 수행하기 위한 기금을 보증하는 데 합의했다. 저장공간은 시간이 지나갈수록 확장되고, ASMARE는 노동자에게 폐품회수를 용이하게 하기 위해, 가트를 지급하고 직업훈련을 실시하였다. 지금 폐품회수업자는 보다 많은 정규수입을 얻고 있다. 수익은 각 폐품회수업자의 회수분량과 판매에 비례하여 분배된다. 각 등록자는 매월 말, 그 달의 실적에 따라 생산성의 20%에 달하는 장려금을 지급받는다. 잉여금은 매년 분배된다. 이 직업은 지금도 건강상의 리스크를 안고 있다. 질병은 다반사로 발생한다. 베로 호리존테에서 개최된 다국 간 및 두 나라 간의 조직에 의해 조성된 폐품이용에 관한 최근의 국제워크숍에 의하면, 폐품회수업무에 관련한 보다 많은 연구가 이루어질 필요가 있다는 것을 지적하고 있다. 그것은 건강상태, 수입수준, 이 일에 관계하는 자녀의 수, 폐품회수업자의 실제 수에 관한 정보가 부족하다는 것이다.

1994년 이후, 이 협회는 매년 노상폐품회수업자의 카니발 퍼레이드를 개최하여 왔다. 그 곳에서는 형형색색의 리사이클링 소재로 장식한 폐품회수업자와 거리의 청소부가 등장한다. 그 목적은 지금까지 무익한 것으로 생각하는 쓰레기에 대한 사람들의 생각을 가치 있는 것으로 전환하는 데 있다. 결과적으로, 그것은 폐품회수업자에게 스스로를 사회화할 수 있는 기회를 제공했을 뿐만 아니라, 그 프로그램에 관계하는 파트너와의 사이에서도 그러한

것은 무한한 가능성을 열게 한다. 샤른호르스트(도르트문트, 독일)는
실업상태에 처한 젊은이에게 재판매를 위한 쓰레기를 수집하게 하
였다. 포르투갈의 오에이라스에서는 쓰레기를 해결하기 위한 하나
의 방법으로 쓰레기를 정원의 비료로 활용하는 시스템이 등장했다.
이탈리아의 파르마에서는 쓰레기가 건축물의 재료로 활용되고, 또
리미니에서는 농업용으로 활용되고 있다. 이동성 대신에 접근성을
생각하면, 자가용 자동차를 이동의 첫 번째 수단으로 생각하는 우
리의 주의력을 다른 것으로 향하게 할 것이다. 접근성이란, 이동성
을 내포하고 있을 뿐만 아니라, 근접성, 시설의 입지, 사회적 네트
워크, 사람들의 커뮤니케이션방식 등을 강조하는 것이다. 서비스에
대한 접근성에 눈을 돌리면, 개점시간, 그리고 자동차의 공유, 버스,
전차, 보행 등과 같은 다양한 운송수단의 존재방식에 대해서도 주
의를 기울이게 될 것이다.

『4배수: 부의 배증, 이용자원의 반감』(von Weizsacker et al., 1998)
이라는 책 제목은 50가지의 실생활 사례에 입각하여 고안된 간단한
개념이다. 산업혁명 이후 진보는 테크놀로지에 의해 뒷받침된 노동
생산성의 향상으로 정의되어 왔다. 『4배수』에서는 진보를 '자원생
산성'으로 새롭게 정의한 바탕 위에서, 지속가능한 도시발전을 논
의하고 있다. 그리고 규제와 유인구조가 자원의 효율성을 보상하면,
현재의 자원을 가지고서도 현재 얻고 있는 분량의 4배에 달하는 부
를 얻을 수 있다는 것을 시사한다. 잘 알려지지 않은 최량의 실천

사례가 제시되어 있다. 예를 들면, 출장비용을 줄이는 데 전자상거래가 수행하는 역할, 슈퍼윈도우, 빌딩의 종합적인 디자인, 다름슈타트 빠시바우스(독일 다름슈타트에 있는 생태주택†역주)와 같은 채광 및 에너지시스템, 전기제품의 에너지 이용량의 삭감, 보다 효율적인 설비를 요구하도록 하는 조직의 구매방침 변경 등이 그 사례가 될 것이다. 규제시스템은 그 관점을 조금 바꾸어 볼 필요가 있다. 예를 들면, 직장과 주택 사이의 근접거리에 부합하는 보너스라든가, 공공교통기관의 이용빈도를 고려한 수당, 에너지의 효율적 이용을 고려한 수수료구조 등이 고려될 수 있을 것이다.

근로소득에 대해서는 감세하는 대신, 자원의 이용에 관해서는 증세하는 등과 같은 정책의 변화를 통해서도 광범위한 이익을 낳을 수 있다. 그것은 다음과 같은 이유에 기인한다. 산업발전은 노동생산성의 증대를 통해서 이루어지지만, 그것을 위해서는 설령 보다 많은 자연자원이 사용되더라도 어쩔 수 없다는 것이 전제되어 있기 때문이다. "사업은 그들이 고용하는 노동력보다도 오히려 비생산적인 전력과 물자를 줄여 나가는 것이 되어야만 한다."고정화된 작업방식은 전문직을 사악한 방식으로 억누르고 있다. 예를 들면, 건축가의 보수는 "그들이 사용한 금액에 따라 지불된다. 그들이 무엇을 절약하고 있는가 하는 것과는 무관하다. 이처럼 효율성의 추구는 그들의 수입을 직접적으로 감소시킬 수 있다. 왜냐하면, 그들은 보다 적은 보수 때문에 보다 많이 활동해야만 하기 때문이다"(von Weizsacker *et al.*, 1998).

『4배수』가 혁신적인 것은 그것이 높은 수익성을 창출할 수 있고, 또 지속가능한 생태자본주의를 낳고, 그리고 도시의 비즈니스, 지역개발, 소비자 등 모든 부문을 그 대상 속에 포함하고 있기 때문이다. 노동생산성에서 에너지생산성으로의 그 전환은 혁명적인 것이 될 것이다. 왜냐하면, 그것은 경제적·사회적·라이프스타일 구조의 혁신으로 이어진다는 것을 내포하기 때문이다. 관건이 되는 것은 규제의 틀을 만들고, 생태적인 관점에서 그 비용을 산출하는 것이다. 그것은 자신이 갖고 있는 경쟁상의 우위를 활용하여 환경에 손상을 입히는 기업을 거부하게 할 것이다.

실패로부터 배워라

실패는 상상력을 불러일으키는 예기치 않은 선생이고, 때로는 성공보다도 강력하게 상황을 변혁시키는 촉매제가 될 수 있다. 그것은 반성하게 하고, 또 쇠퇴하는 소리에 귀 기울이는 경향을 낳고, 그리고 현상에 안주하지 않는 태도를 형성하게 할지도 모른다. 때로는 그것이 도전적·실천적이기는 하지만, 현재의 필요에 부적합한 대응적인 반응을 가져올지도 모른다. 비행장을 확장하여 늘어나는 수요에 대응하는 것은 로스앤젤레스나 런던의 히스로공항의 경우에는 명백한 해결책일지 모르지만, 여행의 증가 및 하역시간의 문제는 보다 근접거리의 여행에서 철도에 우위성을 주게 될지도 모른다. 실패는 부정적이고 저항하기 어려운 것으로 생각되지만, 유익한 실패와 무익한 실패 사이에는 경계선이 있기 마련이고, 이것을 알아 두면 유용하다. 무익한 실패는 사려 깊지 않은 행동의 결과이다. 예를 들면, 범죄를 줄일 목적으로, 지역 고유의 사정과 그 효과성의 원인, 실행상의 어려운 점 등을 고려하지 않은 채, 불관용정책(zero tolerance policies)을 단순히 복제하는 것이 그 사례가 될 것이다. 결국, 무익한 실패는 이미 알고 있는 실패를 반복하는 것이다. 예를 들면, 고속도로 옆에 주택을 건설하여 그것을 주위로부터 고립시켜 버리는 것이 여기에 해당한다. 아울러 사회적 결집과 범죄와의 인과관계는 잘 알려져 있지만 이 문제는 그대로 방치되고 있다.

이와는 대조적으로, 유익한 실패는 설령 각 국면이 최량의 실천에 따라서 고찰되고, 또 이용가능한 지식을 총동원하더라도 발생하는 것을 말한다. 최량의 실천이라고 하더라도, 그것은 예측할 수 없는 약점을 갖고 있을지도 모르고, 또 상황이 변하면 부적합한 것이 될 수 있다. 예컨대, 누군가 항상 감시하고 있는 쇼핑센터라고 한다면, 그것은 오히려 범죄의 증가와 주변구역에서 범죄에 대한 공포를 증가시킬지도 모른다. 그러나 실패는 잘 취급되면 문제의 원인에 관한 유연하고 체계적인 분석을 가능하게 하고, 또 새롭게 추진하기 위한 학습기회를 제공한다. 중요한 것은 도시의 혁신적인 실천과정에서 어느 정도의 실패를 예측하고, 나아가서 그것을 정당화할 것인가 하는 것이다. 문제는 누가 실패하는가에 있는 것이 아니라, 어떻게 하면 불가피한 실패에 대응할 수 있을 것인가 하는 것이다.

상징적인 계기

의지의 천명

헌장과 선언, 성명서 등은 행동 및 혁신을 자극하기 위한 집합지점, 캠페인 또는 지표로서의 역할을 수행하는 경우가 있다. 그들은 심지어 관례 등과 같이 법적으로 정비되지 않은 경우에도 그 역할을 수행한다. 1990년의 오존층에 관한 몬트리올의정서의 발행은 환경문제에 대한 의식을 고양시키고, 또 오존의 감소비율을 측정하는 조사를 일깨웠다. 1972년에는 유네스코회의가 세계의 문화 및 자연유산을 보호할 문제를 제기한 다음 그것이 조인되었다. 이후 555개에 달하는 장소가 세계유산으로 등록되었고, 거기에는 100개 이상의 도시가 포함되어 있다. 실제로 그러한 도시는 다양하고, 사나아(예멘), 젠네(말리), 퀘벡, 상트페테르부르크, 스플리트(크로아티아), 카르타헤나(콜롬비아), 브라질리아, 이스파한(이란), 배스(영국) 등이 포함되어 있다. 그 지정은 활발한 활동을 전개하는 데 도움을 주고, 또 전통적인 건축기술을 재생시키는 동시에 혁신적인 기술의 발전을 통해 노화의 진행을 억제하고, 기초를 안정시킨다거나 심지어 머드 블록의 제조속도를 가속화시키는 등 이중의 추진력을 가져오게 하였다. 그러한 많은 기술은 건축에 관한 지식의 일반수준을 높이는 데에도 기여하였다.

장소마케팅

도시는 점차 '지적', '교육적', '그린', 또는 '창의적' 도시와 같은 형용문구를 활용한 브랜드화 수단을 이용하고 있다. 이러한 마케팅 슬로건은 기대를 증대시키는 동시에, 선전하는 것과 현실과의 격차를 없애는 데 전략의 초점을 맞추는 메커니즘이 될 수 있다. 일본의 카케가와, 캐나다의 애드몬턴, 호주의 아델레이드 등은 모두 자신을 '교육' 도시로 선전하고 있고, 따라서 현실이 슬로건을 따라

◀◀ 사례연구 ▶▶

레스터
환경도시

영국

레스터는 1990년 영국 최초의 환경도시가 되었다. 이 지정은 창의적인 대응을 요청하는 지속가능한 도시발전에 대한 책임감을 요구하는 호칭이다. 지속가능성에 대한 도전은 관리운영 및 자원이용에 관한 포괄적인 재고를 요구했다. 환경도시 이념은 최량실천조사기관을 설립할 때와 마찬가지로, 공공·민간·커뮤니티·학술부문의 영역을 초월한 싱크탱크를 창설하게 하였다. 이 환경도시는 환경문제에 대한 재조사사업을 실천에 옮겼고, 정책을 결정하는 평의회는 환경친화적인 것이 되었다. 즉, 그들은 에코하우스라고 하는 모델하우스를 설립한 다음, 10년 이내에 지역건물의 에너지 소비량을 16% 삭감시키고, 또 우수한 환경실천사업에 대해서는 녹화조성금을 지급하는 것 등과 같은 조치를 취했다. 아울러 그들은 에너지절약형 가로등을 설치한다거나, 4,000개에 달하는 민간정원이 시의 야생생물에 미치는 공헌도를 조사하기도 했다. 그리고 그들은 레스터의 아시아계 커뮤니티를 통해 인도계 힌두사적의 식목사업을 위한 자금을 모금한다거나, 도시 전체의 리사이클링이 가능한 폐품을 회수하는 데 도움이 되도록 하기 위해 200여 개의 자선단체와 함께 '환경회계'를 창설하기도 하였다.

가야만 한다는 점에서 실제로 그러한 방향으로 성장하고 있는 것이다. 모범적인 마케팅 캠페인 사례로서는 지금은 잘 알려진 글래스고의 마일스 베터(Miles Better)를 들 수 있다. 이것은 도시의 변혁에 관한 관심을 불러일으키는 데 성공한 사례이지만, 본질적으로 그러한 캠페인은 승수효과를 갖는다. 이 캠페인은 협동적인 문화 및 내부투자전략과 함께 글래스고가 1990년도에 '유럽의 문화도시'의 왕관을 차지하는 데 공헌하였다. 이 상은 수상 그 자체만으로도 도시에 새로운 인재를 유인하는 데 도움을 주었고, 또 창의성의 선순환 구조를 가져왔다. 그 결과, 최근 이 도시는 1999년도에 '건축과 디자인도시'로 지정되기도 하였다. 이러한 이벤트에는 실험적 프로그램이 들어 있고, 그것이 글래스고를 혁신도시로 보이게 하고, 또 문화를 위한 인프라를 보다 광범하게 전개하거나 국제지향의 디자인 산업을 창출하게 하였다.

주목되는 이벤트

주목을 받는 이벤트, 수상식, 경진대회 등, 예를 들면 1996년 이스탄불의 국제연합 인간주거회의, 1992년의 기상변화에 관한 리우 정상회담 등은 문제의 파악방식을 변화시키고, 또 혁신프로세스를 가동시킬 수가 있다. 인간주거회의/UNCHS(국제연합주거센터) 이벤트는 자치단체의 활동, 시민과의 연대활동, 의사결정과정에서의 NGO의 역할, 지속가능한 도시발전 등에 대한 전체적이고 총괄적인 접근방식에 빛을 던지는 다양한 프로세스의 클라이맥스였다고 할 수 있다. 그 곳에서는 50개 이상의 나라가 모인 다음 각각 최량의 실천이 개진되었다. 그러한 장소에서의 쇼 케이스와 경진대회와 같은 요소는 상호 학습 및 체험을 교환할 수 있는 것이 되었다. 이 곳에서는 700개에 달하는 최량의 실천사례가 모아지고, 또 그것에 관한 데이터베이스가 구축되었다. 데이터베이스에 등록되는 과정은 두 단계의 프로세스를 포함하고 있다. 최초의 단계에서는 기술적 전문가가 각 나라에서 작성한 짧은 리스트를 근거로 국제적인 기준에 부합하는 심사과정을 거쳐 선정하였다. 그 결과, 12사례만이 국제적인 평가를 받아 수상하게 되었다. 이 프로세스는 금후에도 지속될 것이고, 그것에 의해서 제2단계의 데이터베이스가 구축될 것이다. 즉, 500개에 달하는 국제최량실천상을 수상한 리스트와 수천 개에 달하는 대규모 실천사례 리스트가 작성될 것이다.

브랜드화된 개념

개념은 강력한 촉매요인이 될 수 있다. 1992년, 환경에 관한 국제연합의 리우 정상회담 이후 고안된 '로컬 어젠더 21'은 상상력을 자극하고, 또 수많은 창의적인 반응을 불러일으켰다. 거기에는 헤이그의 녹색할인카드에서 시민참여에 기초한 지역의 환경상태에 관한 평가기법에 이르기까지 다양한 것이 들어 있다. 어떤 지역에서는 개구리의 숫자가 감소하는 것이 환경악화의 중요한 지표로 취급되고 있고, 또다른 지역에서는 개구리 대신에 난초의 종류 또는 곤충이 그 지표가 될 수 있다고 했다. 로컬 어젠더 21은 행동을 위한 구호이고, 또 모험적인 자치단체에 변혁을 촉구하고, 그리고 지속가능한 발전을 위한 생태원리의 채용을 호소한 것이다. 지역문제와 설명책임에 초점을 맞춤으로써, 그것은 지속가능성을 지역민주주의와 사회적 네트워크의 지속가능성에 관한 논의로 나아가게 하였다.

전략적 명료성

창의성을 위한 정책

도시창의성과 혁신에 관한 정책을 자각적이면서도 포괄적으로 실시하고 있는 경우는 아주 드물다. 하지만 도시의 창의성을 위한 그 필요성은 분명한 것이 되고 있고, 또 몇몇 도시에서는 어떻게 하면 도시의 상상력을 활성화할 수 있을 것인가를 묻고 있다. 그러한 도시는 산업적·기술적 전략에 관한 그 나름의 경험을 갖고 있고, 또 도시가 필요로 하는 혁신적인 기업을 다양한 방식—사이언스 파크를 위한 창업기금에서 마케팅에 이르기까지—으로 지원하고 있다. 사회적 영역에서는 계획의 입안 및 의사결정과정에의 시민참여를 위한 전략이 훌륭한 실천사례가 되고 있다. 『혁신적이고 지속가능한 유럽의 도시』(Hall and Landry, 1997)에 보고된 515개의 사례조사 가운데 반 이상에서 회의절차가 프로젝트를 발전시키는 데 중요한 역할을 한 것으로 나타났다. 이러한 과정은 보다 많은 시간과 노력, 그리고 자원의 초기투자를 필요로 하지만, 보다 많은 소유권에 따른 편익, 결과에 대한 책임감의 증대, 보다 높은 동기의 부여 등이 성공의 확률을 현저하게 높여 준다. 하더스필드의 CTI (창의적인 도시의 구상)는 대단히 중요한 것이다. 왜냐하면, 그것은 창의성과 혁신을 광범하게 파악하고 있는 희소한 사례이기 때문이다. 도시창의성의 통합된 성격과 그것이 어떻게 조직되고, 또 실행되고 있는가에 관해서는 앞으로 배워야 할 것이 많지만, 분명한 것은 정책을 발전시키는 과정이 이미 가치 있는 결과를 낳고 있다는 것이다.

구조적 위기

위 기

위기는 긴급한 반응을 요구하고, 또 혁신의 장벽을 뛰어넘는 데 도움을 준다. 상황은 즉각적인 해결을 요구하는 데 과거의 방식 —만약 그것이 즉효성이 없는 것이라면—을 고집하는 것은 있을 수 없다. 전시중에는 종종 여성이 자신의 재능을 펼칠 수 있게 되었다. 제1차 세계대전에서 여성이 활약한 다음, 영국에서는 여성의 선거권을 부정할 수 없게 되었다. 1995년 고베대지진은 일본의 시민서비스가 대규모 재해를 취급하는 데 적합하지 않다는 것이 분명해졌고, 그리하여 중앙정부와 지방자치단체 양쪽의 경영관리에 혁신을 가져왔다. 1982년 런던 브릭스톤에서의 폭동은 투자증대와 관리정책의 변화를 가져왔다.

　그러나 위기는 항상 하나의 사건만으로 그치는 것이 아니다. 그것은 조금씩 대응능력을 상실하게 한다. 수년에 걸친 타락, 비효율성, 인프라의 유지불가능성, 그리고 새로운 요구에 대한 적응불가능성 등은 도덕적 저하를 초래할 수 있다. 그러한 위기는 그 원인이 조직적인 것이기 때문에, 그 힘도 또한 강력하다. 창의적인 반응은 또한 실행할 힘과 의지를 필요로 한다. 종종 상황은 악화된 다음에야 좋아지는 경향이 있다. 예를 들면, 엠셔강의 하수가 수도관으로 흘러들어가는 것을 목격한 다음에야 비로소 노르트라인 베스트팔렌 정부가 행동에 나서기 시작한 것이 여기에 해당한다. 하지만 위기는 표면적으로 보이는 만큼 항상 예측할 수 없는 것은 아니다. 1970년대 후반, 유럽과 미국의 철강·석탄산업의 붕괴는 그들의 높은 임금구조와 일본 및 극동지역에서의 효과적인 신기술에 기인하였던 것이다. 장기적인 경향에 관심을 가졌던 사람이라면 누구라도 그것을 예측할 수 있었을 것이다.

불안정성

　구조적 불안정이라는 개념에는 수많은 발전을 위한 계기가 포함되어 있다. 즉, 위기, 토론, 투쟁, 선언, 성명 등이 여기에 해당한다. 도시는 진화해 감에 따라 기존의 엘리트와 대두하는 엘리트 간, 또는 이데올로기와 집단 간의 권력투쟁을 경험하게 된다. "아테네, 피렌체, 런던, 바이마르, 베를린 등과 같은 혁신적인 도시는 그 절정기에 기존 상태에서 벗어나 미지의 조직개편으로 이행하고자 하는 상태에 처해 있었다"(Hall, 1998). 이 불안전성은 창의적인 도시를 활기찬 것으로 만드는 동시에 불유쾌한 것으로 만든다. 고대 아테네에 관해서 언급했던 것처럼 새로운 민주헌법은 새로운 이념과 영감, 열망을 낳았고, 또 철학자와 문화적인 생활을 영위하는 기타 사람들에게 커다란 영향을 끼쳤다. 1270년에서 1330년에 걸쳐 피렌체에서는 주도적인 가문 간의 투쟁이 구조적인 불안정을 초래하고, 도시의 확장을 재촉했다. 19세기 말, 합스부르크제국의 쇠망기에 접어든 빈에서는 깊은 염세주의가 정신의학, 철학, 경제학, 문학, 음악, 의학, 미술과 건축분야에서의 뛰어난 창의성과 결합되었다. 또 다른 시기에, 뉴욕, 런던, 파리, 베를린, 그리고 기타 도시는 이것과 유사한 창의적 불안정성에서 편익을 얻고 있었다.

오늘날에는 도시 간의 경쟁에 의한 새로운 형태의 '구조화된 불안정성' 또는 '제어된 혼란'이 의식적으로 개발되고 있다. 도시의 리더들은 현상과는 일치하지 않는 사람들의 열망을 이끌어 냄으로써, 위기상황을 의제할 수 있는 것이다. 그것은 비전을 제시하거나, 계기가 되는 목표를 설정한다거나, 또 압력을 행사할 목적으로 캠페인그룹을 독려하는 것 등을 통해 이루어질 수 있다. 부분적이긴 하지만, 이것이 배경이 되어 취리히, 바젤, 칼스루에, 프라이부르크 주변지역에서 도시클러스터가 활성화되고 있는 것이다. 이러한 도시들은 지속가능한 발전에 기반한, 생활의 질이라고 하는 새로운 목표를 둘러싸고 경합을 하고 있다. 파르네스(S. J. Parnes)가 창의성을 논의할 때 사용한 표현을 빌리면, 이것은 '변화를 위한 과장된 푸시(push)'(Parnes, 1992)가 되고 있다. 이 지역의 구상은 지속적인 환경개선을 추구해 가는 데 그 기초를 두고 있다. 지속적인 아이디어의 교환, 또 도시 간 사람들의 이동, 그리고 도시 간의 경쟁이 새로운 종류의 창의적인 환경을 낳게 되었다. 그리하여 사람들은 새로운 테크놀로지에 대한 공통의 신뢰를 기반으로 다양한 측면에 초점을 맞추게 된 것이다.

결   론

창의성의 계기가 되는 것에는 실제로 각각 다양한 사례가 존재한다. 그러면 어떤 것이 가장 중요하고, 어떤 것이 도시의 창의적인 역동성을 가장 잘 설명할 수 있는 것인가? 또 어떤 요인이 핵심적이고, 어느 것이 부차적인 것인가? 또 어떤 계기가 시간을 넘어서 지속가능한 혁신의 사슬을 창출할 수 있는 것인가? 창의성은 필요, 희소성, 노후, 투쟁의 결과, 리더십의 변화, 사회·정치적 변화를 통해 나타나고, 특히 이러한 계기들은 모두 핵심적 계기로서의 위기—전환점이 된다는 의미에서—를 지향하는 패러다임의 전환을 통해 나타났다. 하지만 위기에 대한 대응은 대기근과 같은 특별한 재해가 일어났을 때 거두는 의연금처럼 일회성으로 그칠 수 있다.

이것은 패러다임 전환의 시기에 돌입할 때 일어나는 일종의 지속적 위기인 '구조적 불안정'이라는 주장에 힘을 실어 준다. 만약 그런 상황이 발생하면, 과거의 일처리방식은 부적절한 것이 된다. 지역 특유의 구조적 무질서는 다양한 차원에서 변화를 초래하고, 또 경제적·사회적·제도적·정치구조상의 균형은 붕괴되어 버린다. 세계의 어떤 지역에서 공장폐쇄가 일어나는 것은, 예컨대 1만km 떨어진 다른 지역이 보다 값싼 노동력을 갖고 있기 때문이다. 글로벌화와 지방의 필요는 반드시 손을 맞잡고 있는 것이 아니기 때문에, 중앙정부와 지방·도시 간의 권력투쟁을 가져올 수도 있다. 인구의 이동은 외국인 혐오증을 낳아 문화적 다양성의 편익이라는 아이디어가 침투하지 못하게 되어버리는 경우도 있다. 그러한 불안전성을 다루는 것은 특별한 단일 이벤트 이상의 의미를 갖고 있으며, 그것은 다른 균형이 이루어질 때까지 지속적인 조정과정을 필요로 한다. 이 조정은 건전한 것이든, 그렇지 않으면 부정적인 것이든 창의성을 낳는다. 창의성은 변화를 다루기 위한 자극제가 될 수도 있고, 그렇지 않으면 수세적인 방패로 전환될 수도 있다. 이전에 범한 실수에서 교훈을 얻고, 또 역사의 경향을 이해할 때, 변화는 건설적이고 긍정적인 기회를 보다 많이 가져다 줄 것이고, 또 그러한 차이를 통합할 수 있게 할 것이다.

창의적인 반응의 원천

도시의 창의적인 불꽃이 변화에 대처하기 위해서는 어디에서 비롯되어야 하는가? 그것은 민간부문인가? 제3섹터인가? 공공부문인가? 제휴와 파트너십인가? 창의성은 모든 원천에서 발생할 수 있고, 또 그럴 필요가 있다. 장래에는 공공·민간·볼런터리부문 간의 견고한 분할을 타파하는 이종혼합적인 결합이 풍부한 열매를 자져다 줄지도 모른다. 민간부문의 기업가가 아마도 볼런터리부문의 사회케어분야에 종사할 수도 있고, 또 환경문제를 주장하는 사람이 자치단체의 교통관련 분야의 수장으로 임명될지도 모른다. 또한 문화분야에 관계하는 사람이 재산가치에 기초한 도시의 재생계획을 주도하게 될지도 모른다(그것은 더블린의 템플 바 문화지구의 개발시기에 실제로 일어났던 일이다). 더구나 리사이클링 시스템을 운영하는 공무원 등 그 형태는 끝이 없다.

도시전략가들이 직면하는 도전은 자신들의 도시에는 어떤 창의적인 계기가 있는가를 인식하고, 또 어떤 것이 필요한가를 판단하는 것이다. 창의적인 도시를 양성하는 원리는 혁신적인 불꽃을 이용하는 것이고, 또 그러한 혁신을 적절히 조합해서 효과적인 질서를 부여하고, 그리고 창의적인 도시환경의 기초로 삼는 것이다. 하나의 예를 들어 보자. 청년실업률의 증가가 신기술에 의해서 초래된 실업률의 증가 때문이라고 한다면, 도시에서 이와 유사하게 구조적 원인을 수반하는 위기는 없는 것인가? 이것이 범죄, 폭력 또는 낙서 등과 같은 부정적 파급효과를 낳고 있는 것이 아닌가? 젊은이를 위한 포괄적인 비전이 설정되어 있는가? 젊은이를 위한 성명은 필요한가? 젊은이의 문제가 하나의 기회로서 재평가되고 있는가? 젊은이를 위한 새로운 유인구조가 개발될 수는 있는 것인가? 도시의 젊은이가 전문가로서 활동할 수 있는 장이 마련되어 있는가? 이러한 문제를 다루는 학제적인 연구팀은 존재하는가? 도시의 리더는 그들을 상상력 풍부한 방식으로 대우하는 장소를 알고 있는가? 어떤 요소가 참고가 될 수 있을 것인가?

제3부
도시창의성의 개념적 도구

7 창의성을 창출하는 계획을 시작하라

개념적인 도구상자란 무엇인가?

도구상자란 문제해결을 위하여 고안된 기구와 부품의 조합방식을 말한다. 개념적 도구는 문제를 보다 쉽게 이해하고, 탐색하고, 해결하기 위한 개념·아이디어·사고방식·지적 관념 등의 조합이다. 여기서 논의되는 개념은 지적 망치이고, 톱이고, 드라이버에 해당한다. 그들은 접근방식과 테크닉의 조합이자 다양한 책략이다. 그들의 목적은 도시문제를 생각할 때 정신적 예민함의 어떤 형태를 육성하기 위한 것이고, 그리고 문제를 다면적·전체적인 시각에서 바라보게 하는 데 있다. 여기서 말하는 전체적(holistic) 사고방식이라는 것은 다양한 시각 또는 학제적 방식으로 문제를 바라보는 것을 한 단계 뛰어넘는 개념이다. 그것은 부분이 합해서 하나가 되고, 이후 자체적인 동력을 만들어 낸 다음에 보다 크고 독립적인 어떤 것을 달성해 간다는 것을 의미한다.

개념에 초점을 맞추는 것은 근본원칙에 입각해서 생각하게 한다. 하지만 그것은 통상적으로 너무 많은 시간을 요하고, 또 번거로운 것으로 보이게 할 수 있다. 만약 우리가 편법에 의존하면 보다 '생각하지 않고', 본능적이고 과거부터 익히 알고 있던 루트—잘 기능하는 것처럼 보이는 것—를 택하게 될 것이다. 지금까지 우리는 이러한 방식으로 의원, 비즈니스업계, 공무원에 의해 이루어진 무수한 의사결정에 대처하고 대응해 왔다. 그러한 결정 중에는 계획적인 것과 예측가능한 것도 있지만, 그 대부분은 통제할 수 없는 것이다. 이러한 행동은 이후 발생하는 문제의 대처방식에 대해서도 영향을 미친다. 이처럼 우리의 사고방식은 집합적 경험을 통하여 형성되고, 그리고 그것은 일의 전개방식에 대한 우리의 감각이 된다.

따라서 문제를 어떻게 해결할 것인가 하는 것도 중요하지만, 그것에 못지않게 중요한 것은 다양한 범주 속으로 그들을 어떻게 분류할 것인가 하는 것이다. 예를 들면, 모든 것은 분리되어 있는가, 그렇지 않으면 연결되어 있는가? 활동은 정적인가, 동적인가? 경제적 요인이 사회적 관심사보다도 중요한 것인가? 각종 사건은 사람들의 '본성'에 따른 필연적인 결과인가? 만약 그렇지 않다고 하면, 우리가 어떤 과정을 거쳐 그러한 결과를 초래하게 되었는가? 현실생활에서 요구하는 해결책은 흑·백의 양자택일을 요구하는 경우는 드물고, 따라서 다른 측면에서 문제를 바라보는 능력이 중요하다.

"여기서는 이런 방식으로 일을 처리한다"고 말하는 것은 현재의 권력지형을 그대로 받아들이기 위한 구실에 지나지 않는다. 도시문제에 대한 대처방식은 도시의 권력이 어떻게 배치되어 있는가에 달려 있다. 통상적으로, '하드웨어' 인프라에 관계하는 사람들, 즉 엔지니어, 토지이용 또는 교통계획을 수립하는 사람은 권력구조의 정점을 차지한다. 이들에게는 문제의 어떠한 해결책도 그들 자신의 프리즘(편향된 시각 † 역주)을 통하여 보여진다. 우리가 무엇을 하고 어떻게 할 것인가를 방향지우는 것은 심리적 지도, 즉 개념이다. 이런 맥락에서, 이 집단의 도시에 관한 개념은 기계적인 해결을 찾도록 유도하는 기계와 같은 것이다. 이와는 달리, 도시를 살아 있는 유기체로 바라보는 사람은 그 곳에 거주하는 사람에게 미치는 역동적인 효과에 주목할 것이다.

이와 마찬가지로, 우리가 어떤 과제에 부여하는 이름은 그것이 어떻게 취급되어야만 하는가를 결정한다. 만약 어떤 도시의 교통업무를 담당하는 부서가 '커뮤니케이션·커넥션' 또는 '접근가능성' 부서로 불린다면, 엔지니어만으로 그 업무를 담당하게 하는 것은 불가능할 것이다. 자동차의 이동과 공공교통은 한 측면에 지나지 않게 되고, 네트워킹의 경우처럼 보행과 이야기 등이 보다 높은 순위를 차지하기 시작할 것이다. 일단 인간적인 영역이 평가되기 시작하면, '하드웨어'인프라와 관련된 과제는 부차적이고 기술적인 중요성을 가진 것으로 귀결될 것이다. 똑같은 재검토가 도시행정의 한 분야인 주택업무를 담당하는 부서를 '인간주거센터'로 부르는 경우에도 발생할 것이다. 우리가 주택을 인간의 주거로 고쳐 부르면, 주택은 하나의 단순한 요소가 되고, 상점, 어메니티, 사람들이 서로 교류하는 방식과 같은 환경적인 요인이 중요하게 될 것이다(Greenhalph *et al.*, 1999 참조).

재무·회계부서 또한 권력구조의 정점에 위치한다. 하지만 효율성·효과성·화폐가치에 대한 그들의 시각은 지나치게 좁다. 그들 대부분은 경제의 참된 본질, 즉 사회에 미치는 간접적 영향력이 효율성, 산출물, 성과와 마찬가지로 중요하다는 것을 전혀 이해하지 못하고 있다. 도시에서 부의 창출과 사회적 결속 간의 균형을 달성하기 위해서는 이들을 동전의 양면으로 바라보아야만 하는 것이다. 현 도시의 권력구조하에서는 사회서비스, 문화·레저와 같은 인간의 감정과 정서를 취급하는 부서는 그 어느 것도 낮은 지위를 부여받고 있다. 이러한 인간의 네트워크, 접촉, 신뢰 또는 협동능력과 같은 '소프트한'인프라는 종종 경시되고 있지만, 21세기는 이미 네트워크사회의 시대로 진입하고 있다.

창조도시를 위한 도구상자 배후에 있는 가정

창의성을 활용하는 잠재능력에 대한 나의 믿음은 문제점 위주로만 도시를 논의하는 방식에서 벗어나 도시의 적극적인 측면에 주목하게 해 주었다. 실제로, 도시는 지속가능성과 같은 문제에 대하여 그 답을 제시할지도 모른다. 그것은 도시가 보다 밀집한 장소이기 때문이다. 경우에 따라서는 도시가 부의 창출에 대해서도 그 답을 제시할지 모른다. 그것은 도시가 고차원의 상호작용을 하는 장소이기 때문이다.

나는 다음과 같은 주장에 도전하고자 한다. 그것은 '비공간적 도시영역'으로의 이행은 불가피하다거나, 또는 도시의 운명을 결정하는 것은 단순한 지리적 행운이나 자원의 접근성이라고 하는 것이 여기에 해당한다. 개인 또는 정부는 결정적인 행동을 취할 수 있다. 앞에서 언급한 도구상자의 목적은 의사결정의 배후에서 그 기반이 되고 있는 철학, 원칙, 가정 등을 재검토함으로써 문제가 어떻게 취급될 수 있는가를 재고하는 것이다. 또한 그것은 도시문제와 그 해결책이 형성되는 방식에 도전하는 것이다.

창의성 그 자체는 도시문제에 대한 해결책을 제시하지 않지만, 적어도 혁신이 일어날 수 있는 아이디어뱅크를 의사결정자에게 제공할 수는 있다. 도시를 새롭게 생각하는 방법을 장려하거나, 새로운 개념과 조직원리를 탐색해 가는 과정에서 목표가 되는 것은 도시의 역동성에 관한 우리의 이해를 개선하는 것이고, 또 그 바탕 위에서 행동하게 하는 해석상의 '관건'을 발견하는 것이다. 중요한 것은 개념이나 운영상의 원칙은 단지 해석하는 데 도움을 줄 뿐이고, 의사결정과 뒤이은 행동을 돕는 힘이 된다는 점에서 그 유용성을 가지는 것이다.

창의적으로 생각하고 계획을 세우는 데 도움을 주기 위한 일환으로, 여기에서는 일곱 가지 개념과 일련의 테크닉을 제안하고자 한다. 이 가운데 몇몇 아이디어는 명백한 것처럼 보일지도 모른다. 하지만 내가 아는 한 이들이 도시의 문맥에서 의식적으로 사용된 적은 없다. 이것이 그러한 아이디어를 참신하게 할 것이다. 첫째, '시민적 창의성'은 행동을 위한 요청을 담고 있다. 그것은 장래의 우선순위 중 하나로서, 시민적 영역에서의 창의성을 강조한다. (둘째) 이와는 대조적으로, '도시창의성의 사이클'은 분석적·설명적인 기구에 해당한다. 그것은 복잡한 과제를 분해하고, 일의 흐름과 진행과정을 설명함으로써 전략과 우선순위의 설정에 대한 통찰력을 갖게 한다. (셋째) '혁신과 창의성의 라이프사이클' 개념은 타이밍을 의식할 필요성을 강조한다. 즉, 그것은 판단력의 발달과 창의적이어야 할 시기에 대한 감각을 요청한다.

한편, (넷째) '도시의 연구개발' 개념은 창조행위를 정당화하는 실행·감시·평가 등의 접근방식을 제창한 것이다. (다섯째) '혁신의 기반'은 정책결정자로 하여금 프로젝트 또는 그것과 유사한 종류가 얼마나 창의적인지, 그리고 도시가 최량의 활동을 하고 있는가를 평가할 수 있게 하는 벤치마킹 지표가 된다. (여섯째) '활력과 생명력' 지표는 새로운 타입의 지표 가운데 한 예가 될 것이다. 마지막으로, '도시의 리터러시'를 개념화함으로써 지금까지 제시한 개념과 도시생활 및 그 역동성을 해석하고 이해하는 또다른 방법을 결합하고, 나아가 도시의 새로운 경쟁력을 창출하고자 한다. 시간의 경과와 더불어 문화지리학, 도시경제학, 사회문제연구, 심리학, 역사, 문화연구, 도시계획, 디자인, 미학 등에서 얻은 통찰을 결합한 일종의 '메타 도시학문'이 부상하게 될 것이다.

그것이 지향하는 전반적인 목표는 새로운 언어와 도구세트를 발전시키고 정당화시켜 도시의 문제·정책·발전을 논의할 수 있도록 하는 것이다. 그리고 우리가 열망하는 것이 있다고 한다면, 그것은 보다 풍부한 해석가능성을 제공하는 동시에 실천적인 특성을 갖게 하는 것이다. 그것은 도시이용계획의 고전적인 원리와 일정한 관련성을 가지면서도, 거기에 함몰되지 않는 언어체계를 만드는 것이 될 것이다.

창의적인 도시전략의 방법

창조도시 아이디어에 관한 계획과 실행은 다음 네 단계로 구성된다.

1) 전체적으로 다섯 단계의 전략적 계획과정
2) 일련의 분석수단을 적용하는 단계: 이 가운데 가장 중요한 것은 '도시창의성의 사이클' 개념임.
3) 어떤 도시 또는 프로젝트가 상대적으로 얼마나 창의성인가를 측정하는 일련의 지표들.
4) 창의적 사고와 계획을 돕는 일련의 테크닉.

전체적인 계획을 수립하는 과정에서는 분석수단, 지표, 테크닉 등이 적절히 활용된다. 창조도시의 접근방식은 특별한 관점에서 수립된 전략계획 가운데 한 형태이다. 그것이 갖는 특징 속에는 일정한 전제조건이 충족될 때 그 계획이 효과적이고 잠재력을 극대화할 수 있는 아이디어가 포함되어 있다. 이것을 보다 상세히 기술하면 다음과 같다.

- 과제해결을 위한 독자적 방법은 일정한 한계를 가질 수 있다는 것을 받아들이는 것.
- 창의적 사고는 어떤 계획에서도 중요한 투입요소라는 것을 의식적으로 승인하는 것.
- 설혹 그들이 문제가 되는 과제에 거의 관련이 없을 것으로 생각되더라도 다른 학문의 시각에서 생각할 용의가 필요하다는 것.

✳ 계획을 위한 잠재자원은 통상적으로 생각되는 것보다도 월등히 광범위하다는 것을 인식할 필요가 있다는 것. 즉, 그것은 지리적 이점, 연구시설의 이용가능성, 도시의 기반이 되는 회사와 그 기능의 존재 등과 같은 유형자산, 그리고 시민의 자신감, 장소에 대한 이미지와 그 인지도, 도시의 역사·전통·가치 등에서 비롯되는 잠재력, 지역커뮤니티의 상상력 등과 같은 무형자산을 포함한다.

이러한 수단을 통하여 개방적으로 접근할 때에야 비로소 우리는 어떤 과제에 대해서도 힘을 발휘할 수 있게 되고, 게다가 전통적으로 유용한 계획관련 테크닉인 SWOT분석—장점, 단점, 기회, 위험성에 대한 평가—을 풍부하게 활용할 수 있게 되는 것이다. 실제로, 순전히 기술적 차원에서 본 전략계획의 형태라는 점에서는 전통적 전략과제에 이용된 테크닉이 창조도시전략을 개발하는 데에도 많이 활용되고 있다. 예를 들면, 어떤 계획과정에서도 투입요소와 주위환경을 고려할 필요가 있고, 그리고 그 성과를 판단하기 위해서는 일정한 절차가 필요하다는 것이다. 결국, 모든 계획은 그것이 실행되는 과정, 그리고 산출물과 결과가 평가되는 메커니즘을 필요로 하는 것이다.

그러나 『창조도시』에서는 그것과는 다른 우선순위를 설정하고 있다. 그것은 창의성과 혁신이 갖는 다면적 차원을 인식하고, 그리고 어떤 프로젝트의 경우에도 필수적이면서도 다양하고 상상력 풍부한 시각을 탐색하는 것이다. 이것은 프로젝트 속의 복잡한 딜레마에 기인하는 문제를 새로운 개념이나 방식으로 정의하고 기술함으로써 제시된 해결방안의 효과성을 높이는 것이다. 환언하면, 그것은 새로운 최종생산물과 서비스가 될 수도 있고, 사용된 테크놀로지, 활용된 테크닉, 절차 또는 과정이 될 수도 있다. 그것은 또한 실행과정에서 채택된 경영메커니즘이 될 수도 있다. 결국, 그것은 프로젝트가 내부적으로 참신한 의사결정 절차를 통하여 종전과는 달리—스텝과의 새로운 관계라든가, 외부에 있는 이해관계자와의 새로운 관계의 설정 등—운영된다는 것을 의미한다. 혁신은 문제를 어떻게 재정의하는가에 달려 있다. 즉, 혁신은 새로운 목표가 되는 청중이나 일군의 고객을 설정하는 과정에서 나타날 수 있는 것이다. 그것은 도시의 구조와 파트너, 그리고 이해관계자와 고객 사이의 관계가 전혀 다른 것이 될지도 모른다. 혁신은 해당 프로젝트가 행동에 미치는 영향력의 크기에 달려 있다. 다시 말하면, 혁신은 전문가적인 맥락 속에 존재하는 것이다. 예를 들면, 계획자들이 커뮤니티의 발전을 추구하는 사람들 사이에서 가장 보편적인 것이 되고 있는 참여방식을 도입하는 것도 혁신적인 것이 될 수 있는 것이다.

창조도시의 방법은 종래의 것과는 다르다. 왜냐하면, 그것은 실험적 프로젝트와 새로운 종류의 척도를 강조하고 있다는 점에서, 또 사람들의 생각을 펼치게 하는 데 영향을 미치는 전략과 같은 참신한 아이디어를 도입하고 있기 때문이다. 창조도시의 전략설정은 전체적이고 관계성을 존중하고 있다는 점에서, 또 토지이용에 초점을 맞추기보다도 사람의 존재를 중심에 놓고 있다는 점에서 종래의 것과는 다르다.

전체적으로, 창의적인 도시전략의 수립과정은 다섯 가지—계획, 지표설정, 실행, 평가, 사후보고—로 구성되어 있다. 각 국면에서는 준비와 계획, 가능성의 평가, 지표의 고안, 실행, 의사소통, 보급 등과 같은 핵심적인 분석도구가 존재한다.

제1단계 : 준비와 계획단계

제1단계에서는 문제, 필요성이나 열망 등을 확인하고, 어떤 이해관계자와 파트너를 포함시켜야만 할 것인가를 판단한다. 이것은 의사결정자에게 창조도시의 관점에서 생각하는 것이 갖는 가치를 깨닫게 하고, 또 그들의 의식을 향상시키는 과정, 즉 지지확대과정으로 이어진다. 이것에는 영향력 있는 전략이나 환경에 대한 평가, 그리고 최고로 영향을 미칠 수 있는 방법 등이 포함된다. 이 수단과 행동거점을 찾기 위해서는 도시의 세력 및 영향력에 관한 지도를 작성할 필요가 있고, 그리고 창조도시의 아이디어를 의제로 제시할 필요가 있다. 그 출발점은 대학 차원에서 지역의 혁신 비즈니스가 설정하고 있는 전제를 둘러싼 논의가 될 수 있을 것이다. 전략적인 관점에서 사례연구와 도시문제에 대한 창의적 해결이 효과적이었던 훌륭한 실천사례를 수집할 필요가 있다(부록에 제시된 데이터베이스가 도움이 될 것이다). 보다 바람직한 것은 의사결정권자가 직접 창조도시와 그 프로젝트를 방문하도록 권유하는 것이다. 만약 창의적 프로젝트가 존재한다면, 어떤 경우에도 그것이 시작된 동기, 발전의 계기, 그리고 진행과정에서 만난 장애요인, 프로젝트의 성공에 관건이 되는 아이디어, 비용, 학습된 교훈 등을 조사하는 것이 중요할 것이다.

창의적인 도시의 접근방법은 어떤 원천에서도 발의될 수 있지만, 그 성공은 새로운 파트너십—행정부서와 룰, 공공부문과 민간부문 및 커뮤니티조직, 실행자와 기획자 사이의 그것—에 달려 있다. 만약 인식을 제고하는 출발점이 지방자치단체 또는 정부기관 내에서 비롯된다고 한다면, 그 최량의 방법은 도시발전에서 창의성이 중요한 역할을 수행하는 영역으로 한정하고, 계획, 교통, 환경서비스, 경제·사회분야의 전문가를 문화적 지식을 가진 동료—문화적인 사고를 통해 그들의 업무에 도움을 줄 수 있는 사람들—와 연결하는 것이다. 물론 이러한 시도는 민간부문에서도 똑같이 시작될 수 있다. 예를 들면, 버밍엄의 카스타드 공장, 런던의 스파이털필즈 시장, 베를린의 식육시장 등과 같은 옛 산업건축물을 예술과 뉴 미디어로 재이용하는 것이 여기에 해당한다. 유사한 효과를 낳는 또다른 방식으로서는 성공적으로 프로젝트를 수행한 사람을 연사로 초빙하여 도시의 미래에 관한 창조도시 컨퍼런스를 개최하는 것이 될 수도 있을 것이다. 이러한 준비작업은 다음 단계의 토대를 제공한다.

제2단계 : 잠재성과 장애물의 평가

창조도시의 프로세스는 건축물, 거리, 이웃 또는 도시 전체에서 시작될 수 있지만, 보다 소규모의 프로젝트가 취급하기도 쉽고, 또 사람들이 새로운 접근방식을 학습하기에도 좋다. 때로는 규모를 늘려 갈 수 있는 작고 영감을 주는 프로젝트에서 시작하는 것이 가장 좋지만, 시기에 따라서는 핵심적인 의사결정권자를 설득하여 폭넓은 시각을 갖도록 하는 것이 적절할 수도 있다. 두 가지 접근방식의 사례는 많이 있지만, 이 두 가지 일은 동시에 일어나는 경우가 많다. 그것은 마치 현장에서 일하는 활동가들이 강력한 연합을 형성하거나, 의사결정자가 자신의 목표에 도달하는 것을 도와 주는 개혁적인 인물과 조우하는 것과 같은 것이다.

창의적인 도시전략과정에서 관건이 되는 것은 지역자원에 대한 조사이고, 그것에 어떻게 접근할 것인가 하는 것이 미래의 성공을 결정한다. 만약 이 조사가 대상을 한정하고 진부한 방식으로 진행된다면, 그것은 무익한 것이 될 것이다. 그 목적은 변화의 잠재가능성을 평가하는 것이고, 또 현존하고 부상하는 도시문제에 적용된 창의적 해결책이 과연 도움이 될 것인가를 평가하는 것이다. 경청하고 존경을 표할 것을 요구하는 과정에서는 방어주의와 지역할거주의가 들어설 여지가 없는 것이다.

누구나 창조도시의 조사과정에 참여할 수 있는 것은 아니지만, 다양한 관점과 지식을 가진 사람들을 포함시킨 상태에서 독특한 시각에 입각하여 집중적이고, 폭넓고, 상상력 풍부한 노력이 경주되어야만 한다. 그것은 바로 문화적인 관점에서 자원을 조사하는 것이다. 즉, 그것은 경제적·사회적 발전가능성을 나타내는 물리적 구성요소뿐만 아니라, 서로 다른 선거구 주민들의 기능, 재능, 아이디어 등을 함께 포함시켜야만 한다. 이 작업은 사람들의 감정과 아이디어에 대한 해석, 그리고 그 지역에 대한 꿈을 파악하도록 노력해야만 할 것이고, 아울러 가능하면 오랫동안 잠재력의 자유로운 흐름을 가능하게 하는 현실적 메커니즘을 파악하는 것이 되어야만 한다.

내부인의 평가는 종종 이미 그들이 알고 있는 것으로 한정된다는 점에서, 그들의 작업을 도와 주는 창조도시 발전의 경험을 가진 전문가를 활용할 필요가 있다. 과거의 경험에 의하면, 이러한 외부인은 세미나 등과 같은 이벤트를 통하여 공헌할 수 있었다. 예를 들면, '도시디자인 행동 팀(UDAT)'의 샤레트 테크닉(charette techniques, 비전을 설정하는 프로세스의 한 형태 † 역주)은 종종 집중적인 브레인스토밍의 대상이 되었다. 거기서 채택하고 있는 조사방식은 자신의 국가와 다른 어떤 곳에서도 유사한 프로젝트의 성공과 실패의 모델과 선례뿐만 아니라, 영향을 미칠 수 있는 내·외부의 모든 자원을 평가대상에 포함시킨다는 것이다.

아마 창조도시 프로세스 가운데 이 단계와 이후 단계에서 가장 중요한 분석도구는 (제9장에서 언급할) '도시창의성의 사이클'을 평가하는 것이다. 그것은 도시나 지역에서 추진하는 모든 창의적 프로젝트에 대한 개요를 제공하는 것이고, 또 아이디어를 얻거나 프로젝트를 발주하는 잠재성을 평가하고, 그리고 새롭게 발의된 것을 실행하고 유통시키는 것이다. 이것은 어떤 도시가 창의적인 환경을 갖추고 있는지, 또는 그렇게 될 잠재성을 갖고 있는가를 평가할 수 있게 한다. 따라서 각 단계에서 그러한 환경이 강한지 약한지를 평가해야만 한다.

조사의 다음 단계는 장애물을 검토하는 것이다. 그 가운데 어떤 것은 포괄적인 것도 있고, 또 '창조도시를 위한 전제조건'에서 논의된 것도 있을 것이다. 따라서 그러한 것들은 안건에 따라 한 발 물러나서 다루거나, 정면으로 대처할 필요가 있을 것이다. 하지만 기타 장애물은 사이클 속에 들어올 것이고, 따라서 그것은 어떻게 개입할 것인가에 관한 판단을 할 수 있게 할 것이다.

잠재성과 장애물에 대한 평가는 우리가 미래를 꿈꾸고 이상화할 수 있게도 하고, 또 난관을 극복하는 데 초점을 맞춘 실행계획의 수립을 통하여 계획을 뒷받침하게도 한다. 이것은 앞을 향해서만 나아가는 전통적인 계획방식과는 정반대다. 처음부터 계획 그자체를 한정하여 버리는 것을 인정하지 않음으로써 혁신을 창출할수 있는 아이디어뱅크를 열 수 있는 것이다. 혁신이라는 것은 창의적인 아이디어 가운데 실현된 것, 즉 어떤 종류의 현실적인 점검을통과한 것이다. '창조도시' 전략은 가끔 상상력 풍부한 프로젝트를실행하는 데 힘을 쏟기보다도, 다소 회의적인 사람을 설득해서 자신의 아이디어를 믿게 하고, 그리하여 그 비전을 지지하도록 하는방법을 찾는 데 보다 힘을 쏟는다.

지금까지의 조사는 광범한 창조도시 전략이 원칙—파트너가 동의하는 것, 그리고 실행상의 지도가 되는 것—에 입각한, 상상력 풍부하고 실현가능한 제안을 정의하는 데 그 기반을 제공할 것이다.값싸고 실행하기 용이한 제안은 다음 두 가지 측면에서 즉시 착수되어야만 한다. 그것은 그 자체가 갖는 가치라는 측면 때문이고, 다른 하나는 그것이 전략과 사람들의 수행능력에 대한 신뢰를 불러일으킨다는 점 때문이다. 그리고 보다 많은 경비를 요하는 복잡한 제안은 장래의 중요한 무대에서 다루어질 수 있을 것이다.

지역의 상징이 되는 프로젝트가 항상 가장 효과적인 지역재생기구가 되는 것은 아니지만, 눈에 띠는 결과가 요청된다는 점에서가시적 성과는 성공적인 창조도시에서 중요한 역할을 수행한다. 하지만 장기적 관점에서 보면, 자신감으로 충만한 다수의 유능한 시민은 도시에 커다란 영향력을 갖게 될 것이다. 따라서 자본의 발전과 활동기반이 되는 프로젝트 그리고 인간발달 간의 균형을 고려할필요가 있다. 그리고 도시 중심부로의 주도권 집중과 주변부의 부동산, 대규모 프로젝트와 소규모 프로젝트, 어떤 장소의 늘어나는 생산능력과 소비에 대한 유인의 제공, 커뮤니티와 경제발전 사이에도 균형이 추구되어야만 한다. 지금까지의 조사과정을 통하여 도출되는 전략은 이러한 딜레마 가운데에서 어떤 결론을 이끌어 내야만 하는 것이다.

제3단계 : 성공과 실패의 측정

일단 열망과 필요성이 확인되고, 잠재력에 대한 조사가 끝나고, 또 이들이 목표와 연결되고, 그리고 그것을 극대화하기 위한 전략이 수립되고 나면, 창조도시의 추진 팀은 성공과 실패를 어떻게 측정할 것인가를 결정해야만 한다. 이 경우, 두 가지 타입의 지표가 필요할 것이다. 하나는 '도시창의성의 사이클'이라는 기준에 그 도시가 얼마나 부합되는가를 측정하는 것―이것은 도시가 얼마나 창의적인가 하는 감각을 제공할 것이다―이고, 다른 하나는 전략의 세부적인 프로젝트가 목표와 잘 연결되어 있는가를 평가하는 것이다. 전자에 관해서는 이미 '창조도시의 전제조건', '생명력과 활력에 관한 지표', 그리고 '혁신의 기반' 등에서 몇 가지 지표가 제안된 바 있다. 이러한 지표는 프로젝트의 다양한 수준에 직접 관계하는 사람들에 의해서 가장 잘 결정될 수 있다.

제4단계 : 실행

이 단계에서는 프로젝트에 관계하는 모든 사람이 무엇이 이루어지고, 그 이유는 무엇이고, 또 그것이 어떻게 평가되는가를 잘 알고 있을 것이고, 그리고 그것에 동의하고 있을 것이다. 그 작업은 가장 적합한 것으로 선택된 수법에 의해서 진행되고 감독될 수 있다. 이 단계에서는 두 가지의 중요한 과제가 부상한다. 하나는 실험적 프로젝트에 관한 것이고, 다른 하나는 창조도시과정을 진행시키는 데 필요한 조직구조에 관한 것이다.

일단 도시발전에 대한 혁신적 접근방법이 취해지면, 적어도 초기에는 자치단체와 같은 관료구조, 그리고 발전의 집적 또는 복합적 파트너십 등의 요소는 안전하게 기능할 것이다. 실험적 프로젝트는 그것을 통해 혁신이 일어나는 계기가 된다는 점에서, 특별한 중요성을 갖는다. 프로젝트를 지원하는 사람이 직면하는 과제는 처음에 프로젝트를 착수시키게 하였던 창의성을 주류가 되도록 도움을 주는 과정에서도 똑같이 활용해야만 한다는 것이다.

또한 창의적 도시발의(CCI)처럼 보다 공식적이고 고차원적인 측면을 갖는 제도로 나아갈 것인지, 그렇지 않으면 창의성을 낳는 프로젝트의 현장수준에서 진행할 것인지에 관한 의사결정을 할 필요가 있다. 만약 보다 광범위한 목적—예컨대, 도시의 유전자암호에 창의성을 각인시키는 것 등—이 설정된다면, 파트너십 포럼과 같은 것이 요청될 것이다. 왜냐하면, 그것은 지역적 이해와 다양한 이해관계자를 포함하고, 또 발의한 것에 대한 신뢰와 설명책임을 부여하기 때문이고, 그리고 발전제안에 대한 동의와 수정을 받기 위해서는 그것이 필수적이기 때문이다. 보다 고차원의 독립조직을 설립할 때에는 그것에 대한 기대가 높아질 위험성이 있기 때문에 그 계기가 지속될 수 있다는 것이 확실할 경우로 한정되어야만 한다. 만약 기대를 충족하지 못할 경우에는 창조도시에 대한 관념에 불신을 초래하게 될 것이다.

제5단계 : 의사소통, 보급, 반성

창의성 사이클의 그 결과를 둘러싸고 서로 간의 의견을 교환하는 것은 그것이 지속가능한 것이 되기 위해서는 필수적이다. 달성단계에서는 다음과 같은 것에 대한 모니터링을 통하여 이용가능한 충분한 증거가 수집되어야만 한다. 그것은 선정된 지표들을 서로 비교하고, 성과를 측정하고, 문제를 기록하고, 실패를 이해하고, 다른 사람과의 의사소통을 진전시키는 것이다. 이것은 학술적 연구에서 도시의 미래를 토론하는 공공이벤트 및 전시회에 이르기까지 다양한 형태를 취해야만 한다. 이러한 수단을 통하여 창의적 사고·계획·실행의 사이클이 지속될 수 있는 것이다.

요   약

도시창의성의 사이클 및 혁신의 기반 등과 같은 분석도구와 마찬가지로, 이상과 같은 다섯 단계는 자기순환적인 성격을 갖고 있다는 점에서, 프로젝트의 팀을 출발점―그것은 이후 모든 것이 발전하고 학습이 이루어진다는 의미에서―과는 다른 장소인 다음 프로젝트의 출발점으로 돌아가게 한다. 그리고 그 곳에서는 이전에 그 절차를 경험한 사람들에 의해 보다 효율적으로 그 과정이 반복될 것이다.

일련의 과정을 수행해 가는 도중에 분석도구, 지표, 테크닉 등이 서로 관련되어 있다는 것이 서서히 밝혀질 것이다. 준비와 계획 단계에서 모든 것이 암시될 수도 있고, 단순한 설명도구―예를 들면, 창의성을 창의적 사고, 창의적 계획, 또 창의적 행동으로 분해하는 것―가 이해를 도울 수도 있을 것이다. 하지만 문화자원의 지도작성과 혁신의 기반은 잠재성에 대한 조사과정을 통하여 충분히 드러나야만 할 것이다.

문화와 창의성

문화는 창의적 행위의 토대다

문화를 자각하는 것은 보다 상상력 풍부한 도시로 나아가는 원동력이고, 그 자산이다. '창조도시'에 대한 접근방식은 문화에 대한 다음과 같은 인식에 그 기반을 두고 있다. 가치관, 통찰, 생활양식 및 창의적 표현양식으로서의 문화는 창의성이 발아하고 자라는 토양이고, 따라서 발전을 위한 그 계기가 된다. 문화자원은 가공되지 않은 원재료이고, 프로세스를 진행하기 위한 자산이다. 문화계획은 프로젝트를 정의하고, 계획을 수립하고, 그리고 문화자원에 입각한 실행전략을 관리하는 일련의 프로세스이다. 문화계획이라는 것은 단순히 '문화의 계획'—그것은 불가능하고, 바람직하지도 않고, 또 위험한 시도이다—을 수립하는 것이 아니라, 어떠한 공공정책에 대해서도 문화적인 접근을 시도한다는 것을 의미한다.

도시는 사람들의 문화—그들이 좋아하는 것과 싫어하는 것, 그리고 그들이 열망하는 것과 두려워하는 것 등—를 표현하고 있다. 문화는 유형 및 무형의 성질에 관련되어 있다. 거기에는 기억되고 있는 것, 또 가치 있다고 생각되는 것, 그리고 도시가 어떻게 형성되어 있는가에 대한 유형의 표현물을 포함하고 있다. 살아 있는 문화는 끊임없이 자신의 모든 것을 중요성과 성질에 따라 분류한다. 즉, 그것은 현재의 위치에 입각하여, 이용가능한 자원과 자산을 최대로 이용한다는 것을 의미한다. 예를 들면, 이것이 양호한 입지인지, 그 지역의 원재료인지, 또는 이 지역 사람들의 특성인지를 판단한다.

시간이 경과하면서 문화의 역동성은 자신의 삶의 형태를 띠기 시작한다. 즉, 분류과정에서 유래하는 가치시스템을 기반으로, 과거를 흡수하고 다가오는 미래에 반응한다. 그리고 그것이 시민권이라는 보다 광범하고 해방된 개념을 사용할 때 그 잠재력이 강화된다. 왜냐하면, 그것은 지속가능한 민주주의의 발전목표라는 열매와 밀접히 관련되기 때문이다. 이들은 우선순위는 물론이고 도시의 지도자와 의사결정자가 자신의 도시를 형성하고 만들어 가는 방법에서도 그 방향성을 제공한다. 결과적으로, 문화는 도시의 경관 및 도시 그 자체에 대한 감각—행동, 지속적으로 경합되고 재발견되는 과정에서 정착된 전통, 재화와 서비스의 진화과정 속에서 형성된 특수한 기능과 재능, 그리고 특수한 건축양식 등—에 각인되어 있는 것이다.

이처럼 도시생활과 열망에 관하여 광범하게 설정하고 있는 기반 위에서 부상하는 것이 바로 문화공간이고, 우리는 의식적으로 그것에 특별한 의미를 부여하고 있다. 오늘날 이것을 가시적으로 나타내는 것이 박물관·미술관, 또는 공연장이나 극장 같은 문화시설이고, 그 곳에서는 도시가 소중히 간직하고 있는 것들이 선보이고, 공연되고, 그리고 새로운 문화가 형성되고 있는 것이다. 과거에는 이러한 특별한 장소에 신을 대변하는—당시에는 도시의 모든 곳에 신이 존재했었다—교회가 들어선 것이 보다 공통적이었다. 똑같은 것이 문화에 대해서도 적용된다. 도시의 문화는 모든 것—산업전통, 상호 호혜의 네트워크, 그리고 사람들의 기술적 기반 등—을 고무한다. 문화는 각 장소를 독특한 것으로 만든다. 그래서 우리는 전형적인 로마인, 뉴욕커, 모스크바 사람 등이라고 이야기하거나, 뭄바이 출신 또는 부에노스아이레스 출신이라고 말할 수 있는 것이다.

도시발전을 위한 토대·기반·원료·자원을 제공하는 것은 다름 아닌 문화적 개성과 각 도시의 특별한 성질이다. 그리고 그것은 도시를 기름지게 하는 환경이 된다. 어디에서도 도시에 대한 이미지가 비슷비슷하게 느껴지는 작금의 세계에서 문화적 차이는 중요하고, 또 그것은 도시에 부가가치를 가져오게 한다. 중요한 것은 이러한 것이 긍정적인 것이든, 그렇지 않으면 부정적인 것이든, 창의성에 의해서 만들어진다는 것이다. 어떤 문화는 내부지향적이고 방어적이며, 또 그들의 상상력을 새로운 영향에 대하여 호전적으로—예컨대, 방어벽을 친다든가, 완전히 문을 닫아버리는 식으로—반응하는 데 사용하는 반면에, 다른 문화는 정반대로 반응하기도 하는 것이다.

문화는 창의적 행동을 위한 토대를 제공하고, 또 시간의 경과와 더불어 도시 그 자체가 지속할 수 있는 가능성을 제공하고, 그리고 그것이 미치는 영향력과 효과를 전체적으로 생각하게 한다. 만약 이러한 관점에서 문화를 바라보면, 과거의 자원은 미래를 예상하는 데 도움과 영감을 주고, 그리고 미래에 대한 자신감을 가져다 줄 것이다. 이처럼 도시의 문화에 대한 감수성이 풍부해질수록, 정책의 결정권자들은 자신들이 재량껏 이용할 수 있는 자원의 저장고를 보유하는 셈이 된다. 게다가 그것은 그들이 통합적인 방식으로 가능성 있는 자원 가운데 미개발된 것을 활용하여 도시발전을 추구하는 데에도 커다란 도움을 줄 것이다.

자원으로서의 문화

도시전략에 대한 문화적 접근은 기능하는 각 영역을 문화적으로 바라보는 것을 포함하고 있다. 예를 들면, 보건분야에서는 다음과 같이 질문할 수 있다. 우리 지역에는 예방대책을 육성할 수 있는 고유한 보건풍습이 있는가? 사회문제와 관련해서는 약물사용자 또는 독거노인을 위한 원조기관으로 활용될 수 있는 상호 원조의 전통은 있는가? 그렇지 않으면 그 대안으로 점차 보편화되고 있는 지역교환구조(LETS)—사람들이 기능과 서비스를 교환하는 시스템—를 출범하기 위해서는 어떻게 하면 될 것인가? 고용창출과 관련해서는 도시 내부에 있는 고령 직인들의 기능을 조사한 다음, 그들을 어떻게 하면 오늘의 필요에 부합되도록 평가할 수 있을 것인가? 우리는 청년실업자들의 열의에 동참한 다음, 그들의 유휴시간을 활용하여 경제적 성과를 올릴 수 있는 비즈니스가 창출될 수 있는가를 파악할 수도 있을 것이다. 관광객을 유인하기 위해서는 지역의 역사와 전통을 조사하고, 도시의 브랜드를 창출하는 데 도움을 줄 수 있는 지역의 음식과 공예를 재발견할 수 있을 것이다. 또 도시의 미래에 대한 열망과 과거의 토양에서 형성된 것을 잘 조화시키는 축전과 회의를 창안할 수도 있을 것이다. 도시환경이 행동을 촉발하는 촉매요인을 제공하고 있는지를 파악하기 위해서는 교육기관을 새롭게 관찰할 필요가 있다.

예를 들면, 북아일랜드의 데리(Derry)라고 하는 지역에서는 그 곳이 '분쟁'의 중심지였다는 것을 활용하여 세계적으로 저명한 갈등조정센터를 설립했다. 어떤 장소의 스타일과 디자인, 즉 사람들이 사교하고 옷 입는 방식은 그 자체가 외부 사람의 방문을 유인하고, 투자를 유치하는 수단이 되어 부가가치를 창출한다. 실제로 문화의 모든 측면, 즉 과거의 역사에서 현대적 이벤트, 또 빠르게 변화하는 환경, 그리고 지역의 지세를 취급하는 방식 등은 하나의 기회로 전환될 수 있는 자원이 될 수 있다. 이러한 기회 가운데 어떤 것은 예상하지 못한 것일 수 있지만, 아래에서 논의하는 몇몇 테크닉을 활용하여 개발될 수도 있을 것이다.

헬싱키에서는 사회적 결속과 경제적 우위를 가져오는 요소가 되도록 하기 위하여 빛이라고 하는 자원에 초점이 맞추어졌다. 음악 또는 소리가 갖는 독특한 스타일은 도시에 의해 브랜드화되어, 도시의 이미지를 바꾸거나 문화산업의 발전을 가져온다. 파르마의 햄과 같은 전형적인 향토음식은 도시의 운명을 영원히 바꾸는 데 활용될 수 있다. 아델레이드처럼 페스티벌을 운영하는 전통은, 그 핵심이 되는 운영기능을 활용함으로써 연중 회의가 개최되는 컨벤션산업으로 전환될 수 있다. 사우스 코츠워즈(South Cotswolds, 영국 웨일스의 도시 † 역주)의 스타라우드에서는 정치적인 전통의 재발명을 통해 사람들의 관심을 끌었다. 대안적인 커뮤니티는 100년 이상에 걸쳐 존재해 왔고, 그 곳의 핵심적인 아이디어가 재창조되어 최근에 그 실험을 새롭게 촉진하고 있다. 예를 들면, 처음으로 대체에너지를 사용한 영국의 전기회사, 그리고 강한 지지를 받고 있는 파르마 문화(Permaculture, 1978년 호주의 생태학자 빌 몰리슨이 제안한 대안 농업 시스템을 말함. 이 운동은 인간의 생태적 주거환경과 식량생산 시스템을 지향하고 있음 † 역주)의 발전 등이 여기에 해당한다. 이 곳에서는 공해의 축소판인 지역의 주유소조차도 친환경상점의 일부가 되고 있다.

따라서 도시에 대한 창의적 접근방식은 정책을 섹터별로 보지

않는다. 그 목적은 정의된 문화자원의 저장고를 어떻게 하면 통합
적 지역발전에 기여할 수 있게 할 것인가를 찾는 것이다. 문화자원
을 정책형성의 중심에 위치하게 함으로써, 이들 자원과 각종 공공
정책—경제발전에서 주택, 보건, 교육, 사회서비스, 관광, 도시계획,
건축, 도시경관 디자인, 문화정책 그 자체—사이에 호혜적이고 상
승적인 관계가 수립되는 것이다. 모든 분야의 정책입안자는 비문화
적 목표를 달성하기 위한 단순한 수단으로서 문화를 활용해서는 안
된다. 따라서 장소마케팅의 전문가들은 장소가 갖는 풍요로움과 복
잡성을 인식한 다음, 문화적 지식과의 만남을 통해서 그 강점을 이
끌어 내야만 하는 것이다. 어떤 장소의 총체적 문화스톡은 이제 공
공영역에 존재하는 보다 세련된 장소마케팅의 형태를 통해서 풍부
해지고 있는 것이다. 이러한 맥락에서 예술가는 사회서비스부문의
혁신에 기여할 수 있고, 사회적 근로자는 연극의 아웃리치 서비스
활동을 운영할 수 있을 것이다. 경우에 따라서는 환경문제 전문가
가 비즈니스를 개발하는 기관에서 활동할 수 있을지도 모른다.

　　관건이 되는 것은 그들의 전문성이 아니라 그들의 유능한 자
질, 즉 개방적으로 생각하는 능력, 또 영역을 넘어 측면적으로 생각
하는 능력, 기업가적으로 생각할 수 있는 능력, 그리고 관리 및 조
직상의 유능한 능력을 갖고 있는가 하는 것이다.

　　문화의 모든 측면을 받아들이고 이들을 상호 연결함으로써 우
리는 다른 영역과의 시너지효과를 창출할 수 있는 동시에, 새로운
아이디어를 창출하는 데 도움을 얻을 수 있다. 이처럼 내적으로 고
유한 연계를 구축하고 경계를 뛰어넘고 영역을 넘나드는 일련의 프
로세스는, 혁신을 촉진하고 지역의 개성에 초점을 맞춘 도시계획방
식을 창출한다. 일단 어떤 문화와 조화를 이룰 필요성에 대한 동기
가 부여되면, 그것이 갖는 힘—그것이 사회적 효과이든, 아니면 경
제적 효과이든—은 강력한 것이 될 것이다. 나의 동료인 프랑코 비
안키니는 문화자원을 표면화하고 사용하는 데 필수적인 사고의 특

질을 다음과 같이 요약하고 있다(Bianchini and Ghilardi, 1997). 즉, 그것은 전체적이고, 유연하고, 측면적이고, 네트워킹을 지향하고, 학제적이라는 것; 혁신지향적이고, 독창적이고, 실험적이라는 것; 비판적이고, 탐구적이고, 도전적이고, 의문을 제기한다는 것; 인간 중심적이고, 인도적이고, 비결정론적이라는 것; 문화적이고, 과거의 문화적 성취를 비판적으로 자각하고 있다는 것 등이다. 이러한 방식으로 사고하기 위해서는 정책입안자가 실천하고 재훈련을 받을 필요가 있다. 결과적으로, 이것은 창의성을 해방시켜 자연적·사회적·문화적·정치적·경제적 환경 사이의 연계를 볼 수 있게 하고, 또 도시의 하드웨어 인프라뿐만 아니라 소프트웨어 인프라의 중요성을 파악할 수 있게 하는 등 그 시너지효과를 창출하게 할 것이다.

아이디어 공방을 가동시켜라: 창의적인 도구와 테크닉

신화를 폭로하라

어떤 사람은 도움 없이도 아주 자연스럽게 창의적으로 생각하지만, 그렇게 하는 것을 상당히 어렵게 생각하는 사람도 있다. 많은 사람은 창의적으로 생각하는 것을 두려워하고, 또 그러한 것은 다른 사람이 갖고 있는 하나의 테크닉이라고 생각한다. 그들이 보다 논리적이고 단계적으로 수렴하는 사고습관을 가지고 있을지는 모르지만, 그들은 창의적 사고를 보다 우연한 것으로 간주한다. 창의성은 '커다란' 아이디어와 관련된 그 무엇이고, 또는 창의적 생각은 아무 곳에서나 도출될 수 있는 것이 아니라는 것도 잘 알려진 신화이다. 창의성은 어떤 토양 위에 심을 필요가 있고, 그리고 아이디어가 실현되기 위해서는 일련의 정련된 과정이 필요하다는 것이다. 또다른 신화 중에는 예술가처럼 왼손(우뇌)을 더 많이 쓰는 사람이 과학자처럼 오른손(좌뇌)을 더 많이 쓰는 사람보다 더 창의적이라든가, 항상 판매기회에 촉각을 곤두세우고 있는 마케팅 및 광고를 담당하는 사람이 관리직보다도 창의적이라든가, 측면적 생각은 복합적인 창의성에서 비롯된다는 것 등이 있다. 하지만 측면적 사고는 단순히 아이디어를 착상하거나 문제를 다르게 파악함으로써, 그것을 '상자 밖으로 끄집어 내는 데' 지나지 않는다. 말하자면, 그것은 창의적 아이디어를 실행하는 데 도움이 되지 않는 것이다.

　창의성은 문제해결과정의 특정 단계로 한정되는 것이 아니다. 사람은 어느 곳에서도 창의적일 수 있다. 지극히 단순하게 생각하면, 뇌는 두 가지의 생각 모드를 갖고 있다. 탐색·탐구의 모드와 실무적 성취에 초점을 맞추는 모드가 바로 그것이다. 사람은 어느 쪽에서도 창의적일 수 있는 것이다. 즉, 그 곳에는 창의적 사고, 창의적 계획, 창의적 행동이 존재하는 것이다. 중요한 과제는 창의성에 의해 부가가치가 창출되는 기회를 찾는 것, 그리고 어떤 종류의 창의성이 부가가치를 가장 많이 창출할 것인가를 식별하는 것이다. 예를 들면, 그것은 창의성이 혁신으로 전환하는 단계인, 입안 또는 실행단계에서 일어날 것이다.

　이 책에서 강조하는 많은 아이디어와 테크닉 역시 언젠가는 폭로될 신화가 될 것이다. 그들은 이 책을 쓰고 있는 현 시점에서 최량의 모델에 지나지 않는 것이다. 사람들이 이러한 모델을 스스로 탐구하고, 활용하고, 자신의 것으로 만들 때, 그들의 아이디어뱅크는 발전해 갈 것이다. 누군가의 아이디어에 기초해서 시작하는 것은 좋은 출발이지만, 그것만으로는 충분하지 않다. 하더스필드에서 헬싱키에 이르는 사례가 보여 주듯이, 자기 자신의 아이디어를 전체적인 맥락 속에서 발전시키는 것이 그 관건이 될 것이다. 마지막으로 강조해야만 하는 것은 태도가 중요하다. 즉, 탐구하고자 하는 마음을 가지면서도, 모든 답을 다 알 수 없다는 것을 인정하는 사고방식이야말로 이미 모든 것을 알고 있다고 주장하는 것보다도 월등히 많은 해답을 가져다 줄 것이다.

창의적 테크닉의 발명가들

많은 사람이 창의성을 고찰해 왔다. 그들이 공통적으로 주장하는 핵심적인 내용은, 우선 창의적으로 될 수 있는 방법이 존재한다는 것이다. 그것은 만약 우리가 헌신적이고 지속적으로 노력하기만 한다면, 학습가능한 기능이 된다는 것이다. 그들은 사람들이 창의적으로 될 것을 권장한다. 그들의 주장에 따르면, 모든 사람은 어느 정도 창의적이고, 따라서 도전하면 자신이 활용할 수 있는 창의력을 증대시키고 그 사용방법을 학습하게 된다는 것이다. 게다가 그들은 점진적으로 그 능력이 제고될 수 있다는 믿음을 강조하고 있다.

창의성, 상상력 그리고 통찰력에 관한 도서목록을 살펴보면 혼란스러울 정도로 그 수가 많고, 또 일련의 이름과 테크닉이 반복해서 등장한다. 그들은 각각의 상이한 방법으로 창의력으로서의 통찰력을 강조하고, "무엇이 가능했는가"에 초점을 맞추고 있다. 모든 것은 다음 세 요소를 공통적으로 거론하고 있다. 첫째, 사고의 패턴은 바뀔 수 있다는 것, 둘째 아이디어는 각종 도구를 통하여 자유롭게 될 수 있다는 것, 셋째 새로운 해결책이 발견될 수 있다는 것이다. 그들은 아이디어의 숫자를 늘린다거나, 새로운 아이디어를 창출하고 진부한 아이디어를 재구성하기 위한 테크닉을 활용하는 방식을 통하여 이러한 것을 실행하고 있다.

이 분야에는 많은 중요한 인물들이 있다. 에드워드 드 보노 (Edward De Bono)는 아마도 이 분야에서 가장 대중적인 인물이고, 그는 사고에 관한 20권이 넘는 책을 출간했다. 1967년에 측면적 사고―새로운 아이디어를 창출하는 방법―라는 아이디어를 제창한 다음, 이 테마로 다양한 것을 발전시키고, 이후에도 이것을 지속적으로 적용하고 있다. 알렉스 오스본(Alex Osborne)은 1950년대에 브레인스토밍이라는 아이디어를 발명하였고, 토니 바잔(Tony Bazan)은 아이디어를 전체적으로 이해하고, 기록하고, 반성하는 마인드 매핑

을 발명하였다. 로저 반 엑(Roger van Oeck)은 '창의적 분류꾸러미'
—한 꾸러미의 카드에는 그것이 어떻게 달리 보일 수 있는가를 나
타내는 문장이나 조언이 적혀 있다—를 디자인한 사람이다. 시네틱
스(Synectics, 발상법의 일종†역주)를 발명한 윌리엄 고든(William Gor-
don)은 창의적 가능성을 탐색하는 한 수단으로 메타포와 유추 같은
아이디어에 초점을 맞추고 있다. 로버트 프리츠(Robert Fritz)는 그의
저서 『창조』에서, 자신의 현 위치와 해결책을 창출하는 데 요청되
는 위치 사이에는 구조적 긴장관계가 존재하는데, 이것을 활용할
필요성에 착안했다. 이러한 구조적 긴장관계에서 해방된 에너지가
그 추진력으로 활용될 수 있다는 것이다.

　가레스 모건(Gareth Morgan)은 그의 저서인 『조직의 이미지』에
서 조직과 경영에 관한 사고를 재구성한 다음, 뒤 이은 『상상력』이
라는 저서에서 상상력 풍부한 역량을 동원하기 위한 도구상자를 준
비했다. 신경언어 프로그래밍(NLP)의 저자들은 개인 차원에서 사람
들이 어떻게 자신의 아이디어를 스스로 재구성하고 있는가를 보여
주었다. 그 핵심적인 내용은 사람들로 하여금 자신을 최고의 모델
로 설정하게 한 다음, 그것—수월성—을 추구해 가게 하는 것이다.

　창의성에 대한 정의와 장래 그것이 수행할 역할을 이야기하고
있는 작가는 무수히 많다. 그 가운데 대표적인 예로서는 엔디 그린
(Andy Green)의 『PR 속의 창의성』, 피터 쿡(Peter Cook)의 『창의성에
관한 최량의 실천사례』, 그리고 존 카오(John Kao)의 『창의성과 혼
잡의 시대』 등을 들 수 있다. 지난 50년 이상에 걸쳐 사람들은 창
의적 단계란 어떤 것이고, 또 그것이 어떻게 실행되면 좋을 것인가
를 숙고해 왔다. 하지만 너무 상세한 점에 이르기까지 우리의 관심
을 기울일 필요는 없다. 그 내용은 대략 다음과 같은 것을 담고 있
기 때문이다. 예컨대, 알렉스 오스본은 7단계의 프로세스를 제시하
고 있다. 그것은 방침의 결정, 준비, 분석, 상정(想定), 대체안의 축
적, 부화, 종합화와 평가 등이다. 모리스 스타인(Maurice Stein)은 가

설의 설정, 가설의 검증, 결과에 대한 의견교환과 같은 3단계 모델을 제시했다. 엔디 그린은 다섯 가지의 영어단어 I—정보, 부화, 해명, 통합, 제시—를 정의한 바 있다.

테크닉의 유형

창의적 테크닉에는 다음 세 가지 분야가 있다. 첫 번째는 아이디어의 수를 증가시키는 데 도움을 주는 것이다. 두 번째는 새로운 아이디어의 창출을 도와 주는 것이고, 세 번째는 기존 아이디어에 대한 시각을 재구성하는 것이다.

아이디어 수를 증가시켜라

아이디어의 수를 증가시키기 위한 가장 간단한 방법은 목록을 작성하는 것이다. 이보다 한 걸음 더 나아간 것이 브레인스토밍(brainstorming)이라는 아이디어이다. 이것은 다른 참여자가 아이디어의 흐름을 방해하는 어떤 비판적인 발언을 하지 못하게 한 다음, 게시판에 가능하면 많은 아이디어를 적어 나가는 방식이다. 브레인라이팅(brainwriting)은 브레인스토밍보다 정교화된 것인데, 공개적인 게시판에 아이디어를 모아 가는 대신에 개별적인 카드에 쓴 것을 돌려보게 하는 방식이다. 그렇게 함으로써 새로운 관계성과 생각하지도 못한 아이디어를 낳을 수 있는 기회가 보다 많아진다는 것이다.

이 범주에는 다른 장소를 방문하고, 또다른 사람이 행한 것을 데이터베이스를 통해 확인하고, 그리고 타인의 아이디어를 효과적으로 모방하거나 도용하는 것을 포함하고 있다.

새로운 아이디어를 창출하라

새로운 아이디어의 창출에는 완전히 새로운 아이디어를 발명하는 것도 포함하지만, 오래 된 아이디어에서 새로운 아이디어를 발전시키는 것도 포함하고 있다. 연상, 유추, 메타포 등은 양립하지 않을 것으로 생각되는 개념을 함께 묶는 힘을 갖고 있고, 그렇게 함으로써 익숙한 것을 낮설게, 그리고 낮선 것을 익숙하게 한다. 예를 들면, 우리가 헬싱키에서 수행한 이미지조사에서는 도시를 새로운 관점에서 논의할 수단을 찾기 위한 일환으로, 연상적인 사고에 입각했다. 우리는 40개에 달하는 헬싱키에 관한 연상을 의뢰하였다. 그것은 만약 헬싱키를 색, 자동차, 과일, 악기, 노래 등에 비유하면, 어떤 것이 될 것인가 하는 것이다. 그 조사결과는 각각 진한 파랑, 볼보, 딸기, 플루트, '침묵은 금'으로 나왔다. 분석에 이어, 조사결과가 의미하는 것을 검토하는 과정에서 빛, 포용성, 여성의 강점 등과 같은 중요성에 기초한 도시의 문화전략을 정의할 수 있었다. 이러한 전략은 전통적인 사고의 경로를 통해서는 도출될 수 없었을 것이다.

또다른 테크닉은 몽상으로부터 시각화, 포우 자극을 위한 마인드 개선 펙, 측면적 사고—드 보노에 의해 개발된 개념—를 학습하기 위한 수단으로서의 불규칙단어 테크닉에 이르기까지 아주 광범위하다. 포우(Po) 개념은, 가령 "소는 날 수 있다"고 상정하는 방식을 의미하는 것인데, 이것을 통해 종래의 습관화된 사고의 패턴에서 사람들을 벗어나게 하자는 것이다. 불규칙단어 테크닉은 특히 상품의 개발에 유용하다. 그 내용은 다음과 같다. 가령 당신이 어떤 사전의 적당한 페이지에서 한 단어를 찾은 다음, 그것을 통해 일상생활의 어떤 일을 떠올려 보는 것이다. 그런 다음 그 단어를 자신의 문제에 적응시키는 것이다. 예를 들면, 현재 논의되고 있는 문제가 복사기의 미래인데, 사전에서 임의로 선택된 단어가 (복사기와는 무관한) '코'라고 한다면, 그 관계를 탐구하기 시작하는 것이다. 코는 냄새와 관련되어 있기 때문에, 아마도 이 경우에는 냄새가 다르다고 하는 것이 그릇된 지표가 될 것이다. 하지만 또다른 케이스로서는 현재 논의되고 있는 문제가 교통문제인데, 사전에서 찾은 단어가 담배가 나온 경우이다. 담배는 '신호, 위험, 정지'로 이끄는 신호등과 명백하게 관계되어 있다는 점에서 일정한 시사점을 찾을 수 있을 것이다.

드 보노에 의하면, 해결책은 사후적으로 논리적이라는 점에서 우리를 그 곳으로 이끌어 주는 것은 논리라는 주장을 제기한 바 있다. 하지만 대부분의 상황에서는 논리가 사전(事前)에 해석될 수 없을 정도로 복잡한 패턴으로 되어 있기 때문에 이것은 완전히 모순된 것이다. 만약 모든 것이 논리적인 것이라고 한다면, 우리는 창의적 사고를 필요로 하지 않을 것이다.

장치를 재구성하라

재구성한다는 것은 어떤 것의 성질과 상황을 다른 관점에서 관찰함으로써, 그것을 변화시키는 것을 말한다. 예를 들면, "컵 속의 물이 반이나 남아 있는가, 또는 반밖에 없는가?"와 같은 것이다. 사람의 태도와 인식은 그 대답에 따라 변화될 수 있다. 왜냐하면, 그것은 아이디어가 아니라 처한 상황이 변형되기 때문이다. 코메디아에서는 '약점을 강점으로 바꾸기' 등과 같은 개념을 포함해서 다양한 재구성장치를 활용하고 있다. 예를 들면, 엠셔 파크는 환경보존산업을 창출하기 위한 촉매요인으로 그 지역의 산업적 쇠퇴를 활용하기로 결정하였다─특히, 황폐한 경관을 실험 존(zone)으로 활용하기로 하였던 것이다.

이것과 마찬가지로, '~의 눈을 통해 바라보는 것'과 같은 개념도 비슷한 효과를 갖는다. 예를 들면, 여성, 연장자 또는 어린이의 시각에서 도시를 계획하는 것이 여기에 해당할 것이다. 이미 어린이를 계획의 선도자로 둔 사례는 핀란드의 키테, 루안, 로카르노 등이 있고, 또 여성을 계획자의 위치에 둔 프로젝트로서는 엠셔 파크 또는 빈 등이 있고, 그리고 위트레흐트에서는 고령자의 눈을 통하여 도시가 어떻게 발전해야만 할 것인가에 관한 혁신적인 전망을 이끌어 낸 바가 있다. 아이들을 참여시키는 것은 그들 자신의 환경에 대한 책임감을 얻게 할 뿐만 아니라, 시민적 자긍심과 주인의식을 발달시키는 수단이 될 수 있다. 여성의 시각을 수용하는 것은 전통적 계획에서는 '잊혀지는' 경향이 있던 시설에 빛을 던지게 하였다. 예를 들면, 사회적 교류를 위한 공간이 증대한다거나, 놀이터가 보다 강조된다거나, 조명과 안전관련 문제에 보다 주의가 기울여지고, 또 가사의 중심무대인 부엌을 보다 강조하도록 아파트의 디자인을 재고하게 했던 것을 들 수 있다. 노인의 경우에도 특유의 연약함을 인지한다거나, 그것이 건축방식에 어떤 영향을 미치게 될 것인가를 고려할 때, 여성의 경우와 유사한 우선순위가 나타나게 될 것이다.

'감각의 조사'는 낮과 밤의 각각 다른 시간에 소리, 냄새, 조망, 전경 등을 통해 도시를 분석하는 것이다. 그것은 가능성과 문제점을 단순히 발견하는 전통적인 방식과는 달리, 의사결정자가 도시생활의 심장부를 실제로 경험함으로써 그것을 변화시키는 것이다. 즉, 악취, 고주파의 소음, 눈에 거슬리는 경관을 의사결정자가 직접 경험함으로써 예방적인 행동을 촉진할 수 있는 것이다. 인간의 심신을 치유하는 정원 또는 쾌적한 조망의 경우처럼, 잠재하는 좋은 소리와 유혹적 향기를 자각하는 것은 이러한 감각을 창의적인 자원이 되게 할 것이다.

앞을 향해 상상하며 생각하고, 그리고 뒤를 회고하며 계획하는 것은 전략적으로 계획하는 도구 가운데 하나이다. 이 속에는 '역으로 생각하는 것'이 포함되어 있다. 비전을 창조하는 것처럼 야심적이고 미래지향적인 계획은 단순히 현재의 경향을 그대로 반영하는 것과는 다르다. 원하는 장소에 도달하고 나서 뒤를 회고해 보면, 장애물이 나타나고 있는 것이 보일 것이다. 미래에 있을 난관과 현재 수행해야만 하는 과업은 거꾸로 된 피라미드처럼 각 난관을 숙고하면서 일련의 증가하는 선택지 속에서 해결해야만 하는 것이다.

영향력에 대한 분석과 전략이 수립되고 나면 실행계획이 펼쳐진다. 그것은 장애물을 극복하는 데 요청되는 것이 분명해지기 때문이다. 1년, 3년, 10년의 범위로 값싸고·쉽고·단기적인 것에서, 비용을 요하고·어렵고·장기적인 것에 이르기까지 달성가능한 프로젝트의 선택지가 필요하게 된다. 하지만 보통의 경우에는 둘 사이 어딘가에서 전략기둥과 발전목표가 조정된다. 이처럼 선택지와 전후(前後)에 존재하는 장애물을 탐색하고 나면, 전략은 보다 단순한 것이 되고, 결과적으로 그것은 기회주의적 전략이기보다 오히려 전략적 기회주의가 되는 것이다. 이것은 측정가능한 목표가 설정되고 그것을 달성하기 위한 행동이 준비되는 경우에 각종 지표가 수행하는 방식과 유사하다.

자본, 지속가능성, 시간 등과 같은 '개념'이 갖는 '의미'를 확장하는 것은 그 해석가능성을 넓히게 됨으로써 장치의 재구성과 유사한 역할을 수행한다. 예를 들면, 사회라고 하는 단어와 자본이라고 하는 단어를 서로 연결함으로써 우리는 사회문제에 대한 논의방식을 새롭게 정립할 수 있고, 아울러 가치와 비용을 강조하는 첨예한 차원을 추가함으로써 우리는 시급한 과제가 되고 있는 것을 새롭게 구성할 수 있는 것이다.

테크닉을 적용하라

테크닉의 적용에는 세 가지의 차원—개인 차원, 커뮤니티 차원 그리고 도시 차원—이 있다.

개인 차원의 테크닉

본질적으로 개인적 테크닉은 개인을 기존의 사고 패턴에서 벗어나 새로운 관계를 맺고 통찰력을 얻게 하는 데 그 초점이 두어져 있다. 다음 웹사이트 www.ozemail.com/~caveman/creative/content.xtm (이 책이 출간된 이후, 이 사이트는 바뀐 관계로 그 내용을 파악할 수 없음. 저자도 바뀐 이후의 사이트를 알지 못하고 있음.† 역주)에는 개인

차원에서 이용가능한 20개 이상의 테크닉과 도구에 관한 것이 잘 정리되어 있다. 아울러 드 보노의 저서인 『자녀에게 생각하는 방법을 가르쳐라』에서도 이와 유사한 것이 소개되어 있다. 그들은 모두 측면적 사고를 내포하고 있다. 드 보노는 이것을 다음과 같이 정의하고 있다. "새로운 어떤 것을 발견하기 위해서는 기존의 아이디어와 인식에서 벗어나는"것이다. 또는 "동일한 아이디어와 접근방식을 통해서는 지금보다 더욱 노력하더라도 문제를 해결할 수 없을 것이다. 따라서 새로운 아이디어와 접근방식으로 도전하기 위해서는 '측면적으로' 이동할 필요가 있는 것이다." 측면적 사고를 발달시키기 위해서는 '불규칙 언어', 포우, 여섯 가지 생각의 모자 등을 포함한 다양한 도구가 활용될 수 있다.

여섯 가지 모자는 적대적인 대화―긍정적인 것과 부정적인 것 사이를 왔다갔다 하는 대화방식―로 난항을 겪지 않도록 하기 위하여 한 번에 한 방향으로 생각하게 하는 것이다. 여섯 가지 색깔의 모자는 원탁회의에 필요한 특징―주도적으로 탐구하는 성격―을 내포하고 있다. 흰색 모자는 사실과 정보를 고찰한 다음, "어떠한 정보가 필요한가?"를 질문한다. 빨간 모자는 감정과 직관에 관한 것이고, "그 문제를 어떻게 느끼고 있는가?"를 탐색한다. 검은색 모자는 주의와 판단에 초점을 맞추는 것이고, "사실과 어떻게 부합하고, 또 어떻게 작용하는가?"를 질문한다. 노란색 모자는 우위성에 주목한다. "이 프로젝트는 어떤 편익을 가져오는가?"를 묻는다. 녹색 모자는 대안을 탐구하는 것이다. 파란색 모자는 현 상황을 고찰하고 그것을 요약하는 것이다.

또다른 도구로서는 '질문 테크닉'이 있다. 이것은 어떤 문제해결을 시도하는 경우에도 누가, 언제, 어디서, 무엇을, 어떻게, 왜―5W 1H―의 방식으로 과제를 분석하는 것이다. 그 연장선상에 있는 것은 '누군가', '무엇인가', '어딘가' 등과 같은 보완적 추가질문을 통하여 창의적 가능성을 잊지 않으려고 하는 것이다. 또다른 보충질문으로서는 '무엇이 필요한가', '필요로 하는 사람은 누구인가', '언제 필요하게 되는가' 등과 같은, '필요'에 관한 질문이 있을 수 있다. 이러한 리스트는 끝도 없이 많다(이러한 테크닉에 대해서는 롭 로이드 오웬에게 감사드린다).

커뮤니티 차원의 테크닉

커뮤니티에 기반한 창의적 테크닉의 목적은 여러 집단이 공동으로 자신의 미래를 디자인하고, 개척해 가는 데 자신감을 느끼도록 하는 것이다. 그 속에는 개인의 창의성을 향상시키고, 또 커뮤니티 전체에 도움이 되도록 하기 위한 도구를 포함한다. 집단적 틀속에서 집단의 역동성과 개성 및 네트워킹에 입각하여 창의적으로 사고하기 위해서는 새로운 우선순위가 부상하게 된다. 그 곳에서는 동맹과 연합을 창출하는 것과 마찬가지로, 어떻게 하면 합의와 공통의 기반을 형성할 것인가에 그 초점이 맞추어진다. 이러한 집단적 상황에서는 커뮤니케이션 기술이 중요하고, 또 모든 테크닉은 적절한 대화, 특히 '공감적 경청'—"상대방에게 이해를 받기 이전에 상대방을 이해하려고 노력하는 것"—원리에 입각할 때 원활히 이루어진다.

경험에 의하면, 대화의 기술에는 다음의 능력이 포함된다. 듣기, 공유하고 이해하는 것, 명료성을 추구하는 것, 이야기에 생명력을 불어넣고, 감정을 조절하는 것 등이다. 예를 들면, 커뮤니케이션 가운데 이야기를 통해 이루어지는 것은 20% 이하이고, 신체언어가 핵심이라는 것을 인식할 필요가 있다. 창의적 과정에서 필수적인 것은 개인과 집단 사이의 장벽을 제거한 다음 공동의 작품을 만들어 가는 것이다. 브레인스토밍을 통해 제기된 많은 아이디어 가운데 공통의 기반이 될 만한 것을 찾는 과정에서 핵심이 되는 것은, 대부분의 사람이 중요하다고 생각하는 아이디어에 초점을 맞춘 다음 회의실에 있는 모든 사람이 기꺼이 받아들일 만한 해결책을 찾는 것이다.

모든 도구에는 다음과 같은 핵심 논리가 들어 있다. 과거를 재검토하고 견해를 공유하는 것, 현재를 탐구하는 것, 이상적인 미래의 시나리오를 창출하는 것, 공유된 비전을 설정하고 그 실행계획을 작성하는 것 등이다.

이러한 모델에는 이해관계자와의 파트너십이 포함되어 있는데, 특히 미국에서 일반화되고 있는 '미래조사', '열린 광장', '참된 계획', 이해관계자의 비전설정 등 참여형 비전설정과정이 포함되어 있다. 핵심적인 것은 반드시 올바른 비전을 설정하는 것이 아니라, 네트워킹을 위한 조건을 제공하거나 다양한 집단이 결집하여 상호작용할 수 있게 하는 조건을 정비하는 것이다. 이러한 과정 속에서 지금까지 가려져 있던 새로운 리더와 프로젝트를 이끌어 갈 사람이 발견되는 것이다. 그 목표는 리더십을 비인격화·비제도화하고, 그리고 리더십을 위한 기풍을 창출함으로써 협동문화를 창출한다는 것이다. 이처럼 창의적 과정이 잘 기능하게 되는 것은 "현실과 이상적인 상태 사이의 불일치가 동기를 부여하는 힘"(Fryer(1996)에서 인용되고 있는 브루너의 말)이 되기 때문이다. 지금까지 스톡홀름 근처의 살트쇼바덴에서, 헬싱키의 피하리스트, 동베를린의 프렌츠라우어 베르크와 헬러스도르프, 영국의 스트라우드에 이르기까지, 다양한 사례가 시도되어 왔다. 아래에 거론된 사례는 신경제학재단이 출간한 우수한 책자인 『참여활동! 21세기의 커뮤니티 참여에 관한 21가지의 테크닉』(1997)에서 인용한 것이다.

'미래 조사'는 다양한 집단에 속하는 사람들이 공유할 수 있는 비전을 설정하는 것이다. 최초로 실행된 것 가운데 하나는 1995년에 헤르트포드셔(영국 잉글랜드의 도시†역주)의 힛친에서 실시된 미래조사를 통한 '정착을 위한 총괄전략'이다. 60여 명에 달하는 사람들이 이틀 간에 걸친 격론 끝에, 이 프로세스를 출발시킬 수 있었다. 이어서 전문가집단은 상담서비스를 제공하기 위하여 원스톱의 상담서비스센터를 개설하고, 타운센터 매니저를 설치하는 등 특수한 프로젝트를 실행하였다. 1995년 이후, 영국에서는 도시의 미래를 연구하기 위한 회의가 35차례 이상에 걸쳐 개최되었다.

'참된 계획'은 그 곳에 거주하는 주민들에 의해 만들어지고 이용되고 있는 근린지구에 관한 거대한 3D모델을 창출하는 것이다. 이 모델은 여러 지역을 순회하면서 개최된 토론의 산물이다. 거기서는 보건, 주택, 범죄, 교통, 지역경제 등을 포함한 대량의 제안카드가 활용된다. 검은색 카드는 사람들이 자신의 제안을 할 때 이용하는 것이다. 사용된 카드는 모두 회수되고, 그 결과에 따라 모델은 조정되고, 그것이 다음 모임의 의제가 되기도 한다. 제안카드를 사용한다는 것은 참여자들이 아무런 제약조건 없이 자신의 아이디어를 마음껏 표출할 수 있다는 것을 의미한다. 오늘날 참된 계획은 전 세계에서 이용되고 있다.

'선택수법'은 가능하면 지역의 구성원을 많이 참여시켜 도시의 비전을 발전시키고, 또 그들에게 영감을 주기 위한 체계적인 방식이다. 1997년에 최량학습실천상을 수상한 차타누가는 1993년에 '비전 재설정 2000'을 기획하였다. 원래 '비전 재설정 2000'은 1984년에 수립되었지만, 당시 목표로 설정했던 것이 그 대부분 달성됨에 따라 1993년에 새롭게 이 프로젝트에 착수하게 된 것이다. 이 구상은 계획을 수립하는 데 1년이 걸렸지만, 그 실행에는 불과 3개월이 소요되었을 뿐이다. 그것은 다음 네 가지 단계로 구성되어 있다. 첫째, 무수한 미팅을 통하여 미래생활을 풍요롭게 할 아이디어를 제안받는다. 제안된 모든 아이디어는 조언자의 지도를 통하여 비전 워크숍에 제출된다. 둘째, 일정한 주제에 관심을 가진 사람에 의해 구체화되고, 설정된 목표를 향해서 의견이 모여진다. 셋째, 사람들은 '비전 페어'를 통하여 가장 흥미롭고 실행하고 싶다고 생각하는 아이디어에 투표한다. 넷째, 마지막으로 이렇게 선택된 아이디어를 실행하기 위한 집단이 구성된다는 것이다.

'커뮤니티 평가'는 커뮤니티의, 커뮤니티에 의한, 커뮤니티를 위한 조사이고, 그것은 커뮤니티에 권고하기 위한 행동리스트이다. 글로스트셔(영국 잉글랜드의 도시†역주)의 테트버리는 인구 5,000명의 조그만 마을이지만, 설문지는 2,000개 이상의 가구에 배포되었다. 주말에는 야외집회가 개최되고, 서비스업무를 제공하는 사람이 초대되어 지역주민들이 생각하기에 과거의 업적이라고 할 만한 것을 옹호하고, 또 미래의 행동계획을 구상하였다. 이러한 평가방식은 지역주민의 의견이 종합된 대규모의 재개발 제안으로 이어졌다. 그 속에는 철도의 지선(支線)을 부설하는 것도 포함되어 있다.

　'커뮤니티 지표'는 지역의 커뮤니티에 의해 개발된 지표로서, 그것은 지역주민에게 실질적으로 중요한 문제에 관련되어 있다. 머튼(Merton)은 평등한 접근성을 그 핵심 지표로 설정했다. '독립적 접근을 위한 머튼협회(MAFIA)'의 지원자들—신체장애로 인해 이동성이 제약을 받고 있는 사람들—은 상점, 은행, 교회, 우체국 등을 방문한 다음, 그들이 어느 정도로 접근할 수 있는가를 조사하였다. 장기목표는 100%의 접근성이지만, 조사한 결과는 49%의 장소에서만 자신들이 접근가능하다는 것을 발견하였다. 지역의 커뮤니티와 행정당국은 60%를 당면하는 목표로 설정하는 데 동의하였다.

　'열린 광장'은 무제한의 참가자가 핵심 주제를 둘러싸고 자신의 토론프로그램을 창출하게 하는 지극히 민주적 틀을 갖고 있다. 특히, 이것은 적극적 참여, 학습, 행동에 대한 책임감을 이끌어 내는 데 효과적이다. 현재, 영국의 지방정부 운영위원회는 환경 코디네이터를 위한 연차포럼을 공개포럼 형식으로 운영하고 있다. 이것은 최근의 증대하는 요구에 대응한 것인데, 그것은 강의를 줄이는 대신, 네트워킹과 현실적으로 일어나는 일에 대한 의견교환을 위주로 하고 있다. 그 결과, 행사 다음 날에는 120쪽에 달하는 보고서 —『21세기 영국에 있어서의, 21가지 지역적 과제 프로세스를 활용한 지속가능한 발전의 달성』—가 배포되었다.

'이미지화' 테크닉은 장래의 모습을 상상한 다음, 그것을 창조하기 위한 기반으로서 과거의 최량경험을 이해하고 평가하는 것이다. 그것은 세 가지 단계로 구성되어 있다. '이매진 시카고(Imaging Chicago)'라고 하는 실험적 프로젝트는 목사이자 은행가인 블리스 브라운(Bliss Brown)에 의해 제안된 것이다. 1991년부터 참여자는 시카고에서 가장 의미 깊은 추억을 기술하도록 의뢰받은 다음, 그러한 것들을 오늘의 경험과 비교해 보게 하였다. 그런 다음, 그들은 앞으로 시카고가 어떻게 되면 좋을 것인지, 또 다음 세대에는 시카고가 어떻게 될 것인가를 상상해 보았다. 마지막으로, 프로젝트의 추진에 관심을 가진 조직 간에 공동의 창조 스테이지 파트너십이 형성되었다. 1993년부터는 많은 실험적 프로젝트들이 이어졌고, 그리고 50명의 젊은이들이 아이디어를 창출하기 위한 질문자로서의 훈련을 받았다. 1995년 이후, 100개 이상에 달하는 커뮤니티조직과 학교 및 문화기관들이 도시발전을 위한 프로세스를 활용하기 시작했고, '도시상상력 네트워크'를 결성하였다.

도시 차원의 테크닉

　도시 차원의 창의성은 이웃이나 개인 차원의 테크닉과 완전히 다른 것을 포함하는 것은 아니지만, 관련된 사람의 수가 늘어남에 따라 창의성을 적용하기가 한층 복잡하게 되는 것은 사실이다. 사람들이 활동하는 환경은 보다 넓어지고, 또 인적·비인적 자원의 범위가 보다 다양해진다. 기업 간 및 다른 도시와의 협력과 경쟁은 공공·민간의 파트너십처럼 보다 분명한 것이 된다. 피드백 메커니즘 또한 필수적이다. 그것은 만약 이러한 장치가 없으면, 그 방향을 조절하는 것이 불가능하기 때문이다. 이처럼 복잡성은 피할 수 없고, 또 의도하지 않은 결과가 초래될 수 있다는 점에서, 리더십의 스타일을 지도할―공급·지원하는 것―필요가 있다. 이 경우에 관건이 되는 것은 창의적 커뮤니케이션이다. 커뮤니케이션에 대한 이해가 증진되면서 공동전략의 수립은 새로운 국면을 맞게 된다. 보다 안전하고 내부에 초점을 맞춘 접촉을 선호하는 사람의 경우에는, 처음에 대중의 시각에서 계획하고 그것에 설명책임을 부과하는 것이 두려울지도 모른다. 하지만 사람들에게 그 결과를 공개하는 것은 궁극적으로 계획을 수립하는 사람에게 해방감을 가져다 줄 것이다. 왜냐하면, 그들은 자신의 손이 닿지 않는 곳에 있는 해결책을 가질 필요가 없다는 것을 인식하게 될 것이기 때문이다.

도시비전을 설정하는 작업이 부상하고 있다는 것은 협동적이고 민주적 리더십의 새로운 정신을 반영한 것이다. 몇몇 도시에서는 컨설턴트에게 의뢰하거나 약점을 확인하고 새로운 구조와 조직문화를 고안함으로써, 이전의 리더십이 갖고 있던 막연한 불안감에 대처하고자 한다. 또다른 도시에서는 현재의 권력구조하에서는 쉽게 도출될 수 없는 공개성과 권력분담의 필요성을 인식하고 새로운 연합을 형성하는 경우도 있다.

도시비전의 설정은 비교적 새로운 현상이다. 비전을 공유하는 것의 기원은 쿠르트 레빈(Kurt Lewin)과 1960년대의 대항문화운동 같은 제2차 세계대전 이후의 이단자에게서 비롯되었다. 그것은 공공부문이 스스로 통제할 수 없게 된 도시위기—그 원인은 자원부족, 권력과 정통성의 약화, 또는 이익집단의 힘의 비대화 등에서 비롯되었다—에 대처하기 위한 하나의 방법으로서, 미국에서 처음으로 시작되었다. 전통적으로 자치단체와 정부는 단독으로 도시문제를 처리할 것으로 간주되었다. 더구나 도시문제는 민간회사와 개인의 책임과는 무관한 것으로 여겨지고 있었다. 결국, 비참한 사회문제—약물남용에서 도시의 전반적인 쇠퇴에 이르기까지—를 방치한 채, 자신의 사적 이득만을 추구하는 조직과 개인이 도시의 성장기회를 상실하게 하였던 것이다. 따라서 조직은 내부적으로 창의적이고, 네트워크화되고, 협동적인 반면에 공공과 민간의 분단을 뛰어넘은 창의성은 존재하지 않았던 것이다. 그러나 한편에서는 비즈니스 역시 사회적 책임감을 갖고 있다는 인식이 증대하고, 다른 한편에서는 각 행위자—공공·민간·볼런터리—의 상대적 무력감에 대한 인식이 증대하면서 그들의 행동을 통합하는 쪽으로 나아가게 되었던 것이다.

도시의 비전을 설정하는 것에는 비즈니스계획과 관련된 아이디어를 기업 차원에서 도시구역 또는 도시 차원으로 확대하는 것을 포함한다. 역사적으로 도시비전은 자본과 고학력자들이 도시를 탈출할지도 모른다는 두려움 속에서 발전했다. 인력을 재훈련하고 도시를 재생하기 위하여 서로 협력하고 협동하는 것은 도시의 자산가치를 증가시키는 방법 가운데 하나로 간주되었다. 현재 그것은 창의적 아이디어와 행동에 따른 책임의식을 제고하는 데 있어서도 통합적인 도구가 되고 있다. 북유럽의 여러 나라들, 독일, 네덜란드, 영국은 물론이고, 아시아에서조차도 아시아태평양포럼과 같은 조직을 창립하는 등 그 실천사례가 생겨나고 있다.

오늘날 비전설정의 좋은 사례는 세 가지 유형의 도시에서 생겨나고 있다. 첫째는 도시 간의 경쟁에서 지속적으로 선두에 서기를 원하는 도시들이다. 특히, 바르셀로나와 프랑크푸르트처럼 성공적인 도시는 문화비전에 그 초점을 맞추고 있다. 프랑크푸르트의 기본동력은 과거에 유럽의 금융수도가 되었다는 것에 있다. 바르셀로나의 경우는 올림픽과 카탈루냐로서의 문화적 독립성—진정한 통합요인—에 있었다. 두 번째 범주는 과거에 가장 유명했던 도시 가운데 위기를 맞이했던 도시로 구성된다. 볼티모어, 피츠버그, 클리블랜드, 디트로이트 등이 여기에 대당한다. 이러한 도시에 도덕적 힘을 공급하고, 부분적으로 비전을 추진한 핵심 요소는 다름 아닌 인종분열이었다. 상트페테르부르크, 부다페스트, 글래스고가 과거에 직면하였던 것처럼 이들은 모두 제조업에서 서비스부문으로의 광범한 재구조화의 필요성을 공유하고 있었다. 세 번째 유형은 빈과 헬싱키처럼 기회를 창출하고, 동서 관문으로 부상한 도시들이다. 특히, 후자는 자신을 새로운 테크놀로지에 의해 '거리의 압제'가 종식된 도시로서의 이미지를 브랜드화하고 있다.

이처럼 도시의 경영관리는 미국, 유럽, 호주의 대다수 도시에서 급속히 수용되고 있고, 아시아, 아프리카, 남아메리카에서도 분산적이기는 하지만 그 사례가 늘어나고 있다. 그 원칙에는 다음의 것이 포함되어 있다. 관료제에 대한 과도한 복종을 극복하기 위하여 시민참여를 이끌어 낸다는 것; 엄격한 규정에 입각한 통제시스템을 완화시키고, 시민대응형의 절차를 발달시킨다는 것; 투입보다도 결과에 그 초점을 맞춘다는 것; 공복으로서의 동기를 부여하고, 또 공공부문의 경쟁력을 제고한다는 것 등이다.

창의적 권한위임에 대한 도전은 다음과 같은 형식으로 그 단계가 상승하게 될 것이다(Cornwall, 1995).

- 상호 선출: 대표는 선출되지만, 실질적인 투입이나 권력은 없는 대신에 상징적이고, 조작적인 요소는 다소 있다.
- 협력: 인센티브에 따라 임무가 할당되지만, 외부에서 온 사람이 그 의제를 결정하고, 과정을 지휘한다.
- 협의: 지역주민의 의견이 수렴되지만, 외부에서 온 사람이 행동방침에 입각해서 분석·결정한다.
- 협업: 지역주민이 외부에서 온 사람과 함께 우선순위의 결정에 참여한다. 하지만 과정을 지도하는 책임은 외부에서 온 사람에게 남아 있다.
- 공동학습: 지역주민과 외부에서 온 사람이 지식을 공유하고, 새로운 이해를 창출한다. 그리고 외부의 도움하에 공동으로 행동방침을 설정한다.
- 집합적 행동: 지역주민은 자기자신의 과제를 설정하고, 그것을 수행하기 위해 힘을 쏟는다. 외부에서 온 사람은 주창자 내지는 촉진자로서가 아닌 지역주민에 의해 요청된 경우에

만 참여한다.

장기적 지속가능성은 다음 상황에서 이루어진다. 우선, 목표에 대한 책임감이 보다 클 때, 그리고 공동학습과 집합적 행동으로 나아갈 때이다. 커뮤니티가 주도하는 모델 외에도, 일반적으로 네 가지의 비전설정 스타일이 있다. 일반적으로 사용되고 있는 SWOT 또는 PEST(정치적·경제적·사회적·기술적 요인을 분석하는 것을 말함 † 역주)와 같은 평범한 테크닉은 중요한 부분을 세세한 부분으로 구분하는 수단으로 활용된다. 그들은 분석대상이 되는 환경을 정치적·경제적·사회적·기술적 상황 속에서 강점과 약점, 기회와 위험성을 음미하고 평가한다. 하지만 모든 접근방식에서 참된 창의적 추진력은 항상 두 요인―사람들을 혼합시킨다는 것, 그리고 지속적 과정으로 평가를 상설화하는 것―에 의해 비롯되었다. 언제나 끝까지 행동을 추진하게 한 것은 사람들의 혼합 및 교류였고, 활용된 테크닉 그 자체는 부차적인 것에 지나지 않았다. 통상적으로, 다양하게 혼합된 여러 집단―정치가, 사업가, 공무원, 기타 사람 등―이 공동의 책임하에 서로 대화하고, 목표를 설정하고, 나아가 공동의 목적에 동의할 때, 아이디어 공방이 가동되기 시작하였던 것이다.

상대적으로 협의에 초점을 맞추는 대신,
통찰력 있는 카리스마적 리더가 주도하는 모델
카리스마적인 리더는 커뮤니케이션할 수 있는 능력을 갖고 있고, 그리고 모범적인 행동을 통해 상황을 주도한다. 그들은 전형적인 관료적 대응에 의존하기보다 개인적 특성이라고 하는 자원에 의존한다. 따라서 매력, 설득력, 끈기와 같은 인간적 특성이 그 관건이 된다. 중간층에 대한 그들의 전형적인 관리·훈련 프로그램은 잠재적 리더십을 가지면서도, 도시지역에 대한 책임감을 가진 광범한 인재풀을 창출하는 것이다. 한편, 그 적대자들은 그들을 자기 중심적이고 독재자로 간주하기도 한다. 이러한 리더의 대표적 예로서는 쿠리티바의 하이메 러너(Jaime Lerner), 몽펠리에의 조르쥬 프레쉐(George Frêche), 하더스필드의 롭 휴즈 등이 있고, 이들은 각 도시에 장기적인 영향을 미쳤던 것이 사실이다.

전통적인 부문별 전략에 기초한 자치단체가 주도하는 모델

비전실행에 관한 많은 사례는 자치단체 주도로 이루어지지만, 경우에 따라서는 협의모델에 의거할 수도 있다. 전자인 자치단체 주도 모델은 전통적인 부문별 전략결정과정을 통해 이루어지는 데 비해, 후자인 협의모델은 사전에 준비된 계획에 약간의 수정을 가한 다음 송부하는 법률적 계약에 입각한다. 이러한 모델은 종종 합의되지 않은 상태에서 외부에서 온 사람을 관련시킨다거나, 어떤 식으로든 실제 행동에 그들을 참여시키는 등의 방법을 통해 추진되기도 한다. 그 대표적인 한 사례가 글래스고이다. 이 지역에서는 정부지원을 받은 글래스고개발협회로부터 외부자원이 보증되고, 그 목표를 장기개발에 두게 되었다. 그러한 재원조달방식은 글래스고 시당국으로 하여금 장래를 생각하고 장기전략을 고려하는 융통성을 가져다 주었다. 자치단체에 추동력을 부여하는 이 테크닉은 여러 곳에서 모방되었다. 예를 들면, 1988년의 가든 페스티벌에서 1990년의 유럽의 문화도시, 1999년의 국제건축의 해에 이르기까지, 확실한 목표를 설정하는 전략의 기획을 통해 성공적인 결과를 가져왔던 것이다.

자치단체 모델은 종종 보다 협의과정을 포함하는 등 내부 운영 방식의 개혁을 수반하기도 한다. 대표적으로는 1980년대 후반에 제안된 이후, 주거환경최고실천상을 수상한 틸부르흐 모델을 들 수 있다. 이 모델은 시민과의 협의과정을 통해 합의된 목표를 도시의 프로그램에 포함시킨 다음, 이들을 연간 베이스로 모니터하는 것이다. 틸부르흐 근대화 프로그램은 도시의 비즈니스계획을 낳았고, 그것은 또한 도시행정의 투명성 제고와 도시발전에 대한 설명책임을 가져왔다. 영국의 커크리스 행정재조직화 프로그램 역시 틸부르흐와 비슷한 철학을 갖고 있다. 브라질 포르토 알레그레시의 타르소 젠로 시장이 참가형 예산편성 테크닉(상세한 내용은 이 책 pp. 284~286 사례연구 참조[†]역주)과 이탈리아의 레죠 에밀리아 지역의 유사한 시도도 또다른 실천사례에 속한다. 현재 60개 이상에 달하는 프랑스의 커뮤니티에서는 이웃 주민에 의한 경영조직인 지구공사(地區公社)가 운영되고 있고, 이 시스템은 네덜란드의 여러 지역―옵즈메렌, 로테르담의 스테덴바이크, 스히담―으로 이식되었다.

비즈니스가 주도하는 모델, 또는 성장을 위한 연합

이 모델은 미국에서 처음으로 개발된 것으로서, 그 기원은 1940년대 피츠버그에서 열린 엘레게니회의에서 비롯되었다. 그것의 초창기 관심사는 공기와 물에 관한 것이었다. 이후 그것은 '황금의 삼각형'을 재건하기 위한 도시재생국이 되었고, 여러 단계를 거친 지금은 사회적 재생분야에도 관여하는 것이 되었다. 이 모델의 다른 사례로서는 1950년대에 시작된 볼티모어연합이 있다. 이것은 찰스강 센터의 사무실 프로젝트를 발전시킨 것인데, 지금은 유명하게 된 내항(內港)과 예술시설의 발전으로 이어졌다. 멜버른에서는 민주적으로 선출된 기구를 앞질러 도시를 운영하는 데 커미셔너가 투입되었다. 이것과 유사한 도시개발공사모델은 1980년대 영국에서 보편화되었다. 보다 최근의 연합에서는 장애물을 제거하는 테크닉―도시계획법의 계몽 및 행동을 유발하기 위한 개발규제의 완화 등―이 활용되고 있다.

파트너십 주도 모델

파트너십이 주도하는 모델은 출발부터 도시계획을 실천하는 데 도움을 주기 위해, 공공·민간·커뮤니티부문의 파트너십으로 이루어진 공동기구를 창출하는 데 그 목적을 두고 있다. 보통 이 기구는 직접적으로 계획을 실시하는 권한을 갖고 있지 않고, 또 일상적인 서비스시설도 갖고 있지 않다. 하지만 이 기구는 이해관계자의 공동연합체로서 주요 프로젝트나 전략의 방향에 영향을 미치는 것이 보통이다. 그 사례로서는 '아델레이드 21 프로젝트'를 들 수 있다. 이 프로젝트는 지역당국을 거치는 대신, 교육기관, 문화·볼런터리·비지니스부문 등의 이해관계자에게 자신의 주장을 전달하고자 노력한다.

미국에서는 다음 세 가지 사례가 포함될 수 있다. 사우스다코다주의 사례인 '내일의 스웍스 폭포'는 9개월간에 걸친 전략적 계획과정에 60여 명의 이해관계자를 참여시켰다. 미주리주에서 18개월에 걸쳐 진행된, '리 서미트'는 경제발전, 공공서비스, 삶의 질에 관한 도시계획을 준비하는 데 65명에 달하는 이해관계자를 참여시켰다. 그리고 '내일의 인디애나폴리스 비전'에서는 도시생활의 질을 개선하는 전략적 계획을 개발하는 데 90명의 대표자를 참여시켰다. 그 핵심 과제는 그것이 진정한 파트너십이 될 수 있는가 하는 것이다. 전 세계에 걸친 사례를 조감하면, 가끔 공동의 안건이 수립되지 않는 상태에서 연합하거나, 또는 전략이 공동적으로 수립된 경우에도 그 실행은 예산, 자원, 타이밍, 관계당국에 떠넘겨 버리는 등 다양한 문제를 포함하고 있다는 것을 알 수 있다.

시민적 창의성

어떠한 조직—그것이 공공조직이든, 민간조직이든—의 경우에도, 그들이 달성할 수 있는 것을 구체화하기 위해서는 초점을 이동시키고, 그 목적과 목표를 재활성화해야만 한다. '시민적 창의성'이라는 의제가 탄생하게 된 것은 바로 이러한 배경하에서이고, 그 목적은 일정한 수단과 안내역할을 수행하는 것이다. 20세기 최후

수십 년간에 걸쳐서 '시민' 및 '공공'이라는 단어는 학대를 받아 왔다. 여러 가지 부정적인 의미를 갖는 것들이 이들과 결부되었던 것이다. 예를 들면, 관료적·형식적·위계적·비효율적 사회복지주의자, 비전의 결여, 기계적인 것 등이 그것이다. 이러한 단어는 목표의 미달성, 전략적 초점의 결여, 실패 등과 결부되어 있다. 하지만 전 세기의 대부분에 걸쳐, 그들(시민과 공공이라는 단어†역주)은 자기발전, 사회개량, 근대화를 대변해 왔던 것이 사실이다. 그러면 과연 이러한 목적은 21세기적인 틀 속에서 재생될 수 있을 것인가? 이와는 대조적으로 '민간'이라는 단어는 주의 깊고, 민감하고, 기민하고, 잘 운영되고 있는 것으로 비추어지고 있다. 하지만 이제 도시경영을 재구축하기 위한 필요성에만 초점을 맞추기보다, 공공당국이 어떻게 하면 자신을 보다 잘 운영할 수 있고, 또 조직 내의 과제들을 극복할 수 있을 것인가 하는 것에 초점을 맞출 때가 되었다. 이들은 여전히 많은 지역이 안고 있는 문제점들이다.

'시민적 창의성'을 정의하면, 그것은 공공성을 가진 목적에 상상력이 풍부한 해결방식을 적용하는 것을 말한다. 이러한 정의에 입각하면, 그 목적은 공공영역에 영향력을 미치는 문제를 혁신적인 방법으로 해결해 가는데 있게 된다. '시민적 창의성'이라는 것은 공공재에 관여하는 공무원과 기타 관계자가 자신들의 풍부한 상상력을 '사회적·정치적 가치의 틀 내에서 보다 고차적인 가치'를 달성하는 데 효과적이고 수단적으로 활용할 수 있는 역량을 말한다. 이것은 화폐적으로 전환될 수도 있고, 또다른 지표를 통하여 수량화될 수 있는 비재정적인 목표로 전환될 수도 있을 것이다. 이러한 방식으로 시민적 창의성을 적용할 때, 우리는 아이디어와 행동에 관한 책임감, 주인의식, 신뢰 등을 교섭할 수 있게 된다. 게다가 기존 절차와 룰의 경계에서 종종 발생하는 리스크를 성실하고 책임감 있게 받아들이고자 하는 경향이 나타난다. 그 영역은 개인의 사익과 집합적인 요망, 즉 '나'라고 하는 존재와 '우리'라고 하는 존재가 동시에 가능하게 되는 합류점이다. 이러한 맥락에서 판단할 때, 서로 경합하는 다양한 이해관계 속에서 교섭이 이루어지고, 균형이 취해지고, 조화를 이루는 것 그 자체가 바로 창의성인 것이다. 따라서 시민적 창의성 개념은 항상 어떤 정치적인 형태와 연관성을 갖는다. 그것은 감시자가 기회를 막고 있는 장(場)인 정치권이 잠재성과 발전의 최대장애물이 될 수 있다는 것을 의미한다.

　시민의 감각에서 창의적인 것은 타당하고 칭송받을 만한 행동으로 정당화될 필요가 있다. 그 대상이 무엇인가 하는 것은 특수한 상황에 달려 있을 것이다. 우선, 도시의 폭력을 혁신적으로 다룰 필요성도 그 한 예가 될 것이다. 둘째로는 경제성장의 과실에서 소외된 계층의 수입수준을 올리는 것이 될 수도 있고, 세 번째로는 도시디자인에 미적 감각을 창출하는 것이 될 수도 있을 것이다. 도시생활의 시급한 과제는 공공영역에서 자신의 역할을 다하는 것이다. 예를 들면, 우리가 도시에서 신사적이고 관용적인 방식으로 서로 행동하고, 그리하여 안전을 느끼기 위해서는 어떻게 하면 될 것인가, 그리고 어떻게 하면 설치된 환경이 영감을 주고, 또 그것이 정반대로 활력을 떨어뜨리게 할 것인가 등의 의문을 지속적으로 제기하는 것이다. 새로운 행태의 유인책에서, 주택단지 내의 성공적인 사회교류를 달성하기 위한 공공수송활동에 이르기까지 많은 해결책이 발명될 필요가 있다. 이러한 것들이 '시민적 창의성'의 영역에 해당하는 것이다.

　경우에 따라서는 이 개념이 모순처럼 보일 수도 있다. 하지만 이 부조화야말로 '시민적 창의성'에 힘을 부여한다. '시민적'이라는 것은 가치 있고, 필수적이고, 공적인 것을 지향하는 것으로 비추어지는 반면에, '창의성'이라는 것은 자극적이고, 미래지향적이고, 그리고 모험적인 것으로 간주된다. 가시적인 프로젝트에서 이 양자가 결합할 때 시민생활은 활성화될 수 있는 것이다.

　'시민적 창의성'은 시민의 열정과 비전에 초점을 맞춘 독특한 질적 특성을 갖고 있다. 그 곳에는 경영테크닉을 훨씬 뛰어넘는 특성이 있다. 시민적 창의성은 이기적이고 내부지향적인 특성을 보이곤 하는 예술적 창의성과는 달리 자기 중심적이지 않다. 그것은 다음과 같은 성질을 포함하고 있기 때문이다. 경청하는 능력; 풍부한 상상력과 정치정세를 판단할 수 있는 감각; 긍정적 의미에서 말하는 정치적 동물근성; 정치력의 육성 및 결집에 대한 욕구; 긴장을 늦추고 윤리적 타협을 창의적으로 제안하는 능력; 사람들을 이끌고 동의하지 않는 사람에게 자신의 이기심을 초월한 어떤 것을 하도록 영감을 주는 스킬; 마지막으로 일의 진행과정이 모든 사람을 위한 것이라는 점을 설득할 수 있는 능력 등. 이것은 또한 정치적 합의에 도달하는 데 필요한 정치적 스킬과 리더십을 요청한다. 결국, 시민적 창의성은 동기부여와 권한위임을 통하여 사람들을 개시자가 되게 하고, 또 그들의 경쟁력과 자신감을 확대시킨다. 게다가 그것은 "공공 및 민간자원의 재배치를 통하여 보다 나은 사회적 결과, 보다 높은 사회적 가치, 그리고 사회자본을 창출한다"(Leadbeater and Goss, 1998). 이러한 과정을 통하여 시민적 영역에서 활동하는 사람들은 그 가치를 인식하고, 창출하고, 추가하게 되는 것이다. 그것은 우리가 배양해야 할 중요한 자원임에 틀림없다.

　시민적 창의성은 공적 및 사회적인 기업가정신과 연결되어 있지만, 그것과 똑같은 것은 아니다. 사회적 또는 공동체적인 행동은 시민적 영역을 포함하지만 그것으로 한정되지 않는다. 그것은 공식적인 권력메커니즘을 통하여 추진되는 것이 아니라면 반드시 자치단체와 관련지을 필요가 없다는 것을 의미한다. 실제로, 사회적 행동은 종종 시민적 행동이 실패한 결과로서 나타나기도 하기 때문이다. 시민문화의 내실을 들여다보면, 시민의 선의가 그 리스크로 인하여 정반대로 방해요인이 되기도 한다. 시민적 권위는 그것을 두려워할지 모르지만 시민적 창의성은 이 문제를 극복하고자 한다. 창의성은 위험하고 불안정하지만, 만약 그것이 없다면 보다 위험한 상황에 놓이게 될 것이다. 비즈니스가 보다 사회적 책임을 의식하는 방식으로 행동하는 것과 마찬가지로, 공공정책을 입안하는 기관과 관료적인 운영문화에 대해서도 새로운 영감을 주려는 움직임이 추진되고 있다.

가치를 창출하고, 가치를 부가시켜라

'시민'과 '창의성'이라는 단어가 내포하는 문화의 최고형태가 상호 이익을 위하여 결합되지 않을 이유가 없는 것이다. 공공적인 맥락에서 창의적인 것도 가능하다면, 공공선의 원칙을 유지하면서 사회적 기업가가 될 수도 있을 것이다. 공공영역 내에서 창의적으로 운영하고 리스크를 관리하는 것은 민간기업이나 볼런터리조직에서 그렇게 하는 것과는 다르다. 민간기업의 경영관리기술을 전적으로 수용한 다음, 그것을 무비판적으로 공공부문에 적용하는 것은 부적절하다. 중요한 것은 비즈니스 세계의 창의적이고 기업가적인 특성 가운데 그 수단이 공공의 이익에 벗어나지 않고, 공공의 영역에서 유용한 것을 찾아 내는 것이다. 문제해결을 위한 시민적 창의성 또는 기업가적인 접근방법이라고 하는 것은 이러한 자원을 확인하는 데 유용하다. 예를 들면, 금전, 새로운 시각으로 문제점을 바라보는 것, 과거의 문화적인 전통을 현대적인 목적에 맞게 전환하는 것, 보다 청결한 환경에 대한 욕구처럼 사람들 사이에 깊숙이 묻혀 있지만 언젠가는 분출할 수 있는 열망이라는 이름의 자산 등이 여기에 포함될 수 있을 것이다.

어떤 개인이 달성가능한 것을 넘어선 결과를 달성하기 위한 기회를 찾고, 또 그것을 지속적으로 탐색해 가는 것은 바로 경영적 에토스(신뢰)이다. 시민적 창의성은 비즈니스 및 볼런터리 관련조직에서 많은 것을 배울 수 있지만, 그 자신만의 독특한 특성을 갖고 있다. 그것은 바로 "자기자신의 최량의 실천에서 가장 많은 것을 학습할 수 있다는" 것이다(Leadbeater and Goss, 1998). 비즈니스 역시

지역사회에서 사회적 책임의식을 갖고 행동해야 할 필요성이 점차 증대되고 있다는 점에서 시민적 창의성의 운영방식에서 학습할 수 있을 것이다. 어떠한 부문—부문에 따라 앞서고 뒤처지는 것은 있을지언정—도 창의적인 방식을 독점할 수는 없는 것이다.

두 가지 문화의 융합은 딜레마를 초래할 수 있다. 시민적 영역은 안전성, 일관성, 설명책임의 구조를 갖는 공식·비공식적인 룰에 기초하여 운영되고 그 신뢰를 얻는다. 이와는 대조적으로, 창의적인 사람들은 끊임없이 규칙과 영역 간의 경계에 대해 의문을 제기하고, 지속적인 평가를 내리고, 때로는 그들을 타파하기도 한다. 따라서 공공영역에서 사람들이 보다 창의적으로 될수록 원칙, 비전, 청렴한 윤리적 틀이 보다 강고한 것이 될 필요가 있는 것이다. 만약 그렇지 않으면, 그 곳에는 기회주의에 빠질 위험성이 도사릴 것이다.

경쟁의 압력을 조성하라

시민적 창의성을 앞으로 나아가게 하는 추동력은 무엇인가? 거기에는 두 가지의 중요한 프로세스가 있다. 하나는 공공선을 수량화하기 위한 새로운 기준이고, 나머지 하나는 공공적인 대화이다.

자치단체와 같은 공공단체의 경우에는 혁신과정을 향해 돌진하게 하는 경쟁의 압력이 존재하지 않는다. 하지만 주주로서의 시민과 '기업으로서의 도시'와 같은 개념이 생겨나면서 그 압력은 가중되고 있다. 예를 들면, 투명한 회계시스템, 투입에서 산출 예산편성으로의 이행, 아웃소싱(외부위탁)이나 '최량의 가치' 개념 등이다. 공적으로 장려되는 도시의 혁신은 비즈니스 창의성을 앞으로 나아가게 하는 등 반드시 상업적 수익을 창출할 필요는 없다. 그러면 공공부문에서 이윤동기에 해당하는 것은 무엇인가? 또 그 성공의 기준은 무엇인가? 선출된 관리의 경우에는 그것이 선거에서 재선되거나, 직무와 관련된 갈채를 받는 것이 될 것이다. 하지만 공무원이나 조직 전체의 경우에는 어떤 것이 될 것인가? 이것은 목적에 따라

달라지겠지만, 그 지표에는 자원사용의 감소나 오염수준의 하락, 사회적 통합의 촉진 및 사회적 분열의 감소(이것은 폭행이나, 붕괴되는 가정의 감소율 등으로 측정될 수 있다), 자가용 이용에서 대중교통 이용으로의 행동변화 등이 포함될 수 있다.

계기를 만드는 또다른 수단은 공공적인 대화이다. 그 내용은 공공선을 구성하는 것이 무엇인가를 둘러싼 것인데, 특히 공공부문에서는 그것이 비전과 목표와 관련하는 에토스(심성) 중에서 도시생활을 쇄신하는 힘이 될 수 있다는 공통의 책임감 위에서 이루어진다. 공공선이 무엇인가에 관해서는 대화과정에서 끊임없이 조정될 것이다. 하지만 단지 다수의 의사로 선출되었다는 이유만으로 선출된 사람들이 공공선을 구현하고 있다고 하는 것—최소한주의자의 정의(定義)—은 부적절하다. 선거라고 하는 것은 포괄적인 권한위임을 하는 것이다. 따라서 한 걸음 더 나아간 정통성이 요구된다. 더구나 선출된 사람들은 정책의 장에서 무엇이 공공선을 구성하고, 그리고 무엇이 구성하지 않는가를 누군가에게 보다 상세하게 분석하도록 지시하는 것도 아니다. 그 방법에는 외부전문가의 의견을 청취하거나 연구를 위탁하는 등 포커스그룹을 폭넓게 활용할 필요가 있을 것이다. 이것은 이데올로기와는 무관한 방식으로 진행된다는 점에서, 말하자면 기술관료적인 모델이다.

정당은 공개된 과제에 대해서는 연구를 위탁하지 않는 경향이 있고, 설령 그것이 이루어지는 경우에도 공공선에 관한 당초의 이해를 정당화하도록 지시하는 것이 일반적이다. 정당 차원에서 바라본 공공선이 갖는 한계라고 한다면, 그것이 선거에서 얻는 인기로 간주된다는 것이다. 공공선은 단순한 숫자게임이 아니다. 현실세계에서 우선순위를 선정하고 그 정당성을 부여하는 프로세스는 대단히 복잡하고, 그 결정은 불완전한 것이다. 특히, '공공의 이익'으로 정의되는 부처 간 과제의 균형을 취하는 것이 여기에 해당할 것이다. 예컨대, 도시에서는 한편에서 자동차의 속도를 줄임으로써 10명의 목숨을 구할 수는 있지만, 다른 한편에서는 수백만 명에 달하는 사람들의 시간을 '잃게' 할 수도 있는 것이다. 현실에서 그러한 시도가 인기를 얻지 못하고 있는 것은 바로 공공선이 갖는 복잡한 성질에 기인하는 것인지도 모른다.

캠페인그룹이나 자선단체는 좋은 이유에서 하겠지만, 때때로 특정 과제를 지나치게 강조하고, 그리고 환경단체의 경우처럼 그 과제가 정치적 쟁점이 되도록 선동적으로 표현하기도 한다. 사기업 비즈니스의 경우에는 이윤의 창출을 통해 공공선과 결부될 수 있을 것이다. 이처럼 한쪽이 다른 쪽을 배척하는 것은 아니다. 시민적 창의성의 의제는 비즈니스를 공공선의 목적에 부합하는 쪽으로 나아가게 할 필요가 있다. 그것은 비즈니스가 갖는 가능성을 자극하거나, 사회적 주택, 환경개선 또는 기업가정신에 대한 기발한 유인책을 통해 이루어질 수 있을 것이다. 공공선에 관한 프로젝트는 공공이든, 민간이든 어떠한 자원에서도 창출될 수 있는 것이다.

시민적 창의성은 조직문화의 변화—리스크를 감수하려는 성향을 가진 문화—를 통해서만 창출될 수 있다. 이것은 지방자치단체에서 대학에 이르기까지, 대다수 공적 조직에서 그 문화의 변화를 요청한다는 것을 의미한다. 관료적 사고방식이 극복되지 않는 한 창의성은 그 추동력이 될 수 없고, 특히 창의적인 사람을 유인할 수 없다. 그 이유는 다음과 같다. 첫째, 관료적인 분위기가 창의적인 사람을 단념시키게 할 것이다. 그들은 관료적 문화가 창의적으로 일하는 자신의 능력을 제한하게 될 것이라는 것을 즉각적으로 인식할 것이기 때문이다. 둘째, 그들은 어디에 가서도 보다 높은 보수를 받는 것이 일반적이다. 공공조직은 중요한 결점을 갖고 있다. 그것은 창의적인 사람에게 충분한 재정적 유인책을 제공하지도 못하고, 또 프로그램을 자신이 원하는 대로 실행할 수 있는 자율성을 제공하기도 못한다. 셋째, 사회사업가, 교사 또는 공무원에 관한 언론의 보도방식에서 보여지듯이, 어떤 조직의 결점을 지속적으로 보도할 때 나타나는 신뢰성의 결여현상이다. 그것에 따른 사기저하는 목적의식의 상실로 이어지고, 결과적으로 창의적인 과제는 가장 뒤편으로 밀려 버리게 되는 것이다(Leadbeater and Goss, 1998 참조).

················◀· 사 례 연 구 ·▶··················

시민참여형 예산제도를 만든 도시

포 르 토 알 레 그 레(브 라 질)

　　브라질의 포르토 알레그레 시에서는 사람들이 자치단체의 의사결정에 참여하는 것이 그 뿌리를 내리고 있다. 1993년부터 1997년까지 시장으로 재임한 타루소 젠로(Tarso Genro)는 그의 재임기간 동안, 참여형 예산편성의 배후에 있는 철학적 영감과 실질적인 자극을 통하여 국가와 대중과의 전통적 관계에 도전장을 내밀었다. 이른바, 젠로 시정(市政)의 특징을 한 마디로 표현한다면, 그것은 시민통제라고 하는 개념을 실천에 옮겼다는 것이다. 즉, 그것은 지역의 전문가, 사업가, 지지자집단이 도시를 위하여 전략적이고 장기적인 정책방향을 설정하는 커뮤니티 위원회에 가입하게 함으로써, 시민이 자치단체의 의사결정을 하도록 하였던 것이다. 젠로는 다음과 같이 말하고 있다. "국가를 근본적으로 개혁하는 것은 정부와 사회의 관계를 개혁하는 것이고, ……개혁의 목표는 대의제 민주주의와 사회에 의한 공공정책의 통제를 결합하는 것이다."

　　원래 이 시스템은 1989년부터 1992년까지 젠로가 부시장으로 재직하고, 당시 시장이었던 올리비오 듀트라에 의해 제안되었지만, 그것이 개화되기 시작한 것은 젠로가 시정을 맡은 이후였다. 즉, 의사결정자로서의 대중이라고 하는 친숙하지 않은 역할에 보다 많은 경험이 축적되고, 이후 중요한 세제개혁을 통해 시의 재정이 강화되면서부터 본격화되었던 것이다. 참가형 예산편성은 가장 기초적인 곳에서 시작된다. 포르토 알레그레는 16개의 지역·지구로 분할된 다음, 각각에 지역협회, 자모회, 기타 지역그룹으로 대표된 주민협의회가 구성되어 있다. 도시 전체의 주민조직인 대표협의회는 각 지역의 주민협의회에서 선출된 두 명의 대표로 구성된다. 시청의 몇몇 직원은 이러한 조직과 지속적인 연락을 맡도록 되어 있다.

　　대표협의회는 도시의 지출에 관한 의제를 심의하고, 공공사업의 우선순위 리스트를 작성한다. 이 작업은 근린주민에 의하여 30명을 단위로 선출된 대표자와의 긴밀한 공동작업을 통해 이루어진다. 우선, 근린주민의 대표가 학교 및 보건소의 설립, 하수처리시설의 설치, 도로포장과 같은 프로젝트에 관한 수요리스트를 편집한다. 이어서 대표와 주민협의회가 시청관계자와 만나 공동으로 각각의 프로젝트 요구의 중요도를 평가한다. 그것은 어느 정도(%)의 인구와 지역이 대표협의회에 의해 설정된 도시서비스의 기준(프로젝트)에 미흡한가에 따라 이루어진다. 1998년에는 위생시설, 커뮤니티의 포장, 주택 등의 분야에 우선순위가 두어졌다. 따라서 학교 앞을 통과하는 도로의 포장에 대한 요구는 그다지 사람의 통행이 없는 도로의 포장보다도 높은 우선순위를 갖게 되었던 것이다. 공공지출의 최종적인 결정은 시청관계자, 또 근린주민으로 구성된 대표협의회, 그리고 도시 전체의 선거를 통해 선출된 시의회라고 하는 3자 회합을 통해 이루어진다. 보통의 예산사이클의 경우에는 대략 1,500건의 공공사업이 요청되고, 그 가운데 200개 가까운 프로젝트에 그 예산이 배정된다.

프로젝트가 선정된 다음, 커뮤니티 대표는 각 프로젝트의 진행을 감독하고, 자금이 어떻게 사용되고 있는가를 감시한다. 시작될 당시만 하더라도, 참여방식을 알지 못하는 사람을 적어도 1,000개에 달하는 커뮤니티의 집단과 1,200명의 대표자로 구성된 공공지출 결정시스템, 즉 참여형 시스템을 고안하기 위해서는 많은 시간을 요청하였고, 또한 정치철학의 재고도 요청하였다.

시청, 선출된 의원, 주민대표 등 3자의 관계는 당초의 생각에서 진전된 형태로 나아갔다. 왜냐하면, 대표협의회가 모든 의사결정을 내려야만 한다는 생각은 시의 자치선거의 중요성을 반감시키고, 더구나 반민주적인 것으로 비칠 수 있었기 때문이다. 수정된 비전은 선출과정을 다시 정당화하고, 또 시민참여와 대의제 민주주의 기관을 결합시키는 것이 되었다. 이제 포르토 알레그레에서는 도시의 장기전략계획을 결정하는 중심적인 협의회에 이르기까지, 설명책임과 지역의 일을 관장하는 대중이라고 하는 개념이 깊고 폭넓게 그 뿌리를 내리고 있다. 더구나 참여형 예산정신을 이어받은 파생물이 생겨나고 있다. 몇몇 주민은 '예산감시단'이라고 하는 NGO를 결성하였다. 그 목적은 공공기금의 사용을 감시하고, 그 예산과정을 비판적으로 바라보는 것이다.

이 프로세스는 젠로의 지지율이 1997년에 75%에 달하면서 그 인기를 얻게 되었고, 이후 그는 후임자에게 건전한 자치단체의 재정을 인계하게 되었다. 참여형 예산제도에 관한 여론조사에 따르면, 85%에 달하는 도시의 주민이 예산과정에 활동하거나 긍정적인 생각을 갖고 있는 것으로 나타났다. 참여형 예산제도의 성공은 이제 가시적인 것이 되고 있다. 포르토 알레그레는 브라질에서 가장 높은 수준의 생활지표를 갖고 있는 브라질리아주(州)의 수도이다. 참여형 예산제도는 브라질에서 세 번째 주의 수도인 베로 호리존테, 그리고 기타 50개 도시에서도 모방되고 있다. 더구나 이 시스템은 부에노스아이레스와 로사리오, 아르헨티나와 몬테비데오, 우루과이 등에서도 실행되고 있다.

[자료: Lucy Conger, *Urban Age Magazine*, World Bank, Spring 1999]

8 도시의 창의성을 재발견하라

도시혁신의 기반

　도시프로젝트의 상대적인 창의성과 혁신성은 어떤 기준에 따라 평가할 수 있을 것인가? 이 물음에 대해서는 혁신의 기반이 그 기준을 제공할 것이다. 혁신의 기반이라는 개념은 도시에게 다음과 같은 질문을 통하여 자신의 위치를 정하는 방법을 제공한다. 예를 들면, "자신의 프로젝트는 어떤 위치에 있는가?" "최량의 실천에 비하여 어느 정도의 수준에 도달하고 있는가?" "자신에게는 무엇이 가능한가" 등이다. 비교대상이 되는 것을 평가하고 벤치마킹하는 것은 반성과 이해, 그리고 학습을 이끌어 내는 데 도움을 준다. 게다가 그 첫 번째 초점은 항상 새로운 해결방안이 지역의 필요성을 얼마나 잘 반영하고 있는가에 맞추어져야만 하고, 그 고유한 창의성은 결과적으로 부차적인 문제가 된다.

　『혁신적이고, 지속가능한 유럽의 도시』(Hall and Landry, 1997)에서 처음으로 전개된 이 기반은 프로젝트가 어느 정도의 혁신을 구체화하고 있는가를 기술한다. 그것은 하나의 자기평가도구이며, 또 벤치마킹의 장치이다. 그것이 주장하는 바는 사실을 있는 그대로 기술하는 것이 아니라, 사고를 예민하게 하고 그 판단을 도우는 것이다. 그렇다고 해서 도시가 지금까지 계속해서 혁신적이었다는 것을 의미하는 것은 아니다. 전 세계를 시야에 넣은 이하의 도식(圖式)을 통하여 우리는 분류작업이 어떻게 이루어지고 있는가를 알 수 있다. 중요한 것은 도시가 자신의 지방적 또는 지역적 비전을 설정하고 다음 내용을 질문할 수 있는가 하는 것이다. "우리의 상황에서 문제를 해결하고 혁신을 창출할 때의 패러다임 전환이란 어떤 것인가?" 어떤 도시—북이든, 남이든—의 경우에도, 그 목표는 적어도 그 성과를 최량의 실천에 가깝게 하는 것이 되어야만 한다.

아무리 상상력 풍부한 프로젝트라 하더라도, 그 단계는 다음 어딘가에 들어갈 수 있다. 예를 들면, 독창적인 개념, 기술, 테크닉, 절차나 프로세스의 적용, 실행과 경영메커니즘의 채용 등이다. 혁신이 창의적인 사고과정, 즉 새로운 방식으로 문제를 바라보는 능력을 의미한다는 데에는 이론의 여지가 없다. 아마도 거기에는 상이한 문제를 완전히 새로운 해결방식으로 재구성하는 것도 포함되어 있다. 창의적인 도약은 때때로—정신질환은 정신병원 밖에서 보다 잘 치료될 수 있다거나, 교통계획은 자동차에 맞게 도시를 바꾸는 것이 아니라, 도시의 환경을 유지하기 위하여 자동차를 제한하는 데 있다고 주장할 때처럼—보다 근본적인 것이 될 수 있다. 설령, 그 도약이 근본적인 패러다임의 전환을 포함하는 것이 아닌 이차적인 경우에도 문제를 다시 정의하고 해결책의 영역을 넓히는 데 도움을 준다. 이처럼 혁신적인 해결책은 그 범위가 넓고, 하나의 사슬을 갖고 있다. 그 종류는 관찰자의 판단에 따라 다르지만, 적어도 다음 일곱 가지로 나눌 수 있을 것이다.

1) 메타(meta) 패러다임 전환: 토머스 쿤(Thomas Kuhn, 1962)에 의해 처음으로 제안되었다. 이것은 가장 확실하고 완전한 의

미에서의 패러다임 전환이며, 완전히 새로운 방식으로 현실의 질서를 부여하고 세계를 개념화하는 것을 말한다. 이러한 전환은 포괄적이고 지배적인 방식으로, 다양한 정책분야에 정보를 제공하고 확대된다. 이런 정도의 영향력을 가진 전환은 거의 일어나지 않는다. 최근 들어, 아마도 가장 분명한 예는 지속가능성이라는 개념—도시경제학, 환경적·사회적·문화적인 생활에 대한 우리의 사고방식을 원칙적으로 새롭게 조명하게 하는 것—일 것이다. 핵심적인 아이디어는 그것이 전체적이고 통합된 사고방식이라는 것, 그리고 그것이 모든 차원에 미치는 다양한 영향력이 서로 연결되어 있다는 것을 이해하는 것이다. 그것은 신진대사의 개념을 도입함으로써, 도시를 일종의 기계에서 생명체를 가진 유기체로 재개념화하는 것이다.

2) 패러다임 전환: 이것은 어떤 정책분야의 문제를 근본적으로 새롭게 정의하거나, 새로운 문제와 그 해결책을 발견함으로써 정책의 목적 그 자체가 변해 버리는 경우에 해당한다. 이 가운데에는 종종 폐기물이 자산으로 간주되는 때처럼, 어떤 문제가 오히려 기회가 되기도 한다. 또 권한이양과 사회적 공평에 관한 제안이 도시경영의 대상이 된 경우처럼, 모든 것을 완전히 새롭게 사고하는 것을 포함한다. 지난 20년 동안의 대표적인 개념으로는 자동차교통의 확대보다 규제개념이 강한 교통계획, 그리고 공업 등 쇠퇴부문에서 서비스와 관광 등 성장부문으로 도시경제를 리사이클링하는 개념 등을 들 수 있다. 핀란드의 케미에서 매년 개최되고 있는 스노카슬 프로젝트는 약점—추위와 눈과 제지공업의 폐쇄 등—을 강점—현재 도시경제를 떠받치는 성공적인 관광프로젝트가 되고 있다는 점—으로 바꾼 패러다임 전환의 대표적인 사례이다. 또다른 사례로서는 『빅 이슈』 잡지의 경우처럼, 홈

리스가 자신의 운명을 스스로 개척하는 것을 도와 준 경우
가 여기에 해당한다.

3) 기초적인 혁신: 일단 어떤 문제를 개념화하는 데 패러다임
   전환이 일어나면, 목표를 달성하기 위한 새로운 방법이 생
   기게 된다. 이 경우, 예외 없이 문제의 정의를 '미(微)조정'하
   는 것이 된다. 이와 관련된 사례는 시 중심부를 보행자 전용
   화하는 아이디어(1904년에 독일 에센에서 처음으로 등장), 그리
   고 도시의 중심부와 그 내부를 재생하기 위한 수단으로 '페
   스티벌 마켓'과 그것에 따른 관광을 발전시키는 아이디어
   (1970년대 런던의 코벤트 가든)를 들 수 있다. 특히, 후자는 공
   장이나 창고처럼, 과거의 경제활동을 위하여 디자인된 건물
   의 재활용을 통하여 추진되었다. 게다가 범죄를 줄이기 위
   한 수단으로서의 '불관용정책'도 유사한 사례가 될 수 있다.
   마지막으로, 보다 평범한 사례로서는 동물의 배설물을 이용
   하여 새로운 시장성 있는 시판제품인 정원용 비료(zoopoo)를
   만든 뉴욕의 동물원을 들 수 있다. 이것은 이후 전 세계의
   많은 동물원에서 모방되었다.

4) 최량의 실천: 아주 독특한 것으로 널리 인정받고 있는 실천
   사례가 여기에 해당한다. 그 대표적인 것으로는 1970년대 뮌
   헨에서 보행자 전용도로를 개설한 일, 그리고 1990년대 바르
   셀로나에서 부두를 재건한 사업 등이 있다. 흥미로운 것은
   이 두 사례가 모두 올림픽 개최와 관련되어 있다는 것이다.
   또다른 분야의 최량실천사례로는 도시재개발 프로젝트의 유
   효성을 평가하기 위하여 새로운 형태의 경제·사회 통합회계
   를 채용한 것, 환경회계감사, 자조기구 프로젝트, 어린이를
   계획자로 참여시킨 프로젝트, 그리고 시예산과정에의 시민
   참여 등이 있다.

5) 우수한 실천: 다양한 방식으로 모방될 수 있는 표준적인 벤

치마킹 대상이 되는 것을 말한다. 보다 알기 쉽게 표현하면, 실천규범이나 우수한 실천 가이드가 되는 것을 말한다. 한때는 협의라고 하는 아이디어 그 자체가 패러다임 전환과 혁신을 상징하기도 했지만, 오늘날에는 계획 속에 협의절차를 채용하는 것은 우수한 실천사례에 속한다. 현재 시점에서 또다른 실천사례로서는 지역재생을 달성하기 위한 공공·민간의 파트너십, 1년 주기로 도시리포트의 지속적인 발간, 잘 디자인된 도시설비, 환경친화적이고 지속가능한 주거의 개발, 에너지절약형 건물, 파크 앤드 라이드 시스템(교외에 있는 자동차 주차장에서 내려 버스와 전차 등의 공공교통기관으로 환승해서 통근하는 시스템 †역주) 등이 있다.

6) 나쁜 실천: 약점을 지속적으로 노출시키는 관행이다. 예를 들면, 기존의 주거지구나 쇼핑센터를 가로지르는 도시자동차도로의 개설, 슬럼가의 형성, 옛 도시건축물의 대규모적인 파괴, 도시민족구성의 다양성을 무시하는 행위 등이 여기에 해당한다. 그러한 실천은 언제나 커뮤니티의 분열과 사회적 긴장으로 이어진다는 점에서 지속가능한 발전의 가능성을 부정하는 것이 된다. 그들은 종종 무지나 무기력감에서 비롯되기도 한다. 그것이 초래하는 부정적인 효과를 증명하는 자료가 명백히 존재하는데도 불구하고, 그러한 실천이 빈번히 일어나는 것에 우리는 놀라지 않을 수 없다.

7) 최악의 실천: 창의적이고, 지속가능하고, 공평한 발전원칙에 의식적·계획적으로 역행하는 활동이 여기에 해당한다. 예를 들면, 도시상황을 완전히 무시한 채, 전통적인 커뮤니티를 완전하고도 철저하게 파괴하는 신규의 부동산개발, 사회적으로 배제된 사람들의 요구를 무시한 결과로 인하여 쇠퇴의 악순환이 반복되는 경우, 결정사항으로 인하여 영향을 받게 되는 사람들에게 어떠한 협의절차도 주지 않는 경우 등을

들 수 있다. 이러한 실천들이 얼마나 빈번하게 일어나고 있는가에 우리는 또 한 번 놀라게 될 것이다.

패러다임의 전환에서 우수한 실천사례에 이르기까지의 각 국면은 그 자체의 라이프사이클을 갖고 있을 뿐, 시간을 초월하여 무한히 적용될 수 있는 성질의 것은 아니다. 그 곳에는 어떤 종류의 순환운동이 존재한다. 예를 들면, 새로운 아이디어가 새로운 실천을 낳고, 그것이 잘 실행되어 일반적인 것이 되지만, 만약 그것이 새롭게 부상하는 과제에 잘 대응하지 못하면 재평가대상이 된다. 실제로, 시간의 경과와 더불어 최량의 실천이 나쁜 실천이 될 수 있고, 게다가 상황이 나쁜 경우에는 그것이 처음부터 나쁜 실천이 될 수도 있다. 결국, 패러다임의 전환이라는 것은 어떤 것을 이해하고 실행하는 과거의 방식이 그 일을 처리할 수 없게 되었을 때 발생하는 것이다.

예를 들면, 지속가능성이라는 개념은 1962년에 레이첼 카슨(Rachel Carson)이 저술한 책인 『침묵의 봄』이 그 계기가 되어, 환경의 관점에서 바라본 지구자원관리의 실패를 나타내는 증거가 급증하는 과정에서 형성된 것이다. 따라서 지속가능성이라는 패러다임은 종래의 패러다임—세계를 조직하고 그 질서를 부여하는 가장 적절한 방법은 다름 아닌 '성장제일주의'라는 것—에서 배태된 것이다. 교통억제, 어떤 한 구역의 예술활동에 초점을 맞춘 문화지구의 설정, 전자민주주의, 태양열 주택단지 등과 같은 혁신은 머지않아 최량의 실천사례가 될 것이고, 또 그것이 더욱 보급되면 단순히 우수한 실천사례가 될 것이다. 중요한 것은, 만약 모험적이고 실험적인 것이 새로운 지식이 창출되는 속에서 너무 오래 지속되면, 그것이 나쁜 실천 또는 최악의 실천이 될 수 있다는 것이다.

도시의 의사결정자는 도시가 어떤 발전단계에 있더라도 다음 사항을 자문할 필요가 있다. 예를 들면, 보다 많은 목표에 도달할 수 있게 하는 상상력 풍부한 직무수행방식은 없는가, 또는 보다 복잡한 목적을 관철하기 위해서는 어떻게 하면 될 것인가, 경우에 따라서는 보다 값싸게 관철하기 위해서는 어떻게 하면 될 것인가 등이다. 개념의 분류—경제의 재생, 환경문제의 해결, 통치와 평가 등—를 통해서 창의성과 혁신을 평가할 수 있는 잠재적인 영역과 주제 또는 정책분야는 다양하게 존재한다. 『혁신적이고, 지속가능한 도시』에서는 이 밖에서도 다양한 영역이 잘 제시되어 있다. 예를 들면, 사회적 결속, 커뮤니케이션과 시민참여, 교통의 제약에서 벗어나 사람을 도시 주변으로 이동하게 하는 새로운 방법, 도시 인프라, 주택의 건설, 그 재원조달 및 경영방식을 재고하는 방법, 그리고 지역의 개성을 육성하기 위한 문화의 역할 등이다.

개념상의 문제

개념의 분류는 유용하지만, 그것을 정형화하는 작업은 결코 단순하거나 간단하지 않다. 따라서 이하에서는 이와 관련된 다양한 문제의 영역을 고찰하고자 한다.

상황적 · 시간적 · 공간적 의존

가장 근본적인 어려움은 혁신은 특수한 상황, 특정 시점, 특정한 지리적 위치에서 나타나고, 발전하고, 모방된다는 것이다. 인터넷과 같은 테크놀로지의 이용은 이것을 웅변적으로 말하고 있다. 즉, (인터넷을 포함한) 일부만이 도시 전체에 똑같이 보급되어 있는 반면에, 다른 대부분은 동일한 목적을 가진 조직의 네트워크에 의해 종종 일관성 없고 예측하기도 어려운 방식으로 보급되고 있다. 일부의 나라 그리고 지역 및 도시가 다른 곳보다 빨리 혁신을 발전시키는 경향이 있는 것은 그들이 그것을 잘 '준비'해 왔다는 것을 의미한다. 이 경우에 객관적인 요소가 대단히 중요하다. 예를 들면, '해결되어야 할 문제'가 있다는 것, 그리고 의사결정자가 새로운 아이디어를 기꺼이 수용하고자 하는 일정 수준 이상의 의식이 존재한다는 것 등이다. 도시들이 간신히 혁신을 도입하기 시작한 경우조차도 결과적으로 혁신은 꽤 광범하게 보급될지 모른다.

도시 중심부에 보행자 전용도로를 새로이 만든 선구자인 독일에서는 유럽의 다른 도시보다도 월등히 빠른 1970년대 중반에 이미 그것은 표준적인 것이 되었다. 이러한 결과가 초래된 데에는 자동차소유 수준 및 교통통제를 이슈화하는 환경에 대한 관심수준과 같은 외부요인이 관계하고 있다. 하지만 보다 일반적으로는 모든 지역의 자원적인 기반이 가능성의 한계를 결정한다. 즉, 대단히 추운 북극에 위치한 나라인 핀란드에서는 '눈으로 만든 성'—결과적으로 이것이 관광을 창출하게 되었지만—이라는 대단히 혁신적인 아이디어를 발전시킬 수 있었지만, 그것은 남극에서는 도저히 불가능한 것이다. 마찬가지로 핀란드에서 태양열 주거단지를 만들 수는 없을 것이다.

창의성과 혁신은 강제적으로 추진될 수 있는가?

혁신은 반드시 홀로 창출되는 것이 아니고, 그 대신에 어떤 시기의 어떤 장소에 집중적으로 일어난다. 물론, 때로는 거의 우연하게, 또는 계획적인 정책의 결과로서 그것이 일어나기도 한다. 독일의 엠셔 프로젝트는 약점을 장점으로 바꾼 혁신적인 사례인데, 그것은 의도적으로 계획된 몇몇 클러스터 가운데 하나에 속한다. 과거의 산업화에 의해서 쇠퇴한 상태로 남아 있던 지구는 쇠퇴원인과 그 해결책을 찾기 위한 연구개발지구의 핵심이 되었다. 각각의 프로젝트는 관심의 대상이 될 만한 특성을 갖고 있지만, 이 계획을 돋보이게 한 것은 전체의 성과를 부분의 합 이상으로 만든 시너지 효과이다.

유럽 전역을 대상으로 도시의 최량실천을 검토하면 스위스 북부, 독일 남부 알자스=로렌 지방의 프라이부르크와 칼스루에 주변,

볼로냐 주변의 에밀리아로마냐, 빈 등의 클러스터를 발견할 수 있지만, 이들은 엠셔 파크의 경우처럼 처음부터 의식적으로 계획된 것은 아니었다. 중요한 것은 이러한 클러스터들은 창의적인 환경을 창출하는 요소, 즉 경쟁, 모방, 질적으로 우수한 사람들의 교류를 통해서 형성되었다는 것이다. 여기서 말하는 경쟁은 경제학에서 좁게 정의하고 있는 것과는 달리, 도시생활의 보다 나은 질적 특성을 둘러싼 경쟁을 말한다. 그 곳에서는 문화적으로 지속가능한 발전이 중요한 것이 되고, 더구나 그러한 도시의 질을 둘러싼 경쟁이 역으로 부를 창출하게 하였던 것이다. 이러한 경쟁은 에너지를 남용하는 사람에게 페널티를 부과하도록 디자인된 누진에너지요금 부과방식에서, 볼로냐의 청년실업문제 또는 불법이민자문제를 다루는 흥미 깊은 방법 등 사회적 영역의 혁신에 이르기까지 다양하게 실천되고 있다.

단선적이지 않은 진보

혁신은 단선적인 방식으로 진보하지 않는다. 도시의 창의성은 종종 역사를 역행하거나, 과거 속의 어떤 것을 반복하고 재이용하기 위하여 위험부담을 감수하는 것을 포함한다. 예를 들면, 공공광장을 새롭게 재건하는 데 초점을 맞추는 것은 이탈리아 중세도시의 오랜 전통에 다시 불을 지핀다; 지방으로 돌아가는 것은 부분적으로 글로벌화의 시계를 거꾸로 돌린다; 오래된 산업용 건축물을 재이용하는 것은 새로운 건물로는 재현하기 어려운, 세련되고 질 높은 소재의 이용을 인식하게 한다. 아마도 토착주민들이 채택하고 있는 자원관리의 '자연법' 가운데 가장 중요한 의미는 우리가 지속가능성의 원리로 부르는 것을 내포하고 있다는 것이다. 오늘날 서양의 사제가 문화적으로 지속가능한 발전에 관한 이야기를 그들이 들으면, 그들은 마치 아주 오래된 진리의 세계로 되돌아가는 것처럼 느껴질 것이다. 그들의 미덕은 시간이 경과하면서 부분적으로

소실되었고, 그 결과 그들의 세계로 돌아가는 것이 현재로서는 상상력 풍부하고 혁신적인 것처럼 보이는 것이다—특히, 짧은 역사적 시각을 갖고 있는 사람에게는.

이처럼 혁신은 종종 순환적인 성격을 갖는다. 즉, 사람들은 다른 수준의 기술을 갖고 있는, 과거의 아이디어와 접근방식 및 계획으로 회귀한다. 그것은 광장을 건설하기 위한 기술이나 소재는 변할지도 모르지만, 공공영역을 창출한다는 핵심 아이디어는 여전히 똑같기 때문이다.

혁신의 문화적 상대성

종종 무형적인 문화적 요소가 관건이 된다. 즉, 어떤 경우에 최량의 실천이 다른 경우에는 나쁜 실천이 될 수 있는 것이다. 자유적이고 민주적인 태도가 서양에서는 선험적으로 좋은 것으로 간주되지만, 싱가포르나 이슬람세계에서는 그렇지 않다. 이와 마찬가지로, 개념분류의 틀 그 자체도 명시되어야 할 일련의 가정을 가진 가치의존적인 것이다. 이 책을 관통하는 가정에는 다음의 아이디어를 포함하고 있다. 첫째, 경제적·정치적·사회적인 생활에 적극적으로 참여하기 위한 기회의 사다리를 창출하는 것은 고유한 미덕이라는 것. 둘째, 다양한 형태의 조직—공공·민간·볼런터리—간 파트너십과 결합은 흥미 깊은 상승효과를 창출한다는 것. 셋째, 문화—'우리는 누구이고, 우리가 믿고 있는 것' 등—그 자체가 독특하고 개성적인 도시환경을 창출하는 데 결정적인 역할을 수행한다는 것 등이다. 하나의 척도는 유럽, 보다 일반적으로 서양사회, 또는 이슬람사회에서 혁신을 평가하는 데에 유용하고 가능할지 모르지만, 많은 경우에는 그것을 세계적 기준으로 적용하기는 어려울 것이다.

이것은 다음의 근본적인 의문을 제기한다. 즉, 어떤 지역적 상황에도 적용될 수 있는 도시발전의 황금률은 존재하는가? 예를 들면, 건물의 공간적 배치에 관한 '황금률'이라든가, 도시의 역사를 관통해서 적용할 수 있는 멈포드(Mumford)와 린치(Lynch)와 제이콥스(Jacobs)를 합한 '진리'처럼, 시공을 초월한 도시의 디자인이나 도시 활력의 '진리'는 존재하는가? 여기서 또 다시 문화적인 요인이 작용하기 시작한다. 이슬람, 그리스, 로마 또는 인도의 도시디자인 원리는 무엇이 건축물의 조화와 통일을 가져오는지에 관한 그들의 독자적인 견해를 갖고 있었고, 아울러 도시환경에서 사람들의 '행동규범'에 관한 견해도 독자적으로 갖고 있었다. 이처럼 다른 문화적인 전통에서 파생한 원리들은 서로 모순이 없는 것인가? 가장 일반적인 수준—예를 들면, 사적 생활과 공적 생활 간의 올바른 균형, 그리고 외부인과 현 커뮤니티와의 관계를 보증하고자 한다는 점—에서는 그들이 종종 일치하지만, 세부적인 측면에서는 상당한 차이가 있다. 이슬람의 전통에서는 적합하지 않은 의상을 입고 있는 여성을 만나지 않도록 하기 위해서, 어떠한 외부인도 타인의 집 안을 볼 수 없도록 하는 것이 필수조건이다. 건축물 역시 이러한 전통에 부응해야만 하였고, 결과적으로 안과 밖의 경계를 지우는 높은 벽과 신중한 창문의 배치가 이루어지게 되었던 것이다.

환경적인 지속가능성 원리는 문화를 초월한 진리처럼 보이지만 그 실행방식에서는 상당한 차이가 있다. 예를 들면, 상호부조제도는 어떤 문화에서는 그 공동체적인 전통 때문에 뿌리를 내리고 있지만, 보다 개인주의적인 전통을 갖고 있는 다른 문화에서는 그러한 접근방식이 자신의 문화적 기질에 반하는 것이 될지도 모른다. 발전에 대한 미국적 접근방식이 시장메커니즘과 개인의 '선택'에 적합한 유인구조—이것은 집합적 행동을 장려하는 전통과 구별된다—에 초점을 맞추고 있는 것은 놀라울 것이 못된다. 이러한 맥락에서 우리는 다음과 같은 질문을 할 수 있다. 실제로, 자유주의적인 시장은 어떤 문화적인 상황에서도 유용하고, 또 효율적인 것인가?

재현가능성

도시의 문화적 요소와 그 발전수준이라는 두 요소가 어떤 프로
젝트를 재현할 수 있는가 결정한다. 처음에는 많은 프로젝트가 원
리적으로 재현가능할 것처럼 보이지만 실제로는 그렇지 않다. 어떤
경우에도 개별 상황의 특수성이 프로그램의 결과에 영향을 미치기
때문에, 프로젝트를 성공으로 이끈 인과관계를 평가하는 것이 중요
하다. 결과적으로, 사람들은 종종 기존의 프로그램과 똑같은 결과를
얻지 못하는 데 실망하곤 한다. 하지만 혁신적인 프로젝트—샤레트
(비전을 설정하는 프로세스의 한 형태), 코포라티브 하우스계획(협동조
합방식으로 건설하는 공동주택계획 †역주), 또는 리사이클링의 제안 등
—를 재현하기 위해서는 다음과 같은 다양한 요소가 충족되어야만
한다. 예를 들면, 관계하는 사람들의 개성, 기량, 경험, 프로젝트 이
해관계자의 목적·지향성·관계, 프로젝트가 시행되는 장소와 사회
적 상황, 그리고 이용가능한 자원의 양과 시간적 척도 등이다.

예측할 수 없는 약점

혁신이나 최량의 실천은 예측할 수 없거나 보이지 않는 취약점
을 갖고 있을 수 있고, 또 시간이 경과하면서 그러한 것들이 드러
날 가능성이 있다. 가령, 도로의 보행자 전용화를 추진한 경우가 여
기에 해당한다. 도로의 보행자 전용화는 경우에 따라서는 밤에 죽
은 거리가 되게 하여 범죄와 그것에 대한 두려움을 증가시킬 수 있
다. 따라서 그것에 대한 대책으로 작은 혁신, 즉 밤에는 이 제도를
조금 변경시키는 조치가 필요할지도 모른다. 이 경우처럼 예측가능
한 결과가 나타나는 경우조차도, 그 자체가 혁신이 될 수 있는 것
이다. 또한 샤레트를 통하여 사람들에게 권한을 위임하는 것은 새
로운 방식으로 다른 프로젝트를 착수하도록 독려하는 것이 될지도
모른다. 예를 들면, 글래스고의 이스트하우스 거주자들은 종래에 자
신들이 도박을 하는 데 많은 돈을 소비해 왔기 때문에, 차라리 그

돈을 지역에 머물도록 하는 것이 낫다고 판단하여 영리업자를 물리치고 자신들의 도박장을 세웠다. 이처럼 창의적인 해결책은 그 속에 실패의 종자와 잠재적인 개혁의 종자를 함께 품고 있는 것이다.

절대적 창의성과 상대적 창의성

종종 생각되는 것처럼 '절대적으로' 창의적인 프로젝트는 존재하지 않는다. 그 관건이 되는 것은 혁신이다. 보통의 프로젝트는 상대적으로 창의적이다. 그것은 그 상황 또는 지역적인 의미에서 창의적이라는 것이다. 혁신적인 프로젝트를 전반적으로 검토해 보지 않은 도시의 많은 의사결정자들은, 그들이 제안한 것과 똑같은 제안이 인근 국가에서 일어나고 있는 경우에도 그들의 제안이 혁신적일 것으로 생각한다. 이것은 원칙적으로 잘못될 것은 없지만, 그들이 선행하는 실천사례를 통하여 학습하는 한 그것이 자신의 프로젝트를 약화시키지는 않는다. 앞에서 언급한 바와 같이, 궁극적으로 가치 있는 것은 절대적 혁신이 아니라, 해당 프로젝트가 신속하게 어떤 문제를 해결할 수 있는가 하는 것이다. 실제로, 보다 보수적인 환경에서 '모방된' 혁신은 원본이 실행되는 경우보다도 훨씬 많은 문제에 직면하게 될지도 모르기 때문이다.

최량의 실천비용을 계산하라

우리가 알고 있는 한, 합의되고 이미 승인되고 학습된 최량의 실천사례를 일정한 방법론에 입각하여 금전적·인적 자원·조직적인 비용을 체계적으로 계산한 도시는 거의 없다. 만약 창조도시의 논리가 체계화되면, 최량의 실천―경제재생과 사회발전 및 환경친화적 농업 등―에 관한 합의된 의견은 같은 위치에 처한 다른 도시에 비해 경쟁상의 우위를 차지하게 되거나, 그 잠재능력을 최대화할 것이다. 왜냐하면, 최량의 실천은 문제를 보다 효과적이고 효율적으로 취급함으로써 "적은 것으로 보다 많은 것을 달성하는 것"

등 많은 중요한 성질을 감추고 있기 때문이다. 창의성의 본질 속에 자원을 절약할 수 있게 하는 것이 포함되어 있다는 점에서, 창의적인 최량의 실천이 반드시 보다 많은 비용을 들게 하지는 않는다. 이러한 비용을 계산하기 위해서는 통상적으로 적용되는 제한된 재무회계방식보다도 넓은 기준에 입각하여 발전적이고 동태적으로 적용될 필요가 있다. 그 기준은 어떤 결정이 특정한 지구 내의 범죄를 감소시키는지의 여부처럼, 직·간접적인 사회편익을 포함하는 것이 되어야만 할 것이다. 이 경우에 과제가 되는 것은 다음 두 가지이다. 하나는 창의성을 기르는 환경이 갖추어져 있는가 하는 것이고, 또다른 하나는 어떤 도시에서도 혁신적인 아이디어를 처리하고 실천하는 인력이 부족하다는 것이다.

라이프사이클에 입각한 사고

모든 창의적 아이디어는 자신의 수명을 갖고 있다. 즉, 우선 실험이 개시되고, 공고화되고, 그 주류가 되고, 편리한 생활을 이끌고, 그리고 그 다음 폐기될 필요가 있는 것이다. 라이프사이클에 입각한 사고는 탄생에서 실천, 그리고 쇠퇴에 이르는 과정을 자연스러운 것으로 받아들이고, 자기만족과 경직적인 관례에 경종을 울린다. 그러한 사고는 진화적인 방향감각을 가져다 주고, 프로젝트가 잘 진행되고 있는지, 그리고 도시의 창의적인 아이디어와 혁신이 본래의 도시발전에 어느 정도 접근하고 있는지를 의식하게 한다. '라이프사이클을 의식한' 절차라는 것은 혁신예산을 설정하는 것뿐만 아니라, 적절한 시기에 조정과 변경이 이루어지도록 벤치마킹과 연계된 모니터링 내지는 평가기능을 상설화한다는 것을 의미한다. 이것은 모든 것이 끊임없이 변화해야만 한다는 것을 의미하는 것이 아니라, 지속적인 평가가 필요하다는 것을 의미하고 있을 뿐이다. 어떤 것은 동일한 상태를 유지할 수 있지만, 그것은 지속적인 평가를

표 8-1 | 경제의 재생

	사　　　례	장소, 시기
메타 패러다임	부의 창출기반으로서의 서비스 - 물질적 생산이 지배하던 곳까지 도시경제의 원동력으로서의 정보와 지식	보스턴, 1975년 실리콘 밸리, 1990년대 초
패러다임	도시개발공단 - 도시의 일부를 개발하기 위하여 보다 낮은 수준의 공공기관에 특별한 권력과 자율성을 주는 것 - 공공·민간 파트너십이라는 아이디어에 가능성을 보였다는 점 사업지구 - 미개발지역이나 낙후된 지역의 도시개발과정을 촉진하기 위한 특별한 유인책과 특권 부여	뉴욕, 1975년 런던, 1981년
혁　　신	오래된 구조물의 재활용 - '부수고 태우는' 정책처럼 보일 정도로 일반화된 방식 - 과거부터 육성된 개성과 독자성을 새롭게 인식할 필요성, 그리고 그들이 경제적인 효과를 창출한다는 것의 인식 도시의 관광과 산업관광 - 파리 또는 런던과 같은 세계적인 주요 도시와 피렌체처럼 예술적 재산을 가진 도시는 별도로 하더라도, 대개 관광은 도시에서 벗어나 있다는 것	로웰, 미국, 1977년 1970년대 중반
최량의 실천	문화도시 - 문화를 축전, 재개발, 마케팅의 기폭제로 이용하는 것 유럽의 기본 구상: 유럽연합 문화자본 부두 개발 - 과거의 항구지구를 도시구조로 통합하는 것은 종종 재개발로 이어지게 됨. - 거래 중심에서 레저 중심으로 그 활동이 이전	아테네, 1985년에 시작하여 계속중 바르셀로나, 1987년 볼티모어, 1980년대 초반
우수한 실천	산업용 건물의 개축 - 사무실에서 예술센터 또는 전시공간, 주거전시공간에 이르기까지 다목적 이용을 위하여	1980년대 이후
최악의 실천	모든 옛 구조물의 철거 - '기억의 상실'을 가져오고, 기존 커뮤니티에게는 경제적 잠재력의 상실과 사회적 긴장을 야기하는 실천을 지속적으로 감행하는 행위	싱가포르, 1980년대 이후

표 8-2 | 환　경

	사　　　례	장소, 시기
메타 패러다임	지속가능한 발전	오슬로, 1987년과 그 이전(예컨대, 로마 클럽의 1972년 보고서 『성장의 한계』)
패러다임	지속가능한 도시생활 오염자부담원칙 지역 차원의 지속가능한 발전	프라이부르크, 1970년대 초 1980년대 엠셔 파크, 1991년 이후
혁　　신	지속가능한 교통 천연가스버스 태양열마을 대기질의 모니터링 교통기관으로서의 에스컬레이터	암스테르담, 1990년대 초 그루노블, 스톡홀름, 1997년 브리스톨, 1996년 아테네 인근, 1978년 스트라스부르, 1971년 페루쟈, 오르비에토, 1970년대
최량의 실천	환경감사 환경도시 오토플러스	뮤르즈, 1991년 레스터, 1991년 라 로셸, 1991년
우수한 실천	자전거 네트워크 분리 쓰레기통, 뒷마당의 퇴비화 에너지 고효율 빌딩 푸른 철도지대	몽펠리에, 암스테르담, 1970년대 오에이라스, 포르투갈, 1993년 독일, 1980년대 초반 빈, 함부르크, 1980년대 중반 마드리드, 1980년대
최악의 실천	교통량이 많은 주요 도로의 인접지 역에 주택을 개발하는 행위	

통해서만 그렇게 될 수 있는 것이다. 하지만 오랜 시간이 지나면 많은 것이 변하게 될 것이다.

　창조도시라는 개념은 종착역이 아닌 하나의 여정이며, 동적으로 노력하는 것이지 결코 정적인 것이 아니다. 문제해결을 위한 접근방식에서 요청되는 것은 결코 문제를 완전하게 해결할 수 없다는 것을 인식하는 것이다. 이것이야말로 내적 추동력이 되는 것이다. 그것은 불안정하다는 것을 의미하는 것이 아니라, 종합품질관리―

표 8-3 | 통　치

	사　　　례	장소, 시기
메타 패러다임	권한위임과 사회적 공평성	19세기 사상가 스케핑톤 보고서, 영국, 1969년
패러다임	위계질서에서 종횡적인 것+다른 조직구조로의 이행 참여형 디자인 샤레트의 개발	경영관련 문헌, 예컨대, Morgan and Stenge(1980년대 후반) 예를 들면, 베이커, 뉴캐슬 온 타인, 1970년대 미국, 1975년
혁　　신	전자민주주의 공공·민간 파트너십	'오레곤과의 대화', 1989년 알래스카 텔레비전 회의, 1990년 미국, 1970년대 후반
최량의 실천	개방을 향한 내부의 구조변화 어린이의 집무실 시민에 의한 예산관리 커뮤니티 소유 계획자로서의 어린이 시민에 의한 계획 계획자로서의 여성	예를 들면, 커크리스, 1991년 운나, 독일 또는 뉴사텔, 1990년대 초반 레죠 에밀리아, 1993년 레스폰드, 더블린, 1981년 키테, 핀란드, 1996년 살트쉐바덴, 1992년 오레보, 1992년
우수한 실천	자문절차 서비스공급자로서의 볼런티어집단 공공·민간 파트너십	 1990년 이후
최악의 실천	커뮤니티의 충고를 무시하는 것	빈번히 일어남

연속적인 개량의 사이클이 일반화되어 있는 풍토―와 같은 개념을 의식할 필요가 있다는 것이다.

　　라이프사이클에 입각한 사고는 상황분석을 가능하게 하고, 그 해결책이 현재의 필요성을 충족하는가에 관한 판단을 도와 준다. 그것은 어느 때 혁신적일 수 있는가를 결정하는 데에도 도움을 주고, 설령 그것이 조직의 일상화된 측면이라 하더라도 현상을 그대로 유지해야 할 것인가를 결정하는 데에도 도움을 준다. 그것은 외

표 8-4 | 평　가

	사　　례	장소, 시기
메타 패러다임	경제사회 통합회계	1980년대
패러다임	벤치마킹	제록스, 1975년
혁　　신	커뮤니티에 미치는 영향력 평가 사회회계 도시비전 설정 법적 과정을 통하여 동의된 오리건 벤치마크	나사니엘 릭필드, 1957년 사회감사운동, 1976년 미국, 1980년대 초반 오리건, 1989년
최량의 실천	신지표운동	ISEW, 스톡홀름 및 신경제학재단, 1980 년대 이후
우수한 실천	도시의 연간 보고서 발행 일반시민에 의한 모니터링 실시	1990년대 초 1990년대 초
최악의 실천	공적 피드백이 없는 것	

부에 맡긴 프로젝트와 마찬가지로, 조직의 내면적인 요소를 재검토할 필요가 있고, 경우에 따라서는 혁신되어야 할 필요성이 생길지도 모른다는 것을 의미한다. 위험한 것은 창의적인 프로젝트가 조직의 중심부 그 자체에는 영향을 주거나 위협을 주지도 않는 대신에 주변 영역에서만 전개되는 경우이다. 실제로, 문제의 원인이 중심부 그 자체에 있는 경우—종종 발생하는 일이지만—에는 문제를 해결하기 위한 조치가 추가되는 경향이 있다.

창의성이라는 것은 조직 및 경영관리상의 에토스—그 곳에서는 새로운 적응과 디자인이 끊임없이 진행된다—를 의미한다. 그것은 다음과 같은 의문을 제기한다. 우리는 계기를 만든 적이 있는가? 프로젝트는 보다 공고하게 할 필요가 있는가? 창의적인 프로젝트는 특정한 과정을 운영하고 있는가? 그것은 재배치할 필요가 있는가? 그것은 확산되어야만 하는가? 이러한 방식을 통해서 발전과정에 관한 자각이 형성되는 것이다. 라이프사이클이라는 아이디어는 질문—행동을 위한 체크리스트—을 하기 위한 분석 틀을 제공하는 동시에, 진행과정을 평가하기 위한 분석적 틀을 제공하기도 한다. 혁신의 상태 및 그 진행과정을 평가할 때, 정책입안자는 프로젝트의 각 국면을 잘 파악한 뒤 다음과 같은 영역에서 질문할 수 있다.

- 착수의 문제: 혁신의 목적과 그 원천은 무엇이었는가? 어떤 문제가 제기되었는가? 문제의 본질과 범위는 무엇인가? 혁신은 어떻게 일어났고, 그 개념은 무엇이었는가? 그것을 가능하게 한 것은 무엇인가? 관계하는 사람은 누구이고, 어떤 이해관계와 그 권력관계가 작용하고 있는가? 비용을 부담하는 사람은 누구인가? 이전에는 그것이 어떻게 취급되어 왔는가?

- 계기의 설정과 공고화의 문제: 혁신은 어떻게 진화하여 왔는가? 어떤 실험이 필요했는가? 그것은 어떻게 실행되고 있는가? 현 상태에 도달하기까지 혁신은 어떤 단계와 난관을 겪어 왔는가? 어떤 측면이 예상가능하고, 또 예상할 수 없는 것은 어떤 것인가? 진행을 가로막고 있는 장애물은 무엇이고, 그리고 그것이 일의 진전에 어떤 영향을 미쳤는가? 일련의 이해관계는 어떻게 해결되었는가? 어떤 감사와 평가과정이 실시되었는가? 프로젝트를 지시하는 사람은 누구이고, 그 이유는 무엇인가? 그 과정에서 우리가 학습한 것은 무엇인가?

- 수평적인 확산: 혁신은 지리적으로 얼마나 보급되었는가? 도시 전체인가? 어떤 과정을 통해서? 실험적인 프로젝트는 확산되었는가? 그것은 정책의 주류가 되었는가? 만약 그렇지 않다면, 그 이유는 무엇인가? 그것은 개량된 것인가, 그렇지 않으면 단순히 모방된 것인가? 새로운 장소에서 그 영

향력은 어느 정도이고, 그리고 그것이 조정될 필요성은 있는가? 만약 그렇다고 한다면, 그 이유는 무엇인가? 혁신은 어떤 과정을 거쳐 시장에 출시되고, 선전되었는가?

✖ 수직적인 확산: 혁신은 정책으로 반영되었는가? 그것은 어떤 구조를 통하여 조직의 중심부에 도달하게 되었는가? 근린, 도시, 지역, 국가 가운데 어떤 차원에서? 혁신은 정책으로 반영될 때 조정되었는가? 무엇이 부가되고, 무엇이 배제되었는가? 그 이유는 무엇인가? 이것이 혁신을 강화시켰는가, 그렇지 않으면 약화시켰는가? 그것이 재현될 때, 그 영향력은 어느 정도인가? 그 자금은 어떻게 조달되었는가? 어떤 예산을 통해서?

✖ 문제의 재정의/두 번째 혁신의 사이클: 도시창의성의 순환을 거치는 과정에서 혁신의 본질, 의도, 그 목적은 변화되었는가? 당초의 문제는 그것이 진행되는 과정에서 해결되었는가, 또는 변화되었는가? 혁신은 그것에 이은 혁신의 사슬을 가져왔는가? 혁신은 현안문제를 모범적으로 변화시켰는가, 그렇지 않으면 단순히 부가적인 영향을 미치는 데 그쳤는가?

이상과 같이 혁신적 프로젝트의 각 국면을 관찰하기 위한 다섯 가지의 분석 틀은 홉킨스(hopkins, 1994)에서 발췌한 것이고, 개별 질문은 이 책의 목적에 맞게 조정한 것이다.

논점과 함의

적절한 때에 적절한 기술을

혁신의 각 국면은 다양한 특질을 가진 창의적 인재와 혁신자를 요구하지만, 한 사람이 그러한 특성을 모두 갖추고 있는 경우는 아주 드물다. 최초에 프로젝트를 착수하는 역할과 그 과정을 공고히 하는 역할을 수행하면서 동시에 일상적인 일을 해 낼 수 있는 사람은 거의 없다. 조직이 직면하는 고전적인 딜레마는 조직업무의 변화가 생길 경우, 언제 그 담당자를 교체해야 할 것인가를 인식하는 것이다. 프로젝트를 시작할 국면에서는 기업가적인 추진력과 그 리스크를 수용하는 것이 관건이다. 공고화의 국면에서는 관리 및 재무상의 자질, 그리고 법적 내지는 정책적인 집행의 문제를 처리하면서 추진해 가는 끈기가 힘을 얻는다. 창의적인 아이디어와는 달리, 혁신이 종종 개인보다도 조직과 관련되어 있는 이유는 바로 여기에 있다. 이러한 기능의 다양성은 팀을 넘어 확산된다. 하지만 혁신의 각 국면은 조직에 따라 다른 분위기를 갖고 있다. 이와 유사한 문제는 아이디어를 복제하는 경우에도 발생한다. 즉, 최초의 커뮤니티뱅크 및 협동리사이클링기구의 원동력과 카리스마는 복제하기가 어렵고, 따라서 에너지를 모으기 위해서는 "이것은 우리가 처음으로 실시하는 프로젝트이다!" 등과 같은 동기부여가 필요하다.

그러면 지속적인 혁신에 대한 열정을 창출하기 위해서는 어떤 조직구조가 도움이 될 것인가? 여기서 우리는 멀티미디어와 같은 신기술산업이나 컨설팅업계의 조직에서 학습할 수 있다. 이들 산업은 종종 관리상의 구조를 제어하는 소규모의 핵심 조직을 갖고 있고, 그리고 특정 업무를 담당하는 유연한 팀을 갖고 있다. 그 재능은 '필요성의 기준'에 따라 초빙되고, 설령 그 작업절차가 구조화된 패턴을 갖고 있는 경우에도 상이한 직무를 수행하는 그룹의 결합방식은 달라진다.

어떤 상황에서도 그 관건이 되는 것은 어떠한 종류의 혁신이 타당한가를 평가하는 능력이다. 모든 것을 좌우하는 것은 바로 타이밍이다. 예를 들면, 현재 시점에서 헬싱키에서 요구되는 것은 정지상태에 처한 잠재능력을 해방시키기 위하여 관료구조를 타파하거나, 다소 특이한 방식으로 에너지를 활용하는 방법을 찾는 것이 중요할지도 모른다. 이러한 과정이 보다 진행된 이후에는 현상을 음미하고, 장래의 동향을 조사하고, 숙고하고, 새로운 창의적인 안정기를 향해서 전진하는 보다 정리·통합된 접근이 요청될 것이다.

개방성이 필요할 때 폐쇄적이라든가, 상당한 정리통합이 필요할 때 개방적인 조치를 취하는 것은 계획을 혼란에 빠트리고, 자원과 노력을 쓸모없게 하고, 성공을 위태롭게 할 수 있다. 문제가 되는 것은 권력을 가진 자가 필요의 마지막 파도를 탔지만, 다음 단계에는 또다른 자질이 요구되고 있는데도 불구하고 자신의 입장을 강화하고자 하는 것이다. 첨언해 둘 것은, 공공기관 내에서 쇄신과 교체의 사이클은 전통적으로 보다 느리게 진행된다는 것이다. 그것은 그들이 시간관념이 없는 룰을 따르고 있는 데에 기인한다.

신뢰의 결여와 급진파의 인식

혁신의 계기를 만들고 그것을 정착하려고 할 때, 급진파, 활동가, 운동가, 풀뿌리운동 등이 수행하는 역할은 과소평가되고 있다. 특히, 그것은 기술적으로 낙후된 지역에서 두드러지게 나타난다. 커뮤니티의 지도자 및 사회적으로 에너지를 모으는 사람들은 역사를 통해서 도시혁신의 최전선에 있었고, 그리고 그들은 심각한 문제를 갖고 있는 이웃과 함께 살아 왔기 때문에 이러한 문제에 가장 정통하다(Hall and Landry, 1997 참조). 대부분의 주류적인 아이디어는 급진파로부터 시작되었다. 이것이 갖는 정책적 함의는 주류파가 조직의 내·외부에 있는 급진파를 잘 관찰하고, 그들의 이야기를 경청하고, 또 그들에게 공감을 표시할 필요가 있다는 것을 시사한다.

급진파가 수행한 역사적인 역할은 협의(consultative) 메커니즘에까지 이른다. 특히, 협의 메커니즘은 오늘날 근대적이고 남을 배려하는 기업이나 공공조직을 창출한 장본인 가운데 하나로 인정받고 있다. 아웃사이더그룹 또는 대안운동이 수행한 중심적인 역할은 아트 클라이너(Art Kleiner)가 저술한 『이단자의 시대』(1996)에 잘 제시되어 있다. 심지어 기업의 혁신적인 권한위임구조도 그 기원은 전후에 이루어진 지적인 업적―그 뿌리는 새로운 형태의 사회과학과 인문주의적 심리학, 1960년대의 대항문화, 그리고 동서양의 정신적 전통—에서 비롯되었다. 그러한 이단적인 아이디어는 점차 주류적인 틀 속으로 이동해 갔고, 결과적으로 세계 전체의 다양한 제도—상업적·공공적인 제도—의 전제가 되었던 것이다.

외부에서 내부로 이동하라

대안적인 구조가 갖는 약점은 보통 그들이 자신들의 아이디어를 실행에 옮길 수 있는 자원이 부족하다는 것, 그리고 그것을 실행에 옮길 경우에 연속성과 지속가능성의 문제가 생긴다는 것이다. 실제로, 그들의 혁신성은 종종 보다 커다란 구조적 문제 가운데 어떤 징후만을 나타내고 있을 뿐이다. 따라서 처음에 문제의 원인이 된 고착화된 권력구조를 포함한 것에 과감히 도전하는 것은 대단히 어렵고, 또 논쟁적이다. 그것을 해결하는 한 가지 방안은 관심의 영역을 창의적으로 확장하는 것이다.

예를 들면, 낙서문제는 단순히 어떤 다른 장소의 문제를 표현하고 있는 것에 지나지 않을 수 있다. 따라서 도르트문트-샤른호스트의 프로젝트는 고용창출사업의 일환으로서 이 문제에 대응하고자 하였다. 그 곳에서는 그라피티(낙서†역주) 예술가에게 자신의 낙서를 제거하는 것을 포함하는 것은 물론이고, 이후 폐기물처리 비즈니스의 창설로 확장하는 등 몇 가지 문제를 한꺼번에 처리할 수 있었다. 공적 구조를 통해서 어떤 형태로든 그것을 수용하는 것이 대단히 중요하다. 하지만 그것이 단순한 것은 아니다. 어떤 순간에는 직접적인 반대운동이 적절할 수도 있고, 다른 순간에는 '건설적인 토론'이, 그리고 또다른 순간에는 대안적인 프로젝트를 독립적으로 설정하는 것이 타당할지도 모른다. 최후의 수단은 공식적인 구조 내에서 특정 아이디어—가끔 혁신—를 추구할 수 있도록 주류에 편입시키는 것—정치구조의 일부가 되게 하는 것—이다.

급진파가 지속가능성에 끼친 영향에 관한 사례

급진파의 중심적인 역할은 지속가능성이 수용되어 가는 과정에서 극명하게 나타난다. 다음과 같은 인물과 단체의 10년 이상에 걸친 열정적인 로비활동을 통해서 지속가능성이 정치적인 의제가 될 수 있었다. 예를 들면, 레이첼 카슨(Rachel Carson)과 같은 열정적인 작가와 그녀 자신의 저작인 『침묵의 봄』, 그리고 훗날 그린피스 또는 지구의 벗으로 잘 알려진 보다 조직적인 아웃사이더 환경단체가 여기에 속한다. 이후 이것은 로마클럽과 같은 주류단체에 의해 그 정당성을 인정받게 되고, 최초의 보고서인 『성장의 한계』를 출간하였다. 아울러 보다 폭넓은 정책입안의 세계에서도 그 논의의 대상이 되었다. 그들의 최근 보고서인 『4배수: 부의 배증, 이용자원의 반감』 역시 비슷한 효과를 가져왔다. 그 대부분의 사례가 사기업에 의해 추진되게 된 데에는 압력단체에 귀를 기울이지 않을 수 없었던 것도 일부 작용하였다.

폐기물 리사이클링, 자동차공유계획, 사회회계감사, 산업용 건물을 타용도로 재이용하는 것, 또는 실업을 획기적인 방식으로 취급하는 것 등과 같은 제안은 원래 압력단체, 시민단체, 활동가, 심지어는 빌딩을 점거하는 불법거주자와 같은 법의 이면에서 암약하는 그룹에 의해 제기되었다. 현재 지속가능성에 기여하는 것으로 알려져 있는 혁신을 창출한 사람은 바로 이러한 불법거주자들이었다. 즉, 쓸모 없는 공간이 그대로 방치되면 상황이 악화될 뿐이지만 자조구제적인 집단에 의해 재생되었던 것이다. 그 결과, 관계자들, 그리고 종종 그렇지 않으면 홈리스가 되었을 거주자들에게 힘을 실어 주게 되었다. 그들은 주거공간과 전시공간이 결합된 일터처럼 건물 내의 새로운 이용법을 제안하고, 또 그들이 창출하는 분위기로 인해 이후 주류파의 매력을 이끌게 된 카페와 레스토랑 같은 지원서비스를 제공하게 하였다.

이러한 압력단체는 시간이 지나면서 몇 가지 내재하는 문제─예컨대, 환경친화적인 생활, 사회적인 주택의 공급, 대안적인 금융메커니즘, 또는 리사이클링 개념─를 정치의 무대와 도시정책으로 추진할 수 있게 하였다. 이후 그들은 합법화되고, 주류가 되고, 결과적으로 확대되었다. 혁신이 최대의 영향력을 갖도록 하기 위해서는 그들이 모방되고 개량될 필요가 있다. 하지만 슬프게도 그 대부분의 혁신은 작고, 중요성이 낮고, 확산되지 못하고, 따라서 거의 알려지지 않은 상태에 머무르게 된다. 만약 그들이 이러한 난관을 극복할 수 있다면 '장애와 지체를 수반하는 지루한 과정을 통과할' 수 있게 될 것이다(Hopkins, 1994).

확대하고 재현하라

도시혁신과정의 각 단계에는 다른 장애물이 존재한다. 개시국면에서는 신념의 결여가 문제가 된다. 실행국면과 지지가 형성되기 시작하면, 제도적인 지원과 재원조달의 역할이 그 생명선이 된다. 실험적인 프로젝트를 시작하는 단계에서 그것이 주류가 되기까지는 무수한 난관에 부딪치게 된다. 많은 선택대안을 검토할 필요가 있다. 예를 들면, 창의적인 아이디어가 구조 전체에 포함되어야만 하는가? 그것은 각각 독립기관에 의해 브랜드화되어야만 하는가? 그것은 원초적인 조직 그 자체에 의해서 수행되어야만 할 것인가? 여기서 위험성이 대두한다. 즉, 광범위한 혁신계획을 실시하는 것은 혁신적으로 머물고자 하는 조직의 능력을 약화시키게 될지도 모르기 때문이다.

어떤 조직의 기능이 개념화하고, 혁신하고, 사고하는 데에는 창의적일지 모르지만 그 실행기능은 그렇지 않을 수도 있다. 아이디어가 확산되고 그것이 채용될 때 새로운 조직의 역동성이 작동하기 시작하지만, 많은 사람들은 확립된 절차를 통해서 작용하는 것이 최대의 영향력을 창출하는 것으로 믿고 있다. 설혹, "아이디어에 대한 비준을 기다리는 결정사항이 지나치게 많기 때문에 새로운 입법을 필요로 하는 혁신이 실행되지 않는다 하더라도." "결과적으로 기존의 관료시스템에 개혁을 포함시키고, 일반대중적인 관료수준에서 혁신을 지원하는 것이 보다 효과적이라는 것이다"(Weatherley and Lipsky, 1977).

법적 틀이 충분한 재편성을 허용할 정도로 유연하다고 가정하는 것은 위험하다. 입법은 패러다임 전환의 시기에는 다루기 어려운 도구이지만 조직의 모든 측면은 입법상의 문제를 포함하여 재고할 필요가 있다. 창의적인 아이디어를 현 정책에 포함시키고, 폭넓게 그것을 재현할 필요성에 의견의 일치가 이루어졌을 때가 그 전환점이다. 일단, 그들이 전체적인 정책의 일부가 되면 혁신은 실행을 위한 보다 많은 자원을 획득한다. 하나의 사례는 가정에서 에너지절약을 장려하는 것과 같은 헌신적인 프로그램을 구축하는 것이다. 또다른 접근은 기존의 자원을 새로운 우선순위에 재배분하고, 새로운 브랜드를 설정하는 데 그들을 활용하는 것이다.

창조도시의 문맥에서 평가할 필요가 있는 입법상의 총체적인 측면은 창의성이 발달할 수 있는 법적 상황과 틀을 제공하는 것이다. 이것은 명시적인 룰 속에서 창의적인 활동이 일어날 수 있도록 하는 선진적인 지적소유권이나 저작권과 같은 법률을 제정한다는 것을 의미한다. 그리고 기존의 금융관련 법률을 적용하고, 조정하고, 재해석함으로써 혁신은 창출될 수 있다. 이것은 다양한 실행가능성과 권한을 가진 규제메커니즘을 창출할 필요성을 강조한다. 최정상에는 혁신과 창의성을 떠받치는 헌법상의 여러 이슈가 있고, 그 밑에 혁신을 장려하기 위한 정부의 자산을 설립하는 것과 같은 한정된 수의 특정한 법률이 있다. 그리고 가장 밑에는 일련의 규제, 조례, 가이드라인, 규정, 계획 등이 있다. 도시와 지역 또는 국가는, 특히 후자의 메커니즘를 통해서 정책을 유도하고, 또 중요한 영향력을 미치고 있는 것이다.

도시의 연구개발

모든 것은 이름을 갖고 있다. 어떤 활동을 '도시의 연구개발'이라고 부르는 것은 그것에 신용성과 정당성을 부여한다. 그리고 그것은 의도를 분명히 하고, 상징적인 공명을 불러일으킨다. '도시의 연구개발' 개념은 실험적인 프로젝트를 실제보다도 그럴듯하게 들리게 할 것이다. 하지만 실제로는 그 이상이고, 이것저것을 모아놓은 것이 아니라 실험에 대한 구조적 접근의 일부로서 실험적 프로젝트의 중요성을 강조한다. 그것은 실험적 프로젝트를 촉진하기 위한 메커니즘이 상존한다는 것을 의미하고, 또한 시당국이 도시의 실험, 최량의 실천, 그리고 관련 데이터베이스를 수집하고 알리고 있다는 것을 의미한다. 이러한 과정을 통해서 새로운 실험이 촉진되는 것이다.

우선, 변화의 위계질서 속에서 가장 의미 깊고 변용가능한 학습경험은 스스로 무엇인가를 할 때 창출된다. 두 번째로는 관련된 도시의 좋은 사례를 동료들과 함께 방문하는 것이다. 그리고 마지막으로는 최량의 실천에 관한 책을 읽거나 비디오를 통해서 보고 배우는 것이다(Landry *et al*., 1995).

도시의 연구개발예산과 담당부처

도시가 '도시연구개발' 또는 '도시시장조사연구'로 불리는 부서를 가질 때 그들의 조직문화가 바뀔 것이다. 아마도 '창의성과 혁신을 위한 기금'으로 호칭되는 예산을 의식적으로 실험적인 프로젝트에 배분함으로써 상상력 풍부한 활동은 그 정당성이 확보되는 것이다. 이 예산은 일반회계예산 속에 편성될 수도 있지만, 보정예산의 일부가 될 수도 있다. 기업의 예산 가운데 15% 가량을 연구개발에 배정하고 있는 것과는 비교되지 않지만, 설령 시예산의 1%라도 연구개발예산에 배정함으로써 논점은 의제가 되고, 또 정치적 결정을 요하게 되는 것이다. 그렇게 함으로써 과중한 업무에 시달리는 경영자가 애초에 그를 바쁘게 만든 것이 전략이 부재하기 때문인데도 불구하고, "너무 바빠서 전략적으로 생각할 수 없다"고 변명하는 상황을 피할 수 있을 것이다.

기업에서는 연구개발의 개념이 본질적이고, 기업은 그것 없이 경쟁시장에서 생존할 수 없다. 주요 다국적기업은 모두 연구개발부문을 갖고 있다. 만약 그렇게 하지 않으면 그들은 무책임하고, 문제를 미래로 미루고, 기업의 지속가능성이나 차세대의 고용, 생산, 서비스에 관해서는 아무런 생각이 없고, 결국 자신들이 지금까지 쌓아 온 기존 자산을 지킬 의사가 없는 것으로 비추어질 것이다. 도시의 경우에도 똑같은 것이 적용될 수 있다. 도시는 기업보다 훨씬 복잡하고, 다양한 목적과 대상을 가진 조직구조를 갖고 있으며, 그리고 제품과 서비스를 제공하고 자원을 절약해야만 한다. 경우에 따라서는 이해관계자 또는 시민에게 책임을 져야만 한다. 도시는 도시 간의 경쟁이 자기개혁의 필요성을 제공하기도 하지만, 내면적인 이유에서 자기개혁이 필요하게 되는 수도 있다. 도시생활의 질을 높이는 것은 외부인—예컨대, 잠재적인 방문객—에게 도시를 매력적인 것으로 보이게 하는 동시에, 궁극적으로는 스스로 도시의 유지경비를 절감하게 한다. 만약 범죄, 낙서, 공공건물의 파괴행위가 줄어들면 비용이 절약될 것이고, 또 스스로 동기부여할 수 있는 권한을 가진 개인이 많아질수록 그 비용은 절약될 것이다. 도시가 보다 적은 자원으로 보다 많은 것을 달성할 수 있으면 시민에게 보다 많은 것을 제공할 수 있게 될 것이기 때문에 도시는 경쟁력을 가지게 되는 것이다.

시당국은 "우리는 이미 '도시연구개발' 부서를 갖고 있지만 그것을 연구개발부서라 부르지 않고, 단지 계획부문 또는 경제개발부문으로 칭하고 있을 뿐이다"라고 말할지도 모른다. 그것은 완전히 같은 것이 아니다. 계획국은 앞의 경관을 살피고, 기회와 나쁜 징조를 감지하고, 적절히 반응하기 위한 나침반 내지는 잠망경에 해당한다. 그것은 의식적으로 창의적인 혁신을 창출하기 위한 제도상의 대응메커니즘도 아니고, 또한 적극적으로 혁신을 조사하고 개발하고 개량하는 것도 아니다. 경제개발국은 혁신을 육성할지는 모르지만, 그것은 제한된 권한 속에서만 작용하고, 일반적으로 사회적인 혁신을 발견하거나 촉진하는 경우는 드물다.

최량실천사례의 증가와 벤치마킹

최량의 실천은 '도시 안에 있는 탁월성의 문화'(Badshah, 1996)를 발전시키는 수단으로서, 지난 10년 사이에 널리 알려지게 된 개념이다. 최량의 실천에 대한 관심은 비즈니스분야와 공공분야에서는 각각 다른 경위를 갖고 있다. 비즈니스 세계에서는 그것이 벤치마 킹—그 기업의 실적을 다른 기업과 비교하여 측정하는 방법—에 관련되어 있다. 벤치마킹은 그 기원이 1960년대에 계기가 마련된 전략적 계획운동까지 거슬러 올라갈 수 있다. 벤치마킹이라는 도구 는 전략적 계획을 충실하게 하고, 또 "보다 좋은 성과를 가져오게 하는 최량의 실천을 조사하는 것"을 의미한다. 제록스사는 1970년 대 중반에 벤치마킹을 도입한 최초의 회사이다. 결국, 벤치마킹은 조직을 개선하는 최량의 실천을 상징하는 것으로 인식되는 서비스, 생산물, 작업공정을 평가하는 연속적이고 체계적인 과정이다. 벤치 마킹은 다양한 형태를 취할 수 있다(Spendolini, 1992에 의거하여 조정 하였음).

- 협조적: 지식을 공유하기 위해서 도시는 특정한 활동의 최량 실천을 대표하는 것으로 여겨지는 도시들과 접촉할 것이다.
- 경쟁적: 도시는 경쟁상대자가 무엇을 하고, 또 얼마나 잘 하고 있는가를 비교한다. 그 목적은 자신들의 경험에서 얻은 이해력은 공유하지 않은 채, 경쟁상대 도시의 실천과 그들이 갖고 있는 우위성을 느끼는 것이다.
- 공동적: 도시는 적극적인 공동학습을 통해서 지식을 공유하기 위한 의식적인 노력을 수행한다.
- 내부적: 조직의 내부에서 최량실천을 발견한 다음 그 실천에 관한 지식을 조직 내부의 다른 곳으로 확산하는 것. 이 방식은 도시당국처럼 거대한 조직에 의해서 이용된다.

최량의 실천관측소를 넘어서
　도시의 실험적 프로젝트는 새로운 전기(轉機)를 추구하는 도시의 생명선이다. 개개의 분석기술과 함께, 언제 실험적인 프로젝트를 착수해야 할 것인가를 평가하는 것 역시 상황분석에 달려 있다. 언제, 어디서 실험적인 프로젝트를 실시할 것인가 하는 것은 일이 어떻게 진행되고 있는가에 관한 신뢰할 수 있는 평가에 의존한다. 만약 벤치마킹을 통한 검토가 경쟁자와 비교하거나 도시의 특정 지표에 비추어 볼 때, 도시가 잘 기능하고 있다면 더 이상의 행동을 취할 필요가 없을지도 모른다. 그럼에도 불구하고, 도시가 앞으로 나아가기 위해서는 설령 많은 실험이 실패하더라도 관심 있는 분야에서 자력으로 실험할 필요가 있다. 만약 그렇지 않으면 도시는 무엇이 기능하고 무엇이 효과가 없는지를 알 수 없고, 따라서 이전에 고안된 해결방식—이미 도전되고 시도된 것—으로 후퇴하게 될 것이다.

그러나 시당국은 도시에 관한 모든 실험을 스스로 하는 것은 불가능하고, 따라서 다른 곳에서 우수한 아이디어를 모으고, 그들이 어떻게 하면 자신의 도시에 적절히 조정될 수 있을 것인가를 평가하는 이른바 '최량의 실천 및 최악의 실천관측소'를 필요로 하는 것이다. 이러한 방식으로 도시는 벤치마킹과정을 발전시킬 수 있고, 그리고 최량의 실천모델과의 긴밀한 접촉을 통하여 비교우위를 유지하고 학습하는 도시가 되는 것이다. 그러나 최량의 실천을 학습하는 것은 단순한 출발에 지나지 않는다—창조도시는 끊임없이 다른 사람들의 최량의 실천을 넘어, 자신의 것을 발전시키고자 노력하는 것이다.

최량의 실천과의 지속적인 접촉—직접적인 경험이나 데이터베이스—을 통하여 벤치마킹은 당국의 학습곡선을 단축시키고, 연구개발 지출을 줄이고, 실험비용 및 실험적인 프로젝트의 개발비용을 줄이고, 그리고 최첨단을 달리는 실무자와의 접촉을 늘리게 한다. 흥미로운 경험과 지속적으로 접촉하기 위해서는 정보수집을 위한 주도적이고 구조화된 접근이 필수적이다. 그렇게 함으로써 경험은 전달되고, 평가되고, 모니터될 수 있는 것이다. 이 경우에 좋은 정보는 일종의 경쟁적인 자원이기 때문에 자료수집을 위한 연속성과 일관성이 요구된다. 대다수의 사기업은 이것을 이해하고 경쟁업체의 분석 등에 몰두하고 있지만, 지방자치단체의 세계에서는 그러한 일이 자주 일어나지 않는다. '최량실천 부서'—그것이 공공부문 안에 있든, 밖에 있든—는 제도적인 메커니즘을 제공한다. 적절한 지위가 부여되면 계획위원회로 기능하게 된다는 점에서, 그것은 창의성과 혁신의 문화를 지지하고 확대하고 보강하게 할 것이다.

중요한 것은 최량의 실천이라는 아이디어는 다른 상황에서도 적용될 수 있고, 적절하고, 또 재현될 수 있도록 비판적으로 평가되어야만 한다는 것이다. 무엇이 '최량'의 실천인가에 관해서는 "다른 곳에서도 기능하고, 자신의 도시에서도 모방될 수 있는 좋은 프로젝트"라는 데에 의견이 일치하고 있다. 그리고 최량의 실천은 학습에 관한 것이지, 결코 랭킹에 관한 것이 아니라는 이해가 점차 증대하고 있다. 지속적인 학습을 만들어 내는 것은 이러한 반성과정이다. 우수한 실천사례를 분석할 때 가장 유용한 방법은 그것이 어떻게 시작되었고, 성공과 실패의 조건은 무엇이고, 결정적 요인은 무엇이고, 자금조달은 어떻게 하고, 그리고 그것이 어떻게 조직·운영·보급되고 있는가를 평가하는 것이다.

도시는 이러한 모니터링을 하고 있다고 주장할지 모르지만 그것에 누구라도 접근할 수 있게 하는 경우는 아주 드물다. 따라서 도시가 우선적으로 해야만 할 것은 주도적으로 최량의 실천을 공론화하고, 그들이 해당 도시에 갖는 함의와 재현가능성을 평가하는 것이다. 만약 그렇게 된다고 한다면 도시의 장래에 관한 공개적인 토론이 추진되어야만 할 것이다. 최량의 실천은 필요할 때 프로젝트별로 수집되는 것이 일반적이다. 지방자치단체의 혁신에 관한 베르텔스만 상을 수상한 뉴질랜드의 크라이스트처치는 예외적이다. 뉴질랜드는 크라이스트처치에 적용가능한가를 테스트하기 위하여 많은 나라에서 좋은 아이디어를 수집하고 다녔다. 1990년대 말, 그들의 최량의 실천에 관한 조사는 새로운 평가지표가 되었고, 게다가 뉴질랜드 국내의 지방자치단체를 조정하는 지침이 되었다.

당국은 도시의 필요성에 관한 적절한 기준에 따라 기존 네트워크와의 관계를 맺고, 풍문과 데이터베이스에서 입수한 흥미로운 사례를 탐색하고 추적하는 등 보다 주도적으로 행동할 필요가 있을 것이다. 우수한 사례에 관심을 집중할 때, 재현가능성에 관한 논의에 공공 및 민간의 파트너를 참여시키는 기관이 나타날 것이다. 결과적으로, 그것은 기업가적이고, 기회에 초점을 맞추고, 연계와 시너지를 지향할 것이다. 그것은 또한 공식적으로 도시를 최첨단으로 나아가게 할 것이다. 시간이 지나면서 당국은 지방이 필요로 하는 정보수집을 위하여 핵심 관계자의 이해를 적극적으로 조사하게 될지도 모른다. 그리고 정보 온라인과 함께 시민들 사이의 토론을 장려하기 위하여 도시 중에 최량의 실천에 관한 원스톱 정보거점을 갖게 될 것이다. 세계 전체의 많은 조직이 문제의 논의를 강조하는 것에서 해결책을 정의하고 확산시키는 것에 이르기까지 최량의 실천동향을 다양하게 수집해 왔다. 이들은 이 책의 참고문헌에 제시되어 있다.

실험지구와 프로그램

도시는 보통 주택서비스나 사회서비스와 같은 기능적인 영역에 실험을 도입하지만, 도시붕괴와 같은 문제는 다양한 차원을 갖기 때문에 포괄적으로 접근해야만 한다. 최근의 연구에 의하면, 지역의 재생은 경제적·사회적·문화적·환경적인 접근방식과 통합될 때 한층 효과적인 것으로 나타났다. 이것은 부서를 넘나드는 업무진행방식, 그리고 지방 및 파트너십에 기초한 구조에 그 권한이 위임될 때 지역재생이 달성될 수 있다는 것을 의미한다. 도시에 '실험지구'를 설정하는 것도 하나의 아이디어가 될 것이다. 이 곳에서는 고전적인 규제와 유인체제를 그대로 유지한 상태에서, 연동하고 상호 의존하는 정책을 시도할 수 있다. 모든 것을 '실험지구'로 부를 수는 없지만, 현실에서는 많은 사례가 일어나고 있고, 그 결과 또한 다양하다.

엠셔 파크 IBA 프로젝트는 100개 이상의 중요한 프로젝트로 이루어진, 의식적으로 계획된 클러스터였다. 이 프로젝트는 경제개혁, 물리적인 재건 그리고 환경개선과 같은 목표를 동시에 추구한 점에서 그 특징을 찾을 수 있다. 각각의 프로젝트도 흥미 있지만 이 계획이 우리의 주목을 끄는 것은 프로젝트 사이의 시너지효과 —전체의 성과가 부분의 합보다 훨씬 크게 된 것—이다. 이 곳의 실험지구는 현명하였다. 왜냐하면, 그것은 혁신에 자금이 지원되는 것을 도왔기 때문이다. 다시 말하면, 이 실험지구가 창의적인 해결책에 초점을 맞춘 강력한 기준에 의거하여 자원에 접근하는 창구역할을 수행하였다는 것을 의미한다. 하지만 어떤 경우이든 계획권한을 갖고 있지는 않았다. 영국의 도시개발공단은 그다지 성공적이지 못한 것이었다. 거기서는 계획상의 규제가 지나치게 완화되었고, 그리고 값싼 대출은 대체로 부동산 주도의 재생과정을 일으키는 데 활용되었다. 더구나 그 재생개념은 너무 제한적인 것이었다.

앞에서 언급한 바 있는 유럽연합의 '어번 파일럿 프로젝트 프로그램'은 포드재단과 하버드대학교의 존 F. 케네디 공공학부가 공동으로 추진한 미 정부 프로그램 혁신의 경우처럼, 또 하나의 제도화된 혁신 프로그램이었다. 매년 선례가 될 만한 모범사례를 개발하기 위하여 회의가 개최되었고, 또 25개의 프로그램이 수상의 영예를 안았다. 포드재단은 브라질, 필리핀, 남아프리카, 칠레 등에서도 이와 유사한 프로그램을 지원하고 있다(Tayart de Borms, 1996; Power and Mumford, 1999; Urban Pilot Project Annual Report, 1996, 1997 참조).

도시연구개발의 보급 :
정보의 흐름과 데이터베이스의 역할

　　새로운 컴퓨터기술은 도시의 최량실천—혁신을 보급하는 중요한 방법—에 관한 데이터베이스를 창출하는 원동력이 되었다. 데이터베이스는 정보를 공유하기 위하여 존재하지만, 로비와 옹호를 위한 그 수단이 되기도 한다. 즉, 그것은 도시로 하여금 우수한 실천의 문서화를 장려하고, 그리고 유용한 실험의 교환과 이전을 촉진한다. 그것은 또한 의사결정자에게 동기를 부여하고, 그들에게 자신감을 부여한다. 하지만 우리는 다음 질문을 하면서 '최량의 실천 아이디어'의 제1국면의 종반에 도달한다. 즉, 무엇을 데이터베이스에 입력할 것인가, 무엇을 기초로 할 것인가, 어떤 기준으로, 누가 결정할 것인가, 데이터베이스에 남길 개요—프로젝트 그 자체—는 누가 작성할 것인가, 데이터베이스 제공자인가, 평가자인가? 등등.

　　어떤 것도 일장일단을 갖고 있게 마련이다. 프로젝트의 관계자에 의해 작성될 때에는 관계자의 목소리를 들을 수 있고, 그런 점에서 그 자체가 가치를 가진다. 최량의 실천은 어떻게 평가되고, 또 모니터링될 것인가? '최량의 실천'이 정확히 의미하는 바는 무엇인가? 그것은 어떤 영향력을 현장에 가져다 줄 것인가? 데이터베이스의 증식은 이용자를 혼란에 빠트릴 것인가? 그렇지 않으면 배경과 철학 및 이데올로기가 다른 복수의 데이터베이스를 갖는 것이 가치가 있을 것인가? 데이터베이스에 입력되지 않은 최량실천의 많은 사례는 어떻게 할 것인가?

　　데이터베이스는 또한 모니터링하는 기능을 수행하기도 한다. 예를 들면, 국제연합의 데이터베이스는 최량실천에 대한 각국의 요청에 의해서 구축되었고, 당초에는 700개의 사례가 추출되었다. 국제연합은 최량실천을 선발할 때, 개발의 경험을 가진 기술전문가와 국제배심원이 참가하는 두 단계의 평가과정을 거치도록 하고 있다.

선택과정은 최대한 객관성을 유지하였지만, 종종 정치적인 선택—반드시 '포함되어야만 하는' 몇몇 국가와 프로젝트—을 하기도 했다. 그 목적은 점점 규모가 커져 가는 '세계최량실천상 500'의 리스트를 그것보다 방대한 예비리스트와 함께 가능한 한 수천 사례에 이르도록 발전시키는 것이다. 이 후자의 예비리스트는 단순한 참고자료가 될 수 있을 것이다(최량의 실천 데이터베이스에 관한 충분한 논의는 Hall and Landry, 1997을 참조).

데이터베이스는 도시의 연구개발을 촉진할 수 있는가?

데이터베이스는 발견과 네트워킹수단을 만들기 위한 출발점을 제공한다. 주요한 데이터베이스를 제공하는 모든 사람들은 가장 큰 영향력은 "프로젝트를 실제로 보고 느끼는 것이고, 또 어떤 방식이든 그 곳에서 생활하는 것"이라는 데 인식을 공유하고 있다. 이것은 어떤 최량실천의 경우에도 핵심이 되는 관계자와 실제로 얼굴을 맞대고 이야기하는 것을 통해서만 가능하다는 것을 의미한다. 하지만 정보를 확산함으로써 데이터베이스는 혁신의 이전과정을 촉진하는 역할을 한다.

새로운 프로젝트에 참여하는 조사원이 의문을 갖는 질문에 답하는 것은 불가능하고, 또 그것은 처한 환경에 따라 다를 것이다. "프로젝트는 어떻게 시작되었는가, 관계하는 사람은 누구인가, 어느 정도의 비용이 소요되고, 그 영향력은" 등과 같은 기본적인 의문을 넘어선 질문들을 제도화된 비용-효과분석으로 간단히 형식화할 수는 없는 것이다. 뛰어난 해결책을 갖고 있는 대부분의 조직은 데이터베이스가 이루어지면, 예상되는 기대를 어떻게 충족할 것인가 하는 딜레마에 빠진다. 대부분의 도시가 선전 및 자체적인 이유에서 최량의 실천 데이터베이스에 포함된 것에 만족하지만, 거기에 포함되는 그 자체가 부정적인 효과를 초래할 수도 있다. 일부의 도시들은 수많은 질문과 방문객의 폭주로 본래의 업무시간을 빼앗기기도 한다. 그리고 방문객에게 그들의 과거 경험을 일일이 설명하는 것은 비용과 자원이 소요되기 마련이다. 하지만 프로젝트는 그러한 것까지 펀드에 계상하지 않는 것이 보통이다.

정보흐름의 다음은 어디인가?

최량의 실천과 혁신의 데이터베이스에 관한 첫 단계가 막바지에 접어들면서 새로운 문제가 대두된다. 우수한 도시혁신의 데이터베이스가 서서히 구축되기 시작하는 곳에는 그 곳에 등록된 프로젝트는 그 대부분이 초기단계에 있을 것이다. 하지만 실제적인 영향력을 가진 혁신이 성숙되고, 그리고 진정한 효과를 발휘하기 위해서는 그 후 수년이 걸리기 마련이다. 그러면 사람들은 이제 보통의 우수한 실천이 되어버린 혁신이나 최량실천이 초기에 출발하게 된 과정을 잊어버리게 된다. 하지만 참된 혁신과 최량의 실천은 시간이라는 테스트를 받아야만 하는 것이다.

역사적으로 유명한 혁신이라 하더라도 시간이 지나면 데이터베이스에 등재된 최량의 실천사례에서 제외된다. 이 데이터베이스는 지난 5년 동안 광범하게 보급된 사례만을 포함하기 때문이다. 예를 들면, 제2차 세계대전이 끝난 직후 영국 및 유럽의 각 지역에서 발전한 그린벨트의 발의는 오늘날에도 그 타당성을 갖고 있고, 그리고 많은 유럽 국가에서는 그 실행이 새로운 것으로 여겨지고 있다. 과거의 혁신을 데이터베이스에 수록해 두는 것은, 특히 그 장기적인 효과가 뚜렷할 때 아주 유용하다. 하지만 최량의 실천으로 강조된 많은 사례는 지금 시간이라는 테스트를 견디지 못하고 결국 실패로 끝나 버릴지도 모른다.

통합 데이터베이스는 많은 것이 자의적이라는 점에서 참된 대표성을 갖고 있다고 말하기 어렵다. 암스테르담의 흥미로운 교통문제 해결, 하노버의 초기 경량철도 시스템, 뮌헨의 선진적인 도로의 보행자 전용화, 올림픽을 계기로 가시화된 바르셀로나의 도시재생,

또는 볼로냐의 젊은이를 위한 문화센터 등은 어느 것도 수록되어 있지 않다. 하지만 핵심 관객이 주로 자치단체이기 때문에 그들이 주도하는 것은 잘 커버되고 있고, 또 NGO의 것도 그런대로 잘 커버되어 있다. 하지만 이 데이터베이스에 충분하게 반영되어 있지 않은 것을 정리하면 대략 다음 여덟 가지 범주가 된다.

첫째, 전형적인 볼런터리집단에 의해 수행된 아주 소규모의 프로젝트가 제외되어 있다. 아마도 그 사례가 수천 가지에 달하기 때문에 그 각각을 상세하게 설명할 수는 없겠지만, 독자에게 혁신의 진화과정을 느끼게 하는 지역적인 리사이클링, 자주적인 건설 또는 LETS(지역통화의 일종)구조 등과 같은 테마와 분류를 기술하는 것은 고려할 수 있었을 것이다.

둘째, 자동차의 공유처럼, 지역 내의 하나 또는 두 가지 사례에 초점을 맞추어서는 발흥하는 혁신동향에 관한 감각을 가질 수 없을 것이다. 예를 들면, 베를린의 슈타타우토계획은 많은 데이터베이스에 등재되어 있지만 지금은 그러한 발의가 유럽에서만도 300개에 달한다.

셋째, 문화적으로 영감을 받은 혁신관련 데이터베이스가 없다는 것이다. 폭넓게 인용되는 사례는 1990년에 환경예술가 짐 런디(Jim Lundy)가 멜버른의 주요 도로인 스완스톤 거리를 밤 사이에 풀밭으로 만든 것을 들 수 있다. 이 돌발적인 행동은 빅토리아계획수장의 도움으로 단기간이나마 이 거리를 시민의 품으로 돌아가게 하였다. 이후 이 행동은 열띤 논의의 대상이 되었고, 결과적으로 멜버른의 중심부에서 최초의 보행자 전용도로의 건설로 이어지게 되었다.

네 번째의 공백은 노동조합 활동과 관련된 것이고, 다섯 번째는 온라인 비즈니스분야의 최량실천이 그 공백으로 남아 있다. 이 밖에도 두 가지 분야가 더 빠져 있다. (여섯째) 규제메커니즘과, (일곱째) 인센티브의 데이터베이스에 관한 것이다. 많은 것이 국가의 운영상황에 달려 있지만, 조세 인센티브와 규제 가운데 어느 것이 보다 혁신적이고 지속가능한 도시발전을 촉진하는 경향이 있는가를 파악하는 것이 유익하다. 국가 차원에서는 어떠한 에너지절약형 세제가 존재하고, 그리고 그 가운데 어떤 것이 지방에도 적용되고 있는가? 도시와 정부가 어떤 수단을 활용하면 비즈니스를 환경적·문화적으로 친화적인 형태로 운영하게 할 것인가? 빈곤한 지역의 발전을 촉진하는 은행관련 법률에는 어떤 것이 있는가? 도시발전을 창의적인 지속가능성으로 이끌기 위해서는 조세감면구조는 어떤 형태가 되어야 할 것인가? 공공교통 이용을 보다 장려하는 국가 차원의 가이드라인에는 어떤 것이 있는가? 마지막으로(여덟째), 가장 흥미 깊은 것은 실패사례를 데이터베이스화하는 것이다. 공공당국이 그러한 일에 자금을 제공하는 경우는 그다지 없지만, 기금이라면 그러한 불안감이 줄어들게 할 것이다. 실행상의 장애요인을 논의하는 것은 우리에게 공유할 만한 가치가 있는 중요한 교훈을 가져다 줄 것이다.

이제 마지막으로 평가문제가 남아 있다. 복잡하고 다면적인 프로젝트를 객관적으로 평가하기 위해서는 하루에서 1주일 정도의 시간을 요할 수 있다. 합동 데이터베이스에는 유럽의 사례가 2,000여 개 있고, 그 평가와 모니터링에는 25명에서 30명에 달하는 인원을 필요로 한다. 향후에는 성공요인과 그 원칙에 초점을 맞춘 접근방식이 보다 적합할 것이다. 예를 들면, 어떤 '테마별'—가령, 재정관련—로 혁신그룹을 나눌 때 역사적으로 유명한 혁신과 마찬가지로 그들은 현재에도 무언가를 가르쳐 줄 것이다.

창의적인 과정을 평가하고, 지속하라

도시창의성의 사이클

'도시창의성의 사이클'은 도시의 에너지—도시를 재생가능한 하나의 자원이 되게 하는 것—를 창출하기 위하여 시도하는 하나의 역동적 개념이다. 이 개념은 단순히 죽음 직전의 도시를 살리기 위한 응급처치를 하는 것에 관심을 두기보다도, 다양한 발전단계에 있는 도시가 수행하는 창의적인 프로젝트의 장·단점을 평가하는 메커니즘을 제공한다. 이 사이클은 유용한 개념적 장치이며, 혁신 프로젝트의 전체 흐름을 파악하는 조직원리이자 전략적 기본 도구이다. 도시는 이 사이클을 활용하여 아이디어와 프로젝트를 가동·실행·순환하는 데 충분한 자극과 발의가 있는지 평가할 수 있다. 도시의 정책결정자는 다음과 같이 질문할 수 있다. "우리는 시민의 창의성을 기르고, 또 그것을 우리에게 도움이 되도록 하기 위하여 충분히 노력하고 있는가?" 달리 표현하면, 도시창의성의 사이클은 창의적인 환경이 존재하는지, 또는 그러한 환경을 갖게 될 가능성이 있는지를 평가하는 데 도움을 준다는 것이다. 도시창의성의 사

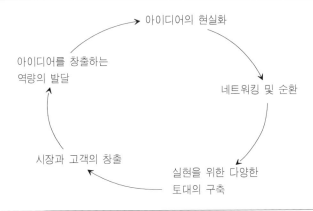

그림 9-1 | 창의성의 사이클

아이디어의 현실화

아이디어를 창출하는
역량의 발달

네트워킹 및 순환

시장과 고객의 창출

실현을 위한 다양한
토대의 구축

이클에는 다음 다섯 단계를 상정할 수 있다.

1) 사람들이 아이디어와 프로젝트를 창출하도록 도움을 주는 것.
2) 아이디어를 현실화하는 것.
3) 아이디어와 프로젝트를 네트워킹하고, 순환시키고, 마케팅하
   는 것.
4) 저렴한 임대공간, 인큐베이터 유닛, 또는 전시 및 진열 기회
   의 메커니즘을 창출하는 것.
5) 도출된 결과를 도시 전체로 확산하고, 시장과 고객을 창출
   하고, 그리고 새로운 아이디어가 창출될 수 있는 방안을 토
   론하는 것.

이처럼 사이클의 마지막 단계인 제5단계가 제1단계를 자극하면
사이클은 처음부터 또다시 순환하기 시작한다. 만약 하더스필드에
서 이러한 순환과정을 경험한 대략 300명에 달하는 집단이 새로운
아이디어와 프로젝트를 창출하지 못하거나, 또는 새로운 집단이 "그

들이 할 수 있으면 우리도 할 수 있다"는 생각을 갖도록 감화를 주지 못한다면 그들은 아무 것도 얻지 못하게 될 것이다. 사이클이 작동할 때에야 비로소 도시가 보다 나은 방향으로 변화하고 있다는 집단적 감각을 제공할 수 있는 것이다. 왜냐하면, 종종 외부인이 평가하기 이전에 먼저 자신을 비하하곤 하는 그들의 최대 적은 바로 도시자신이기 때문이다. 이제 이 사이클은 발명, 반성, 그리고 재발명이라는 선순환구조를 창출한다.

이 사이클의 목적은 각 단계에서 가진 장·단점을 파악한 다음 도시가 어떻게 개입해야만 하고 또 어떻게 개입할 수 있는가를 판단하게 하는 것이다. 가령, 우리의 도시는 신제품에 관한 아이디어를 창출하는 데 얼마나 잘 기능하고 있는가? 또는 우리의 도시는 이러한 아이디어를 현실의 제품과 서비스로 전환시킬 수 있는가? 가장 이상적으로는 각각의 단계에서 프로젝트 간의 균형이 취해지는 것이지만, 그 판단은 구체적인 장소에 따라 다르다. 최량의 실천과 자신을 비교하고 싶은 도시라면 단계별로 유사한 도시와 비교하여 자신의 현 상태를 평가할 수 있다. 추운 북쪽 지방에 위치한 글래스고와 같은 도시가 태양이 보다 많이 내리쬐는 바르셀로나 같은 도시와 모든 측면을 비교할 필요는 없다. 예테보리처럼 보다 추운 북쪽의 항구도시와 글래스고를 비교하는 것이 보다 적절할 것이다.

기술주도부문이라면 기술이전업무를 담당하는 곳과 전략적 경제발전을 담당하는 도시창의성의 사이클이 제시하는 논리에 따라 자신을 평가할 수 있다. 이들은 아이디어의 배양·실행·보급과 같은 프로세스의 사이클을 강조하는 동시에, 아이디어의 생성에서 생산·순환·전달·보급에 이르는 가치사슬에 입각한 프로젝트의 균형을 강조한다. 과거에 이 개념이 어떤 도시의 전반적 창의성을 평가하기 위하여 적용된 적은 없었다.

경제적인 것에서 사회적·문화적·환경적인 것에 이르는 다양한 형태의 창조도시 프로젝트, 그리고 생산과정의 여러 단계들이 상호 연결된 창의성의 전체집합 가운데 부분집합으로 간주되는 경우는 아주 드물다. 이러한 방식으로 도시창의성의 사이클을 적용하면 도시가 프로젝트—크기에 관계없이 흥미롭고 타당하고, 중요한 것—의 조합과 범위를 정상적으로 설정하는 첫 사례가 될 것이다. 도시창의성의 사이클에서 보면, 그들은 통합된 환경의 일부를 구성하는 것이 될 것이다. 따라서 문화활동을 통하여 불만을 품은 청소년을 지역의 거주지구로 흡수하고자 노력한 헬싱키의 볼런터리그룹(Suburbs Up)이 카르미네이타운만큼 창의적이라는 데에 모든 사람이 동의하지는 않을 것이다. 국제지향의 기술이전 프로젝트인 카르미네이타운은 판매가능한 상품에 대한 조사연구를 통하여 아이디어를 얻고 있다. 특히, 이 프로젝트는 자금 가운데 일부를 제공하거나 기업과 과학자 간의 협동을 조정함으로써 그것을 달성하고 있다.

전통적으로 양자 사이에는 공통점이 없는 것처럼 보인다. 즉, 문화적 창의성이 그 정당성을 획득하고 있다 하더라도 기술적·경제적 창의성이 여전히 보다 높은 위상과 신뢰를 얻고 있기 때문이다. 헬싱키에서는 창의성의 두 영역 간의 공통적인 요소가 현실문제를 새로운 방식으로 그 가치를 표현하거나 해결하는 역량으로 나타났다. 하지만 부가가치라고 하면 금전적 맥락에서만 고려될 뿐, 사회적 프로젝트가 커뮤니티를 위하여 간접적으로 창출하는 것에 대해서는 거의 고려하지 않는 것이 보통이다. 단순히 공통의 창의적 기반을 의식하는 것만으로도 그들이 문제를 어떻게 해결하였고, 그리고 그 장애요인을 어떻게 극복하였는가를 배우는 학습환경을 조성할 수 있는 것이다.

도시의 최선봉에 위치한 창의적 프로젝트는 창의적 접근방법을 채택하고 있다는 점에서 공통된 아이덴티티를 갖지만, 대개는 그들 사이에 공통의 언어가 존재하지 않는다. 대부분의 프로젝트들은 서로 무엇을 하고 있는가를 의식하지 않는다. 프로젝트의 책임을 맡은 사람은 클러스터 내에 있는 비슷한 뜻을 가진 사람을 제외하면

서로 알지 못한다. 더구나 사람들은 자신들의 전문영역에 관해서는 더욱 보강하고자 노력하지만 전문영역을 넘어서서는 학습하려고 하지를 않는다. 결과적으로 수많은 분할이 생기게 되는 것이다. 최첨단기술에 관심을 가진 사람과 비즈니스 전개에 관심을 가진 사람들 사이의 분할, 그리고 문화활동에 관심을 가진 사람과 사회발전에 관심을 가진 사람 사이의 분할 등이다. 헬싱키에서의 30건에 달하는 혁신적인 프로젝트를 분석해 보면 이러한 분할을 하고 있는 것은 단지 몇 개의 사례에 지나지 않는다. 예술디자인 대학과 공동으로 추진한 아라비안란타 프로젝트는 장기간의 종합적인 지역재개발 활동으로 이어졌고, 또 헬싱키의 겨울 빛을 기념하는 '빛의 축제'는 전체적인 접근방법을 수행한 대표적 사례에 속한다.

사이클이라는 아이디어는 상호 연계를 장려한다. '혁신'에 관한 생각은 기술영역에 속하는 반면에, '창의성'에 관한 논의는 예술과 문화영역에 속한다고 생각할 위험성이 항상 남아 있다. 그러나 과학적 창의성, 문화적 창의성, 사회적 창의성, 경제적 창의성 등과 같이, 서로 상이한 창의성 사이의 연결은 새로운 시너지를 창출할 수 있다. 예술가와 과학자를 연결하여 450건에 달하는 제안서를 이끌어 낸 프로젝트인 '사이-아트(Sci-Art)'에 대하여서는 다음과 같은 공통된 평가가 도출되고 있다. "과학자와 예술가들이 서로 협동하는 과정에서 생기는 힘은 결과적으로 새로운 종류의 창의성을 자극하고, 그리고 과학적 발상과 예술적 발상에서 벗어난 종합적인 어떤 것을 창출한다"(Cohen, 1998).

도시창의성 사이클의 실제

유럽연합이 자금을 지원했던 UPP(어번 파일럿 프로젝트)의 하나인 '크리에이티브 타운 이니셔티브'를 시행한 하더스필드는 아마도 도시전략을 개발하기 위하여 '도시창의성의 사이클'을 사용한 최초의 도시이다. 이 사이클은 그들이 제안한 것을 참고하여 설명될 수 있다.

　하더스필드가 인구 12만 명의 작은 도시라는 것은 창조도시의
아이디어가 단지 국가의 심장부에 해당하는 대도시권에만 적용되는
것이 아니라는 것을 시사한다. 하더스필드의 창의적 도시전략의 목
적은 사이클이라는 사고방식을 활용하여 정책결정에 도움을 주는
데 있었다. 1996년에 시작된 이 프로젝트의 목적은 2003년까지 재
능 있는 사람들을 육성하는 가시적인 공간을 만들고 그들에게 자신
의 아이디어를 제품화하는 기회를 제공함으로써, 하더스필드가 부
를 창출하는 도시가 되도록 하는 데 있었다. 초기에 하더스필드의
초점은 예술적·문화적 창의성과 기술적 창의성을 서로 연계시키는
것에 맞추어졌다. 이러한 연계를 통하여 장래에는 많은 제품과 서
비스가 창출될 것이다. 시간의 경과와 더불어 그 초점은 환경 및
사회적인 혁신을 포함하는 방향으로 나아갈 것이다.

　구체적인 목적은 다음과 같다. 커뮤니티 전체 차원에서 창의성
과 혁신의 전략적 중요성에 대한 인식의 제고; 재능 있는 하더스필
드의 사람들이 자신들의 아이디어를 실현하도록 도와 주는 것; 숨
은 창의성과 능력을 발견하고 이용할 수 있는 프로그램의 개발; 21
세기의 경쟁이 요청하는 조직의 변화에 대응하기 위해 하더스필드
내에 있는 핵심 조직 간 네트워크의 구축; 비판적 시각을 장려하고
필요할 때 외부의 인재를 유인하기 위한 수단으로서, 어떤 지구의
빌딩으로 재능 있는 사람들을 모이게 하는 것; 최량실천사례의 광
범한 홍보; 지방과 보다 넓은 장소에 기술과 지식을 알선하는 서비
스의 확립; 기타 공공 프로그램의 목적과 초점에 영향을 미치는 것
―창의성 주도의 접근방식이 어떤 편익을 가져올 수 있다는 것을
믿는 것―등이다.

　아이디어와 프로젝트를 창출하라: 제1단계
　출발점은 어떤 도시에 창의적인 아이디어와 그 아이디어를 창

출하는 능력이 존재하고 있다는 것이다. 이것은 그 소유자—개인과 기업 그리고 시와 결합된 어떤 형태—가 누구이든, 특허권, 저작권, 브랜드, 상표의 이용가능성 등에 의해서 측정될 수 있다. 경우에 따라서는 새로 창업한 기업의 수와 각 분야에 활동하는 저명한 사람들의 수를 통해서도 측정될 수 있다. 전반적인 활기와 환경조차도 이러한 요인들이 상호작용을 촉진한다는 점에서 하나의 지표가 될 수 있다. 대부분의 도시에서는 많은 사람들이 다양한 이유—배경, 개인의 역사, 객관적인 조건 등—로 자신의 잠재능력을 발휘하지 못하고 있다. 그들은 단순히 침체된 기분을 느끼고 있을지도 모르지만, 범죄에 빠질 위험성도 있고 사회적 분열을 야기할 수도 있다. 이러한 상황이 발생하면 그들을 치료하고 개선하는 서비스가 요청된다는 점에서, 도시에게 커다란 비용을 초래할 것이다. 종합적으로 판단할 때, 이들을 양육하고 그 열의를 불러일으키기 위하여 자원을 투입하는 것이 도시의 이해와 일치할 것이다.

'아이디어를 창출하는 능력'을 촉진하기 위한 하더스필드의 대응은 '창의성 포럼'이라는 프로젝트—창의적 기능개발 프로그램과 광범위한 컴퓨터 리터러시 프로그램—를 제안하는 것으로 나타났다. 이 프로젝트를 계기로 이후 다양한 활동으로 이어졌다. 여기서는 다음 두 가지 사례를 제시하고자 한다. 이 사례들이 전달하고자 하는 핵심 메시지는 어느 곳에서도 이것을 응용하면 재현할 수 있다는 것이다.

첫 번째 사례인 '창의성 포럼' 프로그램은 신경제하에서 생존하고 번영하기 위해서는 창의적 해결이 중요하다는 것을 강조하고 있다. 이 포럼은 창의적 잠재능력을 가진 사람과 그것을 현실적인 것으로 전환하기 위한 자원을 가진 사람들 사이에 '충돌'이 발생할 수 있는 곳에서, 창의적 잠재력을 가진 사람을 위한 비공식적 등용문이다. 이 프로그램은 부분적으로 산업과 대학과 지역의 만남의 장 내지는 소개기관으로서의 역할을 수행하기도 한다. 더구나 그것은 경험이 풍부한 실무자를 상상력 풍부한 아이디어를 가진 지역주민과 연결해 주기도 하고, 다양한 분야의 전문가와 혁신자들이 모여 서로 간의 협동작업의 필요성을 평가하고 그 가능성을 탐색하게 해 주기도 한다. 이 프로그램이 가진 목적은 일상적인 환경에서는 서로 교류할 수 없는 사람과 조직 사이에 자유로운 대화와 의견교환이 일어날 수 있는 풍토를 이 마을에 정착시키는 것이다. 공개이벤트 프로그램에서는 창의성을 달성한 경험이 있는 사람들이 어떤 과정을 거쳐 오늘에 이르게 되었는가를 설명한 다음, 타인들이 그 가능성을 추구하도록 영감을 준다. 그들은 이것을 미래의 개혁자를 위한 성공의 사다리 가운데 첫 단계로 간주한다.

두 번째 사례인 창의적인 기능개발 프로그램―LAB 프로젝트―은 개인의 발달 및 지역의 개발능력을 동시에 지향하고 있다. 이것은 이미 놀랄 만한 성과를 거두고 있으며, 실업자 또는 통상적인 교육과 취업루트에서 소외된 모든 연령층의 참가자 20명을 대상으로 하는 2주간의 코스를 포함하고 있다. 그 속에는 인간관계 커뮤니케이션, 팀워크, 계획의 입안, 공개적인 발표 등 드라마 훈련기법을 활용한 실무적이고 직장에서 응용할 수 있는 기능이 교육되는 동시에, 인간발달을 위한 행동계획의 수립도 포함되어 있다. 각 코스는 참가자가 도전적이고 현실적인 프로젝트를 계획하고 그 실행에 동참하는 것으로 수료된다. 많은 공업도시와 마찬가지로, 하더스필드가 추구한 것은 소외되고 불만에 찬 개인들이 가진 문제점을 이해하고 그 해결책을 모색한 것이다. 왜냐하면, 그들의 잠재능력이 제 갈 길을 찾지 못하고 그 에너지가 범죄, 공공건물의 파괴, 우울증 또는 약물남용으로 변질되었기 때문이다. 그 목표는 그들의 잠재적 기능이 창의적인 도시로서의 하더스필드의 발전에 얼마나 공헌할 수 있는가를 보임으로써, 그러한 집단을 사회의 주류로 편입시키는 것이다. 그 과정에서 발생한 혁신적 요소라고 한다면, 실업상태에 처한 사람들이 새로운 직장에서 요청하는 기능을 개발하기 위하여 예술적 테크닉을 응용하였다는 것이다.

이상의 두 사례는 하더스필드의 필요와 열망이 결합된 것이다. 사이클의 다른 단계와 마찬가지로, 도시가 아이디어를 창출하는 능력을 파악할 수 있는 방법에는 이 밖에도 많은 것이 있다. 예를 들면, 새로운 아이디어의 경쟁, 공개적인 창의성 강좌, 아이들을 실험적인 프로젝트 또는 도시비전을 계획하는 사람으로 참여시키는 것 등이다. 그리고 이러한 방법을 구체화하기 위한 테크닉으로서는 '오픈 스페이스 테크놀로지', '미래의 탐색', '도시디자인 실천 팀', '커뮤니티 재평가' 등이 있다.

아이디어를 현실화하라: 제2단계

사이클의 제2단계는 다음의 질문에 답하는 것이다. "아이디어를 제품으로 전환하는 데 초점을 맞추는 능력은 충분한가?" "아이디어를 판매가능한 제품으로 전환하는 것을 도우는 인적·금융적·기타 자원·생산의 능력은 갖추어져 있는가?" "각 부문이 요청하는 생산기반을 제공하기에 충분한 훈련인프라가 있는가?"

하더스필드의 프로젝트에는 다음의 내용들이 포함되어 있다. 문화지식기반산업에 종사하는 젊은 기업가와 혁신자에게 적극적인 학습 및 비즈니스 기회를 제공하는 '창의적 비즈니스개발훈련회사'; 혁신적인 비즈니스 아이디어를 갖고 있으면서도 그것을 발전시키기 위한 지원과 자금을 갖지 못한 실업자를 집중적으로 지원하기 위한 '마이크로 비즈니스 혁신계획을 위한 연합'; 비즈니스 일반에 대한 조언보다도 장래성 있는 새로운 미디어 비즈니스를 위한 실제적이고 고객대응형의 컨설턴트 업무를 제공하는 '미디어산업개발계획' 등이다. 중개서비스를 제공하는 프로젝트 가운데 하나인 '고안자를 위한 조언서비스'는 제1차 교섭 차원에서 혁신적인 제품과 개념을 가진 사람을 대상으로 조언서비스와 실현성에 관한 평가서비스를 제공한다. 그 다음, 잠재시장에서의 그 가능성을 평가하고 최초의 특허권을 신청해 주고, 나아가 시제품의 개발 및 시장조사업무를 도와 준다.

그 밖의 선구적인 활동으로서는 주류적인 금융서비스 또는 '비즈니스 천사 네트워크'와의 연계를 통하여 투자가와 고안자를 연결하는 것도 있다. 이 금융네트워크의 가능성은 그 활동이 개시된 1997년에는 조롱의 대상이 되었지만, 오늘날 이 '비즈니스 천사 네트워크'는 문자 그대로 상당한 영향력을 갖게 되기에 이르렀다. 주류금융기관의 보수주의, 그리고 성장가능성이 높은 자금원에 대한 신생 회사의 배제현상은 창의성을 사업으로 전환하는 과정에서 부딪치는 장애 가운데 가장 심각한 것이 되고 있다. 이 문제에 대처하기 위하여 하더스필드는 '비즈니스 천사 네트워크'와의 연계를 통하여, 혁신적인 기업가를 지원하는 데에 관심을 가진 민간의 투자가집단 가운데 자본과 전문지식을 가진 기업을 찾고 그 네트워크를 구축하고자 하였다.

아이디어와 제품을 네트워킹하고, 순환시키고, 마케팅하라: 제3단계

지속가능한 창조도시가 되기 위해서는 충분한 수의 마케팅담당자, 총괄지휘자, 운영자, 대행업자, 유통업자, 도매상, 포장업자, 생산물의 조립공 등을 필요로 한다. 하더스필드는 도시를 판매하는 데 도움을 주는 지지, 마케팅, 시민의 인지도 향상 등과 같은 일련의 프로젝트를 창출함으로써 이러한 과제에 대응해 왔다. 커크리스에 있는 미디어센터의 복합오피스빌딩과 그 곳에 입주해 있는 사이버 카페, 레스토랑, 바 등은 세미나와 전시회가 열리는 '크리에이티브 타운 이니셔티브'의 공적 얼굴이 되었다. 장기적으로 그것은 하더스필드와 기타 장소에서 추진하는 프로젝트를 위한 혁신과 창의성의 최량실천 전시실로 발전되어야만 한다. 창의성과 혁신을 위한 캠페인인 "창조하라!"는 이 네트워크의 핵심에 위치하고, 그 목적은

지역에서 창의적인 생각을 가진 사람을 지원·결집하고, 또 지역제품의 판촉을 촉진하는 것이다. 그것은 '하더스필드: 뜨거운 가슴, 창의적인 두뇌'라는 도시의 마케팅부문과 연계하고, 이 양자는 협동하여 하더스필드에 대한 다양한 투자촉진활동을 전개하면서 하더스필드 제품의 판촉기회를 만들고 있다. '잉글랜드북부창조동맹'은 지방 및 지역의 디자인회사를 지원하고, 그들이 그 지역에서 머물면서 활동하고 또 기업의 이미지 전환을 도모하는 데 도움을 주고 있다. 이처럼 출판과 이벤트를 통해 잉글랜드 북부지역의 창의성을 촉진하고 있는데, 이것은 런던이 창의적인 중심지로 알고 있는 영국인에게는 종종 모순된 것처럼 비추어지기도 한다.

이 단계의 과제는 혼돈상태에 빠질 여지가 있는 많은 조직을 창의적 환경으로 흡수하고 그들에게 목적의식과 주체성을 부여함으로써, 사회자본의 창출에 기여하는 동시에 마을 전체에 편익을 창출하는 것이다. 이런 이유로 하더스필드는 마케팅 테크닉을 활용하여 '크리에이티브 타운'의 비전과 브랜드를 구축하고, 시민들의 열망, 관여, 책임감 등을 이끌어 낼 수 있게 되었던 것이다.

판매를 위한 거점을 만들어라: 제4단계

창의적인 사람과 프로젝트는 자신들의 제품과 서비스를 어디엔가 판매할 거점을 필요로 한다. 창조도시는 장소를 필요로 하고, 그곳에서는 적절한 가격수준에서 아이디어를 시험하고, 시제품을 만들고, 작품을 전시하고, 판매가 이루어질 필요가 있다. 창조도시는 또한 적당한 가격의 토지와 건물을 요청하고, 그 곳은 도시외곽이나 과거의 항만과 공장지대 등 토지의 이용패턴이 바뀐 지역이 되는 것이 일반적이다. 저렴한 공간은 금전적인 리스크를 줄이고, 따라서 실험을 촉진한다. 전형적인 사례로서는 옛 공업용 건축물이 아티스트 스튜디오, 또는 디자인센터 등과 같은 새로운 사업을 위한 인큐베이터로 재활용되는 것을 들 수 있다.

하더스필드는 낡은 산업용 공간을 하이테크에 초점을 맞춘 개발을 추진하고 있다. '핫하우스 유니트(Hothouse Unit)' 프로젝트는 제1급의 IT와 자문그룹에 의해 제공되는 커뮤니케이션 기능을 갖추게 될 것이고, 기업을 창업하는 데 활용될 것이다. 그것은 또한 노동과 생활 사이의 장벽이 무너진 일련의 생활/노동공간을 탄생시킬 것이다. 텔레홈이라는 아이디어는 선진적인 ISDN과 같은 재택근무 시설을 갖춘 주거공간으로 이루어진 것인데, 이것은 일종의 '미래의 주거'실험에 해당한다. 아파트는 CTI에 참여하는 사람에게 임대하거나 객원음악가, 소프트웨어 엔지니어, 그리고 일정 기간 체재하면서 창작하는 디지털 아티스트에게 임대될 것이다. CTI는 단기 내지는 장기프로젝트로 일하는 사람을 통해서 많은 것을 이루어 내고 있다. 그들은 접근가능하고 편리한 숙소를 필요로 하고, 그 가운데 많은 사람은 빠른 속도로 일할 것을 요구한다. 이 프로젝트는 창의성이 각 가정으로도 파급되기를 바란다.

옛 공업지대를 이용하여 창의성을 장려하는 이 곳의 전략은 많은 곳에서 시도되고 검증된 결과, 많은 사례가 축적되어 있다. 예를 들면, 음악에 초점을 맞춘 버밍엄의 '카스타드공장'은 옛 버즈아이(Bird's Eye) 제조공장을 이용한 것이다. 베를린의 예술가를 위한 건물인 '멩게자일'은 옛 피아노공장을 활용한 것이고, 워싱턴 DC 근교에 있는 알렉산드리아의 '토피드공장'은 옛 군수품공장을 개조한 것이다.

보급하고, 반성하고, 평가하라: 제5단계

지역사람들은 입소문, 출판 또는 미디어를 통해 창조활동을 어느 정도로 의식하고 있는가? 비판적인 토론은 어떤 반응―그것이 긍정적이든, 부정적이든―을 불러일으키는가? 창의성을 둘러싼 논쟁은 모든 차원의 주민―사업가, 젊은이, 고령자, 상이한 학력수준을 가진 사람들, 소외된 사람들―을 지향하고 있는가? 도시는 다양한 경제적·사회적 배경을 가진 사람들이 자신의 창의적인 잠재능력을 탐구하도록 하기 위해 얼마나 노력하고 있는가? 프로젝트는 평가를 받고 있는가?

하더스필드는 다양한 방법으로 이러한 문제에 대응하고자 하였지만, 특히 '세기의 도전'이라는 캠페인에 많은 사람을 참여시키는 것을 통해 추진되었다. 지역신문인 하더스필드 이그제미너(*Huddersfield Examiner*)와 CTI를 통해서, 그리고 지역의 사업가인 로렌스 바틀리(Lawrence Batley)로부터 40만 파운드의 자금원조를 받아 추진된 이 도전은 2000년 12월 31일까지 2,000건의 창의적 프로젝트를 실시하는 것으로 되어 있다. 이미 2000년 초반에 1,400개가 넘는 프로젝트가 실현되었다. 이들은 다섯 개 영역을 포괄하고 있다. 번영의 촉진에 관련한 프로젝트; 마을의 시각적인 매력을 향상시키는 프로젝트; 마을을 건강하고 안전한 장소로 만드는 프로젝트; 새로운 학습기회를 제공하는 프로젝트; 긍정적 이미지를 창출하는 프로젝트 등이다. '세기의 도전'이 갖는 중요성이라면, 그것은 CTI와의 관계 속에서 직접적인 편익을 얻고 있는 300여 개의 집단을 넘어 창의성을 보다 폭넓은 네트워크 속에 각인하는 것이고, 나아가서 도시 전체로 혁신문화를 창출하는 것이다. 굳이 그것이 가진 위험성이라고 한다면 CTI에 직접 참여하고 있는 사람이 미디어센터 주변에 모여 있는 일종의 보헤미안집단으로 인식되고 있다는 것이다.

보다 외부에 초점을 맞춘 핵심적인 제안 가운데에는 다음과 같은 것이 있다. CTI의 성과와 달성을 비평하고, 토론하고, 널리 알리기 위한 국제회의; 창조도시의 가장 뛰어난 실천을 알리기 위한 웹사이트; 창조도시에 관한 이 책도 이 프로젝트의 일부로 간주되고 있다. 이처럼 외부에 초점을 맞춘다는 것은 대단히 중요하다. 왜냐하면, 하더스필드의 자기확신은 CTI 그 자체보다도 외부에서 이 마을은 흥미로운 일을 하고 있다고 주장할 때 증대할 가능성이 높기 때문이다.

다음 절에서 논의하게 될 '창조도시 개발의 기준척도'를 5단계 사이클의 아이디어에 연결함으로써 도시가 처한 입장을 과학적인 견해와는 다른 독자적인 판단을 내릴 수 있다. 10포인트 척도상의 각각의 위치는 다양한 특성을 갖고 있다. 도시는 원하는 위치에 관한 열망을 정의할 수 있고, 단계별로 프로젝트의 적절한 균형을 취할 필요가 있다. 기준척도를 1포인트 또는 2포인트 위로 올리고 싶다면 다음 수준에서 무엇이 필요한가를 평가할 수도 있다.

창조도시 개발의 기준척도

이 척도의 범위는 1에서 10까지이고, 그것은 창의성을 기준으로 상대적 강도를 측정하기 위한 간단한 도구이다. 1의 위치는 저개발을 의미하고, 10의 위치는 대단히 창의적인 것을 의미한다. 그것은 방대한 양의 복잡한 데이터에 대한 스냅사진이고, 그리고 행동상의 지침을 제공한다. 척도상의 각 점은 어느 것도 상대적으로 동등하게 비교할 수 있도록 고안되어 있고, 일정한 규모와 위치의 도시를 상정할 수 있다. 리옹은 파리처럼 흉내낼 수 없고, 베로 호리존테는 상파울로처럼 흉내낼 수 없다. 도시가 어떤 지점에 위치하는가를 둘러싼 판단은 전략적인 토론을 위한 계기가 되는 것이지 사실과는 다른 것에 주의를 요한다. 이것은 위에서 언급한 각 단계에 대해서도 똑같이 적용될 수 있다.

예를 들면, 어떤 도시가 가능성을 창출하는 아이디어 측면에서는 5점으로 잘 개발되어 있지만, 제품과 아이디어를 보급하는 측면에서 1점을 받고 있다면 결과적으로 지극히 나쁜 상황이 연출될 것이다. 과거 10년간에 걸쳐서 코메디아는 이 개념적인 접근방법을 활용하여, 특히 문화적인 창의성에 초점을 맞추어 많은 도시의 강점을 평가하였다. 거기에는 바르셀로나, 글래스고, 아델레이드, 헬싱키, 런던 이스트 엔드의 타워햄릿지구, 그리고 런던 전역이 포함된다. 부록 1에서 3까지는 각각 1997년의 타워햄릿, 1991년의 글래스고, 그리고 현대미술에 초점을 맞춘 글래스고의 시각예술을 대상으로 한 종합평가 결과를 제시한 것이다.

당시에 사용된 방법론은 지역 및 외부의 전문가집단과 그 도시가 가진 역동성에 관한 적절한 보완조사를 결합한 것이다. 예를 들면, 글래스고의 시각예술의 현 실태—많은 검토대상 가운데 하나—가 가진 강점을 일정한 수준의 객관성을 유지한 상태에서 평가하기 위하여 두 가지의 평가방식이 도입되었다. 하나는 글래스고 시 내부에 있는 전문가집단의 평가이고, 다른 하나는 시 외부에 있는 영국, 유럽, 미국에 있는 시각예술 전문가집단의 평가이다. 거기에는 다음 항목에 대한 심사가 포함되어 있다. 글래스고의 현대예술가 가운데 영국 및 해외에서 그들이 가진 영향력과 지위, 학교에서 고등교육장학금에 이르기까지 다양한 교육 및 훈련시설에 관한 견해, 소장품·미술관·전시, 지역경매회사의 힘, 보존, 그리고 예술관련 제품의 공급 등 지원구조에 대한 의견, 도시 내에서의 문화관련 토론상황 및 도시의 흡입력 등이다.

이러한 과정을 통해 수집된 견해를 기초로 그 곳에서 가장 뛰어난 실천과의 비교·평가를 통하여 지역예술시장의 상대적인 강도 등과 같은 객관적 지표가 도출되었던 것이다—글래스고는 국내에서 세 번째로 중요한 도시였다. 그리고 이어서 유럽, 나아가서는 세계규모에서 그들의 위치를 평가한다. 각 도시가 기준척도 가운데 어디에 해당하는가를 판단하는 것은 광범위한 배경조사 없이도 이처럼 가능한 것이다.

헬싱키와 같은 도시에서는 문화 이외 부문이 선택되기도 하였다. 예를 들면, 특허전문가가 헬싱키에 기반을 둔 특허에 관한 평가를 한 다음, 헬싱키는 비슷한 규모의 도시와 비교할 때 기대 이상으로 새로운 특허를 비교적 많이 갖고 있다는 것을 발견하게 되었다. 성공의 기준과 지표가 확립되어 있는 이상, 같은 논리가 과학상의 기술혁신에서 사회혁신에 이르기까지 어떤 분야에도 적용될 수 있다. 예를 들면, 창의적인 것에 대한 자각이라는 의미에서 각각의 평가수치가 갖는 특징은 다음과 같다.

1) 창의성은 도시문제와는 무관하거나 중요하지 않은 것으로 생각된다. 이러한 사고방식은 아이디어의 창출 및 마케팅 등 도시창의성 사이클의 특정 단계에도 적용된다. 창의적인 활동은 아주 기초수준에 머물러 있다; 도시 내의 다양한 주체가 안고 있는 문제를 거의 자각하지 못한다; 혁신 및 창의성관련 공개토론은 전혀 이루어지지 않고 있다; 설령 있다 하더라도 공공부문의 장려정책은 없다; 이 도시는 자신의 장래에 대해서는 관심을 갖고 있지 않고, 이미 사지를 향해 가고 있을지도 모른다.

2) 내지는 3) 혁신의 과제가 중요하다는 것을 도시의 정책결정자들이 자각하기 시작한다. 지역의 성과를 축하하는 등 공공부문의 격려가 미미한 수준이지만 존재한다; 간헐적으로 민간부문이 주도하는 몇몇 제안이 있지만, 전반적인 전략은 부재하고 언론의 관심 또한 적다; 지역의 몇몇 사업가들이 대체로 낮은 수준의 계약을 통해서 크리에이터가 기회의 첫 사다리를 탈 수 있게 도움을 준다; 여전히 창의성을 각인시켜야 할 필요성에 대한 개념이 없다; 도시의 조직과 운영은 아직도 전통적 방식에 머무르고 있다; 도시 외부로 인재의 유출이 여전히 강하게 일어난다.

4) 산업계와 공공기간에서 활동하는 사람들에 의해서 혁신관련 과제에 대한 인식이 보다 강하게 요청된다. 소수의 실험적인 프로젝트가 장려되기도 하고, 조사연구가 지역의 대학에 의해 실시된다. 도시의 일부 또는 도시 전체 '활기'가 창출되기 시작하고, 대안문화가 부상한다; 이것이 이제는 리스크

를 부담하거나 실행에 옮길 수단이 거의 없는 경우에도, 프로젝트와 관련된 다양한 아이디어를 창출한다. 공공기관 안팎에서 조직의 풍토를 재평가해야만 한다는 압력이 제기 된다. 이것은 '이륙'단계이다. 재능의 유출은 균형을 찾기 시작한다. 창의적 활동가 가운데 일부는 지역을 초월한 인적 관계 또는 관람객을 얻는다.

5) 내지는 6) 일정한 수준의 자율성을 달성한 지역과 창의적인 개인은 자신들이 처한 위치에서 민간기업, 교육섹터, 활발한 NGO 세계를 통해서 자신들의 열망을 충족하기 시작한다. 활발한 조사연구와 같은 지원 인프라와 새로운 분위기가 형성된다. 즉, 금융네트워크가 잘 발달되어 있거나, 공공·민간 부문 간의 파트너십 및 부문 간의 공유화가 시작된다. 국내의 다른 지역과의 연휴 및 국제적인 연휴가 그 신용을 얻기 시작한다. 테크놀로지의 활발한 이전 및 교환 프로그램이 경제계는 물론이고 교육계와 공공부문 등에도 존재한다. 현존하는 성공의 증거는 타인들이 그것을 모방하고자 하는 자석이 되고, 또 그들을 이 곳에 머물도록 하는 유인이 된다. 특히, 테크놀로지분야에서는 일정 수준의 공적 개입이 도입되기 시작한다. 재능의 유출은 역전되기 시작한다.

7) 내지는 8) 공공부문과 민간부문 모두 혁신의 역동성이 가진 중요성을 인식한다. 외형적으로 도시는 '크리에이터'를 육성하는 역량을 갖추고 있고, 따라서 그들의 열망 그 대부분을 지역 내에서 충족시킬 수 있다. 전략적인 차원에서 종합적인 사고가 힘을 얻고, 그것이 사회적·문화적·경제적인 목표를 통합한 환경분야의 제안처럼, 다양한 목표에 초점을 맞춘 창의적인 프로젝트의 형태로 나타난다. 아이디어 생성에서 제품화, 순환, 전달메커니즘, 보급에 이르는 5개 영역 전체에 걸쳐 그 활동을 지원하는 구조가 정착한다. 지역의

어떤 곳에서도 수도나 국가기관에 의존하지 않고 외국의 여러 나라들과 신뢰할 수 있는 관계를 형성할 역량이 존재한다. 크리에이터는 그 지역에서 일하고 생활하고, 더구나 창출된 부가가치의 그 대부분은 지역의 생산능력이나 경영 및 행정서비스 등을 통해서 지역으로 환원된다. 조사연구 및 반성적인 사고능력이 대학에 축적되면서 창의성 사이클과 그 엔진이 유지되고 쇄신된다. 그 입지는 재능을 유인하는 한 요인이 되지만, 여전히 고차원의 몇몇 자원이 부족한 까닭으로 잠재능력을 최대로 발휘하지는 못한다. 정치구조는 유연하고, 새로운 아이디어에 대해서는 개방적이고, 특히 그 전략에 초점을 맞춘다.

9) 그 입지가 국내외적으로 창의성의 한 거점으로 알려지게 된다. 도시 그 자체가 재능과 기능을 끌어들이는 요소가 된다. 실제로 모든 시설을 갖추고 있으며, 거의 자급자족할 수 있는 수준이 된다. 중요한 연구기관과 혁신기업의 본사가 위치한다. 문화적으로는 활기차고, 또 중요한 장소로 알려지게 되고, 결과적으로 다양한 분야의 창의적인 개인을 전 세계에서 유치할 수 있다. 도시 그 자체가 스스로에게 가장 부가가치가 높은 서비스를 창출한다.

10) 자기혁신·자기비판·통찰능력을 겸비한 창의성의 선순환구조를 확립하고 있는 도시, 즉 실질적으로 자급자족할 수 있는 도시이다. 즉, 그 곳은 유출된 인재를 다시 불러들이고, 입지 그 자체가 자신을 한층 강화하는 부가가치의 창출로 이어진다. 높은 수준의 시설과 국제적으로 중요시되는 기관 등 모든 형태의 필요한 전문서비스가 공급된다. 이 곳은 여러 부문의 전략적 의사결정을 수행하는 센터이고, 게다가 최량실천사례의 제공자로 간주된다. 국제수준에서 어떤 도시와도 경쟁할 수 있는 능력을 갖추고 있다.

학습된 교훈은 무엇인가?

이상의 테크닉은 복잡한 세부사항을 분해하여 단순화하면서도 유용한 상태로 남게 한다는 점에서, 도시에게 많은 도움을 줄 것이다. 비교가능한 요소를 통해서 해당 도시는 어느 도시를 벤치마킹하는 것이 적절한가를 확립할 수 있고, 그리고 도시의 '객관적' 위치에 관하여 도시 내·외부의 동등한 집단 간의 활발한 토론을 이끌어 낼 수도 있다. 이처럼 비교가능한 요소 그 자체가 아이디어를 창출하는 프로세스가 된다. 그것은 다섯 단계의 사슬을 거치면서 격차와 약점 및 강점 등이 자연스럽게 노출되기 때문이다. 그것은 또한 전략형성의 절차가 되기도 한다. 도시가 현재 어디에 위치하고 있는가를 분명히 하는 것은 향후 어떤 도시가 될 수 있는가를 자동적으로 시사하기 때문이다.

아이디어의 창출에서 보급에 이르는 사슬을 평가함으로써 다양한 결론이 도출될 수 있다. 예컨대, 어떤 도시에서도 잠재성을 가진 아이디어에 대한 분석은 예상보다도 월등히 많다. 따라서 실행될 수 있는 것보다도 월등히 많은 아이디어가 요청되는 것이다. 이 가운데 어떤 것은 부적절한 것으로 판명되기도 하고, 추가조사를 통해 취약한 것으로 판명되거나, 시장성이 없거나, 너무 많은 비용이 들거나, 단순히 무익한 것으로 판명날 것이다. 이것은 당연히 거쳐야 할 과정이고, 처음에 거대한 아이디어뱅크가 필요한 이유도 이처럼 낭비적인 부분을 계산에 넣어야 하기 때문이다. 가능성을 가진 많은 해결책들이 도시의 의사결정자의 관심을 끌지 못하고 있는 상태에서, 도시 밖에 있는 사람이 종종 비교적 간단하게 그러한 것들을 전면으로 드러낼 때 그 곳에는 무언가 구조적 취약점이 있다는 것을 시사한다. 창조도시의 개념이 중요한 이유도 바로 여기에 있다.

대부분의 기업은 최소한의 제안상자를 갖추고 있고, 특히 연구개발부서에서는 특허출원과 산업스파이활동을 통한 신제품의 자체조사에 이르기까지 아주 정교한 기법을 활용하고 있다. 하지만 도시에는 왜, '사회적 발명연구소'라든가, '장래구상 매뉴얼', '글로벌 아이디어뱅크' 등과 같은 기업의 제안상자에 필적하는 것이 없을까? 전 세계의 최량실천사례에 관한 모든 데이터베이스를 참조하는 것이 하나의 방법일 수는 있지만, 도시 내에 새로운 아이디어를 창출하는 것을 허용하는 것도 또다른 방법이 될 것이다.

대부분의 도시가 아이디어의 창출이라는 점에서는 아주 높은 평가를 받았다. 기준척도의 4에서 7점을 받은 것이다. 그러나 앞으로 나아가게 하는 지속적인 메커니즘은 거의 없는 것과 마찬가지였다. 그 다음 문제는 아이디어를 현실화하는 시점에서 생기고, 결과적으로 낮은 평가를 받았다. 한편, 실행으로 옮기는 데 따른 기술적 역량, 즉 환경관련 리사이클링계획, 시제품 제작회사의 발견 등은 거의 문제가 되지 않았다. 대부분의 도시혁신은 자기조정기구나 교통제어 시스템처럼 고도로 복잡한 기술을 필요로 하지 않는다. 태도 및 자세변화는 문제가 된 동시에 그 해결책을 제시한 경우가 많았다. 그것은 시행되고 검증된 것을 새로운 방식으로 활용하자는 것이다. 예를 들면, 생태빌딩이라든가, 엠셔지역의 베스트카멘에서 실시된 여성그룹에게 주택단지의 디자인을 맡긴 사례 등이 여기에 해당한다.

대부분의 문제는 조사대상 지역의 기업문화에서 발견되었다. 예를 들면, 글래스고의 회사 가운데에는 글래스고보다도 이탈리아나 터키 쪽이 시제품에 관한 개황설명을 한 다음 하룻밤 사이에 계약을 체결하는 것이 보다 용이한 경우가 있었다. 아울러 많은 회사들이 대세를 거스르면서 실험적인 프로젝트를 추진하기 위해서는 시행착오가 불가피하다는 것을 깨닫게 된 것이다. 혁신과정의 첫 단계에서 재정지원이 부족한 것—5,000파운드에서 3만 파운드의 대출—이 중대한 문제였다. 오히려 개발과정의 후반부에 필요한 보다 많은 자금은 이보다 덜 어려웠다. 첫 단계에서 발을 내딛게 하는 것이 넘어야 할 진짜 장애물이라는 것이 판명되었다. 더구나 비기술적인 혁신, 특히 디자인과 미적 측면에 관심을 갖는 사람, 또는 새로운 사회를 지향하는 서비스의 발전에 관심을 갖는 사람들은 자금확보가 더욱 어려웠다.

제3단계인 마케팅과 순환영역에서 중대한 문제들이 자연스럽게 그 모습을 드러내기 시작했다. 수익의 대부분은 이 곳에서 창출되는데도 불구하고 평가대상이 된 대부분의 도시가 유통과 마케팅에서 중대한 취약점을 노출시키고 평가점수를 깎아 내리고 있었다. 거기에는 많은 이유가 있다.

첫째, 조사대상 가운데 많은 도시가 레코드 라벨, 영화, 전시회의 발전 등과 같은 문화적인 잠재력에 중점을 두고 있었다. 이렇게 되면, 프로젝트를 창출하는 데 따른 흥분이 그것을 판매하는 것보다도 높은 우선순위를 갖게 마련이다. 똑같은 이유가 장애를 가진 사람들을 위한 거택출장 서비스라든가, 새로운 형태의 쓰레기 처리 방식처럼 사회공헌에 중점을 둔 창의적인 프로젝트—문화영역 이외—의 경우에도 적용된다. 둘째, 혁신은 이룩하기가 대단히 어렵고, 따라서 에너지와 열정 및 재정적인 자원의 그 대부분을 초기단계에 투입된 결과, 정작 마케팅단계에 이르러서는 그들이 소진되어 버렸던 것이다. 셋째, 마케팅문화는 공공기관이나 NGO에게 자연스러운 것이 아니라는 점이다. 마지막으로, 자원이 수도로 집중되었다는 점이다. 통상적으로 수도는 전략적인 의사결정이 이루어지는 커뮤니케이션의 결절점이고, 또 그 곳에서 소득이 창출되기 시작한다는 점에서 국내의 다른 지역의 인재와 자원을 유출해 가기 때문이다. 그 평가는 기준척도 2에서 5 사이의 범위에 들어가는 경향이 있었다.

판매전달 메커니즘의 단계에서는 문제가 훨씬 적었다. 예를 들면, 혁신적인 기업에게 장소를 제공하는 구조의 정착, 문화를 위한 공간의 확보, 도시이미지를 반영하기 위하여 건축학적으로 상징적인 건물의 확보 등이다. 이것은 도시개발주체나 경제개발조직은 가시적인 부동산 위주의 개발행위를 평가하는 확실한 절차와 수단을 갖고 있고, 그리고 그것에 부합하는 전문가집단을 확보하고 있기 때문이다. 건축물 위주의 프로젝트는 확실한 물적 유산을 남기지만, 최악의 경우에는 기능하지도 않을 프로그램을 위장할 수도 있다. 결과는 보다 쉽게 측정할 수 있는 형태로 달성된다. 특히, 호화로운 건축물의 경우에는 개인이나 도시의 지도자층과 결합될 수도 있다. 이처럼 시청사, 혜택에 비해 엄청난 비용이 투입되는 오페라하우스와 같은 권위 있는 건축물의 경우에는 세계 전체에서 그 자원이 요청된다. 건축물은 모든 것이 뜻대로 되지 않는 경우에도, 가시적인 사업재산이 되지만 서비스의 실험이 실패하면 단지 씁쓸한 뒷맛을 제외하고는 아무 것도 남기지 않는다. 부동산개발의 경우에는 대개 부동산의 위치가 결정되면 기꺼이 협력하려는 파트너가 생긴다. 그 평가는 기준척도 5에서 8 사이에 있는 경우가 많았다.

보급, 그리고 성과에 관한 논의와 비판적인 반성문화를 창달하는 것은 미개발된 분야였다. 단순히 축하하고, 이미지에만 초점을 맞추고, 외부에 대해서는 방어적인 자세를 취하는 경향이 있었다. 대안적인 견해 간의 충돌은 공식적으로 그다지 장려되지 않았다. 도시가 창의적으로 인식되면 될수록 해당 도시는 보다 많은 토론과 논쟁과 대화를 발전시켰다. 예를 들면, 글래스고에서는 '근로자도시'라는 칭찬을 받은 적이 있었다. 그것은 다양한 이론을 낳은 지역 박물관의 인사문제가 그 불씨가 되었던 것인데, 그 일이 일어난 해는 글래스고가 '유럽의 문화수도'로 선정된 1990년이었다. 문제를 제기한 그룹은 글래스고 시민에게 글래스고가 무엇을 의미하는가를 묻지도 않고, 단순한 과대선전과 매력찾기, 그리고 홍보 등으로 진정한 글래스고라는 아이디어가 강탈되고 있다고 주장하였다. 이러한 간섭이 문화도시를 축하하는 행사를 조직하는 사람에게는 부정적인 것으로 보일지도 모르지만, 결과적으로는 논의를 심화시키고, 긍정적인 갈등을 낳고, 주목할 만한 문제로 나아가게 하는 등 글래스고를 발전시켰다. 이와 유사한 사례로서는 아델레이드를 들 수 있다. 그 곳에서는 비주류 페스티벌이 우호적인 형태로 주류에 도전하고, 그럼으로써 도시를 자기만족에서 벗어나게 했다. 1996년에 개최된 페스티벌—2년에 한 번씩 개최됨—에서 제기된 미래비전설정은 결과적으로 두 페스티벌의 동시개최를 통한 시너지효과를 창출함으로써 창의적인 오스트레일리아의 허브를 아델레이드가 만들 가능성을 낳았다.

창조도시를 위한 새로운 지표

왜 지표인가?

경제·사회·환경에 관한 국가의 전통적인 총량지표들—예컨대, GNP—은 도시의 역동성을 잘 설명하지 못하고, 게다가 도시차원으로 쉽게 전환되지도 않는다. 이러한 지표는 도시의 창조역량과 학습역량을 모니터하는 데 거의 도움이 되지 않는다.

지표는 복잡한 정보를 단순화하고 전달하는 것이고, 그 목적은 평가과정을 안내하여 정책입안자가 행동하고, 이어서 의사결정한 것이 갖는 영향력을 평가·측정·모니터하는 데 도움을 주는 것이다. 지표는 다음과 같은 이유 때문에 중요한 의미를 갖는다. 예를 들면, 무엇이 지표가 되어야만 하는가에 관한 논의는 무엇이 도시에 중요한가에 관한 논의를 초래한다; 지표는 달성하고자 하는 목표를 분명히 함으로써 도시에게는 목적과 그 실행계획을 부여하고, 결과적으로 열망을 창출한다; 지표는 장·단점을 평가하는 기회를 주고, 어떻게 하면 그것을 달성할 수 있을 것인가를 평가하는 기회를 제공한다; 마지막으로, 수치화는 활동에 정당성을 부여한다.

창조도시—그것은 태생적으로 반성적이고 학습하는 도시를 지향한다―라는 맥락에서는 평가가 그 속에 포함되고, 아마도 평가 그 자체가 중심적인 프로세스이다. 즉, 도시가 자신의 경험을 통해 학습하고자 하면 효과적이고 지속적인 평가과정이 되어야만 한다. 게다가 반성하고, 고찰하고, 재고찰하는 것이 되어야만 한다. 결국, 생각하고 재고하는 것이 되어야만 하는 것이다. 통합적인 평가시스템을 갖추지 않고서는 창조도시가 되려는 꿈을 꾸어서는 안 된다. 창의적으로 학습하는 도시의 첫 번째 지표는 도시가 창의적인 학습도시로서 자신의 성과를 평가하고 있는가 하는 것이다(이 점은 프랑소와 마타라소와의 토론과정에서 분명하게 되었다).

창조도시를 평가하기 위한 지표를 설정하는 과정은 단순하고, 유연하고, 논리적이다. 그것은 목적을 분명히 하고, 지표를 설정하고, 그리고 진행상황을 기록하는 방법을 선택한다는 것을 의미한다. 게다가 지표가 수행하는 역할은 평가대상 도시를 가능한 한 좋게, 그 도시에 맞게 측정하는 것을 자각해야만 한다는 것을 의미한다. 지표는 객관적인 것을 지향하지만 완전히 그렇게 될 수는 없는 것이다.

데이터는 다음 네 가지 다른 방식으로 고찰될 필요가 있다.

1) 주관적 현상의 주관적인 측정: 예를 들면, 사람들은 어느 정도 안전하다고 느끼는가?
2) 주관적 현상의 객관적인 측정: 예를 들면, 밤에 걸어서 집에 가기가 무서워 한 주에 택시를 이용하는 데 얼마의 돈을 지출하는가?
3) 객관적 현상의 주관적인 측정: 예를 들면, 사람들은 인근 조명설비에 대해 얼마나 만족하는가, 또는 대중교통기관의 운행빈도에 대해 얼마나 만족하는가?
4) 객관적 현상의 객관적인 측정: 예를 들면, 버스는 어느 정도의 빈도로 운행되고 있는가? 또는 예술센터에서는 몇 차례

의 이벤트를 개최하고 있는가?

　객관적 데이터는 수량화를 통해 측정할 수 있지만 주관적 데이터는 평가하고 판단할 수밖에 없다. 어떤 측정은 일반화되어 어떠한 상황에서도 적용할 수 있지만 다른 것은 특정한 장소로 한정된다. 관찰된 데이터 가운데에는 전국적으로 이용가능한 것도 있지만 지역이나 지방 차원으로 한정되는 것도 있다. 어떤 지표의 경우에는 특수하게 설계된 조사방법론이 적용될 필요가 있다.

계획입안을 위한 지표

　지표를 만들기 이전에 약간의 준비작업이 필요하다. 첫째, 도시는 창의성을 추구함으로써 무엇을 달성하고자 하는가를 분명히 할 필요가 있다. 둘째, 창의적이고, 학습하고, 혁신적인 도시의 일반적인 특성을 이해하고, 그것이 어떤 환경에서 촉진되는가를 이해해야만 한다. 준비작업은 다음의 영역을 취급해야만 한다.

- 조사대상 도시의 혁신능력을 평가할 수 있는 기준을 제공한다.
- 검토대상 도시의 교육·훈련정책, 그리고 학습 및 혁신의 잠재성 사이에 요청되는 연계전략을 수립한다.
- 공공부문과 민간부문의 의사결정자들이 혁신 및 창의성 정책을 촉진하기 위한 재정구조가 잘 작동하고 있는가를 검토하게 한다.
- 최량실천전략을 검토한 다음, 해당 도시의 발전단계에 가장 적합한 것을 제시한다.
- 자신의 도시정책 틀이 창조도시의 아이디어를 어느 정도 장려하고 있는가를 평가하는 데 도움을 준다.
- 학습, 창의성, 혁신을 처리할 수 있는 도시의 조직역량을 평

가한다.
- ※ 다양한 행동이 도시 내의 경제적·사회적·문화적인 사업의 여러 차원으로 자연스럽게 침투해 가는 데에 필요한 시간척도에 대한 감각을 부여한다.

이러한 영역에 대한 판단은 적절한 지표를 정의하는 데 도움을 줄 것이고, 게다가 지표가 만들어지면 엄청난 부가가치를 창출하게 될 것이다.

도시 차원에서 지표를 창출하는 과정은 그것이 어떤 것이든, 다음 두 가지 원칙을 명심할 필요가 있다. 첫째는 공통의 목적과 책임감이 무엇인가에 관한 합의를 도시협력자 사이에 창출하는 것이다. 둘째는 지표설정 및 목표의 달성 여부를 측정하는 것이 변화함에 따라 그 영향을 받는 사람들을 참여시키는 것이다. 지표의 효과적인 평가는 외부인력에 의한 과학적인 포장이라기보다도, 오히려 파트너십의 과정이다. 즉, 창조도시는 자신의 독자적인 평가에 대한 책임을 통해서 학습하는 것이다. 이러한 과정을 통해 이제 우리는 프랑소와 마타라소가 『사용 혹은 장식: 예술에의 참여가 갖는 사회적 영향력』(1997)에서 전개한 5단계의 프로세스를 채택할 수 있게 된다.

제1단계: 계획입안

제1단계는 이해관계자—창조도시가 되고자 하는 욕구에 의해서 영향을 받거나, 영향을 미칠 수 있는 사람들—간의 파트너십을 확립하는 것이다. 이것은 도시의 전략적 비즈니스, 교육섹터, 사회문제를 처리하는 기관 등을 포함할 것이다. 파트너십은 평가프로세스 가운데 핵심 요소일 뿐만 아니라 창조도시 그 자체의 중핵이고, 게다가 반영구적인 것으로 간주되어야만 한다. 지역적 필요라는 맥락에서, 창조도시를 지역적으로 정의하는 데에 동의하는 측은 바로 이 집단이다. 이 작업이 끝나면, 평가프로세스에 포함될 메커니즘과 개입방식을 확정할 수 있다.

제2단계: 지표

파트너들은 자신들의 도시가 달성하고자 하는 것에 관한 독자적인 정의를 통해 평가대상 영역을 확정함으로써—창의적인 프로세스를 통해서—일련의 지표에 합의한다. 이렇게 되면, 창의성의 목표를 설정하고 필요한 정보를 어떻게 수집할 것인가를 계획하는 것은 아주 쉽다. 이 경우에도 예측할 수 없는 결과가 초래될 수 있다는 것을 수용할 수 있는 여유를 남겨 두어야만 한다. 데이터 가운데에는 이미 이용가능한 것도 있고(학교의 성과 등), 투표율 등과 같은 대응지표를 이용하여 평가가 이루어지는 분야도 있다(민주주의의 활력 등). 그리고 표본추출을 통하여 모니터되는 지표도 있다.

제3단계: 실행

지표는 일정한 시점과 기간, 또는 이 두 가지의 조합과 관련된다. 따라서 특정한 날의 활동을 기록하는 것도 있고, 1년간에 걸쳐서 기록하는 경우 매년 같은 시기의 단기간 동안의 활동을 기록하는 경우가 있다. 가장 효과적인 지표는 참여하는 모든 사람이 이해할 수 있을 정도로 아주 간단한 것이고, 게다가 추가적인 부담 없이 자신의 일상업무 속에서 기록할 수 있는 것이다.

제4단계: 평가

수집된 데이터는 매년 정기적으로 평가되어야만 하고, 이 경우에도 적합한 기능과 경력을 갖춘 인물이나 조직에 의해서 수행되는 것이 바람직하다. 이해관계자들 간의 파트너십에 대한 보고서 형식으로 준비될 수 있고, 또 예상하지 못한 전개과정을 감안할 필요가 있다. 왜냐하면, 실제로 그러한 일들이 창조도시에서는 종종 일어나기 때문이다.

제5단계: 보고

보고서는 이해관계를 가진 집단에 의해서 상세하게 검토되어야만 한다. 향후의 평가과정에서 유익한 것이 되기 위해서는 상이한 관점에서 평가되어야 하고, 나아가 다른 도시와의 비교 및 변화 이전과 이후의 데이터를 검토할 필요가 있다. 이러한 과정을 거친 다음, 이 보고는 다음 순환과정의 제1단계가 된다.

창조도시를 위한 전제조건을 측정하라

이상의 과정이 얼마나 솔직한가를 알아보기 위하여 이하에서는 다음 두 가지 지표를 제시하고자 한다. 첫 번째 지표는 이 책 제5장(창의성을 유전자암호로 전화시켜라: 그 전제조건)에서 논의한 바 있는 창조도시를 위한 다양한 전제조건에 관한 것이다. 두 번째의 지표는 도시가 창의적으로 되는 데에 필수적인 '도시의 생명력과 활력'을 측정하는 것이다. 예를 들면, 위기 또는 도전을 의식하고 있는가의 여부는 전략적 계획의 존재, 공적으로 이용가능한 장기예측 데이터, 그리고 동향분석 등을 통해 측정할 수 있다. 조직능력과 통치관리능력을 개발할 필요성은 다음과 같은 것을 통해 검증할 수 있다. 즉, 포괄적인 비전설정 절차의 존재 유무; 성공적인 파트너십 네트워크의 수와 그 다양성; 중요한 정책결정을 할 때 공적 업무를 수행하는 사람들이 단순히 시민을 참여시키는 데 그치는지, 그렇지 않으면 시민과 어느 정도로 협력·협동하고 있는지의 여부; 공적 업무를 수행하는 사람들이 과제를 결정하고 그 과정을 변경하는지, 그렇지 않으면 지역의 이해관계자집단과 공동으로 책임을 지고 있는지의 여부 등이다.

권한위임은 비위계적인 경영과정을 채택하는 주요 기업 및 기관의 비율, 주요한 조직 내 위계수준, 또는 중간관리직의 책임수준,

스텝에 의한 조직 내의 새로운 절차에 대한 제안 건수, 기업에 의해 지원되는 후배양성계획의 건수 등을 통해 측정될 수 있다. 열린 커뮤니케이션과 네트워킹은 커뮤니케이션의 밀도, 즉 카페, 바, 레스토랑의 수에 의해 측정될 수 있다. 기존의 규칙과 절차의 타파능력은 선택된 지역에서 실험적인 프로젝트의 건수, 또는 부서를 넘어선 공동작업의 수준에 의해 평가될 수 있다. 외부의 인재가 어느 정도로 활용되고 있는가는 다른 상황이나 분야에서 초빙된 중요한 정책결정자의 비율, 대규모 조직의 프로젝트 가운데 프로젝트 형식의 계약이 차지하는 비율, 그리고 이러한 프로젝트가 위계상 어느 정도의 중요도를 갖고 있는가에 따라 검증될 수 있다.

도시학습의 질은 평생교육의 제안범위에 의해 평가될 수 있다. 즉, 훈련 및 전문능력의 개발은 훈련을 받고 있는 인력의 비율, 또는 여분의 전문자격증을 획득한 사람의 수에 의해 평가할 수 있다. 리스크와 실패를 감수하는 태도를 검증하기 위해서는 도시가 얼마나 많은 실험적인 프로젝트를 촉발시켰는지, 그리고 그 가운데 얼마나 많은 것이 주류에 편입되었는가를 파악하면 된다. 승인과 인정하는 기구의 존재는 도시가 경진대회를 주선한 건수, 또는 개인과 기관이 경진대회에서 수상한 건수를 통해 파악할 수 있다.

지역민주주의의 활성화 정도는 투표의 패턴, 협의과정에 대한 반응, 지역의 캠페인 및 자선단체활동―이들은 변화의 계기가 됨―에 헌신적으로 참여하는 사람의 수, 또는 조건을 정비하는 사람 내지는 협력자로서의 지방정부의 유효성 등을 통해 측정할 수 있다. 대학과 정부의 조사기관 및 사기업 등의 공·사적인 조사능력의 양과 그 질은 다양한 수준의 교육 및 조사실적을 통해 판단할 수 있다. 창의적인 실험을 위한 저렴한 장소의 구입가능성은 계획을 추진하는 측이 얼마나 저가의 사용을 보증하는가에 따라서 계측된다. 마지막으로, 최량실천의 도입은 도시가 벤치마킹 프로그램을 갖고 있는지, 또는 최량의 실천에 발맞추어 가는 것이 도시의 핵심 조직

계획에 통합되어 있는가에 따라 판단된다.

창조도시의 생명력과 활력을 측정하라

창조도시에 관한 두 번째 지표는 '도시의 생명력과 활력' 지표
이다(Bianchini and Landry, 1995에 의해 개발되었음). 생명력은 도시의
원초적인 힘이고 에너지이며, 그 초점은 활력을 얻는 데 맞출 필요
가 있다. 창의성은 생명력을 위한 촉매제이고, 창의적 과정이 그 초
점을 맞추고 있는 것도 바로 생명력이다. 생명력은 혁신을 통해서
지속가능하고 활력이 넘치는 것이 된다. 이 경우에 혁신은 장기적
인 편익을 가져다 준다. 생명력은 필연적으로 다음 네 가지 특성에
관련된다. 즉, 활동 차원(일의 진행과정), 활용 차원(참여), 교류·커뮤
니케이션·거래·교환 차원, 그리고 표현 차원(활동·활용·교류 등이
외부에 비추어지고, 또 거기서 논의되는 방식)이다.

한편, 활력은 장기적인 자족, 지속가능성, 적응성, 자기재생 등
에 관련된다. 활력을 얻기 위해서는 생명력을 촉진시킬 필요가 있
다. 생명력은 방대한 양의 활동을 표현하지만, 그 자체가 반드시 좋
고 나쁜 것을 뜻하지는 않는다. 활동·활용·교류 차원이 실질적으
로 긍정적인 영향력을 갖기 위해서는 일정한 목적과 목표에 그 초
점을 맞출 필요가 있다.

창의적인 과정을 통해서 활용될 필요가 있는 생명력과 활력에
는 다양한 형태가 있다. 예를 들면, 경제적 활력은 대상지역 주민의
고용·가처분소득·생활수준, 연간 관광객 및 방문객의 수, 소매업의
실적, 부동산 및 토지의 가치 등에 의해 측정된다. 사회적 활력은
사회적 교류와 활동, 나아가서는 사회관계의 성질에 의해 검토된다.
사회적으로 활기차고 생명력을 가진 도시는 낮은 수준의 박탈감,
강한 사회적 일체감, 상이한 사회계층 간의 양호한 커뮤니케이션과
이동성, 시민적 자긍심과 커뮤니티 정신, 다른 라이프스타일에 대한
관용, 협조적인 인종관계, 활기찬 시민사회 등의 특징을 갖는다.

환경관련 활력 및 생명력은 다음 두 가지의 독특한 측면을 갖고 있다. 첫째는 공기오염, 소음공해, 쓰레기의 이용 및 처분, 교통체증, 녹지대와 같은 요소에 관련된 생태적 지속가능성이다. 둘째는 다음과 같은 디자인상의 여러 측면에 관련된다. 즉, 명료성, 장소감각, 건축학적 개성, 도시의 여러 부문 간 디자인적인 연계, 가로등의 질, 도시환경의 안전성·친화성·심리적 접근성 등이다. 문화적 활력과 생명력은 어떤 도시와 그 주민의 유지·존경·칭찬에 관련된다. 거기에는 아이덴티티, 기억, 전통, 커뮤니티의 경축, 생산물·예술품·상징의 생산·유통·소비 등이 포함되고, 그리고 이들은 도시의 독자적인 성격을 표현한다.

다음 아홉 가지 기준은 어떤 도시가 창의적이고, 활력 있고, 생명력이 있는가를 평가하는 데 도움을 준다. 그것은 임계치(critical mass), 다양성, 접근성, 안전과 치안, 아이덴티티와 독자성, 혁신성, 협조와 시너지효과, 경쟁력, 조직역량 등이다. 이러한 기준들은 경제적·사회적·환경적·문화적인 영역에서 검토될 필요가 있다. 우리는 어떤 기준에 대해서도 지표에 의한 평가 및 검토가 이루어질 수 있는 몇몇 중요한 과제의 실천사례를 제시할 수 있다. 특히, 임계치는 활동을 일으키고, 스스로를 강화하고, 그리고 집중하게 하는 데 적합한 출발점이 된다. 안전은 연속성, 안정, 쾌적함, 위협이 없는 상태, 안락과 기회를 수반한 접근성에 관련된다.

경제적 영역의 임계치는 규모의 경제, 기업 간 협력 및 시너지효과를 창출할 수 있을 정도로 충분한 경제활동이 전개되는 것을 요구한다. 일단, 요구되는 임계치의 문턱을 넘어서면 복잡한 경제활동을 시행하는 다양한 조직이 생기게 된다. 다양한 경제적 기반은 도시의 탄력성을 높인다. 경제적 접근성은 경제생활에 공헌하기 위한 편리성과 기회의 사다리를 제공한다. 만약 경제적 접근성이나 도시 내부의 연계가 빈약하면 창의적으로 재생할 수 있는 도시의 역량은 저하된다. 경제적 독자성은 다른 곳에서는 구할 수 없는 제품과 서비스를 어떤 도시가 제공함으로써 자신의 매력과 활력을 높인다는 것을 의미한다. 도시의 경제적 경쟁력은 지역의 회사 및 그 제품과 서비스의 지역적·전국적·국제적 등급과 위상을 통해 측정될 수 있다.

사회적 영역의 임계치는 하루, 한 주, 한 해의 다른 시간대에 도시권역 내에서의 사회적 교류밀도를 나타낸다. 사회적 의미의 안전은 사람 및 재산에 대한 위협이 없는 상태, 신뢰감각, 동료시민과의 유대를 의미한다. 사회적 접근성은 도시생활에의 참여가능성을 의미하고, 다양한 사회기반은 다양한 방식으로 살아가는 시민사회를 의미한다. 자기신뢰를 가진 조직으로 구성된 볼런터리 섹터는 어려움에 처할 때 보다 강한 복원력을 가지게 된다. 사회적 혁신성은 적극적이면서 비판적인 토론이 일어날 수 있는 메커니즘이나 만남의 기회를 포함한다. 독자적 아이덴티티는 긍정적인 사회적 영향력을 갖는다. 왜냐하면, 그것은 시민적 자긍심과 커뮤니티정신을 창출하기 위한 전제조건이 되는 동시에 도시환경에 필수적으로 요청되는 배려하는 마음을 기르기 때문이다.

환경적 의미의 접근성은 참여를 촉진한다는 것을 의미한다. 왜냐하면, 시설 그 자체는 도보나 대중교통을 통해 쉽게 도달할 수 있는 것이 아니기 때문이다. 제휴는 혼합·교류·교환을 조장하기 위하여 도시의 중심부와 준중심부 사이의 물리적 관계의 중요성을 강조한다. 이 경우의 임계치는 매력적이고 시장성 있는 문화유산지구를 형성하기에 충분할 정도의 역사적 건축물이 있는가에 주목한다. 환경적 경쟁력은 도시의 매력과 독자성, 그리고 그 입지에 의해 측정된다.

문화적 아이덴티티와 독자성은 도시의 상징, 음식물, 공업제품 등을 통해 그 장소를 다른 장소와 구별한다. 문화적인 관점에서 본 임계치는 같은 날 밤에 프랑스식 주점과 셰익스피어의 연극과 와인바에서 사회풍자극을 즐긴 다음, 유쾌한 역사적 지구를 산보하는 등 다양한 종류의 시설을 체험하는 기회를 지칭한다. 문화적인 의미의 안전은 개방적이고 비배타적인 방식으로, 어떤 장소에 대한 상이한 아이덴티티를 수용하는 것을 포함한다. 접근성은 도시를 구성하는 지역의 문화적 아이덴티티가 그 정통성을 인정받고, 존중받고, 칭찬받고 있는가에 초점을 맞춘다. 다양성은 문화의 다양한 형식이 생산되고, 소비되고, 배분되는 기회를 장려하는 것, 그리고 지역문화란 무엇인가에 관한 폭넓고 풍부한 정의를 장려하는 것을 의미한다. 협조의 문화적 측면은 도시에서 무엇이 최량인가를 제시할 때 도시의 중심과 주변의 양쪽에서 중요한 역할을 수행한다.

　이상으로 언급한 측정지표에는 공공기관—통계청과 경찰청 등—과 민간부문—고객조사, 국부조사 등—에서 취급되고 있는 것이 포함되어 있다. 이 밖에도 태도와 관련된 몇몇 지표가 지역 차원에서 측정될 필요가 있고, 이 경우에는 런던의 '신경제학재단'이 수행한 작업이 유용할 것이다.

마지막으로

　학습하기를 원하는 창조도시라면 어떤 평가과정도 그것이 사실을 그대로 반영할 수도, 완벽할 수도 없다는 것을 충분히 이해할 필요가 있다. 기껏해야 그것은 일어나고 있는 사태의 일부를 시사하는 데 지나지 않는 것이다. 창조도시는 전통적인 지표와 검증된 지표, 그리고 지식 및 기대범위의 확대를 조합함으로써 가능한 한 최량의 평가체계를 고안하고자 한다. 하지만 그것이 잘못되면 완벽한 그림을 그리고 있다는 믿음의 덫에 빠지게 할지도 모른다. 창조도시는 기존의 틀에서 일탈하거나, 측정이 어려운 것을 두려워하지 않는다. 창조도시는 학습하는 유기체로서의 자신뿐만 아니라 평가방식에 대해서도 자기평가를 하면서 지속적으로 학습하고, 그것이 사이클을 통과할 때마다 보다 많은 것을 요구할 것이다. 결국 그것은 평가를 발전의 근본요소로 삼고, 모든 부문 및 아웃사이더의 참여를 환영한다는 것을 뜻한다.

도시적 생활양식과 도시 리터러시

새로운 도시의 학문영역

도시적 생활양식에 대한 탐구는 도시의 역동성과 자원과 잠재성을 보다 풍부한 방식으로 이해하게 해 줄 학문영역이다. 도시의 리터러시라는 것은 도시를 '해독하는' 능력과 그 기능을 말한다. 환언하면, 도시가 어떻게 기능하고, 또 도시적 생활양식에 관한 학습을 어떻게 발전시키고 있는가를 이해하는 능력과 기능을 뜻한다. 도시적 생활양식은 '도시의 메타 학문영역'이 될 수 있고, 더구나 도시의 리터러시는 포괄적이고 상호 연계된 기능이 될 수 있다. 도시적 생활양식에 대한 충분한 이해는 도시를 다양한 관점에서 관찰할 때에만 가능해진다. 많은 학문영역을 재구성하고 그 통합을 통해 핵심을 찌르는 통찰, 인식, 도시생활을 이해하고 해독하는 능력이 생긴다.

더구나 도시를 다양한 눈으로 조망할 때에야 비로소 잠재적이고 숨은 가능성—비즈니스의 발상에서 일상다반사의 개선에 이르기까지—이 나타난다. 하지만 전통적으로 도시적 생활양식에 관한 논의는 건축가와 디자이너에 의해서 독점되어 왔다. 도시적 생활양식에 관한 연구는 도시전략 및 정책을 결정하기 위한 원재료를 제공한다. 그것은 핵심적인 능력과 더불어 측면적이고, 비판적이며, 통합된 사고를 요한다. 이들은 권력지형의 지식뿐만 아니라 문화지리학, 도시경제학과 도시사회문제, 도시계획, 역사와 인류학, 디자인과 미학 및 건축학, 생태학과 문화연구 등에 의존한다.

어떤 학문영역도 독자적인 질적 특성과 전통 및 초점을 가지고 있기 때문에 도시의 복잡성을 이해하는 데 필요하고, 또 공헌을 한다. 예를 들면, 문화연구와 인류학은 사회행동의 공통기반을 형성하고 있는 계승된 사상, 신념, 가치, 그리고 지식형태를 이해하고 해석하는 데 도움을 준다. 이것은 물리적 세계, 대화의 세계, 시각적 세계에서의 기호와 상징을 이해함으로써 풍부해지고, 그리고 그들이 무엇을 의미하는가를 해독하는 데 도움을 준다. 사회학적인 논점은 집단의 역동성과 사회 및 커뮤니티의 발전과정을 밝히는 데에 도움을 주고, 경제학은 도시의 변천과정을 이끄는 재정 및 상업적인 결정요인을 밝히는 데 도움을 준다.

문화지리학은 도시의 공간적·입지적·지형학적인 패턴을 분명히 하는 데 도움을 주고, 디자인과 미학은 보고 느끼는 방식에 초점을 맞춘다. 심리학은 철저히 과소평가되고 있지만, 그것은 도시개발 속에 감정적인 요인을 도입하고, 사람들이 자신의 환경을 어떻게 느끼고 있는가에 초점을 맞춘다. 도시계획은 최종적으로 일련의 규칙·규범·관습을 활용하여 위에서 언급한 다양한 형태의 지식에서 얻은 통찰을 실행으로 옮기는 데 도움을 준다.

토지이용으로서의 도시계획을 넘어서

계획이라는 것은 어떤 목적을 달성하기 위하여 일정한 방법론에 입각하여 어떤 활동에 적용하는 일반개념을 뜻한다. 계획은 자원이 희소하기 때문에 우선순위와 행동의 순위를 정하는 것이다. 하지만 도시적 상황에서 계획은 전적으로 토지이용과 개발통제— 중요한 기능이기는 하지만—로 한정된다. 실제로는 기타 수많은 도시활동들이 계획에 포함되지만, 일반주민의 관점에서 계획이라고 하면 도시계획자를 지칭한다. 이것은 사소한 것처럼 보일 수 있지만 심각한 문제를 야기한다.

첫째, 계획이 토지이용 전문가의 손에 들어가게 된다는 것을 의미한다. 보다 정확히 말하면, 계획을 담당하는 부서의 명칭이 토지이용·개발통제국이 되어야만 한다는 것이다.

둘째, 보통 토지이용 전문가를 위계질서의 정점에 두는 대신에 비즈니스 창업에서 커뮤니티건설 전문가에 이르기까지 시민에 그 기반을 두고 있는 부서의 권한이 낮게 평가된다는 것이다.

셋째, 토지의 이용계획에 초점을 맞추는 것은 문제를 지나치게 단순화하고, 문제를 한쪽의 눈으로만 보게 하여 우리가 근본적인 의문을 제기하지 못하게 할 위험성이 있다. 종래형의 도시계획가에게 다음의 내용을 이해시키는 것은 여전히 어려운 문제로 남는다. 그것은 자신이 강력하게 느끼는 '개인적인' 경험이 토지이용에는 어떤 의미를 가질지 모르지만 실제의 토지이용과는 아무런 관계가 없을지도 모른다는 것이다. 이것이 시사하는 것은 도시계획을 검토하는 방법에는 여러 방식이 있다는 것이다.

아이들의 놀이를 예로 들어 보자. 최량 또는 가장 성공적인 놀이터는 "이 곳이 어린이의 놀이터입니다"라고 표시된 고가의 놀이설비가 구비된 장소로 한정되지 않는다. 아이들은 가끔 고의적으로 정반대로 행동하고, '놀이터'라고 표시된 장소는 그들의 흥미를 잃어버리게 할 수 있다. 오히려 어린이들과 협동작업을 하는 직인과 예술가를 포함하는 전략이라면 그것이 최종적으로 놀이터를 창출할지도 모르고, 게다가 놀이공간을 만드는 과정에서 삶의 기술이나 사회적 책임감을 기를 수도 있을 것이다. 단순한 농구대 또는 공을 찰 수 있는 공간 등 창의적이고 활기찬 놀이공간을 만드는 것도 그 대안이 될 수 있다. 이것은 고가의 카탈로그에 의거한 놀이터를 만드는 수법—손쉬운 방식—이 아니다.

따라서 도시문제에 대한 해답은 레저, 교통, 주택과 같은 전문영역이 아닐지도 모른다. 즉, 도시문제의 본질을 파악했다면 우회하는 루트가 그 핵심을 건드리고, 결과적으로 현안문제를 취급하는 것은 부차적인 중요성을 가지게 될지도 모른다는 것이다.

넷째, 계획을 전반적으로 토지이용계획과 밀접하게 관련지우는 것은 도시계획가가 충분히 폭넓은 지식기반을 갖고 있지 않다는 비판의 주요한 근거가 된다. 만약 토지이용계획가가 주도적인 역할을 유지하고자 한다면 그들은 문화·역사·사회적인 역동성에 관한 보다 깊은 이해를 탐구할 필요가 있다. 만약 그들의 역할이 다른 전문분야와 동등한 지위로 줄어든다면 그러한 형태의 지식은 팀의 형식으로 나타나게 된다. 이상적으로는 그 전문분야가 어떤 것이든, 네트워크와 커뮤니케이션이 가진 역동성을 이해하는 데 도움을 주는 새로운 기능과 마찬가지로, 역사적·미학적·문화적인 지식이 포괄적인 (그리고 필수적인) 기능으로서 도시문제를 다루는 사람들을 위한 모든 연수에 포함되어야만 할 것이다. 이처럼 소프트한 인프라에 그 초점을 맞추면 환경, 감정 및 행동과 같은 문제에 대한 관심을 증대시킬 것이다.

다른 분야와의 교류를 통하여 통찰력을 얻어라

도시적 생활양식이라는 개념 및 그것과 관련된 도시 리터러시의 질적 특성이 가진 진정한 힘은 전문영역 및 시너지를 통해서 획득된 지식의 통합에서 비롯된다. 이 가운데 많은 것은 경제학에 대한 문화적 통찰이나 지리학에 대한 심리학적 통찰과 같이, 새로운 인식방법에서 비롯될 것이다. 또다른 접근방식으로는 텔레커뮤니케이션과 교통을 결합한 다음, 그 바탕 위에서 사회적 네트워크전략과 토지이용을 연계하는 것이 될 수도 있을 것이다. 이렇게 되었을 때, 그것은 당당히 커뮤니케이션계획이라고 불러도 될 것이다.

우리가 다양한 전문영역이 가진 가치를 인정하면, 예컨대 환경 전문가가 교통담당 부서의 수장으로 임명하는 인사조치를 취하는 등 흥미로운 도시운영이 전개될 것이다. 왜냐하면, 최고의 환경운동가라면 그다지 유능하지 못한 교통계획 전문가 가운데 어떤 사람보다도 교통담당 부서의 수장이 되는 것이 훨씬 나을 것이기 때문이다. 경제학자라면 사회문제를 총괄할 수 있을 것이고, 역사가는 물리적인 계획을, 그리고 사회개발 전문가라면 문화문제를 취급할 수 있을 것이다.

풍부한 통찰력은 도시에 관한 본능적인 감각이나 도시와의 감정적인 접촉을 통해서 형성된다. 많은 사람들은 이미 자신들의 다양한 영역에서 경험을 축적함에 따라 도시 리터러시를 직감적으로 이해하고, 또 그것을 응용한다. 교육과 연수를 통해 세련되고 앙양되면, 이러한 기관들은 보다 효과적으로 되기 때문에 도시적 생활양식은 이러한 지식의 영역을 체계화하고자 한다. 도시이론가나 도시전문가, 그리고 이런 전문가를 도와 문제를 해결할 가능성이 있는 도시빈곤의 최선봉에 위치한 사람들 간의 상호작용이 필요하다. 많은 도시전문가와 연구자—이들은 현실의 문제에서 분리되고, 자신들이 다루는 문제에 관해서는 아웃사이더로서 생활하는 사람들—는 이러한 현장의 지식을 풍부한 자원으로 활용하지 않는다. 지역의 예술가는 이 암묵지(暗默知)를 손에 넣은 몇 안 되는 집단 가운데 하나다.

　　도시의 미래를 창출하는 데 참여하기 위해서는 전문가와 일반대중 모두 최소한도의 역량이 요구된다. 이것은 참여와 협의방법에 영향력을 미친다. 협의는 민주적이고 우수하고 포괄적인 것이지만, 자동적으로 창의성을 창출하지는 않는다. 사람들은 보통 이미 알고 있는 것을 표명하는 데 지나지 않고, 그것은 미디어나 유행의 영향을 받은 것인지도 모른다. 결국, 도시를 보다 깊이 이해하는 것은 상상력 풍부한 행동을 위한 전제조건이 된다는 점에서, 종래의 관행을 깨고 새롭게 사고하는 방법을 학습할 필요가 있다. 예를 들면, 뛰어난 본능은 도시의 역사를 보다 잘 이해하는 데 도움을 주고, 도시의 잠재능력에 대한 조사는 협동적인 업무를 조장할 뿐만 아니라 보다 나은 의사결정을 위한 아이디어를 창출할 수 있다.

　　도시문제를 위한 새로운 언어
　　시간이 경과하면서 도시적 생활양식과 도시의 리터러시라는 개념은 도시계획을 위한 새로운 언어를 낳게 될 것이다. 초기에는 도시적 생활양식 개념 가운데 일부가 전문영역에서 발달하다가 시간이 경과하면, 전문영역의 경계가 애매해지고 서로 중첩되는 과정에서 얻게 된 통찰을 통해서 새로운 개념이 부상할 것이다. 그 기저에 있는 언어와 개념은 세계에 대한 우리의 이해를 형성하고 도시전략에 대한 우리의 구상을 한계지우고, 결과적으로 우리의 행동을 이끈다. 토지이용계획에서 도시를 이야기할 때에는 보다 동태적인 용어—예컨대, 접근성—가 있는데도 불구하고, 목적별 지구의 설정, 소매점, 사무소, 주택이나 여가, 주차장, 도로변 정비 또는 공적 공간 등과 같은 정태적인 언어를 사용하는 경향이 있다. 그것은 거리에서 도시를 바라보는 것이 아니라 마치 공중에서 아래를 내려다보는 것과 비슷하다.

도시의 논리를 보다 포괄적으로 이해하기 위해서는 역동성, 교환, 흐름, 자원, 네트워크 등에 관련한 보다 적극적인 언어가 필요하다. 예를 들면, 문화적인 관점에서 도시를 관찰하면, 무엇이 도시의 자원이 될 수 있는가에 관해 완전히 다른 감각을 갖게 된다. 그것은 단순히 물리적인 측면을 제시하는 것이 아니라, 역사를 통해 축적된 내·외적인 도시의 이미지처럼 무형적인 것을 얻을 수 있다. 나아가 그것은 도시가 브랜드로서 반영하고 싶은 것이 될 것이다. 그러한 브랜드는 이제 도시가 투자를 유치하는 데 활용되거나 도시의 아이덴티티를 가진 제품을 개발하는 자원이 된다. 이탈리아의 파르마가 활용한 것은 바로 햄(ham)이라는 자원이었다.

생활 속의 도시 리터러시

도시 리터러시의 목적은 도시전략을 설정하는 데 도움을 주는 것이고, 그 가치는 실전에 응용되었을 때 분명하게 나타난다. 표면적으로는 복잡하게 보이는 경제적·사회적 역학도 도시 리터러시의 기능을 활용하면 쉽게 해결된다. 아마도 리터러시는 필터링하는 단어이다. 그것은 도시의 리터러시가 우리의 모든 경험과 감각, 즉 우리가 도시에서 보고, 느끼고, 냄새 맡고, 들은 것을 해석·해독하는 것에 관련되어 있다. 그것은 도시경관의 형태 및 그 연유를 이해하고자 하는 것이고, 또 도시의 운영방식 속에서 역사를 체감하고자 하는 것이다. 더구나 그것은 도시경제를 제철공장과 같이 확실한 표식을 통해 느끼거나, 외견상의 초라함 또는 '매각용' 표식을 통해 도시경제가 상승할 것인지, 그렇지 않으면 하강할 것인지를 느끼는 것이다. 그것은 '저가치' 이용이 '고가치' 이용에 자리를 내주는 것처럼, 전환기에 선 도시경제의 사회적 귀결을 예측하는 데 도움을 준다.

결과적으로 옛 도시 중심부에서는 전통적인 상점이나 커뮤니티가 사라지고, 그리하여 기억과 역사를 사라지게 한다. 하지만 도시 리터러시는 미학적인 해독코드를 이해하는 데 도움을 주고, 따라서 우리는 색채, 건축물의 양식과 그 표현방식을 이해하게 되는 것이다. 우리는 무의식중에 다양하게 선전되는 상징체계 속에서 '훈련되어 왔기' 때문에 도시 리터러시는 도시에 다양한 독자성과 아이덴티티를 직관하고 해석한다. 즉, 어떤 상점은 어떤 사람을 표적으로 하는지, 무엇이 사람을 끌어들이게 하고 또 무엇이 사람을 멀어지게 하는지 등을 알 수 있게 한다.

도시 리터러시는 우리가 도시게토의 보이지 않는 벽을 인식하거나 사회자본이 부족하다는 것을 느끼는 데에도 도움을 준다. 이 기능을 통하여 우리는 사람들이 자신을 보는 시선에 내포된 위협을 해독할 수 있다. 그것은 암묵의 지식(암묵지)을 제공하고, 그리하여 어디에 가면 값싼 레스토랑이 있는지, 또 어디에 가면 과거와는 다른 지구가 있는지를 알 수 있다. 이 밖에도, 향기 나는 담배, 고딕 양식의 외관, 오토바이 판매점, 환경문제에 특화한 서점, 채식카페, 옛 경공업 건축물의 안뜰에 있는 예술가를 위한 스튜디오 콤플렉스 등도 알 수 있을 것이다. 만약 지금까지와 다른 지구가 형성된다면 한두 채의 주택이 개수되고 상점에도 미묘한 변화가 일어날 것이다. 다소 고급스러운 인테리어 디자이너, 작은 술집 주인, 동성연애자—위험을 선호하는 그들은 종종 도시의 유행을 발견하는 달인들이다—, 또는 증권거래인, 침술사 등이 이 곳으로 모여들 것이다. 이들은 가격을 상승시키고, 그 과정에서 부분적으로 원래 이들을 이 곳으로 끌어들인 요인을 파괴할 것이다.

다소 먼 발치에서 도시를 바라보면, 보통 도시의 중심부에 종교적인 거점—교회, 모스크, 우상 등—이 있는 것을 알 수 있다. 하지만 보다 상세히 관찰하면, 주말이면 자연스럽게 교회로 말길을 옮기는 커뮤니티가 도시의 외곽으로 밀려나 있는 것을 알 수 있다. 이러한 변화는 상점에서 읽혀진다. 어디서도 식료품점을 찾을 수 없다. 그들은 도시 밖으로 밀려나 있고, 만약 도시가 충분히 강력하지도 않고 그 대안을 마련하지 않으면 도시는 사멸하기 시작하고 공동(空洞)화될 것이다. 이것이 바로 실제로 진행중인 도시의 라이프사이클이다.

역사적인 장소에 붙여진 이름은 항상 그 목적을 갖고 있고, 시장과 같은 시설 역시 처음에는 무질서한 것처럼 보이지만 그것이 기층을 이루고 있다는 것을 알 수 있다. 중앙에 위치하는 시장은 독립적으로 존재하지 않고 광장의 일부가 되곤 한다. 대표적인 광장들은 도시의 역동성을 아름답게 표현하고 있다. 이미 언급한 바와 같이(이 책 pp. 172~173 † 역주), 한쪽 모퉁이에 있는 교회는 종교적·정신적인 권력을 상징하고, 두 번째 모퉁이에 있는 시청사는 세속적인 권력을 상징한다. 세 번째 모퉁이에 있는 박물관은 문화적 장소이자 지식과 학습의 권위를 대변하고, 마지막 모퉁이에는 시장을 낀 건물과 각종 금융기관이 상업적·경제적 권력을 상징한다.

권력의 원천이 과거의 정신적·종교적인 것에서 오늘날의 세속적인 부로 이행함에 따라 건축물의 양식도 바뀌게 된다. 하늘 높이 치솟는 건축물이 그것을 단적으로 나타낸다. 이제는 한 층이라도 높이 올라가는 건물이 보다 많은 수익을 창출하고, 특히 도시가 성공적인 데 비해 공간이 부족하면 더욱 그러한 현상이 일어난다. 하지만 워싱턴과 같은 장소가 눈을 피로하지 않게 하는 이유는 캐피털 힐(Capital Hill)보다도 높은 건축물을 지어서는 안 된다는, 과거의 시민적 논리에 입각한 규제가 도시의 형태를 규정한 데 기인한다.

전형적인 기업의 사옥은 도시환경을 고려하기보다도 자신을 위해서, 즉 자기중심적인 의사를 표명하는 것이고, 거기서 우리는 도시생활에 따른 상실감을 느낀다. 이상적인 광장에서 보여진 것처럼, 우수한 도시적 생활양식은 경합하는 권력과 논리 및 철학이 자연스럽게 타협되어 가는 과정 속에서 그 기반을 다졌던 것이다. 건축물은 신과의 대화의 산물이자 학습의 결과였다. 게다가 그것은 상업과의 대화의 산물이기도 하지만, 그 열망은 의심과 보다 커다란 힘에 대한 두려움으로 억제되었다. 이러한 대화는 그 자체가 또다른 물리적 형태로 표현되고, 시민적 규범으로 귀결되었다.

이탈리아 시에나의 파리오—시에나의 주민지구 단위인 콘트라드에서 열리는 경마제전. 매년 중앙광장 부근에서 개최됨—처럼, 도시생활의 다양한 긴장은 각종 경기나 가상의 전쟁을 통해 억제될 필요가 있다. 이러한 연유로, 공공권역—개인의 욕망과 집단적인 필요성 사이를 매개하고, 양자의 상호 의존성을 발견하는 수단—은 항상 도시생활의 중심이 되어 왔고, 꽉 짜여진 도시생활의 압력을 발산시키는 역할을 수행해 왔던 것이다.

오늘날에는 하나의 논리가 도시의 정책결정을 뒤덮고 있다. 그것은 바로 화폐적 계산이다. 이러한 과정에서 우리는 도시적 세련됨을 상실하지만, 도시의 리터러시를 통해 그러한 동향을 해독할 수 있다. 그 가운데 하나가 채산성이 부족하다는 이유로 공공인프라에 대한 투자부족현상으로 귀결되지만, 그것은 사회적 배려의 부족으로 이끌 것이다. 또다른 하나는 자기발전을 위한 시설의 부족으로 나타난다. 중요한 것은 공공인프라는 협의의 재정논리로는 그 채산성을 맞추기 어렵지만, 일단 다양한 결과—예컨대, 사회적 귀

도시 리터러시의 보유자들

콜린 워드는 『환영, 두껍지 않은 도시(*Welcome, Thinner City*)』(1989)라는 책에서 다음과 같이 말하고 있다. "도시의 애호가들은 보지 않고서도 다음 모퉁이 근처에 화물자동차 운전기사를 위한 스낵바가 있다는 것을 알았다. 그들은 수 세기 전의 사람들처럼, 그 곳이 과거에 여관이 들어섰던 자리라는 것을 정확히 알고 있었다. 가난한 여행자들은 어디에 가면 값싼 여관이 있는지, 또 어떤 일이 흥미를 끄는지를 잘 알고 있을 것이다. 여기저기 다니면서 물건을 파는 영업사원들은 특정한 지역의 상점은 신용상의 문제가 있어 안전한 거래를 하기에는 부적합하다는 것을 알고 있을 것이다. 호색가들은 어디에 가면 놀 만한 바가 있는지를 알고 있었다. 범죄학자는 어떤 장소를 한 번만 보고서도 범죄의 유형을 파악할 수 있었다. 도매상과 소매상, 고철상과 마약중독자, 모형비행기 애호가, 무용학원에 무용전용의상을 납품하는 사람들은 모두 원래부터 도시가 갖고 있던 특화된 기능을 알려 주는 도시감각을 발달시켰다."

결—가 낮게 될 비용을 감안하면 공공투자는 값싼 것이 될 수 있을 것이다.

지역의 도시계획센터

도시적 생활양식과 도시의 리터러시는 미디어 또는 도시계획센터를 통해 대학의 정규교과과정에서 공식·비공식적으로 학습할 수 있을 것이다. 계획의 민주화 원년에 해당하는 1968년도를 계기로, 1970년대 초반에는 도시연구센터를 만들려는 시도가 있었다. 하지만 시간이 지나면서 그 대부분이 폐쇄되었고, 있는 것도 레스터의 '살아 있는 역사연구소'처럼 지역사의 거점으로 변질되어 버렸다. 이제 도시전략의 입안을 적극적으로 지원하기 위한 새로운 형태의 도시생활양식센터가 필요한 시점이 되었다. 디자인과 계획을 전시하고 보여 주는 기존의 건축센터는 늘어나는 요구를 수용하기에는 지나치게 협소하고, 종래의 도시연구센터는 오로지 교육에만 치중하고 있다. 다양한 자금원을 기초로 설립될 새로운 센터는 도시의 다양한 이해관계자를 대표하는 파트너십으로 형성되어야만 하고, 그 역할은 도시를 위한 연구개발기능을 제공하는 것이 되어야 할 것이다. 거기에는 다음 내용이 포함될 것이다.

예를 들면, 학교에서 도시 리터러시에 관한 프로젝트를 실시하고 교육하는 것. 견본을 전시하거나 토론을 위한 장을 마련하는 것. 특히, 도시의 다양한 집단 간의 협동을 장려하는 실험적인 프로젝트를 실행하는 것. 예를 들면, 고령자나 젊은이, 또는 비즈니스 및 커뮤니티조직의 관심과 지식을 활용하는 것 등이다. 활동적인 조직으로서의 이 센터는 도시의 경제적·사회적·물리적인 활동을 형성하는 데 도움을 주고자 하는 열의를 스스로 경신해 갈 것이다. 동 센터는 자기확대를 추구하기보다도, 외부의 적합한 조직에 프로젝트를 이양하여 그들이 하도록 해야 할 것이다.

제 4 부

창조도시를 넘어서

10 창조도시와 그 행방

창의성과 혁신에 관한 미래사조의 개관

『창조도시』는 시작에 불과하고, 그것이 제시하고자 한 것은 부상하고 있는 새로운 도시세계의 풍경—다양성, 유동성, 생동감, 분열, 빈부격차 등—이다. 분명한 것은 이처럼 급속히 변화하는 세계에서는 해답이 따라갈 수 없을 정도로 많은 문제가 제기된다는 것이다. 내가 희망하는 것이 있다면, 그것은 다른 누군가가 그러한 주제를 탐구하도록 용기를 북돋우고, 여기서 충분히 다루지 못한 과제에 도전하게 하는 것이다. 과제는 다음과 같은 것을 포함할 것이다.

첫째, 이 책에서 논의한 바 있는 미시적 차원의 혁신이 혁신적인 발전을 위한 거시환경을 변화시키는 데 어느 정도로 효과가 있을 것인가 하는 것이다. 이것은 가장 우선적으로 해야만 하는 것이 무엇인가를 묻고 있다. 그 가운데 하나는 영감을 주는 소규모의 실험적 프로젝트를 실시한 다음, 그 성과를 적용하여 보다 광범위한 변화를 도출하고, 시간이 지나면서 점차 유인과 규제의 틀을 변화시키는 데에 도움을 주는 방식을 고려할 수 있을 것이다. 또다른 방식으로는 거시적인 환경을 우선적으로 정비한 다음 실험적인 프로젝트가 발생할 수 있는 여건을 조성하는 것이다. 어느 것이 보다 효과적인가는 '처한 상황과 환경에 따라 다르지만', 두 가지 방식이 동시에 작동할 필요가 있을 것이다.

둘째, 다음의 질문에 그 해답을 제시하는 것이다. 독창적인 프로젝트가 일반화되고 모방가능한 것이 되도록 하기 위해서는 어떤 전략이 가장 바람직할 것인가? 지역을 엄격히 한정한 상태에서 출발해야만 할 것인가? 그렇지 않으면 폭넓지만 얕게 혁신적인 활동을 분산시켜야만 할 것인가? 보급은 국가의 제도를 통해 이루어져야만 할 것인가, 시장의 힘에 맡겨야만 할 것인가, 커뮤니티의 리더에게 맡겨야만 할 것인가? 소규모 프로젝트는 그대로 지속되어야만 할 것인가, 그렇지 않으면 다른 역동성과 재정조달방식을 통해 보다 규모가 큰 것으로 전환되어야만 할 것인가?

셋째, 도시의 창의성과 상상력 풍부한 활동을 해방하기 위해서는 어떤 규제와 유인구조가 가장 효과적일 것인가?

넷째, 창의적인 아이디어가 수용되고 그것이 보다 광범위한 방식으로 현실화하기 위해서는 어느 정도의 시간이 소요될 것인가? 만약 그 프로세스를 앞당긴다고 한다면 어떤 메커니즘이 가장 적합할 것인가? 지속가능성이 의제로 채택되기까지는 20년이 소요되었다. 발전을 위해서는 문화가 중요한 역할을 수행한다는 것을 강조하는 공동의 노력이 시작된 지도 벌써 15년이 지났지만, 그것이 일반화되기까지는 아직 가야 할 길이 멀기만 하다. 합의된 것은 아니지만, 결정적인 변화가 일어나기 위해서는 대략 10년이 소요될 것으로 생각된다. 이와는 대조적으로, 정치적 변화는 하룻밤 사이에도 일어날 수 있고, 우선순위를 바꾸고 혁신적인 활동이 일어날 수 있게 하기도 한다. 영국의 블레어 정권이 출범하면서 일어났던 사회통합이라는 정책의제가 이것을 웅변적으로 말해 준다.

다섯째, 이 책에서는 많은 도시가 언급되어 있지만 상세하게 논의한 것은 몇몇 도시에 지나지 않는다. 하지만 왜 어떤 도시가 주변의 다른 도시보다도 혁신적인가를 이해하기 위해서는 여기서 할애된 것보다도 훨씬 많은 설명과 연구조사, 그리고 구체적인 역사와 상황에 관한 지식이 필요하다. 피터 홀의 『문명 속의 도시』(1998)는 이 과제에 천착한 최초의 시도 가운데 하나이고, 거기에는 디트로이트, 아테네, 동경-가나가와, 빈 등 광범한 도시를 포괄하고 있다.

모든 저작물이 마찬가지지만, 『창조도시』 역시 그 시대를 반영하고 있고, 특히 지속가능성에 초점을 맞추고 있다. 이 강력한 개념은 패러다임의 전환을 나타내고, 그것이 시사하는 바는 이것이 서서히 도시의 시스템으로 스며들어 결과적으로 혁신, 최량실천, 개념—전환점이 될 만한 생태적 아이디어—을 해방하게 된다는 것이다. 10년이 지나지 않아 지속가능성과 결합된 많은 발명들은 평범한 것이 되고, 또다른 우선순위가 나타날 것이다. 하지만 포괄적 영향력이라는 점에서는 지속가능성과 어깨를 나란히 할 만한 개념은 나타나기 어려울 것이다. 특히, 이 개념이 환경문제 그 이상의 것을 포함한다는 것을 인식하면 그 영향력은 더욱 커질 것이다. IT에 의해서 주도되는, 지식기반경제 또는 신경제는 패러다임에 영향을 미칠 정도의 전환이 분명하고, 그 곳에서는 일하는 방식에 관한 다양한 혁신들이 일어나게 될 것이다.

그것이 갖는 의미(가치)를 파악하기 위하여 이하에서는 창의성과 혁신이 요청되는 주요 영역을 제시하고자 한다. 거기서는 패러다임 전환 및 포괄적인 개념 차원에서 어떤 돌파구가 요청되고, 지속적인 혁신의 흐름은 시간이 지나면서 초기에는 최량의 실천이 되었다가 이후 우수한 실천이 될 것이다. 강력한 개념은 의제를 설정하고 전략을 수립하는 데에도 도움을 주지만, 도시발전을 이끄는 데에도 도움을 준다. 이들은 우리의 창의성을 해방하여 우리의 경제 및 라이프스타일 구조의 세세한 부분까지 파급될 때 혁명적인 의미를 갖게 될 것이다. 그러한 개념 틀이 갖는 잠재능력을 최대로 이끌어 내기 위하여서는 유인 및 규제 틀을 바꿀 필요가 있다. 쓰레기에 대한 관념을 자원으로 변화시킨 것처럼, 새로운 개념은 종종 문제가 되는 것에 이목을 집중시켜 이전에는 서로 모순되는 것처럼 보였던 것에서 그 해결책을 발견하곤 한다. 그들은 보통 도시의 영역에 진입하기 위하여 새로운 주체를 필요로 한다. 예컨대, 제3섹터 조직이 자조 프로그램의 책임을 맡는 경우가 거기에 해당한다.

　　미래사조는 이미 그 모습을 드러내고 있다. 거기서는 이해방식에 대한 획기적인 도약을 필요로 한다. 특히, 문제가 다루기 어렵거나 상호 연결되어 있을 경우에 그러한 요구가 강하다. 주목해야 할 것은 다음 일곱 가지 영역이다.

1) 가치와 가치기준을 동시에 창출하라: 새롭게 부상하는 경제는 활동을 안내하는 윤리적 가치기반을 필요로 한다. 왜냐하면, 이후부터는 불평등—'이중도시'의 특성인 공간적으로 분단·구획되는 것—이 어떤 정책결정에서도 그 중심 과제가 될 것이기 때문이다.

2) 하드웨어적인 해결에서 소프트웨어적인 해결로: 다음 국면에서는 보다 커다란 가치가 '소프트웨어'적인 해결을 통해서 창출될 것이다. 따라서 기술적인 측면보다도 통치기법, 조직, 관계성 등의 개선이 보다 중요한 의미를 가지게 된다.

3) 적은 것으로 보다 많은 것을 하라: 자원을 의식하는 세계에서는 노동생산성보다도 자원생산성에 초점을 맞추게 될 것이다. 따라서 이러한 변화에 부합하도록 유인구조를 조정할 필요가 있다. 이 개념은 다른 영역에도 동일하게 적용된다.

4) 다문화적으로 생활하라: 세계가 다문화적으로 되어 감에 따라 그 곳에는 위협과 기회가 동시에 생긴다. 따라서 문화의 혼합형태와 이종문화를 취급하는 프로젝트가 잠재적인 힘을

발휘하게 할 필요가 있다.

5) 다양한 비전을 평가하라: 상이한 관점에서 문제와 잠재능력을 파악하기 위해서는 창의적인 공헌이 무엇이고, 또 그것이 누구에게서 비롯되는가를 스스로 질문하고, 재평가하고, 조정할 필요가 있다. 즉, 젊은이인가 고령자인가? 여성인가 남성인가? 민족적 다수파인가 소수파인가? 인맥이 두터운 관계인가 배제된 관계인가? 등. 도시의 총체적인 목표를 달성하기 위해서는 이들을 적극적으로 활용할 필요가 있다.

6) 옛 것과 새 것을 상상력 풍부하게 재결합하라: 과거와 현재를 연결한 다음 그것을 새롭게 제시하면 지금까지 드러나지 않은 자산이 보일 것이다. 역사라는 것은 저평가된 거대한 자원의 보고다. 옛 것과 새 것을 결합한다는 것은 아이디어, 관점, 전통, 이용한 재료, 제도와 구조 등을 상상력 풍부하게 결합한다는 것이고, 이것은 결과적으로 지금까지 거론되지 않던 해결책을 이끌어 낼 수 있을 것이다.

7) 학습하는 도시: 이것은 도시창의성이 지속가능한 것이 되기 위해서는 그 관건이 된다. 미래도시는 지금까지 이룬 성과를 반성하고 그 장애요인과 부딪치게 된다는 점에서 학습도시가 될 필요가 있다. 도시 내부의 모든 곳에 반성과 학습을 각인시킬 때에야 비로소 도시는 창의적인 추동력을 유지할 수 있는 것이다.

이상은 다음 조건—혁신의 신물결을 위한 의제—이 충족될 때 일어날 수 있다.

※ 혁신을 위한 유인구조를 상상력 풍부하게 재창조하기 위해서는 많은 노력을 기울일 필요가 있다. 보수와 벌칙구조는 창의적이고 지속가능한 도시를 건설하기 위한 전제조건이다.

※ 많은 훌륭한 프로젝트들이 보이지 않는 곳에 숨겨져 있다. 일반적인 도시는 시민들과 아웃사이더에게 상상력 풍부한 방식으로 자신의 이야기를 전달하지 못한다. 도시의 혁신을 보급하기 위해서는 독창적이고 효과적인 전략이 고안될 필요가 있다. 그것은 문자에서 극장 및 전자미디어에 이르기까지 모든 형식의 미디어를 활용하여 창의성을 이끌어 내는 것이다. 이처럼 데이터베이스 그 자체도 중요한 혁신이지만, 미디어를 활용한 보급활동은 최량의 실천 데이터베이스를 뛰어넘는 의의가 있다.

※ 마지막으로, 모든 것은 우리가 계획을 어떻게 수립하고, 그리고 누가 할 것인가에 영향을 미친다. 따라서 관례적인 도시계획에 관한 지식을 단순히 적용하는 것보다도, 그것을 도구상자의 일부로 이용하여 도시적 생활양식에 관한 보다 깊은 지식을 갖춘 도시전략이 요청된다.

가치와 가치기준을 동시에 창출하라

글로벌화에 따른 불공평한 분배효과와 고삐 풀린 발전이 도시에 미치는 파괴적인 영향력을 감안할 때, 부상하는 경제는 행동을 이끌 윤리적 가치기반을 요청한다. 오늘날 처한 상황은 산업혁명이 초래한 철학적 딜레마—보다 광범한 공공이익을 위해서는 만연한 개인주의를 규제할 필요가 있다는 점—와 그 유사성을 갖고 있다. 가치기반은 21세기에 부합하는 형태로 새롭게 검토되어야만 하고, 이 경우 개인의 필요와 집단의 필요를 균형 있게 조절해야만 한다. 이것은 가치가 무엇을 의미하는가를 재평가하고 그 범위를 확대할 필요가 있다는 것을 의미한다. 결국, 우리는 가치를 창출하고, 가치를 부가하고, 가치와 가치기반을 동시에 창출하는 활동과 그 평가형태를 발견해야만 하는 것이다.

자본주의는 좁은 의미의 경제적 가치를 창출·평가하는 데에는 뛰어나다. 하지만 총체적 자본주의 시스템 속에는 공익적인 필요성의 문제를 자동적으로 해결하는 고유의 자각적인 가치기반을 갖고 있지 않다. 따라서 채찍과 당근이 동시에 수반되지 않으면 이 시스템은 자신의 행동결과가 환경에 미치는 비용이나 분배효과를 무시해 버린다.

기업은 자신들이 사회에 환원하는 가치를 보다 광범하게 측정·점검할 필요가 있다. 예를 들면, 다음과 같은 것을 평가하는 것이다. 우리의 활동은 어떤 점에서 기술적 수완을 향상시키는 데에 공헌하였는가? 만약 그것이 있다면 범죄 또는 낙서에 대하여 어떤 영향을 미쳤는가? 환경이나 문화적인 필요성에 대해서는 어떤 영향을 미쳤는가? 재정적인 상태를 감사할 때 사회적·문화적·환경적인 측면에 끼치는 영향력을 동시에 고려하는 자세가 기업의 공통적인 토양이 될 필요가 있다. 이러한 과정은 어떤 가치를 특정한 가치기준과 결합하고자 하는 하나의 시도이다.

회계에 대한 정의를 이처럼 광의적으로 해석하면, 현재는 '무익'하고 '달성이 불가능한' 것처럼 보이는 제안들이 '유익한' 것이 된다. 예를 들면, 자조볼런티어구조의 틀 내에서 실업자들에게 일자리를 주는 리사이클링 프로젝트는 측정될 수 있는 여러 목표들을 달성한다. 그 운영구조는 권한위임의 형태를 띠게 될 것이고, 그리고 그 자체가 사회적 영향력을 갖는다. 그것이 어떤 것이든 리사이클링계획은 노동과 생산물을 창출한다는 점에서 경제적 영향력을 갖고, 그 초점은 환경적인 것에 맞추어져 있다. 그것은 라이프스타일 패턴을 바꾸어 쓰레기의 분리수거는 물론이고 사람들의 행동을 변혁하고, 그리고 기술적 전수보다도 환경문제에 공헌할 것이다. 그것은 유인제도를 통해서 지원을 받고 있을지도 모르지만, 실업에 따른 여러 문제를 처리하는 비용을 감안한다면 여전히 채산성이 있다. 어떤 가치를 계산하는 경우에도, 문제를 취급하지 않은 것에 따른 비용과 잠재성의 상실에 따른 가치를 그 비용 속에 포함시킬 필요가 있다. 이처럼 사회자본과 인적 자본을 장려하는 것은 도시재생의 중심 과제가 되어야만 한다. 왜냐하면, 보다 지식이 풍부하고, 지적이고, 보다 훈련된 노동인력이야말로 경제적 번영에 도움을 줄 것이기 때문이다. 사회자본을 구축하는 것은 어떤 의미에서 사회적 배제의 문제를 다루고 있다는 것을 의미한다. 그것은 가난한 사람이 모두 사회적으로 배제되는 것은 아니기 때문에 빈곤에 대처하는 것과는 같지 않다.

가치와 가치기준을 결합하기 위해서는 다음 내용이 필요하다. 첫째, 엄격한 이데올로기적 또는 원리주의적인 입장과 흑백의 이분적인 사고방식을 버려야만 한다. 예를 들면, 지나칠 정도로 단순하게 자본주의는 모든 것이 선이라든가, 그렇지 않으면 모든 것이 악이라는 식으로 이야기해서는 안 된다. 둘째, 각자의 입장에서 가치와 가치기준을 인정해야만 한다. 예를 들면, 자유시장주의자는 시장의 한계를 인정하고, 풀뿌리시민운동가는 시장의 유용성을 평가해야만 한다. 셋째, 사회적 유용성이라는 관점에서, 이익을 창출하는 창조도시전략을 발견해야만 한다. 예를 들면, 루르지방은 지역의 환경보호설비를 촉진하기보다, 환경기술을 개발하고 쇠퇴한 지역의 환경을 그 실험체로 활용함으로써 성공하게 되었던 것이다. 마지막으로, 집합적 가치를 육성한다는 맥락에서 가치창출을 촉진하기 위한 혁신적인 유인구조를 고안할 필요가 있다.

하드웨어 혁신에서 소프트웨어적인 해결책으로

어떤 시기에 도시가 요청하는 것이 다음 시기에는 문제가 될지도 모른다. 전세기(前世紀)의 도시혁신과 그 배후에 있는 창의성은 주로 물리적인 인프라에 그 초점이 맞추어졌다. 예를 들면, 하수처리시설, 철도와 도로 네트워크와 같은 대량수송수단의 발달, 그리고 최근에는 IT 인프라, 보다 대규모의 건축을 가능하게 하는 건축기술과 프로젝트 운영의 개선 등이 여기에 해당한다. 그들은 도시변화를 보여 주는 가장 가시적인 지표였다. 눈에 보이지 않는 분야도 향상되었다. 예를 들면, 공중위생 및 보건후생시설, 질병의 원인규명 등인데, 이러한 분야는 도시생활의 질적 향상으로 이어졌다.

21세기의 필요성은 그것과는 다르다. 역사의 각 시기는 각각 자신의 고유한 창의성의 형태를 필요로 한다. 오늘의 창의성은 겉으로 분리된 것처럼 보이는 것을 통합할 수 있는 보다 '종합적인 것'이다. 예를 들면, 자기조절 시스템을 작동하게 하는 기초적인 생태환경 및 그 논리를 이해하는 것, 네트워크가 광범하게 분산되어 있는 곳에서 관계를 맺는 능력, 새로운 조직형태와 민주주의의 재활성화—사람들의 책임감, 동기, 잠재능력을 활용하는 것—등이다. 창의성을 활용할 수 있는 주요 영역은 신기술과 더불어 민주주의, 조직, 통치와 경영 등이다. 즉, 사회적·정치적 혁신을 가져올 수 있는 분야가 여기에 해당한다. 이러한 영역은 기술주도적인 생산성의 발전보다도 높은 부가가치를 창출하는 경향이 있다. 시민적 역량과 리더십의 구축은 도로 및 공항과 마찬가지로 필수적인 소프트웨어 인프라이다.

해결을 기다리는 과제는 수도 없이 많다. 예를 들면, 민주주의 개념은 다양한 방면에서 도전을 받고 있다. 한편에서는 유럽에서 구상된 민주주의 개념의 성장을 보아 왔다. 하지만 동양에서는 보다 독재적인 형태의 민주주의가 대두하고 있다. 민주주의는 지금 대안적인 개념의 압력으로 그 쇄신을 요구받고 있다. 예를 들면, 초국가적인 것, 국민적인 것, 도시적인 것이 민주주의에 대립하고 있는 상태에서 민주주의는 어떻게 운영되어야만 할 것인가, 그리고 그 초점은 어디에 두어야만 할 것인가 등이다.

대안적인 개념은 개인과 국가의 관계를 문제시하고 있다. 민주주의에 대한 신뢰가 상실되고 있는 현재, 시민배심, 전자투표, 또는 참여형 의사결정 등과 같은 흥미로운 대응이 추진되고 있다. 이 모든 것들은 개인 간의 관계, 조직 내부의 관계 또는 조직 간의 관계를 재구상하고자 하는 보다 커다란 과제의 일부인, 권한을 새롭게 규정하고 신뢰를 구축하고자 하는 다양한 시도들이다. 그것은 다음과 같은 의문을 제기한다. "보다 권한을 위임받은 개인이 모인 세계에서는 어떤 형식의 위계질서가 고안될 것인가? 그 곳에서는 위계질서가 사라질 것인가?" 또는 "민주주의적인 투표사이클이 시민참여를 위한 필요성에 적합하지 않다고 한다면, 그러면 대의제는 무엇을 의미하는가?" "어떻게 하면 제3섹터에 권한과 책임을 위임할 수 있을 것인가?"

통치, 조직운영, 경영관리를 보다 잘 하는 것이 성공과 실패의 차이를 낳는다. 그들은 경쟁력의 새로운 원천이다. 다시 말하면, 우수하고, 전략적이며, 효과적인 통치와 경영관리의 정비는 기술과 마찬가지로 경쟁에서 승리하기 위한 중요한 도구이다.

적은 것으로 보다 많은 것을 하라

"적은 것으로 보다 많은 것을 하라"는 원칙은 많은 분야에 적용할 수 있지만 환경문제를 중심으로 고찰하는 것이 가장 용이하다. 하지만 우리가 평가와 사정에 대한 새로운 지표와 그 형식을 지향하면 이 원칙을 적용할 수 있는 영역은 무한히 확대된다. 가령, 통치와 경영관리분야는 신뢰에 기초한 느슨한 조직구조가 어떻게 하면 보다 적은 투입으로 보다 많은 가치를 획득할 수 있는가를 평가할 수 있게 한다. 그것은 커뮤니티를 통합하기 위하여 리더가 권한을 어떻게 행사하는가에 좌우될 뿐만 아니라, 그 권한을 위임하는 방식에도 좌우된다. 결과적으로, 포괄적인 목표를 달성할 수 있게 하는 사람들의 만남은 방대한 분량의 리포트가 요구되는 상황보다도 바람직하다. 권한을 위임받은 사람이 그렇지 않은 사람보다도 보다 많은 것을 달성하는 것처럼, 이와 유사한 편익이 또다른 사회적 혁신에서도 나타날 수 있다.

앞에서 거론한 『4배수: 부의 배증, 이용자원의 반감』이라는 아이디어는 노동생산성을 중시하는 것에서 혁신활동을 위한 유인과 규제의 틀로 뒷받침된 자원생산성을 중시하는 것으로 우리의 관심을 서서히 이동시킨다. 관련사례는 환경영역에서 찾을 수 있다. 대표적으로는 일상생활에서 이용하는 제품, 특히 에어컨디션, 조명, 슈퍼윈도우 등 성능을 표시하는 제품의 에너지생산성 혁명이다. 똑같은 논리가 전자도서 및 주거용 수도공급의 효율성에서 리사이클링에 이르는 재료생산성에도 적용될 뿐만 아니라 자동차공유제도에서 화상회의에 이르는 이동생산성 분야에도 적용된다.

이 시스템은 유인구조를 바꿀 때 작동한다. 가령, 전력과 같은 공공서비스의 이용요금은 소비자에게 보다 많은 상품을 판매하는 것이 아니라, 규제자와 소비자 모두 이용액을 줄이는 방안을 찾는 행위에 대해서 보상하는 방식으로 전환될 필요가 있다. 또 하나의 예는 전문가에 대한 보수지불방식을 재고하는 것이다. 건축가와 엔지니어, 컨설턴트 등은 자원과 비용을 억제하는 정도에 따라 그 보수를 지불받고 있지 않다. 세계 전체적으로는 사용하는 자원(비용)의 크기에 따라 그 대가가 청구되는 방식을 채용하고 있기 때문에 자원의 이용량은 증대한다.

리처드 가윈(Richard Garwin)은 '피베이츠(feebates)'라는 개념, 즉 비효율성에 대해서는 수수료(fee)를 부과하는 대신에 효율성에 대해서는 요금을 환불하는(rebates) 방식을 고안하였다(von Weizsacker *et al*., 1998, pp. 191~197 참조). 그의 아이디어에 따르면, 빌딩의 소유자가 물과 에너지를 비효율적으로 소비할 때에는 수수료를 부과하고, 정반대로 그들이 물과 에너지를 효율적으로 사용할 때에는 요금을 환불받게 되는 것이다. 폴 호켄이 언급하듯이, "시장에서의 경쟁은 환경을 소비하는 기업과 그것을 절약하고자 하는 기업 사이에만 이루어져서는 안 된다. 경쟁은 환경을 회복하고 보전하는 일에 최선을 다할 수 있는 기업 사이에 이루어져야만 하는 것이다"(Paul Hawken, 1993).

다문화적으로 생활하라

사람의 이동기회가 늘어나고 도시와 국가가 다양한 사람들로 구성되면서 공동체의 동질성 및 지역의 아이덴티티는 붕괴되었다. 전형적인 도시에서는 모르는 사람과 사는 것이 일상적인 경험에 속하고, 시간이 지나면서 타지역 출신이 보다 많아지게 된다. 하지만 촌락지역에서는 모든 사람이 서로를 알고 있기 때문에 각각의 커뮤니티는 명확히 구분된다. 도시에서 발생하는 인구구성의 다양성은 위협이 되는 동시에 그 기회가 될 수 있다. 한편에서는 그들이 자신의 습관과 태도와 기능을 함께 가져옴으로써 커뮤니티를 동요시키기도 하지만, 다른 한편에서는 혼합적이고, 경계가 불분명하거나, 경계 그 자체를 뛰어넘는 환경을 창출함으로써 도시의 가능성을 자극하거나 풍요롭게 할 수 있는 것이다.

이러한 현상은 문화산업과 음식산업에서 가장 두드러지게 나타난다. 예를 들면, 새로운 스타일의 혼합적인 호주의 음식문화, 월드뮤직현상, 아시아계 영국인의 뱅그라뮤직, 또는 패션업계에서는 런던을 거점으로 활동하는 리파트 오즈벡(Rifat Ozbek)과 후세인 차라얀(Hussein Chalayan), 그리고 파리에서 활동하는 야마모토 요지 등을 거론할 수 있다.

도시의 정책결정자가 직면하는 도전은 다문화와 관용 사이의 상호 이해를 촉진하는 혁신적인 방안을 찾는 것이다. 이것은 민족제전을 훨씬 뛰어넘는 것이다. 가령, 동양과 서양의 의학을 혼합하거나, 전통적인 건축양식을 혼합하는 등 상상력 풍부한 방식을 도입할 필요가 있다. 서양은 도시디자인과 건축에 관해서 이슬람의 전통에서 배울 점이 많이 있다. 하지만 그렇게 되기 위해서는 발상의 대전환이 요청된다. 도시계획자가 인식해야만 하는 것은 전통적인 요소에 대한 이해가 선행한 다음, 이슬람의 이론가 및 실천가들과의 진솔한 교류방안을 찾는 것이다.

지금까지는 다문화주의가 우세한 정책목표였다. 이것은 민족그룹 각각의 상이한 문화적 아이덴티티를 강화한다는 것을 의미한다. 이것은 중요하다. 왜냐하면, 자신이 누구인가에 관해서 자신감을 느낀다는 것은 소중하기 때문이다. 그러나 다문화 간의 커뮤니케이션이 충분하게 이루어지지 않고 편견과 선입견을 조장하면 그것은 충분하지 않다. 우리는 여기서 한 걸음 더 나아가 상호 문화주의를 지향할 필요가 있다.

여기서 말하는 상호 문화주의라는 것은 서로 간의 다리를 놓고, 응집력과 화해하는 마음을 기르고, 도시의 다문화적인 상태에서 벗어나 새로운 무언가를 창출한다는 것을 의미한다. 이러한 과정을 통해서 지역의 문화와 지혜는 쇄신되는 것이다. 창의성은 분열을 통해 자극될 수는 있을지언정 주변화에 의해서는 자극될 수 없다. 내부지향적인 민족집단이 도시의 보다 광범한 문제를 해결하는 데 기여할 가능성은 거의 없다. 도시의 창의적 도전은 변화에 따른 두려움을 어떻게 완화할 것인가 하는 데 있다.

다양한 비전을 평가하라

우리는 다양한 형태의 창의성을 활용함으로써 아이디어와 관점이 풍부하게 되고, 결과적으로 상상력이 풍부한 해결책을 찾을 수 있다. 대부분의 결정은 극소수의 사람에 의해서 내려지고, 특히 가부장사회에서는 의사결정자가 남성이라는 점에서 자원을 낭비하는 사람 역시 남성들이다. 이 문제는 다양한 집단으로부터 상담을 받고 보다 많은 사람을 의사결정과정에 참여시키는 것에 그치지 않고, 사람들에게 새로운 접근방법과 해결책, 나아가 패러다임 그 자체를 발전시키기 위한 수단선택에까지 영향을 미친다.

예를 들면, 1970년대부터 나타난 기능주의적 도시계획에 대한 페미니스트의 비판은 그 이후에 이루어진 발전의 비옥한 토양이 되었다. 여성건축가 및 계획자들은 평범한 여성들과의 직접적인 체험을 통해 도시는 많은 여성들에게 장애의 원천이 되고 있다는 것을 확인하였다. 그녀들은 누구보다도 먼저 이러한 현실적인 장애요인을 제거해야만 한다는 것을 깨달았다. 이들의 노력으로, 유모차를 밀고 가 본 경험을 가진 사람이라면 누구라도 그 필요성을 느꼈던 도로의 연석(緣石), 지하도, 입체주차장, 계단 등이 이제는 지하도에 환상도로를 부설하거나, 경사로를 만드는 등의 아이디어가 그 결실을 맺게 되었다. 이러한 논의과정에서 도시의 보안체제, 광장, 야간 시간의 회복을 요구하는 움직임, 심지어는 24시간 도시와 같은 아이디어가 대두하게 되었다. 이들은 도시의 연간 캘린더, 근무스케줄, 기타 시간에 관한 문제와 서비스의 공급문제에 관해서도 생각하기 시작하였다. 그들에 의해 도출된 해결책은 종종 창의적이고, 모든 사람에게 유익한 것이 되었다.

하위집단의 개별적인 주장을 존중하는 것은 중요하지만 궁극적으로는 그 중요도가 떨어진다. 따라서 보다 중요한 과제는 어떻게 하면 그들의 창의성이 공익에 기여할 수 있는가를 파악하는 것이다. 사회적으로 배제된 사람들의 도시에 대한 관점을 고려하고, 의사결정과정에 그들의 아이디어를 반영하는 시대가 도래하였다. 이것과 동일한 논리가 또다른 관점, 즉 젊은층, 고령자, 또는 소수민족집단 등에 대해서도 적용될 것이다. 이 경우의 과제는 평범한 사람들이 가진 통찰력을 협력적이고 신뢰할 만한 전문가의 견해와 결합함으로써 그 유효성을 높이는 것이다.

전문가들은 보통사람들과 똑같은 견해를 갖고 있을지도 모르지만, 경우에 따라서는 대안적인 틀을 발전시킬 것이다. 특히, 이 공감적인 경청능력을 가진 지식인들은 사람들에게 어떤 신념, 즉 자신들의 아이디어를 실행에 옮기는 것이 가능하다는 것을 형성하게 할 것이다. 실제로, 『창조도시』가 가진 포괄적 목적이라는 의미에서는 사회성, 통합적 사고, 네트워킹, 인간의 잠재능력 등에 관한 세심한 감수성 및 파장과 그 조화를 이루는 사람은 여성이다. 실제로,

미래는 여성의 것이 될지도 모른다(Leonard Shlain, 『알파벳 대(對) 여신』, 1998, 참조).

옛 것과 새 것을 상상력 풍부하게 재결합하라

역사는 미래를 위하여 무수한 방식으로 발굴될 수 있다. 현재시점에서 바라본 과거라는 존재는 도시의 모험가에게 중량감과 중요성을 부여하고, 그리고 과거와 미래의 건설적인 충돌과 재결합은 예기치 못한 것을 초래할 수 있다. 새로운 것에 심취하는 것은 지나간 일을 핀으로 고정하는 것만큼이나 쉽다. 어떤 지역에서는 과거에 대한 집착이 지나칠 정도이지만 또다른 지역에서는 그것이 거의 평가되지 않고 있다. 기억을 지우는 것은 재산을 탕진하는 것과 같다. 우리는 과거라는 단어가 고물상, 과거를 회고하는 취향을 가진 사람들, 역사학자에게만 해당하는 것으로 생각한다. 도시전략을 수립할 때, 역사적인 관점을 갖춘 사람과 지금—이 곳의 문제를 취급하는 사람을 연계시키는 것은 의사결정과정을 풍부하게 하는 하나의 자극적인 도전이 될 수 있다.

옛 것과 새 것을 혼합하는 기술은 과거를 자원으로 재조명할 것을 요청한다. 우리는 역사라는 아이디어뱅크에서 풍부한 잠재적 가능성을 찾을 수 있고, 그 과정에서 고전적인 질문, 예를 들면, 민주주의, 멋진 인생, 또는 계몽과 합리적인 인간의 현대적 의미 등에 대하여 새롭게 답할 수 있다. 가장 용이하고 가시적이면서 인상적인 것은 건축물의 다양한 개입이다. 예를 들면, 루브르박물관에 페이(Pei) 피라미드를 삽입하는 것, 바르셀로나의 타피에스미술관 옥상에 복잡한 형태의 철사구조물을 설치하는 것, 칼스루에의 군수품공장이 거대한 미디어 테크놀로지센터로 전환된 것 등이 대표적인 사례다.

학습하는 도시를 향해서

미래에는 '학습도시'가 '창조도시'보다 더욱 강력한 메타포가 될 것이다. 그러나 현 상태에서는 창의성의 문제에 그 초점을 맞추는 것이 보다 중요하다고 생각한다. 왜냐하면, 아이디어뱅크를 열고, 혁신을 창출하고, 도시의 학습을 돕는 것은 바로 창의성이기 때문이다. 게다가, 도시의 필요성에 창의적으로 대응하는 것은 일회성으로 그치는 것이 아니라 모든 활동에 관련되어 있기 때문이다. 미래도시는 학습도시가 된다는 점에서 보다 많은 것을 다룰 필요가 있다. 그것은 도시의 성과를 반성하고, 그 장애요인에 도전하고, 그리고 제도화된 프로그램의 일부로서 지속적인 평가를 수행하는 것이다. 이것은 마치 비행기의 수명이 각 부품의 예상수명에 달려 있는 것과 같다. 도시 내부의 곳곳에 반성이라는 장치를 각인할 때에야 비로소 도시는 창의적인 계기를 유지할 수 있는 것이다. 창의성과 리더십은 현명하게 이용되지 않으면 고갈되어 버리는 자원, 즉 쇄신과 발전을 요하는 자원이라는 것을 명심할 필요가 있다.

진정한 학습도시는 자신의 경험과 타인의 경험 속에서 학습하고 발전하는 도시이다. 즉, 그것은 도시 그 자체를 이해하고, 그리고 이해한 것을 반성하는 장소를 말한다. 결국, 학습하는 도시는 '반성하는 도시'이고, 그 특징은 자기평가를 한다는 점에 있다. 학습도시가 가진 특성 가운데 관건이 되는 것은 급속하게 변화하는 사회적·경제적인 환경 속에서 성공적으로 적응할 수 있는 역량이다. 무사태평한 도시가 아주 오랫동안 과거에 성공한 수법을 되풀이하고 있다면, 학습도시는 자신들이 처한 상황과 보다 폭넓은 관계성을 이해하고, 새로운 문제에 대하여 새로운 해결책을 제시한다는 점에서 그 창의성을 갖고 있다.

중요한 것은 모든 도시가 학습하는 도시가 될 수 있다는 것이다. 그것은 도시의 크기, 지정학적 위치, 자원, 경제인프라, 심지어

교육투자도 문제가 되지 않는다(단지, 교육투자는 부상하는 지식경제 하에서 도시가 스스로 학습하는 기관으로서의 역할을 유지하기 위해서는 그 중요성이 증대할 것이다). 도시가 향유하는 자연적·역사적 우위성이 적을수록 무엇을 학습할 것인가에 관해서 진지하게 성찰할 필요가 있다. 학습도시는 전략적이고, 창의적이고, 상상력이 풍부하고, 그리고 지적이다. 환언하면, 학습도시는 아주 포괄적인 방식으로 도시의 잠재적인 자원을 파악하고자 한다. 학습도시는 얼핏 보기에 중요하지 않은 것처럼 보이는 것 속에서 경쟁상의 우위성을 찾는다. 즉, 학습도시는 약점을 강점으로 바꾸고, 무에서 유를 창출한다. 결국 학습도시는 풍요롭고 복합적인 장(場)이다(Landry and Matarasso, 1998 참조).

도시의 일상적인 경험 속에서 학습이 자연스럽게 이루어질 때에야 비로소 개인은 자신의 기술적인 수완과 능력을 지속적으로 발전시킬 수 있다. 즉, 조직과 제도는 그들의 잠재인력을 이용하고, 여러 기회와 난관에 대해서도 유연하고 상상력 풍부하게 대처한다; 도시는 새롭게 대두하는 필요에 유연하게 반응한다; 사회는 커뮤니티 간의 다양성과 차이가 결과적으로 풍요, 이해 및 잠재력의 원천이 될 수 있다는 것을 이해한다.

향후 과제는 '학습도시'가 전개될 수 있는 조건을 창출하는 데에 있다. 학습도시는 도시의 구성원들이 단순히 좋은 교육을 받는 장소라는 의미를 뛰어넘고, 학습기회가 교실에서 이루어지는 것으로 한정되지도 않는다. 그것은 개인과 조직이 자신들이 살고 있는 곳의 역동성과 그 변화를 공부하도록 권장하는 장이다. 즉, 그 곳에서는 노동과 여가에 관한 다양한 기회를 공식·비공식적으로 파악하는 방법이 끊임없이 변화한다. 그리고 그 곳에서는 모든 구성원의 학습이 장려된다. 아마 가장 중요한 것은 학습을 위한 조건을 민주적으로 변화시킬 수 있는 역량을 갖추고 있다는 것이다.

도시가 예측할 수 없을 정도의 지속적인 변화에 직면할 때 지금까지의 안정된 전통을 복원시킬 그 가능성을 잠식한다. 현재와 같은 전환의 시기에는 직업, 경제, 종교, 조직, 그리고 가치체계에 대한 안정적인 시각은 사라진다. 우리는 지속적인 변화의 소용돌이 속에서 '안정된 상태를 넘어'(Schon, 1971) 살아가는 방법을 학습해야만 한다. 게다가 우리 일생 동안 지속되기를 바라는 새로운 안정 상태를 기대할 수도 없게 되었다. 우리는 이러한 전환을 이해하고, 유도하고, 영향을 미치고, 그리고 관리하는 방법을 학습해야만 한다. 아울러 그 변화를 받아들이는 능력을 우리 자신과 조직의 필수적인 요소가 되도록 해야만 한다. 결국 우리는 창조하는 것과 학습하는 것에 정통해야만 한다. 우리는 상황변화와 그 요청에 따라 자신의 조직을 변화시켜야 할 뿐만 아니라, 지속적인 변화를 창출하는 '학습시스템', 즉 제도, 네트워크 또는 파트너십의 형태를 발명하고 발전시켜야만 한다. 더욱이 우리 스스로가 학습에 관해서 공부해야만 한다(Cara *et al.*, 1998).

도시계획에서 도시전략의 형성으로

지금까지 설명한 것은 모두 도시계획에 영향을 미친다. 나는 도시계획의 장래를 둘러싼 논의가 간단하지 않다는 것을 알고 있지만, 여기서는 그것을 상세하게 다루지 않을 것이다(그 가운데 일부를 소개하는 데 그친다).

어떤 사람은 도시계획의 기본 원리가 너무 기술적이고 시민이 이해하기 어렵다는 점에서 계획은 보다 많은 자문을 구하고, 또 참여적인 형태가 되어야만 한다고 말한다. 그 속에는 도시계획의 표현방식이 일상의 경험과는 거의 무관한 것이 되고 있다는 시각이 들어 있다. 예를 들면, 파치 힐리(Patsy Healey, 1997)는 협동적인 계획을 믿고 있다. 그의 견해를 빌리면, 도시계획이라는 것은 토론과 커뮤니케이션을 창출하는 분야에 오랫동안 관여해 온 계획자와의 커뮤니케이션 시스템이 된다. 따라서 도시계획은 다른 형태의 지식과 해당 도시에 관한 이해방식을 탐구하고 그것에 가치를 부여하는 능동적 프로세스이다. 한편, 어떤 사람들은 도시계획상의 통제가 갖는 역할은 인간의 "노(no)"라고 말하는 성향(사고방식)을 나타내는 것이라고 생각한다. 그러나 이것은 변화하는 도시의 필요성에는 부합되지 않는다. 그것은 변화하는 도시에서는 몇몇 원리의 틀 내에서 "예스(yes)"라고 말하는 성향을 가진, 유연하면서도 예측가능한 태도가 요청되기 때문이다.

이러한 원리에는 개성, 옛 것과 새 것의 혼합, 지속가능성, 또는 기억을 지워 버리지 않고 그것을 혁신적으로 개발하는 것 등이 포함된다. 전문가들에 의하면, 이러한 요소 간의 균형이 결여되면 아무런 생각 없이 지역을 분단하거나 지나치게 방어적으로 대응하여 왜곡된 시간 속에 빠지게 된다고 한다. 어떤 사람은 도시계획자들이 토지이용이나 부동산가격과 같은 중요한 사회적 원동력을 경시하고 있다고 주장하기도 한다. 하지만 도시계획은 보다 문화적인 과제에 민감하게 대응해야만 한다고 주장하는 사람들도 많이 있다. 점점 다문화사회가 되어 가고 있는 도시들은 이탈리아, 미국, 스페인, 아시아, 이슬람의 도시계획이 각각 상이한 우선순위를 갖고 있다는 점에서 그 다양성을 반영할 필요가 있을 것이다.

마지막으로, 나는 토지이용에서 도시의 마케팅에 이르기까지, 도시계획에 관계하는 모든 사람들이 충분히 창의적이지 않다는 것을 주장하고 싶다. 왜냐하면, 그들은 자신들이 파악하고 있는 자원의 범위가 대단히 좁고, 게다가 문제를 개량하고 해결하는 다양한 방식을 저평가하고 있기 때문이다. 그들의 머릿속 조감도에는 부분적인 오류가 있을 수 있고, 그리고 어떤 점에서 그들은 창의적이라고 말하기 어려운 관료적 프로세스에 사로잡혀 있는지도 모른다. 하지만 그들이 그러한 점들을 제대로 이해하게 된다면, 그들은 상상력 풍부한 활동을 위한 자극제가 되는 물리적 공간과 다양한 기회의 창출을 통해 창의적 시스템으로서의 도시가 잘 기능할 수 있게 할 것이다. 그러기 위해서는 새로운 리더가 필요하고, 특히 새로운 훈련방식을 개발할 필요가 있을 것이다.

아직도 중요한 문제가 남아 있다. 그것은 도시전략가(지금까지 계획가의 위치를 차지하던 존재)의 철학, 목적, 장래 역할이 무엇이고, 그들을 위한 교육시스템은 어떤 것이 되어야만 하는가의 물음이다. 도시를 계획하는 '팀'―내부의 행정관료와 외부의 전략적인 개인 및 커뮤니티집단―은 전체적으로 다양한 역할을 소화해야만 한다. 즉, 조력자, 비전을 제시하는 사람, 리더, 공무원, 투자자, 제창자, 기술적 전문가 등이다. 그리고 이러한 역할에 부합하는 폭넓은 지적 자원을 갖추어야만 한다.

내가 내린 결론은 변화하는 세계에 도시계획이 적응할 필요가 있고, 그 내부의 초점은 도시의 전략개념으로 전환되어야만 한다는 것이다. 이것은 말하기는 쉽지만 그 실천이 어렵다는 점에서 많은 공부가 필요하다. 도시계획이라는 것은 좁은 의미의 기술적 프로세스라기보다도, 비전을 지향하고 있다는 점에서 신중을 기할 필요가 있다. 도시는 도시계획을 통해 자신이 바라는 공익이 무엇인가를 결정한다. 도시계획은 그 단순화를 통해 비전을 실천으로 전환하는 과정이라는 점에서 원칙에 기반하고 전략에 초점을 맞추어야만 하지만, 실제의 적용에서는 기술적 유연성을 가질 필요가 있다. 이처럼 비전의 전체상은 토지이용에서 심미적인 부분에 이르기까지 그 판단을 유도하고, 일정한 수준의 확실성과 기준―커뮤니티, 개발자, 투자자에게 필요한 것―을 제공한다. 사람들은 계획 속에 투명성, 일관성, 그리고 정책의 틀을 규정하는 데에 일정한 기준이 되는 분야가 포함되면 어려운 결정을 승인할 것이다.

비전은 복잡하고 모순된 요구를 균형 있게 처리할 필요가 있고, 따라서 배경과 관점, 이해가 다른 사람들에 의해 창출될 필요가 있다. 그리고 실행과정에서 나타나는 마찰을 최소화하거나 해결하고, 그 합의를 이끌어 내기 위해서는 능동적인 참여과정이 필요하다. 이처럼 비전은 지속가능하고 공평한 발전, 좋은 디자인, 미학, 지역의 고유한 특징, 나아가 커뮤니티의 행복을 추구하는 욕구처럼 정치의 장에서는 이미 오래 전에 잃어버린 개념들에 의해 추진된다. 도시계획은 이러한 비전을 전달할 수 있지만 스스로 그 필요성을 느끼지는 않는다. 게다가, 도시계획은 비전을 유도할 뿐 통제하지는 않는다.

도시계획은 다음 조건이 충족되면 시장경제하에서도 효과적일 수 있다. 그것은 최소한의 규제와 강력하면서도 정교한 유인구조—그 초점은 세제와 기타 재정적인 통제수단에 맞추어져 있다—를 갖춘, 원칙에 입각한 에토스(기풍)로 뒷받침되는 것이다. 도시계획은 보다 커다란 힘을 필요로 하는 동시에 보다 적은 힘을 필요로 한다. 민간부문과 기타 주체에 의한 공헌도를 높이기 위해서는 보다 상상력 풍부한 유인장치가 필요하지만, 창의적인 활동을 방해하는 권한은 규제할 필요가 있다. 도시계획상의 통제는 공공영역과 민간영역 양쪽에서 투자와 다양한 활동을 통합하고 조정하는 노력과 함께 경주되어야만 한다. 즉, 다양한 관계자의 이해를 반영하면서도 확실성과 유연성, 그리고 효율성과 공정성 사이에 적절한 균형을 취할 필요가 있다. 그리고 도시계획 결정에 따른 가치는 커뮤니티 전체를 위한 기금이 되어야만 한다.

민주절차에 입각한 프로세스로서의 도시계획은 커뮤니티와의 전략적인 제휴를 통해서 지역의 대의제 민주주의를 활성화시켜야만 한다. 도시계획 결정이 미치는 경제적 영향력—환경적·사회적 비경제도 포함—을 보다 정확히 평가하기 위해서는 새로운 지표와 통계적 기반을 요청한다. 이들은 도시계획을 통하여 창의적 변화를 일으키는 데 도움을 줄 것이다. 이것은 도시계획자가 판단을 내려야만 한다는 것을 의미하지만, 부적합한 인물이 그러한 판단을 내릴 경우에는 불이익이 초래될 수 있다는 것을 의미한다. 하지만 이러한 정치적 토론은 지금까지 그랬듯이 이후에도 지속될 것이다. 중요한 것은 새로운 메커니즘—시민에 의한 심사제도를 포함함—에 입각하여 보다 명시적이고, 투명성이 높고, 책임 있는 결정을 내리는 것이다. 도시전략의 추진은 전통적으로 마을을 계획하는 차원의 아이디어보다도 그 범위가 넓고, 보다 넓은 전문지식, 지표, 기준을 포함하는 것이 되어야만 한다. 그리고 그것은 환경시스템이 갖는 의의와 지역에 미치는 영향력, 창의적 필요성 등을 의식할 필요가 있다는 점에서 보다 전략적인 것이 될 필요가 있다.

창의적 프로세스로서의 도시계획을 엄격한 규제시스템과 조화시킨다는 것은 아주 어렵다. 그것은 규제프로세스를 포기해야만 한다는 것을 의미하는 것이 아니라, 규제프로세스가 보다 유연하고 혁신적인 유인 및 인식기구에 부합될 필요가 있다는 것을 의미한다. 새로운 일처리방식을 뒷받침하기 위해서는 성과에 대한 보상시스템이 중요하다. 이와 관련된 예를 들면, 에너지절약형의 건물이라면 인접한 건물들과 비교하여 이들이 하루에 어느 정도의 비용을 절감했는가를 설명한 명함판을 걸어 준다거나, 또는 지방세를 납부할 때 환불보너스를 주는 것 등을 생각할 수 있다(『영국지역계획협회에 의한 도시계획의 장래에 관한 고찰』, 특히 로저 레베트의 원고가 이 부분을 집필하는 데 많은 도움이 되었다).

코   다

이 책을 마감할 때가 되었다. 이제 당신에게는 조그마한 즐거움이 시작될 것이다. 그것은 당신의 도시를 당신이 원하는 방식으로 창조하고 재창조하는 것이다. 내가 믿고 있는 슬로건은 "전략적으로는 원칙에 입각하고, 전술적으로는 유연하게 하라"는 것이다. 이것은 미래도시계획의 본질을 파악하고 있다. 해결방식은 무한하지만 그들을 모두 파악하는 것은 불가능하다. 그 가운데 어떤 것은 단지 상상력을 요구하는 것이 있다면, 또다른 것은 뿌리 깊은 권력구조 및 견고한 태도에 맞설 것을 요청하는 것도 있다. 나는 이 책이 당신의 상상력을 한 차원 높이기 위한 촉매가 될 수 있기를 바란다. 중요한 것은 현실세계에 응용하는 것이고, 그것은 이 책에서 제시한 아이디어뱅크를 각색하고 윤색하는 것이 될 것이다.

타워햄릿의 문화산업

평 균	초 기 (4~5)	생 산 (3~4)	유 통 (3)	운송형태 (3)	판매촉진 (3)	종합점수 비 평
시각예술	7~8	7~8	4	3	4	6
회 화	9	8	3	3	5	
조 각	7	6	3	3	5	
그래픽아트	4~5	3~4	3	3	2	
공 예	5	4	4	3	3	3~4
공연예술	2~3	2~3	2	1~2	2	2
전통예능	2	1~2	1	1~2	2	약함
댄 스	2~3	3	5	1~2	1	
신 영 역	4	2~3	2	1~2	2	
마 임	2	1	1	1	1	1
카 바 레	3	2	1~2	3	2	2
뮤 직	4~5	4	3	2	3	3
오페라, 클래식	5	5	4	4	5	
재 즈	3~4	2	2	2	2	
팝 스	5	3	2	2	2	
영 상	2	2~3	2~3	1~2	1~2	1~2
영 화	2	2	3	1	1	일반적으로 약함
TV	3	3	2	n/a	2	모든 부문에서
비디오/법인	2	2	2	2	1	
사 진	3	3~4	3	2	2	
멀티미디어	3	3	2	2	2	2~3
출 판 업	6	6	6	6	6	6
도 서	2	1	2	2	2	불안정
신문/잡지	8	8	8	8	8	(신문: 강함)
패 션	5~6	5~6	6	6	4	6
디자이너	4~5	4	2~3	2	2	잠재력이 큼
대량생산	6	8~9	8	8	6	
일반디자인	2	2	2	2	2	2
공업디자인	4	2	1~2	1~2	1	2

주: 이 표는 1에서 10까지의 척도를 기준으로 평가하였다(10단계). 1은 아주 약함, 3~4는
    꽤 약함, 10은 극도로 강하다. 원래의 보고서에는 단계마다 그 해설이 되어 있다.

글래스고의 문화적 강도

	초 기	생 산	유 통	소비 운반체계	관객의 평가
일 반					
시각예술					
공연예술					
영 상					
뮤 직					
디 자 인					

기조: 매우 약함 [   ] 강함

부록 3

글래스고의 시각예술

| 부표 3 | 현대아트를 중심으로 타도시와 비교할 때 시각예술분야에서 글래스고가 차지하는 위치(1991년) |

영국 도시와의 비교		유럽 도시와의 비교		세계 도시와의 비교	
런던	10	런던	8	뉴욕	9/10
글래스고	**5**	쾰른	6	런던	6/7
리즈	4/5	마드리드	6	쾰른	6
리버풀	4	베를린	5	로스앤젤레스	5/6
에딘버러	3/4	파리	5	마드리드	4/5
맨체스터	3	암스테르담	4	파리	4
뉴캐슬	3	바르셀로나	4	베를린	3/4
브리스틀	2/3	프랑크푸르트	4	시카고	3/4
카디프	2	헬싱키	3	프랑크푸르트	3/4
옥스퍼드	2	로마	3	암스테르담	3
사우스햄튼	2	바젤	2/3	시드니	3
		취리히	2/3	로마	2
		글래스고	**2**	도쿄	2
		밀라노	2	**글래스고**	**1**

주: 이 표는 1991년을 기준으로 글래스고의 위치를 보여 주고 있다. 도시 간의 상대적인 위치는 변화하기 쉽다. 1991년 이후부터 2000년까지 런던과 베를린의 위치는 상향되었다. 1은 아주 약함, 3~4는 꽤 약함, 그리고 10은 극도로 강함을 나타낸다.

⁛ 참고문헌

　이 참고문헌에 나오는 책과 논문들은 두 가지 그룹으로 나누어져 있다. 첫 번째 목록은 일반적인 참고문헌과 도시의 문화정책에 관련된 테마에 초점을 맞춘 것이다. 후반부의 목록은 창의성과 그 사고에 초점을 맞춘 것이다.

도시와 도시문화정책

Amin, A. and N. Thrift, *Globalization, Institutions and Regional Development in Europe*, Oxford: Oxford University Press, 1994.

Andersson, A. E., *Culture, Creativity and Economic Development in a Regional Context*, Strasbourg: Council for Cultural Co-operation, Project no. 10, Seminar no. 5, 1987.

Argyle, Michael, *The Psychology of Happiness*, London: Routledge, 1987.

Badshah Akthar, *Our Urban Future: New Paradigms for Equity and Sustainability*, London: Zed Press, 1996.

Bauman, Zygmunt, *Postmodernity and its Discontents*, New York: New York University Press, 1997.

Bianchini, F. and Santacatterina L. Ghilardi, *Culture and Neighbourhoods: A Comparative Report*, Strasbourg: Council of Europe, 1997.

Bianchini, F. and C. Landry, *Assessing Urban Vitality and Viability*, Bournes Green: Comedia, 1995.

Bianchini, F. and M. Parkinson, *Cultural Policy and Urban Regeneration: The West European Experience*, Manchester: Manchester University Press, 1993.

Borja, J. and M. Castells, *Local and Global: Management of Cities in the Information Age*, London: Earthscan, 1997.

Brotchie, J. and J. Batty, *Cities in Competition: Productive and Sustainable Cities for the 21st Century*, Melbourne: Longman, 1995.

Camagni, R., "The Concept of Innovative Milieux and its Relevance to Public Policy in Europe's Lagging Regions," *Papers in Regional Science*, 74(4), 1995, p. 317.

Cantell, T., *Helsinki and a Vision of Place*, Helsinki: City of Helsinki Urban Facts, 1999.

Cara, S., C. Landry, and S. Ransom, "The Learning City in the Learning Age," Richness of Cities Working Paper 10, Bournes Green: Co-media, 1999.

Carson, R., *Silent Spring*, Boston: Houghton Mifflin, 1962.

Castells, M., *The Informational City: Information Technology, Economic Restructuring and the Urban-Regional Process*, Oxford: Blackwell, 1989.

_____, *The Rise of the Network Society*, Oxford: Blackwell, 1996(김묵한 외 옮김, 『네트워크 사회의 도래』, 한울, 2003).

Castells, M. and P. Hall, *Technopoles of the World: The Making of 21st Century Industrial Complexes*, London: Routledge, 1994.

Christie, I. and L. Nash(eds.), *The Good Life*, London: Demos Collection, 1998.

Clarke, D.(ed.), *The Cinematic City*, London: Routledge, 1997.

Clifford, S. and A. King(eds.), *Local Distinctiveness: Place, Particularity and Identity*, London: Common Ground, 1993.

Cohen, Sarah, *Evaluation of the Sci-Art Programme*, Wellcome Trust, 1998.

Cooke, P.(ed.), *The Rise of the Rustbelt*, London: University College London, 1995.

Cooke, P. and K. Morgan, "The Creative Milieu: a Regional Perspective on Innovation," in M. Dodgson and R. Rothwell, *The Handbook of Industrial Innovation*, Aldershot: Elgar, 1994.

Cornwall, A., "Towards Participatory Practice, PRA and the Participatory Process," Draft Paper, Department of Anthropology, School of Oriental and African Studies, London, 1995.

Coyle, D., *The Weightless World*, London: Capstone, 1997.

Demos Quarterly, "Liberation Technology," *Demos Quarterly*, 4, 1994.

_____, "The Time Squeeze," *Demos Quarterly*, 5, 1995.

Ekins, Paul, *Wealth beyond Measure: An Atlas of the New Economics*, London: Gaia Books, 1992.

European Business Network for Social Cohesion, Corporate Initiatives: 100 Case Studies, Brussels, 1996.

Fleming, Tom(ed.), *The Role of the Cultural Industries in Local and Regional Development*, Manchester: Manchester Institute for Popular Culture, 1999.

Gaffikin, F. and M. Morrissey, *City Visions: Imagining Place, Enfranchising People*, London: Pluto Press, 1999.

Gilbert, R., D. Stevenson, H. Girardet, and R. Stren, *Making Cities Work: The Role of Local Authorities in the Urban Environment*, London: Earthscan, 1996.

Girardet, H., *The Gaia Atlas of Cities*, London: Gaia Books, 1992a.

_____, *Cities: New Directions for Sustainable Living*, London: Gaia Books, 1992b.

Girouard, Mark, *Cities and People*, New Haven: Yale University Press, 1985.

Global Ideas Bank, www.globalideasbank.org/

Graham, S. and S. Marvin, *Telecommunications and the City: Electronic Spaces, Urban Places*, London: Routledge, 1996.

_____, "Urban Planning and the Technological Future of Cities," Richness of Cities Working Paper 3, Bournes Green: Comedia, 1998.

Greenhalgh, E., C. Landry, and K. Worpole, "New Departures," Richness of Cities Working Paper 1, Bournes Green: Comedia, 1998.

Greenhalgh, E. and K. Worpole, *The Richness of Cities*, Bournes Green: Comedia, 1999.

Habitat, "Best Practices Database for Human Settlements," www.best-practices.org/

Hall, P., "The roots of urban innovation: culture, technology and the urban order," *Urban Futures*, 19, 1995, pp. 41~52.

_____, *Cities in Civilisation*, London: Weidenfeld, 1998.

Hall, P. and C. Landry, *Innovative and Sustainable Cities*, Dublin: European Foundation for the Improvement of Living and Working Conditions, 1997.

Hall, P. and A. Markusen, *Silicon Landscapes*, Boston: Allen Unwin, 1985.

Hall, P. and P. Preston, *The Carrier Wave: New Information Technology and the Geography of Innovation, 1846~2003*, London: Unwin-Hyman, 1988.

Hall, P. and M. Castells, *Technopoles of the World: The Making of 21st Century Industrial Complexes*, London: Routledge, 1994.

Hawken, P., *The Ecology of Commerce*, New York: Harper Business, 1993.

Healey, P., *Collaborative Planning: Shaping Places in Fragmented Societies*, London: Macmillan, 1997.

Healey, P., S. Cameron, Simin Davoudi, S. Graham, and A. Madani-Pour, *Managing Cities: The New Urban Context*, Chichester: Wiley, 1995.

Healey, P., A. Khaker, A. Motte, and B. Needham, *Making Strategic Spatial Plans: Innovation in Europe*, Basingstoke: Taylor and Francis, 1997.

Hopkins, Ellwood, "The Life Cycle of Urban Innovations," Working Paper 2, UNDP/UNCHS/World Bank, 1994.

Hudson, R., M. Dunford, D. Hamilton, and R. Kotter, "Developing Regional Strategies For Economic Success: Lessons From Europe's Economically Successful Regions?," *European Urban and Regional Studies*, 4(4), 1997, pp. 365~373.

Jacobs, J., *Cities and The Wealth of Nations*, 1984.

Jenkins, Deborah, "Partnerships and Power: Leadership and Accountability in Urban Governance," Richness of Cities Working Paper 4, Bournes Green: Comedia, 1998.

Jenks, Chris, *Culture: Key Ideas*, London: Routledge, 1993.

Joseph Rowntree Foundation, *Search*, quarterly publication, review of research of the foundation on social and economic exclusion issues, York, 1991 onwards.

Kelly, K., "New Rules for the New Economy: Twelve Dependable Principles for Thriving in a Turbulent World," *Wired*, September 1997.

Kelly, Kevin, *New Rules for the Economy*, London: Fourth Estate, 1999.

Kilper, H. and G. Wood, "Restructuring Policies: the Emscher Park International Building Exhibition," in P. Cooke(ed.), *The Rise of the Rustbelt*, London: University College London, 1995.

Kleiner, Art, *The Age of Heretics: Heroes, Outlaws and the Forerunner of Corporate Change*, London: Nicholas Brealey, 1996.

Kuhn, Thomas, *The Structure of Scientific Revolutions*, Chicago: University of Chicago Press, 1962.

Kunzmann, K., "Developing the Regional Potential for Creative Response to Structural Change," in J. Brotchie and J. Batty, *Cities in Competition: Productive and Sustainable Cities for the 21st Century*, Melbourne: Longman, 1995.

_____, "The Future of the City Region in Europe," in K. Bosma and H. Hellinga(eds.), *Mastering the City: North European City Planning 1900~2000*, Rotterdam, NAI, 1997.

Landry, C. with O. Kelly, *Helsinki: A Living Work of Art: Towards a Cultural Strategy for Helsinki*, City of Helsinki Information Management Centre, 1994.

Landry, C. with E. Greenhalgh and K. Worpole, *The Innovative Capacity of the Swedish Public Library System*, Swedish Council for Cultural Affairs, 1995a.

Landry, C. with G. Mulgan, *The Other Invisible Hand: Remaking Charity for the 21st Century*, London: Demos, 1995b.

Landry, C. with L. Greene, F. Matarasso, and F. Bianchini, *The Art of Regeneration: Cultural Development and Urban Regeneration*, London and Nottingham: Comedia in Association with Civic Trust Regeneration Unit, Nottingham City Council, 1996.

Landry, C., *From the Art of the State to the State of the Art: Bulgaria's Cultural Policy in Transition*, The Council of Europe, 1997.

_____, *From Barriers to Bridges: Re-imagining Croatian Cultural Policy*, The Council of Europe, 1998a.

_____, "Helsinki: Towards a Creative City," Report for the City of Helsinki, 1998b.

Landry, C. and F. Bianchini, *The Creative City*, London: Demos, 1995.

Landry, Charles and Francois Matarasso, T*he Learning City-Region: Approaching Problems of the concept, its measurement and evaluation*, Paris: OECD, 1998.

Landry, C., F. Bianchini, R. Ebert, F. Gnad, and K. Kunzmann, *The Creative City in Britain and Germany*, London: Anglo-German Foundation for the Study of Industrial Society, 1996.

Landry, C., S. Ransom, and S. Cara, *The Learning City in the Learning Age*, Bournes Green: Comedia, 1998.

Lash, S. and J. Urry, *Economies of Signs and Space*, London: Sage, 1994.

Leadbeater, Charles, *The Rise of the Social Entrepreneur*, London: Demos, 1997.

Leadbeater, C. and S. Goss, *Civic Entrepreneurship*, London: Demos, 1998.

Lehan, Richard, *The City in Literature: An Intellectual and Cultural History*, Berkeley: University of California, 1998.

Levine, Robert, *A Geography of Time*, New York: Basic Books, 1997.

Lundvall, B. A., *National Systems of Innovation: Towards a Theory of Innovation and Interactive Learning*, London: Frances Pinter, 1992.

_____, "The Learning Economy: challenges to economic theory and policy," paper presented at the EAEPE Conference, Copenhagen, October 1994.

Lynch, Kevion, *Good City Form*, Cambridge MA: MIT Press, 1981.

MacGillivray, A., C. Weston, and C. Unsworth, *Communities Count: A step by step guide to community sustainability indicators*, London: New Economics Foundation, 1998.

Matarasso, Francois, *Regular Marvels*, Leicester: Community Dance and Mime Foundation, 1993.

_____, *Use or Ornament: The Social Impact of Participation in the Arts*, Bournes Green: Comedia, 1997.

McNulty, Bob, *The State of the American Community: Empowerment for Local Action*, Washington: Partners for Livable Communities, 1994.

Meadows, D. H., D. L. Meadows, J. Randers, and C. W. Behrens, *The Limits to Growth*, New York: Universe Books, 1972.

Melucci, Alberto, *Nomads of the Present*, Philadelphia: Temple University Press, 1989.

_____, *Challenging Codes: Collective Action in the Information Age*, Cambridge: Cambridge University Press, 1996a.

_____, *The Playing Self: Person and Meaning in the Planetary Society*, Cambridge: Cambridge University Press, 1996b.

Mercer, C., *Urban Cultures and Value Production*, Proceedings of the Conference Cities and the New Global Economy, Melbourne: OECD, 1995.

Mitchell, W., *City of Bits: Space, Place and the Infobahn*, Cambridge: MIT, 1995.

Montgomery, J., "Developing the Media Industries: An overview of strategies and possibilities for the local economic development of the media and cultural industries," *Local Economy*, 11(2), 1996, pp. 158~168.

Morgan, K., "The Learning Region: institutions, innovation and regional renewal," *Regional Studies*, 31(5), 1997, pp. 491~503.

Mulgan, Geoff, "Missionary Government," *Demos Quarterly*, 7, 1995.

Murray, Robin, *Creating Wealth from Waste*, London: Demos, 1999.

Nelson, Jane, *Business as Partners in Development: Creating Wealth for Countries, Companies and Communities*, London: Prince of Wales Business Leaders Forum, 1996.

Nyström, Luise, *City and Culture: Cultural Processes and Urban Sustainability*, Karlskrona: Swedish Urban Environment Council, 1999.

O'Connor, J. and D. Wynne, *From the Margins to the Centre: Cultural Production and Consumption in the Post-Industrial City*, Aldershot: Arena, 1996.

Ohmae, K., "The Rise of the Region State," *Foreign Affairs*, Spring 1993, pp. 10~19.

Osborne, D. and T. Gaebler, *Reinventing Government: How the Entrepreneurial Spirit is Transforming the Public Sector*, Reading, Mass.: William Patrick, 1992.

Osborne, D. and P. Plastic, *Banishing Bureaucracy: The Five Strategies for Reinventing Government*, Reading, Mass.: Addison-Wesley, 1997.

Parnes, S. J., *Source Book for Creative Problem Solving*, Buffalo, NY: Creative Education Foundation Press, 1992.

Perri 6, "The Wealth and Poverty of Networks," Demos Collection 12: London, 1997.

Piore, M. and C. Sabel, *The Second Industrial Divide*, New York: Basic Books, 1984.

Porter, Michael, *The Competitive Advantage of Nations*, New York: Free Press, 1990.

Power, Anne and Mumford, *The Slow Death of Great Cities? Urban Abandonment or Urban Renewal?*, Joseph Rowntree Foundation: Brussels, 1999.

Pratt, Andy, *A Third Way for the Cultural Industries*, London: LSE, 1998.

Putnam, R., *Making Democracy Work: Civic Traditions in Modern Italy*, Princeton: Princeton University Press, 1993.

Rickards, Tudor, "The Management of Innovation: Recasting the Role of Creativity," *European Journal of Work and Organizational Psychology*, 5, 1996.

Robinson, G. and J. Rundell, *Rethinking Inagination: Culture and Creati-*

vity, London: Routledge, 1994.

Rötzer, Florian, *Die Telepolis: Urbanität im digitalen Zeitalter,* Berlin: Bollmann, 1995.

Rushkoff, D., *Cyberia: Life in the Trenches of Hyperspace*, San Francisco: Harper, 1994.

Sassen, S., *Cities in a World Economy*, Thousand Oaks: Pine Force Press, 1994.

Saxenian, A., *Regional Advantage: Culture and Competition in Silicon Valley and Route 128*, Cambridge, Mass.: Harvard University Press, 1994.

Schon, D., *Beyond the Stable State: Public and Private Learning in a Changing Society*, New York: W.W. Norton, 1971.

Scott, A. J., *New Industrial Spaces*, London: Pion, 1988a.

_____, *Regions and the World Economy: The Coming Shape of Global Production, Competition and Political Order*, Oxford: Oxford University Press, 1998b.

Seabrook, Jeremy, *In the Cities of the South: Scenes from a Developing World*, London: Verso, 1996.

Shlain, L., *The Alphabet versus the Goddess: The Conflict Between Word and Image*, London: Penguin, 1998.

Sieverts, Thomas, *IBA Emscher Park: Zukunftswerkstatt für Industrieregionen*, Cologne: Rudolf Müller, 1991.

Spendolini, Michael, *The Benchmarking Book*, New York: Amacom, 1992.

Storper, M., *The Regional World: Territorial Development in a Global Economy*, New York: Guilford Press, 1997.

Storper, M. and A. Scott, "The Wealth of Regions: Market Forces and Policy Imperatives in Local and Global Context," Working Paper 7, Lewis Centre for Regional Policy Studies: UCLA, 1993.

Tayart de Borms Luc, *Corporate Initiatives: Putting into Practice the European Declaration of Business against Social Exclusion*, Brussels: European Business Network for Social Cohesion, 1996.

Urban Pilots Project Annual Report, Brussels: Joseph Rowntree Foundation, 1996, 1997.

von Weizsäcker, E., A. B. Lovins, and L. H. Lovins, *Factor Four: Doubling Wealth, Halving Resource Use*, London: Earthscan, 1998.

Ward, Colin, *Welcome, Thinner City*, London: Bedford Square Press, 1989.

Weatherley, R. and M. Lipsky, "Street Level, Bureaucrats and Institutional Innovation," Working Paper 44, Joint Center for Urban Studies of MIT and Harvard University, 1977.

Worpole, Ken, "Northing to Fear? Trust and Respect in Urban Communities," Richness of Cities Working Paper 2, Bournes Green: Comedia, 1997.

Worpole, Ken(ed.), Richness of Cities Working Papers 1-12, Bournes Green, Comedia, 1997~1998.

창의성과 사고

Albery, N., L. Irvine, and S. Evans, *Creative Speculations: A Compendium of Social Innovations*, London: Institute for Social Inventions, 1997.

Albery, N. and M. Mezey(eds.), *Reinventing Society*, London: Institute for Social Inventions, 1994.

Albery, N. and S. Wienrich, *Social Dreams and Technological Nightmares*, London: Institute for Social Inventions, 1999.

Albery, N. with V. Yule, *A Book of Visions: An Encyclopedia of Social Innovations*, London: Institute for Social Inventions, 1992.

Assagoli, A., *The Act of Will*, New York: Viking Press, 1973.

Birch, P. and B. Clegg, *Imagination Engineering: The Toolkit for Business Creativity*, London: Pitman, 1996.

Buzan, Tony, *Use Your Head*, London: BBC Books, 1974.

Buzan, Tony with Barry, *The Mindmap Book: Rediant Thinking, The Major Evolution in Human Thought*, London: BBC Books, 1993.

Capra, Fritjof, *The Web of Life: A New Synthesis of Mind and Matter*, London: Harper Collins, 1997.

Cook, Peter, *Best Practice Creativity*, Aldershot: Gower, 1998.

Covey, Stephen R., *The Seven Habits of Highly Effective People*, London: Simon & Schuster, 1992(김경섭·김원석 옮김, 『성공하는 사람들의 7가지 습관』, 김영사, 1994).

Csikszentmihalyi, Mihaly, *Flow: The Psychology of Happiness*, London: Rider, 1992.

_____, *Creativity: Flow and the Psychology and Discovery of Invention*, New York: Harper Perennial, 1996.

De Bono, E., *The Use of Lateral Thinking*, London: Pelican, 1971.

_____, *Lateral Thinking for Management*, London: Pelican, 1982.

_____, *Master Thinkers Handbook*, London: Penguin, 1990a.

_____, *Six Thinking Hats*, London: Penguin, 1990b.

_____, *Water Logic*, London: Penguin, 1993.

_____, *Parallel Thinking: From Socratic to de Bono Thinking*, London: Penguin, 1995a.

_____, *Teach Yourself To Think*, London: Penguin, 1995b.

_____, *Serious Creativity*, London: Harper Collins Business, 1996.

Dennison, Paul and Gail, *Brain Gym. Simple Activities for Whole Brain Learning*, CA: Edu-Kinesthetics, 1986.

Dilts, Robert and Todd A. Epstein, *Dynamic Learning*, California: Meta Publications, 1995.

Dryden, Gordon and Jeannette Vos, *The Learning Revolution: A Lifelong Programme for the World's Most Finest Computer: Your Amazing Brain*, Aylesbury: Accelerated Learning Systems, 1994.

Edwards, Betty, *Drawing on the Artist Within*, New York: Simon & Schuster, 1986.

Egan, Kieran, *Imagination in Teaching and Learning*, London: Routledge, 1992.

Fritz, Robert, *The Path of Least Resistance: Becoming the Creative Force in Your Own Life*, London: Butterworth, 1984.

_____, *Creating*, London: Butterworth, 1991.

_____, *Corporate Tides: Redesigning the Organisation*, London: Butterworth, 1994.

Fryer, Marilyn, *Creative Teaching and Learning*, London: Paul Chapman, 1996.

Gardner, Howard, *Frames of Mind: The Theory of Multiple Intelligences*, London: Heinemann, 1984.

_____, *The Unschooled Mind*, New York: Basic Books, 1991.

_____, *Creating Minds: An Anatomy of Creativity seen through the Lives of Freud, Einstein, Picasso, Stravinsky, Eliot, Graham and Gandhi*, New York: Basic Books, 1993.

_____, *Leading Minds: An Anatomy of Leadership*, New York: Basic Books, 1996.

_____, *Extraordinary Minds: Portraits of Extraordinary Individuals and an Examination of our Extraordinariness*, New York: Basic Books, 1997.

Green, Andy, *Creativity in Public Relations*, London: Kogan Page, 1999.

Hopson, Barry and Mike Scally, *Wake Up Your Brain: Creative Problem Solving*, London: Lifeskills, 1989.

Jensen, Eric, *Brain-Based Learning*, California: Turning Point Publishing, 1996.

Kearney, Richard, *The Wake of the Imagination*, London: Routledge, 1988.

Knight, Sue, *NLP at Work: The Difference that makes a Difference in Business*, London: Nicholas Brealey, 1995.

Lynch, Dudley and Paul L. Kordis, *Strategy of the Dolphin. Winning Elegantly by Coping Powerfully in a Turbulent World of Change*, London: Arrow Books, 1990.

Morgan, Gareth, *Images of Organization*, Newbury Park: Sage, 1986.

_____, *Creative Organization Theory: A Resource Book*, Newbury Park: Sage, 1989.

_____, *Imaginization: The Art of Creative Management*, Newbury Park: Sage, 1993.

New Economics Foundation, *Participation Works: 21 Techniques of Community Participation for the 21st Century*, London: NEC, 1997.

Petty, Geoffrey, *How to be Better at Creativity*, London: Kogan Page, 1997.

Rosen, Robert with Paul Brown, *Leading People: The 8 Proven Principles for Business Success*, London: Penguin, 1996.

Senge, P., *The Fifth Discipline: The Art and Practice of the Learning Organizaiton*, Sydney: Random Books, 1992.

Senge, P., A. Kleiner, C. Roberts, R. Ross, and B. Smith, *The Fifth Discipline Fieldbook: Strategies and Tools for Building a Learning Organization*, London: Nicholas Brealey, 1994.

∷ 관련 웹사이트

도시창의성과 혁신에 관한 웹사이트

Comedia
    www.comedia.org.uk

EGPIS (European Good Practice Information Service)
    cities21.com/egpis

European Academy of the Urban Environment
    www.eaue.de/

European Commission Urban Pilot Projects
    www.inforegio.org/urban/upp/frames.htm

European Sustainable Cities
    ourworld.compuserve.com/homepages/European_Sustainable_Cities/
    homepage.htm

European Urban Forum
    www.inforegio.cec.eu.int/urban/forum/

Forum on Creative Industries
    www.mmu.ac.uk/h-ss/sis/foci/welcome1.html

Global Ideas Bank (Institute for Social Inventions)
    www.globalideasbank.org/

Habitat-Best Practices Database for Human Settlements
    www.bestpractices.org/

Huddersfield Creative Town Initiative

www.creativetown.com

The Innovation Journal

www.innovation.cc/index.html

International Council for Local Environmental Initiatives

www.iclei.org/iclei/casestud.htm

International Institute for Sustainable Development

iisd1.iisd.ca/default.htm

International Urban Development Association

www.inta-aivn.org/

Megacities

www.megacities.nl/

Randers Urban Pilot Project

www.undervaerket.dk/

RSS (European Regional Development Fund and Cohesion Fund Projects)

www.inforegio.org/wbover/overstor/stories/D/RETD/st100_en.htm

SCN (Sustainable Communities Network)

www.sustainable.org/casestudies/studiesindex.html

United Nations Management of Social Transformations

www.unesco.org/most/bphome.htm#1

창의성에 관한 웹사이트

Charles Cave

www.ozemail.com/~caveman/creative/content.xtm

Creativity Net

www.links.management.org.uk/Categories/Creativity.htn

De Bono, Edward, related sites

www.aptt.com

www.edwdebono.com

The Fritz Group

www.fritzgroup.com

Healthcare Forum

www.well.com/user/bbear/rosen.htm

Kao, John (author of *Jamming*)

www.jamming.com/

Morgan, Gareth (of Imaginization)

www.mgeneral.com

www.imaginiz.com

Mulder, Bert-New Media and the Power of Culture

kvc.minbuza.nl/homepage.html

Russell, Peter (anthor of *The Brain Book*)

www.peterussell.com

∷ 코메디아에 대해서

　　코메디아(Comedia)는 1978년 찰스 랜드리에 의해 창설되었다. 코메디아는 도시의 미래와 문화자원의 최대화에 초점을 맞추고, 전략적 촉진자·조언자·컨설턴트로서의 역할을 수행하는 조그마한 조직이다. 이 조직은 오스트레일리아, 보스니아, 불가리아, 독일, 스페인, 이탈리아, 핀란드, 러시아, 폴란드, 남아프리카, 스칸디나비아, 미국, 우크라이나, 크로아티아, 뉴질랜드, 예멘을 포함한 30여 개의 나라에서 활약하고 있다. 코메디아는 문화적인 활동을 통해 공적·사회적·경제적인 생활에 새로운 활력을 불어넣는 것에 관계된 수백 개의 프로젝트를 수행해 왔다. 이 가운데에는 생활의 질에 관한 연구, 문화산업발전에 관한 프로젝트, 그리고 도시와 지역의 전략 등이 포함되어 있다.

　　최근에 코메디아는 다섯 가지의 주요 프로그램에 관여해 왔다. 즉, 창조도시에 관한 국제적인 제안 및 그 생명력과 활력, 문화의 사회·경제적 영향력, 견문이 넓고 창의적 시민이라는 개념, 공적 공원과 공공 스페이스가 수행하는 역할, 비영리부문의 장래가 그것이다. 랜드리는 유럽, 북아메리카와 오스트레일리아 등 전 세계에서 강연을 하였고, 1998년부터 1999년까지는 세계은행에서 문화와 도시를 위한 전략에 관한 조언을 한 바 있다. 그는 도시재생을 위한 문화의 활용, 도시의 창의성, 문화산업, 도시의 미래 등의 분야에서 국제적인 권위자로 인정받고 있다.

　　보다 자세한 내용에 관해서는 코메디아의 웹사이트(www.comedia.org.uk)를 방문하거나, 다음 주소 또는 이메일로 연락을 취해 주기를 바란다.

Comedia

The Round

Bournes Green

Near Stroud

Gloucestershire GL6 7NL

UK

charleslandry@comedia.org.uk

:: 역자후기 : 『창조도시』와의 대화

　　"런던에서 사업을 하던 한 상인이 사업실패로 감옥에 갇히는
신세가 되었다. 이 사람에게는 10대 후반의 아리따운 딸이 한 명
있었다. 평소 이 소녀에게 흑심을 품던 한 악덕업자가 이 사람에
게 다음과 같은 제안을 하였다. 검은 돌과 하얀 돌 두 개를 넣은
돈주머니에서 만약 당신의 딸이 하얀 돌을 꺼내면 당신의 빚을
탕감해 주는 것은 물론이고 딸과 함께 살 수 있게 하되, 만약 당
신의 딸이 검은 돌을 꺼낼 경우에는 자신과 결혼을 해야만 한다
는 것이었다. 이 제안은 상인에게 도저히 받아들이기 어려운 선
택이었다. 하지만, 악덕업자의 제안을 무시하면 딸의 생활이 어려
워지는 것은 물론이고 자신도 오랫동안 수감생활을 해야만 할 것
이고, 이 업자의 제안을 그대로 받아들이면 자신의 아리따운 딸
의 운명이 어떻게 될 것인가로 고민하지 않을 수 없는 상황이 되
었다.
　　마지못해 업자의 제안을 받아들인 상인과 그 딸은 악덕업자
의 정원에서 운명의 선택을 하게 되었다(악덕업자는 이들 몰래,
돈주머니에 검은 돌 두 개를 넣었다). 악덕업자는 상인의 딸에게
주머니 속에 있는 돌 가운데 하나를 꺼내라고 점잖게 말했다. 자
신의 운명을 결정할 돌을."

　이 이야기는 에드워드 드 보노(Edward de Bono)가 1972년에 쓴
『측면적 사고의 활용(*The Use of Lateral Thinking*)』이라는 책에 나온
다. 『창조도시』는 Charles Landry, *Creative City: A Toolkit For Urban
Innovators*, London: Earthscan, 2000을 완역한 것인데, 이 책을 번역
하는 과정에서 나의 흥미를 끌게 한 내용 가운데 하나가 측면적 사

역자후기 ● **419**

고라는 것이다. 여기서 궁금해 하는 사람들을 위하여 앞의 이야기로 돌아가 보자.

왜, 측면적 사고인가?

당신이라면 이 상황에서 어떤 선택을 할 것인가? 만약 당신이 상인이라면 사랑하는 딸에게 어떤 조언을 할 것인가? 이 문제를 해결하기 위해서는 어떤 형태의 사고가 필요할까?

일반적으로 사람들이 이와 유사한 상황에 처하게 될 경우에 의존하는 사고의 형태는 직설적인 것, 즉 수직적인 사고방식이다. 많은 사람들은 이러한 상황을 논리적으로 분석하면 새로운 해결책이 제시될 수 있을 것이라 생각한다. 하지만 수직적으로 생각하는 사람들이 딸에게 할 수 있는 조언은 대략 다음과 같은 것들인데, 이들은 어느 것도 실질적인 도움이 되기 어렵다.

1) 상인의 딸은 이처럼 부당한 운명의 선택을 거절해야만 한다.
2) 상인의 딸은 돈주머니에 검은 돌 두 개가 들어 있다는 것을 밝힌 다음, 악덕업자를 사기꾼으로 고발해야만 한다.
3) 상인의 딸은 자신을 희생하는 대신에 아버지를 감옥에서 구해 내야만 한다.

이처럼 수직적인 사고방식과는 달리 또 하나의 다른 사고방식은 측면적인 것이다. 상인의 딸은 측면적인 사고를 하는 아주 현명한 소녀였다. 그녀는 우선 주머니에서 돌을 한 개 꺼낸 다음, 보지도 않고서 그 돌을 정원의 우물 속으로 재빨리 던지면서 악덕업자에게 다음과 같이 말했다.

"오, 이제 운명의 순간이 나에게 다가왔구나! 당신이 제안한 대로, 남은 돌 하나가 하얀 색이면 나는 당신에게 시집을 갈 것이고,

그렇지 않고 그것이 검은 색이면 나는 물론이고 나의 아버지도 감옥에서 풀려나게 될 것입니다."

당연히 남은 돌은 검은 색이었고, 결과적으로 상인의 딸이 꺼낸 것은 하얀 색의 돌이 되었던 것이다.

우리는 이 이야기의 마지막 부분에서 돈주머니를 들고 어찌해야 할 줄 모르는 악덕업자의 모습을 상상할 수 있을 것이다. 이러지도 저러지도 못하는 그의 모습을. 일전에 이 이야기를 우리 작은 아들에게 해 주었더니만 그가 보인 반응은 돈주머니에 들어 있는 돌이 모두 검은 색이라는 것을 어떻게 알 수 있냐는 것이었다. 제법 수직적인 사고에 입각한 질문이었다. 하지만 조금만 생각하면 상인의 딸과 같이 행동하는 것이 안전하다는 것을 알 수 있다. 상황은 두 가지뿐이다. 돈 주머니에는 모두 검은 돌이 들어있거나, 그렇지 않으면 하얀 돌 하나와 검은 돌 하나가 들어 있는 경우이다. 당신이라면 어떤 사고의 형태를 선택하였겠는가?

이 이야기를 서두에 꺼낸 이유는, 『창조도시』가 강조하는 것 가운데 하나는 무엇보다도, 우리가 생각을 바꿀 때에야 비로소 도시의 가능성을 새롭게 바라볼 수 있는 의지, 책임감, 에너지를 낳을 수 있다는 것이다. 특히, 우리의 사고방식을 변화시켜 통일적인 방법 속에서 도시문제를 바라보는 것이야말로, 정책제안서 천 권의 값어치에 해당한다는 주장은 『창조도시』의 핵심 메시지 가운데 하나다.

왜, 『창조도시』인가?

『창조도시』에 대한 번역은 대략 다음과 같은 과정을 거치면서 서서히 형성되었다. 창조도시는 1990년대 중반 영국과 독일에서 창조도시 워크숍이 동시에 개최되면서 활발하게 논의가 되기 시작했다. 영국에서는 랜드리가 중심이 되었고, 독일에서는 에버트(Ralph Ebert), 그나트(Friech Gnad), 쿤츠만(Klaus R. Kunzmann)이 중심이 되었다. 이들의 연구는 1996년에 『영국과 독일에서의 창조도시』라는 형태로 1차적인 결실을 맺었다. 약 30쪽에 달하는 짧은 이 보고서에서는 창조도시를 특징짓는 14가지의 기준을 제시하고 있다. 한편, 역자가 처음으로 창조도시를 접하게 된 것은 일본의 사사키 마사유키(佐佐木雅幸) 교수가 쓴 『창조도시의 경제학』(1997)이다. 이 책은 뉴욕과 동경과 같은 세계적인 도시보다도 이탈리아의 볼로냐와 일본의 카나자와 지역을 창조도시의 모델로 제시하고 있다. 이 책 역시 1990년대 중반을 갓 넘어선 시점에서 도시의 창의성에 주목하고 있다는 점에서 상당한 이목을 끌었지만, 문화라는 관점에서 창의성과 도시를 본격적으로 탐색하고 있다고 보기는 어렵다. 본격적인 '창조시대(Creative Age)'를 맞이하여 도시가 안고 있는 다양한 차원의 문제들과 이들의 창의적인 해결방식을 사고의 근본적인 전환과 함께, 창조환경의 조성에서 찾고 있는 책은 역시 찰스 랜드리의 『창조도시』이다.

  역자가 『창조도시』를 처음으로 접하게 된 것은 2003년 통영에서 열린 '2003 통영국제음악제 국제학술대회'에서 역자와 함께 발제를 맡은 김주호 원장(한국문화예술교육진흥원)의 참고문헌이었다. 이후, 이 책을 구입하여 전반적인 흐름을 이해하면서 이 책을 국내에 소개하면 좋겠다는 생각을 갖게 되었다. 그 과정에서, 찰스 랜드리의 연구 가운데 일부(Landry et al., 1996)가 한국문화경제학회가 발간하는 『문화경제연구』 6(1), 2003, pp. 16~166에 서평의 형태로 추미경 실장(다움기획)에 의해 소개되었다. 이 책을 본격적으로 번역하기 시작한 것은 역자가 에라스무스대학(이 곳은 세계에서 유일하게 문화경제학부가 개설되어 있는 곳이다)의 방문교수로 오게 된 2005년 3월 이후이다. 하지만, 그 계기는 2003년 11월 한국문화경제학회가 주관한 국제학술대회가 끝난 이후 일본의 고토 카즈코 교수가 보내

준 『창조도시』의 일본어판(後藤和子 監譯, 『創造的都市: 都市再生のための道具箱』, 日本評論社, 2003)에서 비롯되었다. 특히, 일본문화경제학회 회장을 지내신 이케가미 준(池上惇) 교수가 일본어판에 대한 추천서를 써 준 것이 결정적으로 작용하였다.

하지만 『창조도시』의 일본어판이 있으면 번역작업이 순조롭게 진행될 것이라는 나의 생각(바람직하지 않은 초기의 생각)은 완전히 빗나갔다. 그것은 일본어판이 7명이 분담해서 번역한 데서 비롯되었다기보다도, 지적 경계를 뛰어넘어 메타 학문, 특히 메타 도시학문을 추구하는 저자의 포괄적이면서도 광범한 지적 탐색작업에 기인하였다. 『창조도시』를 읽은 독자라면 누구라도 느꼈겠지만 이 책은 세계 전체를 대상으로 광범위한 최량의 실천사례가 제시되어 있다. 『창조도시』는 책상 위에서 논리적으로 생각해 낸 결과물이 아니라, 지난 20년간 현장에서 직접 관련자들과 생활하면서 지역의 고유성을 찾고 그 속에서 지역주민들이 가진 잠재능력을 활용하여 지역의 비전 및 발전전략을 추구한 경험의 산물이다(저자는 지금까지 전 세계를 대상으로 60여 개 이상에 달하는 나라를 방문하였다고 한다. 이것은 지난 7월 초 저자의 집을 방문한 자리에서 저자의 부인인 수지(Susie)에게서 들은 이야기다). 『창조도시』의 문장 하나하나에는 저자의 경험이 그대로 녹아 있다. 이러한 점은 저자의 독특한 지적 경험에 의해 더욱 가중되었다. 그는 모국인 영국은 물론이고 독일과 이탈리아 등에서 다년간 연구한 관계로 3개 국어를 능숙하게 구사한다. 이런 연유로, 『창조도시』의 전체적인 흐름은 영국적인 실용성을 중시하면서도 가끔 한 순간에 독일적인 관념성으로 바뀌거나, 때로는 이탈리아적인 밝고도 문화적인 전통을 강조하는 등, 유럽의 다양한 문화가 그의 사고와 논리 및 문장 속에 그대로 응축되어 있었다. 이러한 점들은 『창조도시』의 번역작업을 마치고 난 최근에야 알게 된 사실이다.

번역작업을 끝내고 이 글을 쓰는 현 시점에서 돌이켜보면, 금년 초 역자가 창조도시의 본 무대인 유럽의 지적 분위기 속으로 편입되지 않았다면, 특히 에라스무스대학이라는 독특한 지적 분위기 속으로 오지 못했다면, 아마도 이 작업은 그다지 진척이 없거나 만족스럽지 못한 작품으로 이 세상에 탄생되었을지도 모른다. 그렇다고 해서, 『창조도시』가 번역상의 오류나 미진한 구석이 남아 있지 않다는 것을 의미하지는 않는다. 단지, 이것은 최종적으로 번역작업을 마치고 난 다음에 저자에게 보낸 20여 가지의 질문을 통해서 내가 이 책을 제대로 소화하고 있다는 사실을 저자로부터 확인할 수 있었다는 것을 의미할 따름이다. 그는 바쁜 와중에서도 나의 질문에 하나하나 답해 주었다. 그의 열린 마음에 진심으로 감사드린다.

왜, 한국에 관한 내용이 없는가?

그 계기가 무엇이든, 우리의 출판시장에서 『창조도시』를 선택한 다음 역자후기에 이르기까지 눈길이 닿은 독자라면 공통적으로 무언가 아쉬움을 느끼는 것이 있을 것이다. 아마도 그 가운데 하나는 『창조도시』에는 왜 한국에 관한 내용이 하나도 없을까 하는 것이다. 좋은 의미든, 나쁜 의미든 아시아의 많은 사례들이 소개되어 있는데도 불구하고, 왜 우리 나라 지역의 창의적인 실천사례들은 없는 것일까? 그것은 우리에게 창의적인 실천사례가 전무해서일까? 그렇지는 않을 것이다. 그 이유는 의외로 간단하다. 그것은 저자가 한국을 방문한 경험이 없기 때문에 실제로 한국에 대해서 거의 아는 것이 없기 때문이다. 이 대목은 우리가 눈여겨볼 필요가 있다.

『창조도시』가 소개하고 있는 세 가지의 핵심 사례 가운데 하나인 영국 하더스필드의 '크리에이티브 타운 이니셔티브'가 오늘날 창조도시 프로젝트의 모델로 평가받고 있는 요인 가운데 하나는 바로, 이 책인 『창조도시』라는 출판매체를 적극적으로 활용할 수 있었기 때문이다. 『창조도시』의 원서는 출간 이후 매년 재판이 거듭되고 있는 등, 시장에서 호의적인 평가를 받고 있다는 것을 감안하면, 우리 지역의 창의적인 실천사례들을 전 세계를 대상으로 알릴 수 있는 절호의 기회를 우리 스스로 놓치고 있는 것인지도 모른다.

『창조도시』와의 대화

두 번째로 느끼는 것이 있다고 한다면 그것은 『창조도시』를 어떻게 받아들일 것인가 하는 문제이다. 우리는 『창조도시』를 통해서 어떤 시사점을 찾을 수 있을 것인가? 그 판단은 독자의 몫이지만, 『창조도시』는 향후 우리의 대화에 커다란 영향을 미치게 될 것이라 생각한다. 역자후기를 『창조도시』와의 대화라고 한 이유도 이러한 맥락에서 이해할 수 있을 것이다. 이것은 독자들이 『창조도시』를 읽은 방식과 문화경제학자로서의 역자가 『창조도시』를 읽고 반성한 것을 서로 비교하는 것이 될 수도 있을 것이다.

나는 수사학적인 독서(rhetorical reading)를 통해 이 책을 읽었다는 것을 밝히고자 한다. 나는 이 책을 읽으면서 두 가지의 상이한 역할극을 수행하였다. 하나는 저자와의 끊임없는 대화를 주고받았다는 것이고, 다른 한 가지는 독자와의 끊임없는 대화를 주고받았다는 것이다. 저자와의 끊임없는 대화는 나에게 많은 것을 가져다주었다. 내가 저자와 『창조도시』를 통해 간접적으로 주고받은 대화는 대략 다음과 같은 것들이다.

그가 『창조도시』를 쓰게 된 동기는 무엇인가? 『창조도시』의 전체적인 스토리는 무엇인가? 그의 핵심적인 주장은 무엇인가? 그가 전개하는 논의의 근거는 어디에서 찾고 있는가? 그것은 논리적인가, 경험적인가, 그렇지 않으면 개념적인 것인가? 『창조도시』가 전하고자 하는 핵심적인 내용은 무엇인가? 문화와 창의성의 관계는 무엇인가? 창의성은 모든 사람, 그리고 모든 분야에서 존재할 수 있는 것이라고 한다면 예술적 창의성과 기타 창의성과의 관계는 무엇인가? 창조도시의 핵심에 해당하는 창의적인 환경 및 기반은 문화정책과 어떤 관련성을 갖고 있는가? 그것이 우리에게 미치는 영향력은 무엇인가? 그것이 갖는 한계성은 없는가? 유럽 중심의 이러한 경험들이 우리에게 시사하는 바는 무엇인가? 우리에게는 어떤 과제가 놓여져 있는가? 등이다.

이러한 시각은 에라스무스대학 문화경제학부장인 클라머(Arjo Klamer) 교수가 진행한 박사과정 세미나 수업(경제학의 문화)에 참가하면서 역자가 느끼고, 반성하고, 학습한 내용과 상호 보완적인 관계에서 형성되었다. 그것을 한 마디로 표현하면 '대화로서의 경제학'이다(Arjo Klamer, Speaking of Economics, Routledge, 근간). 과학은 기본적으로 상대방을 설득하는 것인데, 경제학 역시 그 예외가 될 수 없는 것이다. 이렇게 보면, 경제학을 포함한 모든 학문은 상대방을 설득하는 것이 된다(Deirdre McCloskey, *The Rhetoric of Economics*, The University of Wisconsin Press, 1998). 이 때 가장 중요한 것은 이야기 상대가 누구인가 하는 것이다. 이야기 상대가 누구인가에 따라 대화의 형식과 그 내용이 달라진다. 이처럼 수사학적인 관점에서 경제학을 바라보면, 경제학자는 시인이고, 문학자이며, 이야기꾼이고 철학자이자, 과학자이다. 수사학으로서의 경제학, 대화로서의 경제학을 구성하는 핵심 내용은 메타포(metaphor)와 이야기(story)이다. 당신은 어떤 메타포를 사용하고 있는가? 당신의 이야기는 무엇인가? 당신이 이 글을 쓰게 된 동기는 무엇인가? 당신의 주장은 무엇인가? 내 이야기는 이러한 물음에서 시작되었다.

왜, 메타포인가?

프리드리히 니체는 '우리가 알고 있는 것은 우리가 선호하는 메타포를 활용하는 것'에 지나지 않는다고 했다. 메타포는 단순한 언어(단어)의 조합이나 은유 및 비유를 넘어, 일련의 사고과정에 해당한다. 경제학에서 사용하는 가장 기초적인 메타포는 '생산가능성 곡선' 또는 '시간은 돈이다' 등과 같은 학습지향적인 메타포이다. 시간은 돈이 아니지만, 이 메타포를 통해 우리는 자원의 희소성을 설명할 수 있고, 게다가 효율성이라는 개념을 이끌어 낼 수 있다. 보다 한 단계 고차적인 메타포는 1960년대에 생성되고, 이후 본격적으로 발달된 '인적 자본'이라는 메타포를 들 수 있다. 이 메타포는 이후 경제학에서 다양한 자본의 개념을 낳게 하는 동인이 되었다. 클라머 교수는 가장 고차적인 단계의 메타포 가운데 하나로서 '대화(conversation)'라는 것을 주장하고 있다.

우리가 사용하는 메타포는 자신도 모르게 우리의 사고방식과 세계관을 지배한다. 찰스 랜드리는 인간의 뇌는 들을 것이라고 생각하는 것을 듣고, 볼 것이라고 예측하는 것을 보게 된다고 하였다 (『창조도시』, p. 73). 우리는 어떤 메타포를 사용하고 있는가? 『창조도시』는 그 자체가 하나의 메타포이다. 저자가 내세우는 창조도시는 행동을 위한 구호이고, 종착역이 아닌 하나의 여정이며, 그것은 동적인 것이지 결코 정적인 것이 아니라고 한다. 창조도시는 현실의 도시문제에서 활용할 수 있는 아이디어뱅크이며, 그것은 태생적으로 반성적이고 학습하는 도시를 지향한다는 점에서, 평가 그 자체가 중심적 프로세스가 된다는 것을 일관되게 주장하고 있다.

이처럼 무의식중에 인간에게 강력한 영향력을 행사하는 메타포는 모든 상황과 모든 문화에 공통적으로 적응될 수 있는 절대적인 의미를 갖고 있는 것이 아니라, 우리가 처한 상황과 가치관 및 신념 등과 같은 문화적인 제약을 받게 된다. 우리가 메타포를 강조하기 시작하면 어떤 사건이 발생하게 된 시대적인 상황과 문화적인 특성에 주목하지 않을 수 없게 되는 것이다. 저자가 모든 것을 좌우하는 것은 '타이밍'이라고 하는 이유도 여기에 있다. 어떤 지역에서 타당하였던 혁신사례를 단순히 모방하는 것만으로는 성공을 보장하지 않는 이유도 여기에 있다.

왜, 창의성인가?

　『창조도시』 역시 '창의성 시대' 내지는 '창조시대'가 낳은 시대적인 산물이다. 앞에서 언급한 바와 같이, 1990년대 중반 유럽에서 창조도시가 본격적으로 논의되기 시작한 것도 당시의 시대적인 상황과 맞물려 있는 것이다. 과거에도 창의성은 개인과 조직은 물론이고, 도시 및 국가 전체에 중요한 역할을 수행해 왔지만 오늘날 창의성이 핵심적인 메타포가 되는 것은 경제적인 요인이 강하다. 리처드 플로리다(Richard Florida)는 창조계급(Creative Class)이라는 메타포를 사용하여 1990년대 이후 급속하게 대두하는 창조시대의 모습을 실증적으로 밝히고 있다. 창조시대의 동력은 창조경제이고, 그 핵심 산업은 창조산업 내지는 문화산업이다. 세계의 모든 도시들이 창조산업의 발전에 사활을 걸고 있는 이유도 여기에 있다. 하지만 창의성은 예술가 내지는 창조계급으로 한정되는 것일까? 여기서 두 가지의 다른 시각이 형성된다. 예술적 창의성에 초점을 맞출 것인가, 그렇지 않으면 창의성의 다양한 종류에 초점을 맞출 것인가?

　문화경제학에서는 기본적으로 전자에 초점을 맞추고 있다. 하지만 저자는 철저하게 후자의 입장을 견지하고 있다. 이것은 예술적 창의성을 중요하게 생각하지 않는다는 것을 의미하는 것이 아니라, (예술적) 창의성이 유전자암호가 되어 사회의 다양한 분야로 파급될 때에야 비로소 주민들이 가진 잠재능력을 최대로 활용할 수 있다는 것을 강조하고 있을 뿐이다. 그는 예술적 창의성 못지않게 사회적·정치적·경제적 및 기술적 창의성이 창조도시에 필수적으로 요청된다고 한다. 문화산업의 경우에도 향후 요청되는 연구분야는 문화산업의 전체적인 특성 못지않게 부문별·장르별 문화산업의 통치(governance), 조직 및 경영관리와 같은 '소프트한' 측면이다. 인프라 역시 종래의 하드웨어 중심에서 소프트웨어 중심으로 전환되어야만 하는 것도 이러한 맥락에서 이해할 수 있을 것이다. 이러한 요소들은 향후 모든 도시의 경쟁력을 좌우하는 것이 될 것이다.

한편, 문화와 창의성은 어떤 관련성을 갖고 있는가? 창의성에 대해서는 다양한 견해가 있지만, 이들을 정리해 보면 대략 다음 네 가지로 요약할 수 있다. 창의성은 개인의 재능(talent)이라는 것, 창의성은 어떤 활동의 결과물(예컨대, 미술품이나 음악 등)이라는 것, 창의성은 일련의 과정이라는 것, 마지막으로 창의성은 타인에 의해 인식되는 어떤 것 등이다. 많은 사람들은 창의성이라고 하면, 모차르트나 고흐처럼 어떤 개인이 가진 독특한 재능이나 그들이 수행한 활동의 결과물로 생각하지만, 저자는 창의성을 하나의 과정(process)으로 파악한다. 즉, 개인은 물론이고 조직 및 도시에서는 그 고유성에 입각하여 다양한 아이디어가 형성될 수 있는데, 이 아이디어를 혁신이라는 결과물로 전환시키는 일련의 과정이 창의성이라는 것이다. 이처럼 창의성을 일련의 과정으로 파악할 때, 창의성의 토대가 되는 것은 문화이고, 이 문화는 거대한 자원의 보고가 된다. 심지어, "문화를 하나의 자원으로 인식한 것은 개인적인 계시였다"(『창조도시』, p. 9)는 표현은 우리에게 경건한 마음을 갖게 한다.

한 걸음 나아가 창의성에는 다양한 형태가 있지만, 개인의 창의성, 조직의 창의성, 그리고 도시의 창의성을 구별할 필요가 있다. 스위스의 프라이(Bruno S. Frey) 교수는 예술적 창의성을 중심으로 논의를 전개할 때, 우리는 개인적 창의성과 제도적 창의성을 구별할 필요가 있다는 것을 강조한 바 있다(임상오, 「문화산업과 순수예술의 발달」, 『정신문화연구』, 25(4), 2002, pp. 3~19). 전형적인 경제학 방법론(방법론적 개인주의)을 채택하고 있는 프라이의 창의성 분류에서는 개인적 창의성 속에 기업의 창의성이 포함될 수 있지만, 도시가 갖는 창의성이라는 개념은 존재하지 않는다. 이러한 점에서 도시의 창의성은 문화경제학에 대해서도 일정한 보완적 관계를 가지게 될 것이 분명하다.

이처럼 다양한 관점에서 창의성을 해석하기 시작하면, 자연스럽게 창의성은 예술가 및 창조계급으로 한정되는 것이 아니라는 결론에 도달하게 된다. 저자가 아웃사이더의 잠재능력에 주목하고 그들의 창의성을 도시의 주류 속으로 편입할 필요성이 있다는 것, 특히, 여성, 어린이, 고령자, 실업자 등의 시각에서 도시를 바라볼 필요가 있다는 것은 모든 사람들의 잠재능력을 중심으로 접근할 필요성을 제기한다. 이러한 시각에 입각한 실천은 유럽에서는 이미 보편적인 것이 되고 있다.

창조도시는 언제나 바람직한 구호일까? 현재로서는 항상 그런 것 같아 보이지 않는다. 어떤 도시가 창조도시로 나아가고, 또 그것을 유지하기 위해서는 항상 불안정한 균형상태를 유지해야만 한다는 것을 역사는 말하고 있다. 즉, 창조도시는 항상 아웃사이더의 주장에 귀 기울이고, 다양한 가치관 및 문화양식을 허용하는 관용의 정신을 필수적으로 요청한다. "풍요롭고, 다양성을 인정하고, 독자성을 가진 도시일수록 창조인력이 선호한다"는 플로리다의 주장은 찰스 랜드리 및 피터 홀의 생각과 정확히 일치한다. 영원히 창의적인 도시란 존재하지 않는다는 것은 도시가 끊임없이 반성하고, 학습하는 도시가 되어야만 한다는 것을 웅변적으로 말하고 있는 것이다.

『창조도시』의 긍정적 외부효과?

문화경제학에서는 도시라는 용어를 그다지 비중 있게 다루지 않는다. 문화산업이 지역에서 수행하는 경제적 역할을 논의하는 자리에서 이 문제가 부분적으로 다루어지긴 하지만(David Throsby, *Economics and Culture*, Cambridge University Press, 2001), 대부분의 문화경제학자들은 도시라는 차원을 고려대상에서 제외하고 있다. 예외적으로 이탈리아의 문화경제학자인 산타가타 교수는 지역을 중심으로 문화지구 및 지속가능 발전을 집중적으로 탐구한 바 있다(Walter Santagata, "Cultural Districts, Property Rights and Sustainable Economic

Growth", *International Journal of Urban and Regional Research*, 26(1), 2002, pp. 91~23). 물론 문화정책, 특히 문화지원정책의 분야에서는 종래의 중앙정부 중심의 지원정책에서 지역 차원의 정책이 보다 강조되는 쪽으로 나아가면서 지역이라는 용어가 등장하지만, 문화산업을 중심으로 볼 경우에는 그다지 많은 연구가 진행되고 있다고 보기 어렵다. 이러다 보니, 문화산업 및 문화 클러스터가 특정한 장소(place)를 중심으로 발전한다는 특성을 이론적으로 반영할 여지가 없게 되는 것이다. 결국, 문화산업의 지리적 특성에 대한 연구는 그 대부분이 문화경제학자들에 의해 수행되는 것이 아니라, 도시사회학, 도시지리학, 그리고 도시경제학자들에 의해 수행되고 있는 것이 현재의 연구지형도이다.

한편, 문화경제학에서 『창조도시』를 바라보면 어떤 관련성을 이끌어 낼 수 있을 것인가? 나는 이 책을 한국의 독자들에게 알리는 작업을 수행하면서 가끔 다음과 같은 질문을 해 보곤 하였다. 나는 왜 이 작업을 하고 있는가? 『창조도시』는 경제학, 특히 문화경제학에 대하여 어떤 의미를 갖고 있는가? 저자는 문화경제학자가 아니기 때문에 이 책에서 직접적으로 문화경제학에 대하여 언급하고 있지 않다. 하지만 가치의 문제를 전문적으로 다루는 경제학의 시각이 지나치게 좁게 설정되어 있다는 지적을 여러 차례 하고 있는 것을 독자들은 기억할 것이다. 흥미롭게도, 일찍이 애덤 스미스가 주장하였듯이, 시장에서 개인의 이기적인 행동이 의도하지 않은 결과, 즉 사회적 공익에 기여하게 되는 것처럼, 저자는 자신도 모르게 (문화)경제학에 대하여 많은 시사점을 던지고 있다. 여기서는 다음 세 가지 측면을 지적해 두고자 한다.

가치에 대한 시각을 전환하라

첫째, 문화가 가진 힘에 주목하라는 것이다. 이 지적은 다소 기이하게 들릴지도 모른다. 문화를 주로 연구하는 문화경제학(자)에 대하여 문화의 힘에 주목하라니? 어떤 커뮤니티의 경우에도 주류가 있고, 그것에 대항하는 반주류(反主流)가 있게 마련이다. 문화경제학 커뮤니티도 그 예외가 아니다. 국제문화경제학계의 주류적인 입장에서는 사회학 및 인류학적인 의미의 문화보다도, 예술 내지는 문화산업에 연구의 초점을 맞추고 있다. 따라서 사람들이 공유하는 가치관 등과 같은 문화는 논의의 대상 밖에 있다. 이것은 일반경제학계에도 그대로 적용된다. 하지만 국제문화경제학계에서는 인류학적 의미의 문화가 갖는 중요성을 일찍이 설파한 시각이 엄연히 존재한다. 그 대표적인 논객은 에라스무스대학의 클라머 교수이다. 그는 1996년 자신이 편집한 『문화의 가치』라는 책에서 사회학 및 인류학적 의미의 문화가 갖는 가치를 심층적으로 논의하고 있다.

홍미로운 것은 2000년대에 들어서면서 다양한 분야에서, 어떤 집단이 공유하는 관습이나 가치관 등과 같은 문화의 중요성을 다루는 저작들이 분출하고 있다는 것이다. 2000년 도시분야의 전문가인 찰스 랜드리의 『창조도시』를 필두로, 2001년에는 문화경제학자인 데이비드 스로스비의 『경제학과 문화』(한국어판에는 『문화경제학』으로 되어 있다. 한울, 2004), 같은 해 정치학자인 새뮤얼 헌팅턴(Samuel P. Huntington) 등에 의한 『문화가 중요하다』(김영사, 2001), 2002년에는 도시경제학자인 리처드 플로리다의 『Creative Class: 창조적 변화를 주도하는 사람들』(전자신문사) 등이 여기에 속한다(이러한 책들이 모두 한국어로 번역되어 있다는 것은 국내에서도 이러한 분야에 대한 관심이 증폭되고 있다는 것을 반영한다). 이처럼 창조시대의 도래와 더불어 문화의 산업적인 측면뿐만 아니라 문화 그 자체가 갖는 중요성을 강조하는 것이 다양한 분야에서 동시에 진행되고 있는 점에 우리는 주목할 필요가 있다.

이러한 현상을 다른 관점에서 파악하면, 그것은 가치에 대한 새로운 인식이 요청되고 있는 것이다. 가치를 다루는 문제라면 경제학자의 역할을 무시할 수 없다. 경제학은 선택의 학문이다. 우리가 어떤 것을 선택한다는 것은 무의식중에 가치를 측정·비교한다는 것을 뜻한다. 우리가 어떤 물건을 구매한다는 것은 선택가능한 여러 물건들의 가치를 주관적으로 비교·평가한 다음, 최상의 가치를 자신에게 가져다 주는 것을 선택한다는 것을 의미한다. 여기서 근본적인 물음이 시작된다. 우리는 어떤 재화의 가치를 어떻게 평가할 수 있을 것인가? 경제학에서는 시장에서 결정되는 가격이 어떤 재화의 가치를 결정한다는 것이 다수의 입장이다. 그러면 문화경제학에서 다루는 문화적인 재화(여기에는 유형적인 것뿐만 아니라 무형적인 것도 포함되어 있다)의 가치는 어떻게 평가될 수 있는가? 시장에서 결정되는 가격은 문화적인 재화의 가치를 모두 포함하고 있는가? 이 물음은 문화경제학에 대한 연구의 출발이다.

몇 해 전, 한국문화경제학회가 주최한 학술대회가 열리던 날, 잠깐 동안의 휴식 시간에 처음으로 인사한 어떤 연구자가 나에게 다음과 같은 흥미로운 질문을 하였다. 그 골자는 대략 다음과 같은 것이었다. 일반경제학에서는 가치논쟁이 이미 오래 전에 끝났는데 왜, 문화경제학에서는 가치에 대한 이야기를 다시 거론하는지를 잘 모르겠다는 것이었다. 당시 스로스비의 『경제학과 문화』의 앞부분에서 거론한 내용을 염두에 둔 것으로 기억된다. 당시에는 시간적인 여유가 없었고, 더구나 그 자리가 심각하게 이야기할 수 있는 상황(context)이 못 되어서 그냥 지나가게 되었지만, 지금 돌이켜보면 그 지적은 문화경제학에 대한 핵심 쟁점 가운데 하나를 건드리고 있는 것이다. 우리가 문화적인 재화의 가치를 어떻게 평가할 것인가에 따라서 이후의 연구방향은 달라진다.

오늘날처럼 시장이 전 세계적으로 활성화된 상황에서 어떤 재화의 가치라고 하면 많은 사람들이 시장에서 거래되는 교환가치, 즉 가격이라고 답할 것이다. 이처럼 오늘날에는 시장에서 결정된 가격이 인간의 노동력을 포함한 일반적인 재화에 대한 가치의 척도가 되고 있다. 그러면 시장에서 결정된 가격이 문화적인 재화의 가치 역시 대변한다고 할 수 있는가? 이 물음을 둘러싸고 세 가지의 상이한 견해가 등장한다. 첫째, 시장은 예술 및 문화에 대해서도 다른 재화와 마찬가지로 잘 공급할 수 있다는 것이다. 미술품시장을 중심으로 이것을 철저히 논증한 사람은 미국의 그람프(William D. Grampp) 교수이다(*Pricing the Priceless: Art, Artists, and Economics*, 1989). 둘째, 대부분의 문화경제학자들이 공유하고 있는 것인데, 문화적인 재화시장은 소비과정이나 생산과정에서 다양한 긍정적 외부효과(존재가치, 선택가치, 유증가치, 위광가치, 교육가치 등)를 창출하기 때문에 시장이 실패하게 된다는 것이다. 이것은 문화에 대한 외부지원의 경제학적 근거가 된다. 하지만 이러한 시각 속에는 정부나 민간의 문화에 대한 지원을 통해서 문화의 가치가 실현될 수 있다는 가정을 하고 있다. 셋째, 문화적인 재화는 일반적인 재화와는 근본적으로 다른 것이기 때문에 특별한 취급이 요청된다는 것이다.

그러면 문화적인 재화는 보통의 재화와 비교할 때 어떤 특성을 갖고 있는가? 스로스비는 보통의 재화는 시장에서 거래대상이 되는 경제적인 가치만을 갖고 있는 데 비하여 문화적인 재화는 경제적 가치와 함께 문화적 가치를 갖고 있다는 특성을 지적한다. 여기서 말하는 문화적인 가치에는 미적 가치, 정신적·종교적 가치, 사회적 가치, 역사적 가치, 상징적 가치, 원형가치 등이 포함된다(임상오, 「지역축제의 가치와 문화정책」, 『문화경제연구』, 7(1), 2004, pp. 51~75). 한편, 클라머는 문화적인 가치에 대한 스로스비의 견해를 수용하면서도 사회적 가치를 하나의 독립적인 가치로 분리할 것을 제안한다. 클라머의 견해를 수용하면, 문화적인 재화는 경제적인 가치뿐만 아니라 사회적인 가치와 문화적인 가치를 함께 지니고 있는 것이 된다.

여기서 우리는 어떤 재화를 문화적인 재화라고 할 것인가의 물음에 직면한다. 클라머에 의하면, 재화란 사람들에게 가치 있는 것으로서, 그것을 소유하거나 즐기기 위해서는 자신이 가진 자원 가운데 일부를 희생할 용의가 있는 유형 및 무형의 것으로 정의한다.

반면에 문화적인 재화는 이러한 특성을 가진 재화 가운데서도 특히 사람들에게 자신의 정체성(identity)을 대변하거나, 영감과 감동(inspiration)을 지속적으로 줄 수 있는 재화를 말한다. 한편, 스로스비는 우선 문화를 구성적 의미의 문화와 기능적 의미의 문화로 구분한다. 전자는 어떤 그룹이 공유하고 있는 태도, 신념, 관습, 관행, 가치체계, 즉 인류학적 의미의 문화를 말한다. 반면에 후자는 인간 생활의 지적·도덕적·예술적 측면과 관련된 활동과 그 성과를 의미한다. 스로스비가 말하는 문화적인 재화는 바로 후자인 기능적 의미의 문화를 말한다. 그에 의하면, 문화적인 재화는 생산과정에서 창의성이 요구된다는 점, 소비하는 과정에서 상징적인 의미를 전달한다는 점, 경제적으로 지적 재산의 대상이 된다는 점 등의 특성을 갖는다고 한다.

에라스무스대학 문화경제학부의 루스 타우스(Ruth Towse) 교수(국제문화경제학회 차기회장)와의 대화에서 나는 다음과 같은 흥미로운 시사점을 얻을 수 있었다. 우리가 어떠한 기준에 입각하여 문화적인 재화, 나아가서 문화산업을 구분하더라도, 어떤 재화(산업)가 문화적인 재화(문화산업)인가를 구분할 때에는 상당히 어려운 상황에 직면하게 된다는 것이다. 가령, 자동차라는 재화는 문화적인 재화인가, 아닌가? 나아가 광고라는 재화는 문화적인 재화인가, 아닌가? 그 판단은 사람에 따라 다를 것이고, 게다가 동일한 사람의 경우에도 시간이 경과하면서 변화할 것이다. 이러한 점에서, 보통의 재화는 경제적인 가치만을 가질 뿐인데, 문화적인 재화는 경제적 가치뿐만 아니라 사회적 가치와 문화적 가치를 함께 창출한다는 주장은 설득력을 잃을 수도 있다.

이처럼 엄격한 기준을 설정하기보다는, 인간의 생명발달에 기여하는 재화, 즉 고유가치(존 러스킨은 재화라는 표현 대신에 고유가치라는 메타포를 쓰고 있다)는 유용성과 함께 예술성을 동시에 갖고 있다는 주장이 보다 설득력을 갖는다. 러스킨의 사고에 입각하면,

자동차와 광고라는 재화가 문화적인 재화인가는 명확하게 알 수 없지만(19세기 말 당시에는 이러한 용어가 등장하지도 않았지만), 이들은 자동차와 광고가 갖는 유용성(이동성과 정보의 전달)과 함께 예술적·문화적인 속성을 동시에 갖고 있는 것이 된다. 요즈음의 고급자동차는 예술품에 가깝고, 더욱이 광고는 우리가 뮤직비디오를 보는 것인지, 영화를 보는 것인지를 분간할 수 없는 경지에 이르렀다.

아무튼, 문화를 어떻게 정의하고 바라볼 것인가 하는 것은 대단히 어려운 문제이다. 그렇지만 그 정의가 무엇이든, 문화는 시장의 거래를 통해서 경제적 가치를 창출하기도 하지만, 시장의 거래와는 일정한 거리를 가질 수밖에 없는 사회적 가치(즉, 가족 간의 사랑과 친구와의 우정을 위한 매개역할을 수행한다는 것)와 문화적 가치(고흐의 무반주 첼로조곡이 갖는 미적 가치, 그리고 유럽의 어떤 지역을 가더라도 공공광장의 한 모퉁이를 의연히 차지하고 있는 교회가 갖는 종교적인 가치 등)를 갖고 있는 것이 된다. 그러면 문화의 가치는 어떤 과정을 통해서 실현될 수 있을 것인가? 시장을 통해서? 정부를 통해서? 비영리부문을 통해서? 여기서는 이러한 세 가지 채널이 조화롭게 작동할 때에야 비로소 문화적인 재화의 가치가 실현될 수 있다는 것을 지적하는 데 그치고자 한다.

경제자본에서 사회자본 및 문화자본에 주목하라

둘째, 자본에 대한 새로운 시각이다. 정치경제학의 커뮤니티에서는 자본에 대한 기본 시각이 부정적이지만, 일반경제학의 커뮤니티에서 자본이라고 하면 대개는 기계 및 건물과 같은 물적 자본이나 금융자본을 말한다. 앞에서 언급한 바와 같이, 1960년대 인적 자본이 제기된 이후 자본에 대한 시각은 보다 넓어지기 시작하였고, 이후 환경자본, 사회자본 및 문화자본을 강조하게 되기에 이르렀다. 특히, 문화자본은 문화경제학자들의 집중적인 관심의 대상이 되고 있다. 스로스비는 문화자본에는 유형의 문화자본과 무형의 문화자본이 있다고 한다. 이것은 유형 및 무형의 문화분류에 대응하는 것이다.

　이처럼 '사람들의 생활을 뒤받침하고 생활에 공헌하는 자산의 복합적인 조합을 자본'이라고 정의하면(『창조도시』, p. 85), 우리가 일반적으로 자본이라고 하는 금융자본 및 물적 자본과 같은 경제자본은 자본의 다양한 형태 가운데 하나에 지나지 않는 것이 된다. 그러면 랜드리가 주장하듯이, 멋진 인생 및 멋진 사회가 되기 위해서는 어떤 자본이 필요한가? 이것은 우리가 경제활동을 하는 목적이 무엇인가에 대한 물음과도 같은 것이다. 경제적 가치를 창출하는 능력인 경제자본을 위해서? 그렇지 않으면, 보다 좋은 인간관계와 사회적 네트워크를 구축하는 능력인 사회자본을 위해서? 그렇지 않으면, 다른 문화 및 역사적 가치와 예술적 가치를 이해하는 능력인 문화자본을 위해서? 여기서 우리는 최소한 시장에서 거래되는 경제활동을 통해서 얻게 되는 경제자본은 사회자본과 문화자본을 추구하기 위한 하나의 수단에 지나지 않는다는 주장에 동의할 수 있을 것이다.

　스티븐 코비와 찰스 랜드리, 그리고 영화「굿 윌 헌팅」의 만남?
셋째, 인간의 선호는 고정되어 있는가 하는 것이다.

　『창조도시』를 우리말로 옮기는 작업을 진행하면서 이 책이 나에게 즐거움을 가져다 준 것이 있다면 그것은 스티븐 코비(Stephen R. Covey)가 쓴 세계적인 베스트셀러, 『성공하는 사람들의 7가지 습관』이라는 책이 『창조도시』의 참고문헌에 들어 있었다는 것이다. 코비의 책 가운데 어떤 부분이 『창조도시』에 반영되어 있는가는 분명하지 않지만, 두 사람이 사용하는 주요 메타포를 비교하면 우리는 어떤 공통점에 이르게 된다. 그것은 이들 두 사람은 인간이 살아가는 목적은 어떤 의미 있는 것, 즉 원칙에 입각하여 '멋진 인생'을 추구한다는 것이다. 『창조도시』가 궁극적으로 지향하는 것도 여기에 그 바탕을 두고 있다.

특히, 코비의 책은 경제학에 대하여 근본적인 질문을 던진다. 선택의 학문인 경제학에서는 사람들이 시장에서 어떤 선택을 할 때 두 가지 요인이 영향을 미친다고 한다. 하나는 재화에 대한 선호와 같은 내부요인이고, 또다른 하나는 소득 및 가격과 같은 외부요인이다. 경제학에서는 소득 및 가격과 같은 외부요인에 관심을 집중시키는 반면에 인간의 선호는 일정하게 주어져 있다고 가정한다. 경제학에서 말하는 선호를 랜드리의 표현을 빌리면, 바로 문화가 된다. 왜냐하면, 문화라는 것은 인간이 좋아하고 싫어하는 것을 단적으로 대변하고 있기 때문이다(『창조도시』, p. 250). 과연 인간의 선호는 고정되어 있을까? 나는 한국 영화에 대한 선호가 급격히 변화하는 것을 개인적·사회적으로 체험한 바 있다. 1990년대 말, 정확히 「쉬리」라는 영화가 나오기 이전에는 비디오가게와 영화관에 가면 헐리우드 영화 가운데 어떤 것을 선택하던 관행에서, 이후에는 한국 영화와 헐리우드 영화 가운데 어떤 것을 고르거나, 그렇지 않으면 한국 영화 가운데 어떤 것을 고르는 경험을 체험한 바 있다. 1990년대 말을 기점으로 한국 영화가 제2의 전성시대를 맞이하고 있는 데 동의한다면, 그 배후에는 한국 영화에 대한 선호의 변화가 내재되어 있다(Sang-Oh Lim, "The Boom in the Korean Film Industry: Economic, Institutional, and Cultural Factors," presented at the Association of Cultural Economics International, the 13th international Conference on Cultural Economics, Chicago, 2004). 문화경제학이 일반경제학계에 공헌할 수 있는 여지가 있다고 한다면, 그 가운데 하나는 인간의 선호, 즉 인간의 문화는 변화가능한 동태적인 것이지, 결코 정태적인 것이 아니라는 것이다.

스티븐 코비는 한 걸음 더 나아가 인간에게는 자극에 따른 반응을 선택할 때 일정한 공간이 있다고 한다. 이것을 경제학적으로 해석해 보면, 인간은 외부요인(가격 등)이라는 자극에 대하여 반응을 할 때 선호(기호)가 결정적인 역할을 하게 된다는 것을 의미한다. 특히, 인간은 동물과는 달리, 천부적인 능력, 즉 자아의식, 상상력, 양심, 독립의지를 갖고 있기 때문에 우리의 노력 여하에 따라서는 자신의 선호를 원칙 중심적으로 개발할 수 있다는 것이다. 『창조도시』에서도 강조하고 있듯이, 아무리 평범한 사람이라 하더라도 그들에게 기회가 주어지게 되면 예상 밖의 리더십을 보이고, 게다가 어떤 도시의 경우에도 전략적으로 지속적인 노력을 경주하면 창의적인 도시가 될 수 있다는 것은 인간과 조직 및 도시는 잠재능력을 갖고 있다는 것을 말한다. 이것은 인간의 선호는 끊임없이 변화·발전할 수 있다는 말하고 있는 것이다

특히, 의미 있는 인생을 살고 싶은 인간의 욕구에는 경제학이 설정하듯이, 물질적인 욕구로 한정되지 않는다. 『창조도시』가 강조하듯이, 인간의 욕구가 계층성을 갖고 있다는 것은 심리학자인 매슬로(A. H. Maslow)에 의해 일찍이 정식화된 바 있다. 경제학자 가운데서는 예외적으로 케네스 볼딩(Kenneth E. Boulding)에 의해 인간의 욕구는 초기의 물리적인 욕구에서 점차 사회적인 욕구를 추구하게 되고, 최종적으로는 정체성의 욕구를 갖게 된다는 것을 지적한 바 있다.

종합하면, 인간이 의미 있는 인생을 살기 위해서는 다음과 같은 세 가지의 근원적인 필요성을 충족시킬 필요가 있는 것이다. 그것은 경제적(육체적) 필요성, 사회적(정신적) 필요성, 그리고 문화적(영적) 필요성이다. 우리가 타인과 함께 일상생활을 영위해 가는 과정에서 지속적으로 추구하는 것은 바로 이러한 인간의 근원적인 필요성을 충족시키기 위한 일련의 가치들, 즉 경제적 가치, 사회적 가치, 문화적 가치이다. 경제학이 선택의 학문이라고 할 때, 그 선택 대상은 바로 이러한 가치를 평가하고 비교하는 것이다. 그러면 우리가 보다 의미 있는 선택을 하기 위해서는 어떤 것이 필요한가? 인간에게 필요한 가치들을 선택할 수 있는 역량인 자본을 축적하는

것이다. 그것은 경제자본뿐만 아니라 사회자본 및 문화자본의 축적
이 될 것이다. 개인의 자본에 관한 이 이야기는 조직과 도시, 국가
전체에 대해서도 그대로 적용될 것이다.

　이제 『창조도시』와의 대화를 마감할 시간이 되었다. 1998년에
개봉되어 당시 호평을 받았던 영화,「굿 윌 헌팅(Good Will Hunting)」
에 나오는 대화 가운데 하나를 옮기는 것으로 내 이야기를 마무리
하고자 한다. 수학계의 노벨상인 필드상을 수상한 MIT대학의 수학
과 교수도 풀지 못하는 문제를 척척 풀어 내는 MIT의 건물 청소부
인 윌 헌팅(Matt Damon)이 만난 인생의 스승인 숀(Robin Williams)은
윌에게 다음과 같이 말한다. "너는 자유인이야! 네가 자유인이라면,
네가 진정으로 원하는 게 뭐냐?"고. 이 말은 네가 자유인이라면 자
신이 진정으로 하고 싶은 것을 하라는 것이다. 이 질문은 나를 향
해 되돌아온다. "나는 자유인인가? 내가 진정으로 하고 싶은 것은
무엇인가?"

가지 않은 길

노란빛 숲 속에는 두 길이 있었네.
미안하게도, 나는 두 길을 갈 수 없었네.
그리고 길 떠난 나그네, 나는 오랫동안 서 있었네……
숲 속 갈라진 두 길 가운데 나는,
나는 좀처럼 가지 않는 길을 택했네.
이후, 그것은 모든 것을 바꾸어 버렸다네.

(Robert Frost, *The Poetry of Robert Frost*, New York:
Henry Holt and Company, 1966, p. 105)

　지난 6월 말 암스테르담에서 브리스톨로 가는 비행기에서 읽은
스티븐 코비의 최신작(*The 8th Habit: The Effectiveness to Greatness*, Free

Press, 2004)에서 나는 다음 두 가지 흥미로운 사실을 발견하였다. 하나는 『창조도시』(p. 20)에서도 경제(금융)분야의 대표적인 창의성 사례로 인용하고 있는 그라민뱅크(GB)가 초기에 어떤 과정을 거쳐 그 뿌리를 내리게 되었는가를 기술하고 있다는 점이다. 그리고 다른 하나는 코비가 자신의 논의를 전개하기 위하여 로버트 프로스트의 이 시 가운데 일부를 인용하고 있다는 것이다. 이 대목을 읽는 순간, 나는 다소 흥분하였다. 삶에 대한 선호가 비슷한 경우에는 예술적 취향도 비슷해지는 것일까 하고.

『창조도시』는 여러 분의 도움을 받아 이 세상에 그 모습을 드러내게 되었다. 나는 창의성이란 새로운 아이디어를 혁신적인 결과물이 되게 하는 일련의 과정이라는 랜드리의 기본 시각에 동의한다. 왜냐하면, 창의적인 모든 작품들은 개인의 기발한 재능에 1차적으로 그 바탕을 두고 있지만, 그것을 떠받치는 지원구조가 없다면 이 세상에 나오기 어려웠을 것이기 때문이다.

우선적으로, 나에게 창조도시가 탄생된 본 고장인 서유럽의 현장에서 학문적으로 좋은 여건 속에서 이 작업을 할 수 있도록 기회를 마련해 준 에라스무스대학 문화경제학부의 클라머 학부장과 루스 타우스 교수에게 진심으로 감사를 드린다. 물론, 나에게 연구연이라는 제도적인 환경을 제공해 준 상지대학교 당국과 경제학과 교수 여러분들에게도 감사를 드려야 마땅할 것이다. 아울러, 에라스무스대학에 머물면서 학문적으로 교류한 여러 분들도 이 작업을 진행하는 데 커다란 도움이 되었다. 에라스무스대학의 에릭 히터스(Erik Hitters) 박사와 알무트 크라우스(Almut Krauss) 박사, 그리고 박사과정의 여러분들, 독일 도르트문트대학의 쿤츠만(Klaus R. Kunzmann) 교수와 에버트(Ralph Ebert), 영국 리즈대학교의 칼빈 테일러(Calvin Taylor) 교수와 코메디아의 필 우드(Phil Wood), 런던경제대학(LSE)의 엔디 프라트(Andy Pratt) 교수 등이다. 이들은 최근의 창조도시 및 문화 클러스트의 연구동향에 관한 것을 나에게 알려 주었고, 특히 독일의 쿤츠만 교수는 직접 창조도시에 관한 자신의 논문들을 우편으로 보내 주기까지 하였다. 지난 6월 말, 영국의 하더스필드와 독일의 엠셔 파크의 방문은 나에게 창조도시의 현장을 느낄 수 있는 소중한 체험기회가 되었다.

그리고 이 대목에서 빠트릴 수 없는 사람들이 있다. 찰스 랜드리와 그의 가족이다. 찰스는 역자의 질문에 대하여 상세한 답변을 해 주었을 뿐만 아니라, 자신이 구상중인 새로운 책의 아이디어 가운데 일부를 『창조도시』의 한국어판 머리말에 밝히고 있다. 그에게 다시 한 번 감사드린다. 아울러, 나는 지난 6월 말, 영국에서 유학중인 작은 아들의 일로 잉글랜드에 갔을 때, 찰스의 집에서 3일간 머무를 수 있었다. 당시, 찰스는 스위스 정부의 요청으로 동유럽의 여러 도시와 그 문화를 조사하기 위하여 출타중인 상태였다. 찰스의 가족(부인 수지(Susie), 딸 낸시(Nancy), 아들 막스(Max))은 나에게 전형적인 영국 중산층의 생활을 체험하게 해 주었다. 특히, 영국의 지방 서커스단에서 가수와 댄서로 활동중인 낸시의 서커스 공연은 아시아에서 온 이방인에게 특이한 체험의 장이 되었을 뿐만 아니라, 서커스가 영국에서 공연예술로 자리 잡고 있는 이유를 확인할 수 있게 해 주었다. 자신의 직업에 대하여 무한한 자부심과 일 그 자체를 즐기는 모습이 특히 기억에 남는다.

아울러, 이 책의 가치를 인정하고 출판에 기꺼이 동참한 사람이 있다. 그는 도서출판 해남의 노현철 사장이다. 나의 관심분야와 사고의 변화과정을 적극적으로 평가하는 노사장님의 열정에 진심으로 감사드리고자 한다.

마지막으로, 『창조도시』는 이 분들의 따뜻한 애정이 없었다면 그 빛을 보기 힘들었을 것이다. 나의 유일하고 영원한 인생의 길벗인 사랑하는 아내 JS, 내 인생의 최고 보물인 사랑하는 두 아들(형수와 형민), 그리고 나의 영원한 지원자이신 부모님들이다. 이들은 무언으로 내가 가진 잠재능력을 펼칠 수 있는 창의적인 환경을 지속적으로 제공해 주었다. 이제 이들과 보다 많은 시간을 보낼 수 있게 된 것이 나에게는 최대의 기쁨이다.

2005년 7월 17일
로테르담에서 **임상오**

∷ 찾아보기

■ 창조도시

2005년 9월 5일 초판1쇄 발행
2007년 5월 7일 초판2쇄 발행
2008년 1월 7일 초판3쇄 인쇄
2008년 1월 11일 초판3쇄 발행
저　자　CHARLES LANDRY
역　자　임　상　오
발행인　노　현　철
발행처　도서출판 해남
　　　　서울특별시 종로구 교남동 45-1(202호)
　　　　전화 739-4822　　팩스 720-4823
　　　　e-mail haenam30@dreamwiz.com
　　　　homepage www.hpub.co.kr
　　　　등록 1995. 5. 10 제1-1885호
정　가　18,000원　ISBN 978-89-86703-70-2